Realitätsbezüge im Mathematikunterricht

Reihe herausgegeben von
Werner Blum, Universität Kassel, Kassel, Deutschland
Rita Borromeo Ferri, FB 10 Didaktik der Math, Sek. I, Universität Kassel,
Institut für Mathematik, Kassel, Deutschland
Gilbert Greefrath, Westf. Wilhelms-Universität Münster, Münster, Deutschland
Gabriele Kaiser, Arbeitsgruppe Didaktik der Mathematik, Universität Hamburg,
Hamburg, Deutschland
Katja Maaß, Kollegiengebäude IV, Raum 310, Pädagogische Hochschule Freiburg,
Freiburg, Deutschland

Mathematisches Modellieren ist ein zentrales Thema des Mathematikunterrichts und ein Forschungsfeld, das in der nationalen und internationalen mathematikdidaktischen Diskussion besondere Beachtung findet. Anliegen der Reihe ist es, die Möglichkeiten und Besonderheiten, aber auch die Schwierigkeiten eines Mathematikunterrichts, in dem Realitätsbezüge und Modellieren eine wesentliche Rolle spielen, zu beleuchten. Die einzelnen Bände der Reihe behandeln ausgewählte fachdidaktische Aspekte dieses Themas. Dazu zählen theoretische Fragen ebenso wie empirische Ergebnisse und die Praxis des Modellierens in der Schule. Die Reihe bietet Studierenden, Lehrenden an Schulen und Hochschulen wie auch Referendarinnen und Referendaren mit dem Fach Mathematik einen Überblick über wichtige Ergebnisse zu diesem Themenfeld aus der Sicht von Expertinnen und Experten aus Hochschulen und Schulen. Die Reihe enthält somit Sammelbände und Lehrbücher zum Lehren und Lernen von Realitätsbezügen und Modellieren.Die Schriftenreihe der ISTRON-Gruppe ist nun Teil der Reihe „Realitätsbezüge im Mathematikunterricht". Die Bände der neuen Serie haben den Titel „Neue Materialien für einen realitätsbezogenen Mathematikunterricht".

Weitere Bände in der Reihe http://www.springer.com/series/12659

Irene Grafenhofer · Jürgen Maaß
(Hrsg.)

Neue Materialien für einen realitätsbezogenen Mathematikunterricht 6

ISTRON-Schriftenreihe

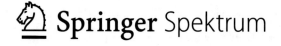

Springer Spektrum

Hrsg.
Irene Grafenhofer
Mathematisches Institut
Universität Koblenz/Landau
Koblenz, Deutschland

Jürgen Maaß
Institut für Didaktik der Mathematik
Johannes Kepler Universität Linz
Linz, Österreich

ISSN 2625-3550   ISSN 2625-3569   (electronic)
Realitätsbezüge im Mathematikunterricht
ISBN 978-3-658-24296-1   ISBN 978-3-658-24297-8   (eBook)
https://doi.org/10.1007/978-3-658-24297-8

Die Deutsche Nationalbibliothek verzeichnet diese Publikation in der Deutschen Nationalbibliografie; detaillierte bibliografische Daten sind im Internet über http://dnb.d-nb.de abrufbar.

Die vorherigen 18 Bände (0–17) der ISTRON-Schriftenreihe erschienen unter dem Titel „Materialien für einen realitätsbezogenen Mathematikunterricht" beim Franzbecker-Verlag.
Springer Spektrum

Verantwortlich im Verlag: Ulrike Schmickler-Hirzebruch

Springer Spektrum ist ein Imprint der eingetragenen Gesellschaft Springer Fachmedien Wiesbaden GmbH und ist ein Teil von Springer Nature
Die Anschrift der Gesellschaft ist: Abraham-Lincoln-Str. 46, 65189 Wiesbaden, Germany

Vorwort

Mathematisches Modellieren ist ein zentrales Thema des Mathematikunterrichts und ein Forschungsfeld, das in der nationalen und internationalen mathematikdidaktischen Diskussion besondere Beachtung findet. Anliegen der Reihe ist es, die Möglichkeiten und Besonderheiten, aber auch die Schwierigkeiten eines Mathematikunterrichts, in dem Realitätsbezüge und Modellieren eine wesentliche Rolle spielen, zu beleuchten. Die einzelnen Bände der Reihe behandeln ausgewählte fachdidaktische Aspekte dieses Themas. Dazu zählen theoretische Fragen ebenso wie empirische Ergebnisse und die Praxis des Modellierens in der Schule. Die Reihe bietet Studierenden, Lehrenden an Schulen und Hochschulen wie auch Referendarinnen und Referendaren mit dem Fach Mathematik einen Überblick über wichtige Ergebnisse zu diesem Themenfeld aus der Sicht von Expertinnen und Experten aus Hochschulen und Schulen. Die Reihe enthält somit Sammelbände und Lehrbücher zum Lehren und Lernen von Realitätsbezügen und Modellieren.

Die Schriftenreihe der ISTRON-Gruppe ist nun Teil der Reihe „Realitätsbezüge im Mathematikunterricht", die mit den Bänden 0 bis 17 im Verlag Franzbecker erschienen und auf der ISTRON-Homepage www.istron-gruppe.de unter dem Menüpunkt „Schriftenreihe" einzusehen ist. Dort können nach Bänden bzw. Autoren gesucht und bei Interesse bestimmte Inhalte über Volltextsuche herausgefiltert werden. Die Bände der neuen Serie haben den Titel „Neue Materialien für einen realitätsbezogenen Mathematikunterricht".

Das Themenspektrum dieses sechsten Bandes der „Neuen Materialien für einen realitätsbezogenen Mathematikunterricht" reicht von den kleinen Gummibärchen bis zu entfernten Galaxien, behandelt Probleme aus der Biologie – das Zählen von Wintervögel, wie der Habicht den Sperber jagt – und alltägliche Themen wie das Streichen eines Garagentors oder Zeitungsausschnitte zum Thema Rauchen, AKW und Insektenschwund werden mathematisch hinterfragt. Darüber hinaus geht es um die Erstellung von Farbmodellen mithilfe der Analytischen Geometrie, es werden Differenzialgleichungen über das Thema Geschwindigkeit eines Ruderbootes hergeleitet und mithilfe von Statistik das Risikobewusstsein am Finanzmarkt gestärkt.

Auch wird in den Artikeln diskutiert, wie Lehrende Schülerinnen und Schüler während eines Modellbildungsprozesses unterstützen können, etwa welche strategischen Hilfestellungen Lehrende auf Basis heuristischer Strategien geben können oder wie die Lehrperson metakognitive Modellierungskompetenzen stärken kann. Die Diskussion von Teilen des Modellierungskreislaufes kommt dabei auch nicht zu kurz. Beispielsweise wird über Variationen der bekannten Stauaufgabe das Bilden des Realmodells neu diskutiert und die Relevanz der Resultate eines Modells und damit das Hinterfragen des gebildeten Modells mithilfe einer alternativen Darstellung des Modellierungskreislaufes hervorgehoben. Dazu werden mit einem Mathtrail und digitalen Medien Schülerinnen und Schüler motiviert, den Modellierungskreislauf außerhalb des Schulgebäudes am Objekt zu durchlaufen.

Viel Freude beim Lesen und viel Erfolg beim Ausprobieren der Unterrichtskonzepte wünschen die Bandherausgeber.

Jürgen Maaß
Irene Grafenhofer

Einige Überlegungen zum Modellieren
Jürgen Maaß und Irene Grafenhofer

Wir modellieren ebenso wie alle Schülerinnen und Schüler im Alltag ganz selbstverständlich, d. h. wir bilden und nutzen Modelle als Mittel zur Erkenntnis. Das besondere an mathematischen Modellen ist, dass sie dazu beitragen können, die Qualität dieser Tätigkeiten zu verbessern, etwa genauere Vorhersagen zu machen oder etwas besser zu systematisieren. Die zentrale Botschaft an die Lernenden und Lehrenden ist also: Wer die Macht der Mathematik beim Modellieren nutzen kann, wird die Welt besser verstehen und beeinflussen.

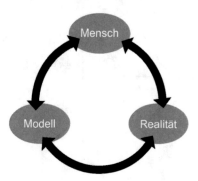

Die Geschwindigkeit eines Ruderbootes im Verlauf eines Rennens – ein Beispiel mathematischen Modellierens für die Sekundarstufe II
Thomas Bardy

Mithilfe der die Geschwindigkeit beeinflussenden Kräfte werden Differenzialgleichungen hergeleitet, für einen konkreten Achter spezifiziert und Graphen des Geschwindigkeitsverlaufs erzeugt. Wie kann der Achter eine kürzere Endzeit über die 2000 m – Strecke erreichen? Das Thema bietet Anlass, ein die Fächer Mathematik, Physik und Sport verbindendes Projekt zu realisieren (einschließlich Lernen mit neuen Technologien). Über Unterrichtserfahrungen mit der Thematik in einer Jahrgangsstufe 12 wird berichtet.

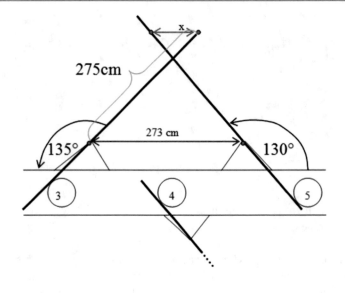

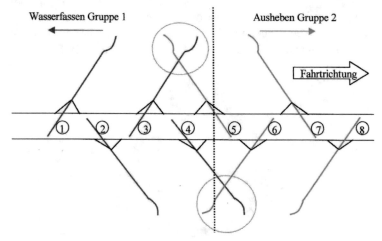

Neues AKW-Gesetz

Heinz Böer

Mit der Zahlung von 23,5 Mrd. € haben sich die AKW-Betreiber-Gesellschaften von allen Verpflichtungen, für die sichere Endlagerung des Atommülls zu sorgen, für immer freigekauft. Reicht diese Summe realistisch oder war es ein Geschenk der Politik?

A	B	C	...	...	...	...	...	...
Jahr	x-Wert	Geld	2025	8	3,65E+09	2096	79	−1,51E+12
2017	0	2,35E+10	2026	9	6,31E+08	2097	80	−1,59E+12
2018	1	2,15E+10	2027	10	−2,53E+09	2098	81	−1,66E+12
2019	2	1,93E+10	2028	11	−5,83E+09	2099	82	−1,74E+12

Lukrativ und tödlich

Heinz Böer

„6 Millionen Menschen sterben jährlich an den Folgen des Rauchens. … 1 Milliarde Menschen könnten im 21. Jahrhundert an den Folgen des Tabakkonsums sterben, wenn sich die derzeitigen Trends fortsetzen.", schrieb die Frankfurter Rundschau. Das erlaubt vielfältige Modellierungen und zugleich Aufklärung zum Rauchen für Ihre Schüler-innen.

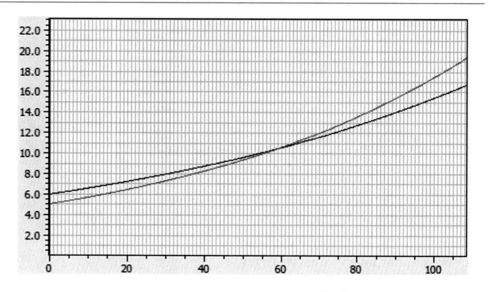

Insektenschwund

Heinz Böer

Ältere Autofahrer-innen kennen das noch: nach einer längeren Fahrt mit dem Auto musste erst einmal die Frontscheibe freigekratzt werden von den darauf verendeten Insekten. Das passiert heute nicht mehr! Inzwischen gibt es quantitative Daten zu dieser individuellen, qualitativen Beobachtung. Die Zahl geflügelter Insekten schrumpfte in den vergangenen knapp 30 Jahren auf rund ein Viertel – Anlass für genauere Rechnungen rund um das Thema.

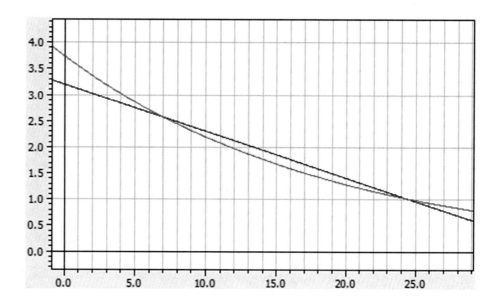

Wintervögel zählen und Statistik lernen: Mit welcher Genauigkeit lassen sich aus vielen Beobachtungen Schlüsse auf die tatsächliche Population ziehen?

Manfred Borovcnik, Jürgen Maaß, Helmut Steiner und Elena Zanzani

Eine Gruppe namens BIRDLIFE sorgt sich in Österreich um Wintervögel, indem sie die Menschen bittet, Vögel zu zählen und für sie zu spenden. Eine Schulklasse in Linz hat sich die Zählung genauer angeschaut und einiges über das Zählen und das Spenden gelernt. Der Beitrag bietet zudem eine Menge Hintergrundinformationen aus Biologie und Statistik.

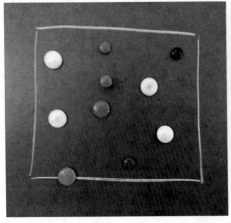
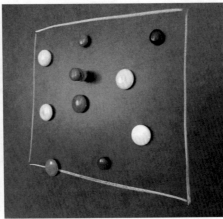

Wie riskant ist eine Investition am Finanzmarkt
Christian Dorner

Ein sprechender Elch garantiert in einer Internetwerbung Reichtum durch Investitionen am Finanzmarkt. Jugendlichen ist in vielen Fällen nicht bewusst, dass solche Investitionen mit einem Risiko verbunden sind. Der hier vorgestellte Modellierungsvorschlag bietet Schülerinnen und Schülern eine intensive Auseinandersetzung mit dem Risikobegriff am Finanzmarkt. In diesem sollen sie eine Kennzahl entwickeln, die das Risiko bei der Investition in eine Aktie beschreibt.

Astronomische Entfernungen – Entwicklung von Vorstellungen und Stützgrößen
Günter Graumann

Astronomische Entfernungen können wir nicht unmittelbar erfahrbar machen; zur Entwicklung von Vorstellungen müssen wir spezielle Darstellungsformen und Berechnungen von Längenverhältnissen heranziehen. Im Aufsatz werden eine Reihe von astronomischen Fakten dargelegt und mögliche Darstellungen einschließlich Berechnungen angeboten. Diese sind dabei gegliedert in die Bereiche „Die Erde und ihre Satelliten", „Unser Sonnensystem", „Die Milchstraße" und „Das gesamte Universum".

Modellieren mit MathCityMap – Praxisbezogene Beispiele zum Modellieren am realen Objekt
Iwan Gurjanow, Simone Jablonski, Matthias Ludwig und Joerg Zender

Mathematisches Modellieren in einer außerschulischen Umgebung – das verspricht das MathCityMap Projekt. Durch die Verbindung der traditionsreichen Mathtrail Idee mit neuen Technologien wird das Bearbeiten von Modellierungsaufgaben außer Haus ermöglicht. Wie das funktionieren kann, wird im Artikel mit vielfältigen Aufgabenbeispielen aus dem Projekt betrachtet.

Wie viel kostet es, das Garagentor zu streichen
Andreas Kuch

Wie viel Lasur benötige ich, um ein Garagentor zu streichen und welche Kosten sind damit
verbunden? Haben Marke und Qualität Auswirkungen auf den Lasurpreis? Diese und noch
weitere Fragen werden anhand eines erprobten realitätsbezogenen differenzierten Unterrichtsbeispiels der Sekundarstufe I im Kontext der dafür benötigten Fähigkeiten und Kenntnisse näher betrachtet.

**Der Beuteflug des Habichts und das Nest des Sperbers Einfache Modelle für einen rea-
litätsbezogenen Mathematikunterricht**
Jürgen Maaß und Stefan Götz

Ein Sperber ist ein kleiner Greifvogel, der auch seinerseits gejagt wird – z. B. vom Habicht.
Besonders tragisch aus der Sicht einer Sperberfamilie ist die Situation, wenn ein Habicht
während der Zeit, in der schon geschlüpfte junge Sperber im Nest sitzen und von den Eltern
gefüttert werden, das Nest findet und alle Jungen tötet. Es wird im Beitrag gezeigt, wie –
in einem selbstbestimmten schrittweisen Projektunterricht – Schüler und Schülerinnen diesen kleinen Ausschnitt aus dem Geschehen der belebten Natur modellieren bzw. simulieren
könnten.

Simulation von 20 Flügen mit unterschiedlichen Wegstrecken

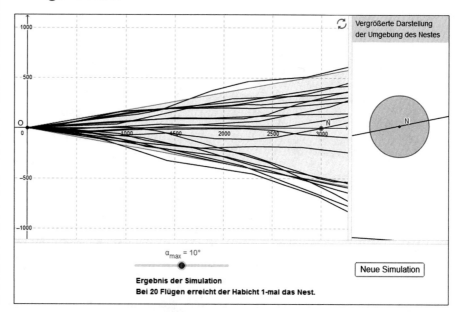

Farben und Farbmodelle – analytische Geometrie realitätsbezogen unterrichten
Uwe Schürmann

Im Artikel werden verschiedene Farbmodelle erläutert und gezeigt, wie mittels des Kontextes „Farben" Inhalte der analytischen Geometrie motiviert und anschaulich fassbar gemacht werden können. Ergänzt werden die Erläuterungen durch unterrichtspraktische Beispiele und Aufgaben.

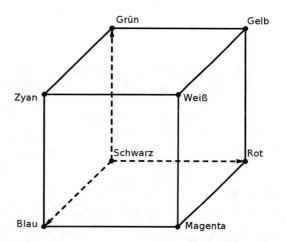

Heuristische Strategien – ein zentrales Instrument beim Betreuen von Schülerinnen und Schülern, die komplexe Modellierungsaufgaben bearbeiten
Peter Stender

Für Schülerinnen und Schüler, die an komplexen Modellierungsproblemen arbeiten, ist die Unterstützung durch eine Lehrperson unabdingbar, auch und gerade wenn die Schülerinnen und Schüler so selbstständig wie möglich arbeiten sollen. Auf Basis der im Modellierungsprozess auftretenden heuristischen Strategien ist es möglich, Lehrerinterventionen zu formulieren, die den Schülerinnen und Schülern strategisch Hilfen geben, ihnen also den weiteren Weg weisen ohne die einzelnen Schritte vorzugeben.

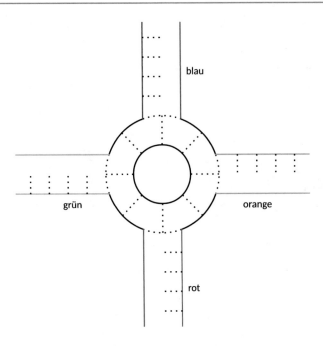

Die Reise der Gummibärchen im Postpaket vom Realmodell zum mathematischen Modell

Denise van der Velden und Katja Eilerts

Die Aufgabe „Wie viele Gummibärchen passen maximal in ein Postpaket" zeigt exemplarisch, wie viele verschiedene Möglichkeiten es gibt, ein Realmodell in ein mathematisches Modell zu überführen. Das Postpaket ist offensichtlich ein Quader. Aber wie ist das mit den Gummibärchen? Sind das auch Quader? Und wie wird das Paket mit Gummibärchen gefüllt? Im Beitrag werden verschiedene Modelle sowie der Unterrichtsablauf der dazugehörigen Doppelstunde erläutert.

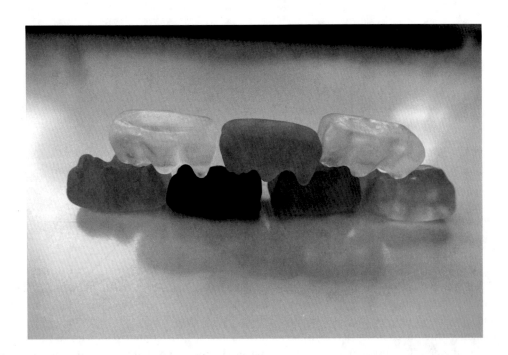

Wie viele Autos stehen im Stau? – Eine Unterrichtsreihe zum Modellieren in der Sekundarstufe I
Denise van der Velden

In diesem Beitrag wird die bekannte Stau-Modellierungsproblematik zu einer Unterrichtsreihe weiterentwickelt. Aufgrund der Vielzahl möglicher Varianten und Erweiterungen ist die Stauaufgabe prädestiniert für eine Unterrichtsreihe, die den Schülerinnen und Schülern direkt zu Beginn der Sekundarstufe I die Suche nach passenden Annahmen für ihr Realmodell stufenweise nahebringt. Sie erlernen damit den ersten wichtigen Schritt beim Modellieren, das Bilden des Realmodells.

Förderung metakognitiver Modellierungskompetenzen
Katrin Vorhölter

Die Bearbeitung mathematischer Modellierungsaufgaben ist komplex und daher eine Herausforderung für Schülerinnen und Schüler. Durch den Einsatz von Metakognition kann die erfolgreiche Bearbeitung unterstützt werden. Doch bedarf der Einsatz von Metakognition in der Regel der Unterstützung von Lehrkräften, die für den Einsatz von Metakognition sensibilisiert sein müssen. Im Kapitel wird daher exemplarisch aufgezeigt, an welchen Stellen im Modellierungsprozess der Einsatz von Metakognition hilfreich ist und welche konkreten Maßnahmen vorhanden sind, mit deren Hilfe eine Lehrkraft die metakognitive Modellierungskompetenz ihrer Schülerinnen und Schüler fördern kann.

Der Fuß von Uwe Seeler

Seit dem 24. August 2005 steht vor der Arena des HSV in Hamburg eine Nachbildung des rechten Fußes von Uwe Seeler aus Bronze.

Das Hamburger Abendblatt schrieb am 25. August 2005: „Genau 3980mal würde Uwe Seelers rechter Fuß in das überdimensionale Abbild seines rechten Fußes passen."

Kann das stimmen?

Uwe Seeler hat Schuhgröße 42.

Inhaltsverzeichnis

Einige Überlegungen zum Modellieren 1
Jürgen Maaß und Irene Grafenhofer

Die Geschwindigkeit eines Ruderbootes im Verlauf eines Rennens – ein Beispiel
mathematischen Modellierens für die Sekundarstufe II 7
Thomas Bardy

Neues AKW-Gesetz 39
Heinz Böer

Lukrativ und tödlich 43
Heinz Böer

Insektenschwund 47
Heinz Böer

Wintervögel zählen und Statistik lernen 51
Manfred Borovcnik, Jürgen Maaß, Helmut Steiner und Elena Zanzani

Wie riskant ist eine Investition am Finanzmarkt? 69
Christian Dorner

Astronomische Entfernungen- Entwicklung von Vorstellungen
und Stützgrößen 85
Günter Graumann

Modellieren mit MathCityMap 95
Iwan Gurjanow, Simone Jablonski, Matthias Ludwig und Joerg Zender

Wie viel kostet es, das Garagentor zu streichen? 107
Andreas Kuch

Der Beuteflug des Habichts und das Nest des Sperbers 113
Jürgen Maaß und Stefan Götz

Farben und Farbmodelle – analytische Geometrie
realitätsbezogen unterrichten 129
Uwe Schürmann

Heuristische Strategien – ein zentrales Instrument beim
Betreuen von Schülerinnen und Schülern, die komplexe
Modellierungsaufgaben bearbeiten 137
Peter Stender

Die Reise der Gummibärchen im Postpaket vom Realmodell
zum mathematischen Modell 151
Denise van der Velden und Katja Eilerts

**Wie viele Fahrzeuge stehen im Stau? – Eine Unterrichtsreihe zum
Bilden von Realmodellen** 163
Denise van der Velden

Förderung metakognitiver Modellierungskompetenzen 175
Katrin Vorhölter

Einige Überlegungen zum Modellieren

Jürgen Maaß und Irene Grafenhofer

Zusammenfassung

Im Zentrum des realitätsbezogenen Mathematikunterrichts, der in dieser und vielen anderen Veröffentlichungen von ISTRON beschrieben und in mittlerweile allen Lehrplänen und Kompetenzkatalogen für Standards und zentrale Reifeprüfungen im deutschsprachigen Raum in irgendeiner Form gefordert wird, steht das **Modellieren** oder mit anderen Worten: Die Schülerinnen und Schüler sollen Modellierungskompetenz erwerben. Das wird bisweilen so diskutiert, als käme damit eine ganz neue Anforderung auf sie zu, als müsste nun neben all dem wichtigen Stoff (der bisher gelehrten Mathematik) noch etwas zusätzlich gelernt werden. Eine solche Sicht aufs Modellieren mobilisiert Abwehrkräfte statt zu motivieren. Deshalb erinnern wir in diesem Beitrag daran, dass wir ebenso wie alle Schülerinnen und Schüler im Alltag ganz selbstverständlich modellieren, also Modelle bilden und nutzen. Das besondere an mathematischen Modellen ist, dass sie dazu beitragen können, die Qualität dieser Tätigkeiten zu verbessern, etwa genauere Vorhersagen zu machen oder etwas besser zu systematisieren. Die zentrale Botschaft an die Lernenden und Lehrenden ist also: Wer die Macht der Mathematik beim Modellieren nutzen kann, wird die Welt besser verstehen und beeinflussen.

1 Ausgangspunkt: Modelle im Alltag

Zum Einstieg verwenden wir eine Grafik (Abb. 1), die einen anderen als den bisher im Umkreis von ISTRON üblicherweise verwendeten Modellierungskreis[1] zeigt, nämlich einen wesentlich allgemeineren. Die Grafik zeigt Menschen, Realität und Modelle in einer jeweiligen Wechselbeziehung.

Die zentrale Botschaft dieser Grafik ist, dass wir alle in unserem Umgang mit dem, was wir als Realität verstehen, ganz selbstverständlich Modelle verwenden. Die zweite zentrale Botschaft ist die jeweilige Wechselwirkung zwischen Mensch, Realität und Modell. Menschen kreieren Modelle und verändern – auch mit diesen Modellen – Realität; die Realität hat offenbar Einfluss auf Menschen und Modelle, mit denen sie beschrieben und verändert werden soll.

Zur Erläuterung dieser Basisform (eine detaillierte Version folgt unten – Abb. 2) diskutieren wir zunächst ein paar einfache Beispiele. Wenn wir einkaufen gehen, verwenden wir Modelle von Objekten, Leuten und Verhaltensweisen, um z. B. einen Weg zu planen oder eine Einkaufsliste zu schreiben. Wenn wir den Bäcker um die Ecke besuchen wollen, denken wir nicht lange über den Weg dorthin nach, wir haben ihn – als Modell, z. B. als Ausschnitt einer Stadtkarte oder als Folge von Wegstücken – im Kopf. Natürlich haben wir nicht den Weg selbst (als Materie, gleichsam den ganzen Bürgersteig, die angrenzenden Häuser mit Tonnen

J. Maaß (✉)
Institut für Didaktik der Mathematik, Universität Linz, Linz, Österreich
E-Mail: juergen.maasz@jku.at

I. Grafenhofer
Mathematisches Institut, Universität Koblenz-Landau, Koblenz, Deutschland
E-Mail: grafenhofer@uni-koblenz.de

[1] In der Gruppe ISTRON beziehen sich viele Autorinnen und Autoren selbstverständlich auf die Vorschläge von Werner Blum, dem Gründer von ISTRON und Dominik Leiß (2005) oder auch auf Modellierungskreisläufe von Rita Borromeo Ferri (2011), Katja Maaß (2005) und viele mehr. Aber auch auf ältere Grafiken von Mathematikern wie Henry Otto Pollak (1977, 1979) oder Bruno Buchberger wird verwiesen. Wir gehen hier nicht darauf ein – es wäre ein schönes Thema für eine Qualifikationsarbeit, die verschiedenen Grafiken und die Intentionen ihrer Autorinnen und Autoren systematisch darzustellen und aufzuarbeiten.

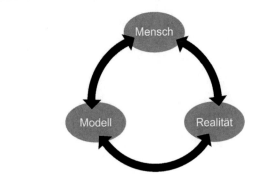

Abb. 1 Modellierungskreislauf

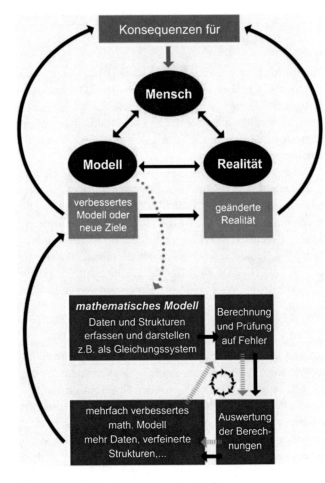

Abb. 2 Detaillierter Modellierungskreislauf

ausprobieren wollen, ob unser neues Smartphone uns mit GPS den gleichen Weg weist, erleben wir die Funktion eines extrem höher entwickelten mathematischen Modells. In GPS, dem Smartphone etc. steckt sehr viel Mathematik. Beides sind schöne Beispiele für mathematische Technologie, die als Black Box funktioniert, auch wenn wir die verwendete Mathematik nicht verstehen oder keine Ahnung davon haben, dass hier überhaupt Mathematik und nicht Magie zum Einsatz kommt!

Wir erweitern das Einkaufsbeispiel, um an einen weiteren Aspekt des Modellbildens zu erinnern, der uns im Alltag sehr geläufig ist. Wenn wir nicht zum Bäcker um die Ecke gehen wollen, sondern zum ersten Mal in ein neu gebautes Einkaufszentrum vor den Toren der Stadt fahren wollen, brauchen wir zur Planung der Fahrt vielleicht ein besser als solches erkennbares Modell, einen Stadtplan oder einen Plan des öffentlichen Nahverkehrs, um zu erkunden, wie wir dorthin gelangen. Vielleicht fragen wir auch jemanden, der oder die schon dort gewesen ist und den Weg kennt, nach einer Wegbeschreibung (=einem Modell des Weges!). Mit anderen Worten: Ohne lange theoretisch über Modellierung nachzudenken, versuchen wir unser Modell des Weges dorthin so zu verbessern, dass wir tatsächlich zum gewünschten Ziel gelangen. Dabei gehen wir pragmatisch vor, die (zu erwartende oder erlebte) Praxis hilft uns zu entscheiden, wann eine Lösung gut genug ist. Auf keinen Fall fahren wir erst dann los, wenn wir mathematisch korrekt bewiesen haben, dass die gewählte Fahrtroute optimal ist.

Zum Abschluss des Einkaufsbeispiels verweisen wir noch darauf, dass wir selbstverständlich auch den Begriff „Modell" im Alltag in vielfältiger Art verwenden. Wenn wir dort eine neue Hose kaufen wollen, haben wir vielleicht ein Modell davon im Kopf, ein Bild aus einer Werbung oder ein – menschliches – Modell, das eben diese Hose bei einer Vorführung (Modenschau) getragen hat, die dann im Werbefernsehen gezeigt wurde. Andere Beispiele sind etwa Spielzeugmodelle wie die Modelleisenbahn, ein Modellflugzeug oder Profimodelle wie das eines geplanten Hauses oder Einkaufszentrums, das vom Architektenteam dem Bauherrn gezeigt wird.

2   Modelle als Mittel zur Erkenntnis

Wenn ein Begriff wie „Erkenntnistheorie" fällt, denken viele Menschen: „Ich habe nicht Philosophie studiert. Ich habe nicht die ganzen Bücher von den alten Griechen über Descartes, Popper und die vielen Beiträge zu Konstruktivismus und zur Dekonstruktion etc. gelesen. Ich kann nicht mitreden und lese deshalb hier nicht weiter." Deswegen betonen wir hier ausdrücklich, dass kein Studium und keine Kenntnis einer ganzen Bibliothek vorausgesetzt werden,

von Steinen etc.) im Kopf, sondern eine Vorstellung davon bzw. eine Erinnerung daran, wie der Weg beim letzten Gang zum Bäcker war. Der Unterschied von einem Modell des Weges, bei dem wir Wegstücke mit Erinnerungen kombinieren (etwa: aus der Haustür links bis zur Ecke, dann über die Straße und weiter bis zum Eingang des Ladens) und einer Karte der Stadt ist auch ein Unterschied in dem Grad der Mathematisierung des Modells. Wenn wir zudem wenn ein wenig darüber nachgedacht werden soll, was passiert, wenn wir etwas wahrnehmen. Der Einfachheit halber (und weil es am nächsten zur mathematischen Erkenntnis ist) beschränken wir uns hier auf Überlegungen zu optischen Wahrnehmungen.

Das Auge liefert uns – wenn es gesund ist – bei Licht optische Eindrücke, genauer eine Folge von Hell-/Dunkel und Farbimpulsen, die von Zellen im Augenhintergrund in Signale umgewandelt werden, die das Sehzentrum im Gehirn interpretieren kann. Diese Interpretation der optischen Reize durch das Gehirn ist der entscheidende Punkt! Eine elektronische Kamera nimmt optische Informationen (z. B. 24 Bilder pro Sekunde) auf und speichert sie – unkommentiert! – auf einem Speichermedium, etwa einer Festplatte. Unser Gehirn unterscheidet im Unterschied zur elektronischen Kamera, welche Bilder (bzw. optischen Informationen) es überhaupt zur Kenntnis nimmt, auf welche es reagiert und welche es einfach unbeachtet lässt. Das Gehirn arbeitet als Filter, wir konzentrieren uns – vielleicht – auf das Wichtige, das Bedeutende, das Richtungsweisende von all dem, was wir sehen. Eine ganz zentrale Rolle spielt dabei das Wiedererkennen von Bekanntem, etwa Objekte wie ein Buch oder ein Auto oder Leute, die wir schon kennen. Wenn wir z. B. ein Auto sehen, hilft dem Gehirn, dass es ein allgemeines Muster eines Autos, eben ein Modell eines Autos gespeichert hat. Ein PKW hat gewisse Merkmale (wie etwa vier Räder, eine bestimmte Größe, Sitze, Fenster, …), die das Gehirn nicht wie ein (schlecht programmierter) Computer bei der Objekterkennung Pixel für Pixel vergleicht, sondern aufgrund charakteristischer Merkmale. Aus der Vielzahl der gesehenen PKW wird im Gehirn so etwas wie ein typisches Auto oder eben ein Modell eines PKW. Diese Bildung von Mustern oder Modellen ist ein wesentlicher Lernvorgang, er hilft schnell und effizient wahrzunehmen. Wer mitten auf der Straße steht und das erste Mal in seinem Leben ein merkwürdiges Ding beobachtet, das auf ihn zu kommt, hat sehr wenig Zeit, etwas über Autos, Straßenverkehr und Verkehrsregeln (etwa Vorsicht beim Überqueren von Straßen als Fußgänger) zu lernen. Wer hingegen schon seit Jahren routiniert Auto fährt, überlässt es oft seinem Gehirn, die wichtigen (Verkehr-)Signale und Bewegungen von anderen Verkehrsteilnehmern zu erkennen und darauf angemessen zu reagieren (etwa durch Bremsen vor einer roten Ampel) – und konzentriert sich beim Fahren auf die Musik aus dem Autoradio oder ein Telefongespräch.

Selbstverständlich speichert das Gehirn nicht nur Muster oder Modelle von Autos, sondern vor allem: Lebewesen, technische Objekte, Gesichter, … Damit deuten wir an, in welchem – umfassenden – Sinn unsere Wahrnehmung der Realität (oder dessen, was wir dafür halten) durch vorhandene Modelle bestimmt wird. Wenn wir spazieren gehen und Pflanzen und Tiere sehen, erkennen wir Laubbäume,

Hecken, Blumen, Vögel, Insekten etc. mit Hilfe dessen, was wir schon vorher über solche Pflanzen und Tiere wissen. Mit anderen Worten: Wir haben biologische oder gärtnerische Kenntnisse (die mehr oder wenig richtig oder falsch sein können), um die Pflanze bzw. das Lebewesen vor unseren Augen einem Typ (von dem wir wiederum ein Modell, etwa eine mehr oder weniger korrekte Definition, im Kopf haben), zuzuordnen. Dies ist eine Tanne, dies eine Buche, dies eine Rose, jenes eine – offenbar kranke – Eiche (wir sehen viele abgestorbene Äste) etc.

Im Alltag spielt noch eine andere Art von Modellen eine wichtige Rolle: Wenn wir Kindern beim Spielen mit einem Ball zuschauen, helfen uns dabei mehr oder weniger gut verstandene naturwissenschaftliche Modelle, um eine Erwartung zu haben: Geht dieser Ball ins Tor? Erreicht das laufende Kind den Ball noch, bevor er in den Bach fällt oder auf die Straße rollt? Hier geht es nicht um den Vergleich von gesehenen Dingen mit Mustern (oder im Gehirn gespeicherten Modellen), sondern um Vorstellungen davon, wie sich Objekte oder Lebewesen typischer Weise bewegen, z. B. sie fallen. Diese Art von Modellen kann durch explizite Mathematisierung ganz offensichtlich präziser werden! Auf diese These kommen wir weiter unten zurück.

Durch den kleinen Ausflug in die Philosophie abschließend erinnern wir daran, dass diese Argumentation in der Philosophie längst bekannt ist, also hier nicht neu erfunden wurde. Sir Karl Popper schrieb z. B. in seiner im Jahre 1934 veröffentlichten „Logik der Forschung": „Unsere Alltagssprache ist voll von Theorien; Beobachtung ist stets Beobachtung *im Lichte von Theorien*." (S. 31). Theorien sind Modelle von Objekten, Verhaltensweisen, Organisationen etc.

3 Wechselwirkung: Modelle beeinflussen Menschen

Weshalb gibt es auch einen Pfeil in Gegenrichtung, also von den Modellen zu den Menschen? Offenbar wirken Modelle auf Menschen, sie haben Einfluss auf die Möglichkeit etwas richtig wahrzunehmen. Wer eine modellhafte Vorstellung von der Funktionsweise eines Autos, eines PC oder eines Virus hat, kann diese Vorstellung verwenden, um ein Auto oder einen PC besser zu nutzen oder sich vor einem Virus zu schützen. Gerade in der Medizin gibt es sehr viele Beispiele dafür, wie Modellvorstellungen von Organen, Bakterien oder Genen zu Fortschritten in der Diagnose und Therapie beitragen. Ebenso können solche Modelle dabei eine Rolle spielen, dass sich Menschen „gesünder" verhalten.

Auch im Alltag und in der Gesellschaft haben Modelle erhebliche Auswirkungen auf uns alle. Als Beispiele nennen wir volkswirtschaftliche Modelle, mit denen Steuererhöhungen oder Steuersenkungen begründet werden oder Klimamodelle, mit denen auf Veränderungen durch menschliche Energienutzung verwiesen wird.

Beim Stichwort „menschliche Energienutzung" bringen wir nun den dritten wichtigen Punkt – die Realität – ins Spiel. Die individuelle Energienutzung erinnert daran, dass in der Grafik zwar das Wort Mensch steht, damit aber nicht behauptet werden soll, alle Menschen seien gleich, hätten gleiche Wahrnehmungen der Realität, Interessen an Veränderung und ähnliche Möglichkeiten zur Beeinflussung. Wer in Europa oder Nordamerika in einem Haus mit Heizung und Klimaanlage wohnt, nutzt deutlich mehr Energie als jemand, der in Afrika oder Mittelamerika auf der Straße lebt. Wer an der Börse mit Lebensmitteln spekuliert, hat einen ganz anderen Zugang zu Getreide als jemand, der wegen hoher Preise für Getreide seine Familie nicht ernähren kann. Wer mit dem Fahrrad in den Urlaub radelt, braucht dazu viel weniger Erdöl als jemand, der im Urlaub um die halbe Welt fliegt.

Ebenso unterschiedlich sind für verschiedene Menschen ihre Zugänge zur Realität bzw. ihre Wahrnehmung derselben; dies wiederum hängt auch damit zusammen, welche Modelle von Aspekten der Realität sie im Kopf haben und nutzen können. Dabei ist bewusst, dass hier das Wort Realität in einer philosophisch recht naiven Weise gebraucht wird.

Mit anderen Worten: Die Grafik selbst ist ein sehr stark vereinfachtes Modell des menschlichen Umgangs mit Realität, in dem Modellierung stets eine Rolle spielt (auf deren Wechselwirkungen wird detailliert im Anschluss bzw. in Abb. 2 eingegangen). Zu jedem der drei verwendeten Begriffe gibt es ganze Bibliotheken von Wissen, Erfahrungen und Theorien, auf die hier nicht eingegangen werden soll.

Zur Grafik abschließend sei noch angemerkt, dass es zwischen Realität und Mensch offenbar eine Wechselwirkung gibt. Auf der einen Seite gibt die soziale, wirtschaftliche, gesellschaftliche, ökologische und persönliche Realität für jeden Menschen einen Rahmen, in dem er sich bewegen kann. Auf der anderen Seite beeinflussen Menschen diesen Rahmen und damit die Realität, indem sie versuchen, ihre Situation zu erkennen und zu verbessern.

4   Zur Rolle der Mathematik beim Modellieren

Und wo bleibt die Mathematik? Die Modellierung mit mathematischen Methoden ist in der Forschung selbstverständlich. Forschungsberichte aus Natur- und Sozialwissenschaft enthalten ebenso wie solche aus anderen Bereichen der Wissenschaft üblicherweise mathematische Formeln (manche Menschen nennen diese Formeln „Gesetze" in

der Hoffnung, dass sich Natur und Gesellschaft an die „Naturgesetze" halten mögen) und als Begründungen für die Richtigkeit der Ergebnisse bzw. die Korrektheit der Forschungsmethoden Verweise auf benutzte Mathematik. Unsere zentrale These für die Rolle der Mathematik beim Modellieren ist, dass ihr Einsatz die Qualität aller Modelle verbessert, in denen Regelmäßigkeiten mit Formeln oder Gleichungen bzw. Gleichungssystemen beschrieben und damit auch vorhergesagt werden können. Die Geschichte der Naturwissenschaften ist ein so reichhaltiger Beleg für unsere These, dass wir hier zur Begründung nur an Astronomie und Navigation sowie an Mechanik und Analysis erinnern. Wer an der These zweifelt, ist eingeladen, unter dem Stichwort „Industriemathematik" oder „Technomathematik" im Internet zu suchen. Die Suchergebnisse verstärken den Eindruck, dass mathematische Modellierung für eine große Menge von Aspekten der Realität eine genauere und tiefer gehende Einsicht und Veränderungsmöglichkeit eröffnet. Das gilt insbesondere für naturwissenschaftliche, technische und ökonomische Themen; wenn hingegen individuelle menschliche Verhaltensweisen oder psychologische Faktoren modelliert werden sollen, zeigen sich schnell Grenzen sinnvoller mathematischer Modellierung.

Im Alltag der meisten Menschen sind explizite Modellierungen mit mathematischen Methoden eher selten. Wir fürchten, dass deshalb viele Menschen eine Möglichkeit zur rationaleren Entscheidungsfindung bzw. zum besseren Verständnis von gesellschaftlichen, wirtschaftlichen und ökologischen Entwicklungen verpassen und plädieren auch deshalb für realitätsbezogenen Mathematikunterricht.

Um auf die mögliche Rolle der Mathematik beim Modellieren auch optisch deutlicher hinzuweisen, erweitern wir die Grafik im Bereich „Modell":

Die Arbeit am mathematischen Modell steht hier im Mittelpunkt des unteren Teils der Grafik, der gleichsam mit einer Lupe in den Bereich „Modell" hineinschaut (grauer gepunkteter Pfeil zum blauen Teil). Mit dem Ziel, ein mathematisches Modell zu erstellen, werden aus dem Modell jene Aspekte der Realität, die zu erkennen oder zu verändern sich der Mensch zum Ziel gesetzt hat, die benötigten Daten samt ihrer Struktur herausgefiltert. Wichtig ist, dass es hier nicht einfach eine TOP=>DOWN Struktur gibt, in der ein planender Mensch die Wirklichkeit nach seinem Willen modelliert und mathematisiert – auch wenn viele Menschen gern so etwas tun könnten. Tatsächlich geht es um vielfältige Wechselwirkungen. Schon bei der Auswahl von zu beachtenden Aspekten der Realität geht als ein Kriterium mit ein, welche Aspekte denn überhaupt sinnvoll mathematisch beschreibbar sind. Emotionen und andere psychologische Aspekte bleiben deshalb ebenso unbeachtet wie soziale Beziehungen oder Esoterisches. Nicht zuletzt bestimmen der Umfang und die Qualität des mathematischen Wissens, was denn überhaupt als sinnvoll mathematisierbar angesehen wird. Wer noch nie etwas von numerischen Lösungen für komplexe Differenzialgleichungssysteme zur Beschreibung von Strömungen gehört hat, wird sich vermutlich nicht vornehmen, den Bug eines Schiffes mit mathematischen Mitteln zu optimieren.

In der Grafik wird versucht, der Dynamik einer Modellierung (entlang der grauen Pfeile) insofern Rechnung zu tragen, als optisch mehrere Durchläufe eingezeichnet sind (vgl. den kleinen Kreis im Teil mathematische Modellierung rechts unten). Die mathematische Modellierung unten, ist eigentlich „nur" ein besonderer Bestandteil der Modellierung, eine spezifische und in gewisser Hinsicht besonders effektive Methode der Modellierung.

Wenn die mathematische Arbeit im engeren Sinn für die erste mathematische Modellierung getan ist, ergeben sich daraus häufig Wünsche an die Modellierung und Versuche, sie durch bessere Daten, mehr Information über die Struktur der Daten oder das gezielte Nicht-Beachten bestimmter Aspekte des Modells zu verbessern. Auch nach besserer mathematischer Modellierung wird häufig gesucht. Es gibt keine fixe Regel dafür, nach wie vielen solcher Durchläufe das Ergebnis den Wünschen entspricht oder die weitere Arbeit an diesem Thema aufgrund von Zeitmangel, fehlenden weiteren Möglichkeiten zur Modellverbesserung oder anderen Gründen abgebrochen wird (dargestellt durch den schwarzen Pfeil vom blauen Teil der mathematischen Modellierung zum verbesserten Modell). In diesem Zusammenhang sei auch noch ausdrücklich erwähnt, dass auch die EDV eine wichtige Rolle spielt: Die Möglichkeiten und Grenzen des Einsatzes von mathematischer Software hat einen großen Einfluss auf die Auswahl von Themen, Aspekten der Modellierung und Chancen zu einem adäquaten Ergebnis zu kommen. Viele Themen können heute in der Forschung, der Industrie und in der Schule nur deshalb thematisiert werden, weil die EDV hinreichende Unterstützung bietet.

Die Kästen für „verbessertes Modell oder neue Ziele" und „geänderte Realität" sollen daran erinnern, dass die (mathematische) Modellierung Folgen haben kann und soll, die ihrerseits wiederum Rückwirkungen auf den Menschen haben können und sollen (vgl. äußere schwarze Pfeile links und rechts). Eine mögliche Rückwirkung etwa einer forschenden Modellierung sind häufig neue Einsichten und Fragen, die zu neuen Modellierungen führen (daher auch die zweiseitigen Pfeile zwischen Mensch und Modell, Mensch und Realität bzw. Modell und Realität).

An dieser Stelle möchten wir ausdrücklich darauf hinweisen, dass der untere (blaue) Teil der Grafik, in dem spezifisch auf mathematische Modellierung hingewiesen wird, auch durch einen (z. B. grünen) Teil ersetzt oder ergänzt werden kann, in dem z. B. biologisches, chemisches, physikalisches, ökonomischen etc. Modellieren dargestellt wird. Ganz offensichtlich gelingt das Modellieren durch vernetztes Denken (Vester 2002), wenn Wissen aus allen relevanten Quellen einbezogen wird.

Die dritte und letzte Grafik im Exkurs zur Modellierung soll visualisieren, dass es hier um einen offenen Prozess geht, der zu einem ungewissen Ende führt (Abb. 3).

Ausgangspunkt sind wieder WIR, also Menschen, die etwas verstehen oder verändern wollen, dazu Modellieren und Konsequenzen für die Realität bewirken. Diese Konsequenzen oder andere Motivationen führen zu erneuten Anstrengungen, zu neuen und hoffentlich besseren Modellen, die wiederum Auswirkungen auf die Realität haben. Wann und wie die Bemühung um eine Verbesserung der Erkenntnis oder der Realität endet, ist zu Beginn prinzipiell ebenso offen, wie die abschließende Bewertung des Prozesses: Ist tatsächlich (bzw. aus wessen Sicht?) eine Verbesserung erreicht worden?

Abb. 3 Modellierungskreislauf – perspektivisch

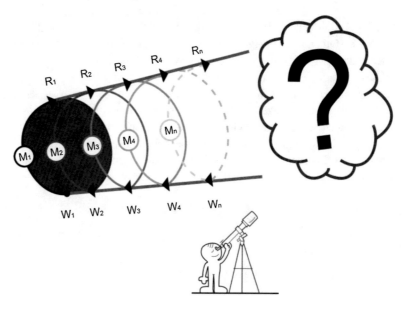

Am Anfang steht eine Entscheidung: der Wunsch, etwas zu erkennen, etwas besser zu verstehen, zu verändern, schneller zu erreichen, mit wenig(er) Aufwand zu steuern oder Ressourcen möglichst effizient einsetzen zu können. All das und viel mehr kann als Motivation dienen. Nachdem ein Aspekt der Realität ausgewählt wurde, der mit mathematischen Methoden genauer betrachtet werden kann und soll, werden Daten und Gesetzmäßigkeiten gesucht, mit denen diese Daten verknüpft sind. Zu Beginn sind meist nicht alle notwendigen Daten vorhanden und nicht immer ist klar, in welcher Weise die Daten mithilfe des mathematischen Werkzeugkastens strukturiert werden können bzw. durch einen mathematischen Zusammenhang dargestellt oder beschrieben werden können.

Der Start im ersten Durchlauf beruht deshalb oft auf Schätzungen und sehr einfachen Mathematisierungen. Es werden zunächst (mathematische) Modelle erstellt von denen bekannt ist, dass sie keinesfalls alle Parameter berücksichtigen. Trotzdem werden schon bald Berechnungen angestellt, damit sowohl das Ergebnis als auch der Weg dahin interpretiert werden können. Die Interpretation kann in verschiedene Richtungen führen. Die ersten Ergebnisse verursachen oft Kopfschütteln: entweder ist das Ergebnis im Hinblick auf seine Aussagekraft oder Erklärungsmächtigkeit nicht zufriedenstellend. Meist kann aber aus der Interpretation des ersten Anlaufes geschlossen werden, wie weiter vorgegangen werden soll.

Typische Fragestellungen, die daraus resultieren, sind Fragen nach genaueren oder zusätzlichen Daten, nach komplexeren mathematischen Werkzeugen oder die Frage nach Präzisierung der Fragestellung bzw. der Zielsetzung. Sobald eine oder mehrere dieser Fragen durchdacht sind, wird ein zweiter Versuch durchgeführt, dessen Ergebnis wiederum interpretiert werden muss.

Analog zum ersten Durchgang müssen die handelnden Personen entscheiden, ob und wie es weitergeht. Das ist oft eine subjektive Entscheidung, die von Zeit und Fähigkeiten, Motivation und vielen Faktoren abhängt, aber nicht objektiv durch die Mathematik vorgegeben ist (wie etwa beim Beweis eines Satzes). Nach einigen Durchgängen haben die handelnden Personen meist mit genügend großer Genauigkeit herausgefunden, was sie wissen wollten oder merken, dass sie trotz aller Bemühungen nicht weiterkommen, weil z. B. bessere Daten nicht zugänglich sind, mathematische Darstellungen die kognitiven Fähigkeiten übersteigen oder sie schlicht den Eindruck haben, dass weitere Bemühungen sich nicht mehr lohnen, weil der Arbeitsaufwand zu groß wird.

5 Verantwortung?

Zum Schluss weisen wir noch darauf hin, dass mit der Tätigkeit des (mathematischen) Modellierens mehr Verantwortung für die Resultate verbunden ist, als üblicherweise bei Übungs- oder Rechenaufgaben. Wenn ein Algorithmus für den nächsten Test geübt wird, kommt es nur darauf an, ob das Ergebnis stimmt, nicht aber, was es für die Realität bedeutet oder welche Konsequenzen für die betroffenen Menschen aus der Anwendung dieses Resultates folgen (können). Ganz anders ist es bei einer Profimodellierung: Wenn die Belastbarkeit einer Brücke oder eines tragenden Seiles bei einer Seilbahn falsch modelliert und berechnet wurde, können die Folgen katastrophal sein – ebenso wie bei einem an einseitigen Interessen orientierten volkswirtschaftlichen Modell, das zu Gesetzen (für Steuern, Umweltbelastungen oder Subventionen) führt, die langfristig schlimme Folgen haben. Den Schülerinnen und Schülern ist nicht neu und unbekannt, dass ihre Handlungen in der realen Welt Konsequenzen haben (können), für die sie sich verantworten müssen. Neu ist für viele von ihnen nur, dass im realitätsbezogenen Mathematikunterricht die Resultate ihrer Bemühungen Konsequenzen wie im realen Leben außerhalb des Schulunterrichts haben (können) (vgl. Maaß 2015).

Literatur

Blum, W., Leiß, D.: Modellieren im Unterricht der „Tanken"-Aufgabe. Math. lehren **128**, 18–21 (2005)

Borromeo Ferri, R.: Wege zur Innenwelt des mathematischen Modellierens. Kognitive Analyse zu Modellierungsprozessen im Mathematikunterricht. Vieweg + Teubner Verlag, Wiesbaden (2011)

Maaß, J.: Modellieren in der Schule. Ein Lernbuch zu Theorie und Praxis des realitätsbezogenen Mathematikunterrichts. WTM Verlag, Münster (2015)

Maaß, K.: Stau – eine Aufgabe für alle Jahrgänge! PM Praxis der Math. **47**(3), 8–13 (2005)

Pollak, H. O.: The interaction between mathematics and other school subjects (Including Integrated Courses). In: Athen, H., Kunle, H. (Hrsg.) Proceedings of the Third International Congress on Mathematical Education, S. 255–264. Zentralblatt für Didaktik der Mathematik, Karlsruhe (1977)

Pollak, H.: The interaction between mathematics and other school subjects. In: New trends in mathematics teaching IV (UNESCO), S. 232–248. UNESCO, Paris (1979)

Vester, F.: Die Kunst vernetzt zu denken: Ideen und Werkzeuge für einen neuen Umgang mit Komplexität – Ein Bericht an den Club of Rome. dtv, München (2002)

Die Geschwindigkeit eines Ruderbootes im Verlauf eines Rennens – ein Beispiel mathematischen Modellierens für die Sekundarstufe II

Thomas Bardy

Zusammenfassung

Ausgangspunkt ist die Frage, wie die Geschwindigkeit eines Ruderbootes modelliert werden kann. Mithilfe der die Geschwindigkeit beeinflussenden Kräfte werden Differenzialgleichungen hergeleitet, die die Geschwindigkeit des Ruderbootes in der Antriebsphase bzw. in der Freilaufphase beschreiben. Die Gleichungen werden für einen konkreten Achter aufgestellt und Graphen des Geschwindigkeitsverlaufs erzeugt. Wie kann der Achter eine kürzere Endzeit über die 2000 m – Strecke erreichen? Das Zwei-Phasen-Rudern beim Achter (vier Ruderer in der Antriebsphase, vier Ruderer in der Freilaufphase) wird als Alternative diskutiert. Das Thema bietet Anlass, ein die Fächer Mathematik, Physik und Sport verbindendes Projekt zu realisieren (einschließlich Lernen mit neuen Technologien). Über Unterrichtserfahrungen mit der Thematik in einer Jahrgangsstufe 12 wird berichtet.

1 Einleitung

Ausgangspunkt ist die Frage, wie die Geschwindigkeit eines Ruderbootes modelliert werden kann. Mithilfe der die Geschwindigkeit beeinflussenden Kräfte werden Differenzialgleichungen hergeleitet, die die Geschwindigkeit des Ruderbootes in der Antriebsphase (Abb. 1) bzw. in der Freilaufphase (Abb. 3) beschreiben. Die Gleichungen werden für einen konkreten Achter aufgestellt und Graphen des Geschwindigkeitsverlaufs erzeugt.

In diesem Beitrag werden folgende Fragestellungen bearbeitet:

1. Wie kann man einen Ruderschlag mathematisch modellieren?
2. Wie sieht der Geschwindigkeitsverlauf eines Ruderbootes[1] während eines einzelnen Ruderschlages und während eines vollständigen 2000 m-Rennens aus?
3. Wie kann man (zumindest theoretisch) eine nahezu konstante Ruderbootgeschwindigkeit während eines Ruderschlages und eine schnellere Endzeit über die 2000 m-Distanz erreichen?

Das Thema bietet Anlass, ein die Fächer Mathematik, Physik und Sport verbindendes Projekt zu realisieren (einschließlich Lernen mit neuen Technologien). Über Unterrichtserfahrungen mit der Thematik in einer Jahrgangsstufe 12 wird berichtet.

Folgende Ziele des Projekts lassen sich in Anlehnung an die Einteilung von Maaß (2003, S. 36) formulieren:

1. Pragmatisches Ziel: Die Lernenden sollen ein komplexes Beispiel für mathematische Modellbildung kennen lernen, bearbeiten und verstehen, indem sie sich mit dem Geschwindigkeitsverlauf eines Ruderbootes während eines Rennens beschäftigen.
2. Methodologisches Ziel: Die Lernenden sollen Fähigkeiten zum Anwenden von Mathematik in einer für sie unbekannten Umweltsituation erwerben und anwenden, indem sie die einzelnen Schritte des Modellbildungskreislaufs vollziehen und gestalten.

T. Bardy (✉)
Institut Sek. I und II/Professur für Mathematikdidaktik und ihre Disziplinen, Pädagogische Hochschule FHNW, Windisch, Schweiz
E-Mail: thomas.bardy@fhnw.ch

[1]Hier: Achter, Typ 8+, Riemenboot. Die folgende mathematische Modellbildung kann leicht auch auf 2er- und 4er-Boote (mit/ohne Steuermann) übertragen werden. Auf andere mathematische Modellbildungen zum Rudern wird bei Affeld et al. (1988, S. 168 f.) hingewiesen.

© Springer Fachmedien Wiesbaden GmbH, ein Teil von Springer Nature 2019
I. Grafenhofer und J. Maaß (Hrsg.), *Neue Materialien für einen realitätsbezogenen Mathematikunterricht 6*,
Realitätsbezüge im Mathematikunterricht, https://doi.org/10.1007/978-3-658-24297-8_2

3. Kulturbezogenes Ziel: Den Lernenden soll ein aus-
   gewogenes Bild von Mathematik als gesellschaftliches
   und kulturelles Gesamtphänomen vermittelt werden,
   indem sie erkennen, dass durch den Modellbildungs-
   prozess zum Rudern die Realität durch Mathematik verändert werden kann (das Zwei-Phasen-Rudern effektiver
   ist) und durch theoretische Berechnungen erstaunliche
   Ergebnisse entstehen können.

4. Pädagogische Ziele: Durch die Modellbildung sollen heuristische Strategien, Problemlöse- und Argumentations-
   fähigkeiten sowie kreatives Verhalten der Lernenden
   gefördert und ausgebildet werden, indem sie Einflussfaktoren auf die Ruderbootgeschwindigkeit entdecken
   und bewerten, Modellvoraussetzungen aufstellen, mithilfe von Gleichungen den Ruderschlag modellieren, eine Software nutzen, die numerische Lösung von
   Differenzialgleichungen kennen lernen und üben, der
   Frage nachgehen, wie man zumindest theoretisch eine
   nahezu konstante Ruderbootgeschwindigkeit während
   eines Ruderschlages und eine schnellere Endzeit über die
   2000 m-Distanz erreichen kann, den Umgang mit Grafiken üben und festigen, Begriffe aus dem Rennrudersport
   kennen lernen, mögliche Probleme beim Zwei-Phasen-
   Rudern erkennen (Kollision der Riemen, Kollision der
   Ruderer) und diese durch eine Bootsverlängerung aus-
   schalten sowie mathematische Sätze und physikalische
   Gesetze wiederholen.

5. Lernpsychologische Ziele: Das Beispiel zum Rudersport
   soll den Lernenden eine aufgeschlossene Einstellung
   gegenüber der Mathematik und dem Mathematikunterricht vermitteln, ihre Motivation zur Auseinandersetzung
   mit Mathematik steigern und das Verstehen von mathematischen Inhalten unterstützen, indem sie einen Film
   zum Rudern betrachten und analysieren, Achter-Zei-
   ten recherchieren (z. B. Endzeiten von Olympischen
   Spielen) und diese mit der errechneten Endzeit des
   Modellachters vergleichen sowie sich im Internet über
   Regelungen zum Rennrudersport informieren.

2   Erläuterungen und Modellvoraussetzungen

Ein Ruderschlag ist unterteilt in

- die **Antriebsphase,** in der die Ruderblätter im Wasser
  sind und die Ruderer[2] an den Riemen ziehen sowie ihre
  Beine gegen die Stemmbretter stemmen, wobei sie sich

auf den Rollsitzen in Richtung des Bugs bewegen (siehe
Abb. 1 und 2);

- die **Freilaufphase,** in der die Ruderblätter aus dem Wasser ragen und die Ruderer sich heckwärts bewegen (vorrollen), wobei sie ihre Beine anwinkeln und sich auf dem
  Rollsitz leicht vorwärts beugen (siehe Abb. 3).

Während der Bewegung eines Ruderbootes im Wasser
wirken verschiedene Kräfte auf das Boot ein.[3] Der Haupt-
widerstand gegen die Vorwärtsbewegung eines Bootes ist
der Wasserwiderstand.[4] Der Luftwiderstand spielt i. Allg.[5]
nur eine geringe Rolle und wird in dem folgenden mathematischen Modell vernachlässigt (vgl. Brearley et al. 1998,
S. 389). Ebenso wird der sog. Stampfwiderstand[6] vernachlässigt.

Das Wasser, auf dem sich das Boot bewegt, wird als festes
Bezugssystem angenommen; eventuelle Wasserströmungen,
die Wassertemperatur[7] und -tiefe[8] bleiben unberücksichtigt.

Ein modernes Renn-Ruder (Riemen)[9] hat nur eine Masse
von ca. 2,4 kg[10], sodass diese Masse (8 · 2,4 kg = 19,2 kg)
hier ebenfalls vernachlässigt werden kann.

---

[2]Im Folgenden wird in den Formulierungen nicht zwischen männ-
lichen und weiblichen Ruderern unterschieden.

[3]Zu den Komponenten des Gesamtwiderstands siehe Lazauskas (1996,
http://www.maths.adelaide.edu.au/Applied/llazausk/hydro/GODZ/
RES/INTRO/guri1.html).

[4]Lazauskas (1997, http://www.cyberiad.net/library/rowing/stroke/smo-
del.htm) beziffert den Anteil des Wasserwiderstands am Gesamtwiderstand mit etwa 90 %.

[5]Es ist allerdings zu beachten, dass starker Gegenwind den Anteil des
Luftwiderstands am Gesamtwiderstand erheblich erhöhen kann, siehe
Dudhia (2001, http://eodg.atm.ox.ac.uk/user/dudhia/rowing/physics/
basics.html). Nach Lazauskas (1997, http://www.cyberiad.net/library/
rowing/stroke/smodel.htm) lässt sich der Luftwiderstand von Boot und
Rudermannschaft nur sehr schwer bestimmen. Er selbst benutzt die
folgende Formel, die den Luftwiderstand für einen einzelnen Ruderer
angibt und von Millward (1987) aufgestellt wurde: $R_{\text{Luft}} = 0{,}02 \cdot m^{2/3} \cdot u^2$
[N]. Dabei ist m die Maßzahl der in kg gemessenen Masse des Ruderers
und u die Maßzahl der in m/s gemessenen Bootsgeschwindigkeit. Zum
Windeinfluss auf die Bootsgeschwindigkeit eines Weltklasse-Achters
siehe Kollmann (2001, S. 892).

[6]Er entsteht durch Druckunterschiede beim Umströmen des Boots-
körpers und bewirkt zusammen mit der Bewegung der Ruderer auf
den Rollsitzen ein vertikales Absinken des Bootes (vgl. Herberger
et al. 1977, S. 22). Dieses Phänomen ist bei Bingelis und Danisevicius
(1991, S. 42) in Form einer Differenzialgleichung beschrieben.

[7]Bei Wassertemperaturen von 14° muss im Vergleich zu 19°/20° mit
etwa 4 s längeren Fahrzeiten über die Renndistanz gerechnet werden
(vgl. Kollmann 1999, S. 13). Zur Temperaturabhängigkeit der Bootsgeschwindigkeit siehe Oehler und Schneider (1982, S. 212).

[8]Zum Einfluss der Wassertiefe auf die Bootsgeschwindigkeit siehe
Herberger et al. (1977, S. 23).

[9]Die Renn-Ruder machen weniger als 5 % der Gesamtmasse (einschließlich der Ruder-Mannschaft) aus (vgl. Dudhia 2001, http://eodg.
atm.ox.ac.uk/user/dudhia/rowing/physics/basics.html), nach meiner
späteren Beispielrechnung sogar nur etwa 2,3 %.

[10]Angabe der Firma Empacher (http://www.empacher.com/fileadmin/
DE/baublatt/Baublatt-Riemen-1016-GER.pdf): 2360 g bis 2430 g.

Abb. 1 Rennruder-Achter
(während der Antriebsphase).
(https://deutschlandachter.de/
presse/; Fotograf der Bilder in
Abb. 1 und 3 Detlev Seyb)

Abb. 2 Ein Rollsitz. (http://
www.carlosdinares.com/
wp-content/uploads/2013/10/
rowing-seat.jpg)

Abb. 3 Das Ende der
Freilaufphase. (https://
deutschlandachter.de/presse/)

Abb. 4 Kräfte während der Antriebsphase. (Brearley et al. 1998, S. 390)

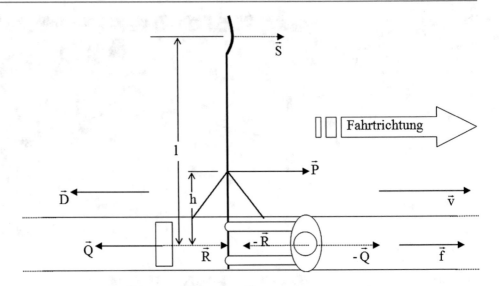

Während der Antriebsphase bewegen sich die Ruderblätter nur sehr wenig im Wasser (der tatsächliche Weg des Blattes im Wasser wird als „Schlupf" bezeichnet).[11] Deshalb können die Ruderblätter als feste Drehpunkte der Riemen (diese als Hebel) betrachtet werden (vgl. a. a. O., S. 391). Der Einfluss der Verformung der Ruderblätter ist nach Brearley et al. (a. a. O.) sehr klein und bleibt deshalb unberücksichtigt.[12] Ebenfalls wird vorausgesetzt, dass sich das Boot auf einer geraden Linie vom Start bis zum Ziel bewegt.

Im Folgenden wird zunächst nur ein Ruderer betrachtet. Die durchgezogenen Pfeile (siehe Abb. 4) beschreiben Kräfte, die auf das **Boot** wirken; die gestrichelten Pfeile beschreiben Kräfte, die auf den **Ruderer** wirken. Kräfte, die von einem Ruderer stammen und senkrecht zur Fahrtrichtung wirken, können vernachlässigt werden, da sie von dem Ruderer, der auf der anderen Seite rudert, idealerweise wieder aufgehoben werden.[13] Es reicht also aus, nur diejenigen Kräfte zu berücksichtigen, die parallel zur Fahrtrichtung wirken (vgl. a. a. O.).

Im weiteren Verlauf dieses Kapitels werde ich in Anlehnung an Brearley et al. (1998) folgende Abkürzungen verwenden:

m: Masse des Achter-Bootes (inkl. Steuermann)[14],

M: Gesamtmasse aller Ruderer[15],

t: Zeitspanne vom Beginn der Antriebsphase (Wasserfassen[16]) innerhalb des betrachteten Ruderschlags,

τ_1: Dauer der Antriebsphase,

τ_2: Dauer der Freilaufphase,

$t' = t - \tau_1$: Zeitspanne vom Beginn der Freilaufphase (Ausheben der Ruderblätter[17]) an,

v(t): Geschwindigkeit des Bootes zum Zeitpunkt t,

f(t) = dv(t)/dt: Beschleunigung des Bootes zum Zeitpunkt t,

D: Widerstand des Wassers auf den Bootsrumpf[18],

$$D = 24{,}93 - 11{,}22v + 13{,}05v^2 [N] \qquad (1)$$

(a. a. O., S. 404; hierbei ist v die Maßzahl der Bootsgeschwindigkeit bei der Einheit m/s).

---

[11]„In Bezug auf das Wasser beschreibt das Blatt keinen Kreisbogen." (Herberger et al. 1977, S. 31) „Das Blatt führt neben geringer Rotation eine zur Fahrtrichtung entgegengesetzt fortschreitende (translatorische) Bewegung aus, wobei das charakteristische Schlupfbild entsteht." (a. a. O., S. 32).

[12]Die Firma Empacher (http://www.empacher.com/fileadmin/DE/baublatt/Baublatt-Riemen-1016-GER.pdf) gibt an: bei einer Masse von 10 kg auf den Ansatz des Blattes am Riemen verbiegt sich das Ruder am Blattende um 4,4 cm. Zur Verformung eines Ruders siehe Brearley und deMestre (2000).

[13]Ich nehme an, dass das Boot während des gesamten Rudervorgangs auf einer geraden Linie bleibt.

[14]Sie macht 20–30 % der Gesamtmasse des Systems Ruderer-Boot aus (vgl. Dudhia 2001, http://eodg.atm.ox.ac.uk/user/dudhia/rowing/physics/basics.html).

[15]Sie macht 80–70 % des Systems aus (vgl. a. a. O.).

[16]D. h. Einleiten des Kraftimpulses durch Änderung der Bewegungsrichtung des Blattes (Riemen) in Richtung Heck (vgl. Herberger et al. 1977, S. 16).

[17]D. h. Herausführen der Blätter aus dem Wasser mit anschließender Änderung der Bewegungsrichtung der Blätter in Richtung Bug (vgl. a. a. O.).

[18]Dieser Widerstand ist natürlich abhängig von dem betrachteten Bootsrumpf und nur experimentell bestimmbar. Für mich ist dies nicht möglich. Im Folgenden werde ich somit die Formel, die bei Brearley et al. (1998, S. 404) angegeben ist und auf Messungen von Wellicome (1967) zurückgreift, verwenden. Formeln für diesen Widerstand finden sich auch bei Affeld et al. (1988, S. 169) und Schatté (1981, S. VI).

3 Ein mathematisches Modell zu einem Ruderschlag

3.1 Modellieren der Antriebsphase

Die Antriebsphase erstreckt sich vom Beginn der Auslage (Wasserfassen) bis zum Anfang des Aushebens der Blätter. Nach den obigen Abkürzungen betrachte ich somit das Zeitintervall $[0; \tau_1]$.

Die Füße eines jeden Ruderers sind auf einem Stemmbrett im Rumpf des Bootes festgeschnallt (siehe Abb. 2). Während der Antriebsphase stemmen die Ruderer ihre Füße gegen diese Bretter und üben somit eine rückwärts gerichtete[19] Kraft $\vec{Q}$ auf die Stemmbretter und somit auch auf das gesamte Boot aus.

Nach dem dritten Newtonschen Axiom (Gesetz von Actio und Reactio) wird nun aber von dem Stemmbrett eine entgegengesetzt gerichtete Kraft (vom gleichen Betrag wie $\vec{Q}$) auf die Ruderer ausgeübt. In Abb. 4 sind diese Kräfte für einen einzelnen Ruderer dargestellt. Sie sind aber als die Summe der von allen acht Ruderern auf die Stemmbretter ausgeübten Kräfte zu interpretieren.

Eine weitere Kraft ($\vec{R}$), die zu beachten ist, ist diejenige, die von den Ruderern auf die Riemen (Innenhebel bzw. Griffe) ausgeübt wird (siehe Abb. 4). Diese wirkt in der Antriebsphase in Fahrtrichtung.[20] Die Ruderer erfahren hierbei aber auch selber eine Kraft, die von den Innenhebeln[21] auf sie ausgeübt wird. Diese Kraft (vom Betrag her auch R) wirkt in entgegengesetzter Richtung und nicht auf das Boot. Sie ist somit in Abb. 4 ebenfalls gestrichelt eingezeichnet.

Das Wasser übt eine Kraft $\vec{S}$ (aufsummiert für alle Ruderblätter) auf das Zentrum des Ruderblattes aus. Diese Kraft wirkt in Fahrtrichtung und wird durch das Drücken der Blätter gegen das Wasser erzeugt.[22] Sie wirkt ebenfalls nicht auf das Boot und wird bei der folgenden Herleitung der Bewegungsgleichungen nicht weiter berücksichtigt (siehe die entsprechende Modellannahme in Kap. 2 „Erläuterungen und Modellvoraussetzungen").

Die Riemen wirken als eine Art Hebel (mit den Blättern als Fixpunkte[23]) und üben über die Dolle als festen Punkt (siehe Abb. 4 und 5) eine Kraft (wieder gemeinsame Kraft) auf das Boot aus. Damit dieses Hebelsystem überhaupt

---

[19]Rückwärts gerichtet heißt entgegengesetzt zur Fahrtrichtung.

[20]Sie ist gestrichelt eingezeichnet, da sie nicht auf das Boot wirkt.

[21]Letztlich vom Wasserwiderstand, der auf die Ruderblätter wirkt.

[22]Verlustlos in Fahrtrichtung wirkt diese Kraft nur, „[…] wenn sich der Riemen in 90°-Stellung zum Boot befindet" (Herberger et al. 1977, S. 30). In allen anderen Stellungen ergeben sich seitliche Verlustkomponenten.

[23]Die Riemen stoßen sich sozusagen an den Blättern als feste Punkte ab (zum Antrieb des Ruderbootes siehe auch Nolte 1989, S. 448).

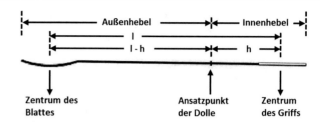

Abb. 5 Ein Riemen. (Dudhia 2001, http://eodg.atm.ox.ac.uk/user/dudhia/rowing/physics/basics.html, Beschriftungen und Pfeillängen verändert durch T. Bardy)

Erfolg hat (ein Ruderschlag Erfolg hat), muss P>Q sein. Nur so kann durch den Riemen die Bootsgeschwindigkeit positiv in Fahrtrichtung verändert werden. In jeder Antriebsphase wirkt die Kraft P − Q gegen den Wasserwiderstand D und bewegt so, wenn sie groß genug ist, das Boot in Fahrtrichtung.

Die Betrachtung der Drehmomente, die an dem Riemen wirken, ergibt (Brearley et al. 1998, S. 391; Hebelgesetz: Kraft · Kraftarm = Last · Lastarm):

$$R \cdot l = P \cdot (l - h) \Rightarrow R \cdot l = P \cdot l - P \cdot h$$

$$\Rightarrow P - R = \frac{h}{l} \cdot P \qquad (2)$$

(mit der Ruderlänge l vom Zentrum des Griffs bis zum Zentrum des Blattes und dem Abstand h des Zentrums des Griffs bis zum Ansatzpunkt der Dolle, siehe Abb. 5).

Diese Beziehung (2) gilt nach Brearley et al. (1998, S. 391) während der gesamten Antriebsphase und ist unabhängig von der Winkelstellung des Riemens in Bezug zum Boot.

Durch die Kräfte, die auf den Riemen wirken, verformt sich dieser etwas und beeinflusst damit P und l. Nach der Modellannahme wird dieser Einfluss aber vernachlässigt.

Die Bewegung der Ruderer auf dem Rollsitz

Während der Antriebsphase bewegen sich die Ruderer auf einem Rollsitz (siehe Abb. 2 und 7) in Richtung des Bugs (also in Fahrtrichtung). In Bezug auf das Boot beträgt ihre Geschwindigkeit zum Anfang und zum Ende dieser Vorwärtsbewegung 0 m/s (siehe Abb. 6).

Die maximale Geschwindigkeit des Rollsitzes wird ungefähr in der Mitte des Intervalls $[-a_1; a_1]$ erreicht (siehe Abb. 6 und 8), wobei a_1 die Durchschnittslänge der Bewegung aller Ruderer von der Mitte der Rollschiene in Bug-Richtung ist, gemessen in m.

Wie kann man nun den Weg, den die Ruderer auf dem Rollsitz zurücklegen, beschreiben?

Brearley et al. (1998, S. 391) modellieren diese Bewegung der Ruderer auf dem Rollsitz als Halb-Zyklus einer einfachen harmonischen Bewegung und beschreiben die Bewegung des (als gemeinsam angenommenen) Körperschwerpunktes der Ruderer in der Horizontalen in

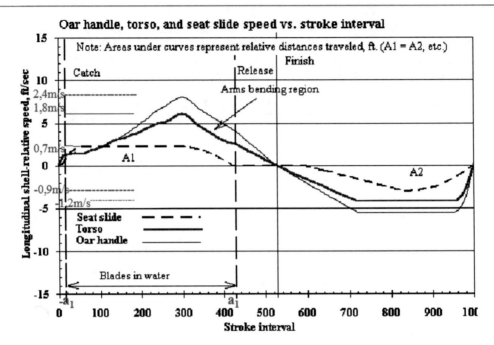

Abb. 6 Geschwindigkeitsverläufe des Rollsitzes, des Oberkörpers und des Rudergriffes relativ zur Bootsgeschwindigkeit während des Zurück- und Vorrollens (gemessen bei einem Einer) (1 in. = 2,54 cm, 1 ft = 12 in. = 0,3048 m (Eintragungen der Geschwindigkeiten in m/s und des Intervalls $[-a_1; a_1]$ durch T. Bardy)). (Atkinson 2001, http://www.atkinsopht.com/row/rowabstr.htm)

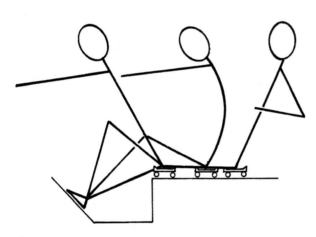

Abb. 7 Die Bewegung auf dem Rollsitz. (http://www.rish.de/rudern/biomechanik, Teile der Original-Abbildung weggelassen)

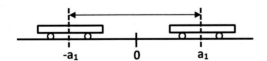

Abb. 8 Die Bewegung des Rollsitzes

Abhängigkeit von der Zeit t im Intervall $[0; \tau_1)$ durch folgende Gleichung:

$$x_1 = -a_1 \cos(n_1 t), \qquad (3)$$

wobei $n_1 = \frac{\pi}{\tau_1}$ die Kreisfrequenz der einfachen harmonischen Bewegung ist (a. a. O., S. 392).

Ist diese Modellierung gerechtfertigt?

Der Graph der durch die Gl. (3) beschriebenen Funktion hat im Intervall $[0; \tau_1]$ den folgenden qualitativen Verlauf (t = 0: $x_1 = -a_1$, und t = τ_1: $x_1 = a_1$) (siehe Abb. 9).

Die Ableitung der zugehörigen Funktion nach der Zeit t ist

$$\dot{x}_1 = a_1 n_1 \sin(n_1 t).$$

Dies ist demnach die **Geschwindigkeit** der Ruderer auf dem Rollsitz (in Bezug auf das Boot) zum Zeitpunkt t. Qualitativ beschreibt diese Gleichung die Sinusfunktion im Intervall $[0; \tau_1]$ (siehe Abb. 10).

Diesen sinusförmigen Kurvenverlauf zeigt auch näherungsweise die von mir im Internet gefundene grafische Darstellung des Geschwindigkeitsverlaufs des Rollsitzes (des Körperschwerpunktes eines Ruderers auf dem Rollsitz; siehe Abb. 6, dort gestrichelt).[24]

Somit ist die Annahme von Brearley et al. (1998, S. 391) durchaus gerechtfertigt.

Die Differenzialgleichung der Antriebsphase

Die Vorwärts**beschleunigung** der Ruderer auf dem Rollsitz (siehe Abb. 11) relativ zum Boot ist $\ddot{x}_1$ und relativ zum Wasser $\ddot{x}_1 + f$, wobei f die Beschleunigung des Bootes ist.

---

[24]Siehe auch http://home.hccnet.nl/m.holst/recover1.html: dort ist eine mittlere Rollsitzgeschwindigkeit von 0,9 m/s angegeben.

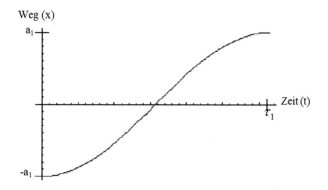

Abb. 9 Graph zu der Gl. (3)

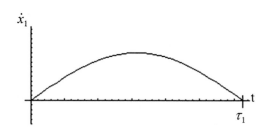

Abb. 10 Graph der Ableitung zu Gl. (3)

Abb. 11 Beschleunigung des Ruderers auf dem Rollsitz (Einer). (Young und Muirhead 1991, http://phys.washington. edu/~wilkes/post/temp/phys208/ shell.acceleration.html)

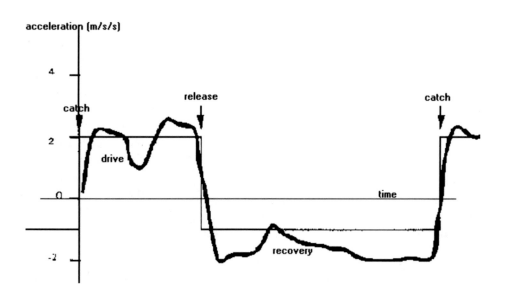

(Brearley et al. 1998, S. 392; Kraft = Masse · Beschleunigung).

Die **Bewegungsgleichung des Bootes in der Antriebsphase** lautet (siehe Abb. 4):

$$P - Q - D = m\frac{dv}{dt} \quad \text{(a. a. O.)}$$

Addiert man jeweils die linken und rechten Seiten dieser beiden letzten Gleichungen und benutzt die Beziehung (2) $\left(P - R = \frac{h}{l} \cdot P\right)$, so erhält man:

$$(Q - R) + (P - Q - D) = M\left(n_1^2 a_1 \cos(n_1 t) + \frac{dv}{dt}\right) + m\frac{dv}{dt}$$

$$\Rightarrow P - R - D = (M + m)\frac{dv}{dt} + Mn_1^2 a_1 \cos(n_1 t)$$

$$\Rightarrow \left(\frac{h}{l}\right)P - D = (m + M)\frac{dv}{dt} + Mn_1^2 a_1 \cos(n_1 t)$$

$$\Rightarrow (m + M)\frac{dv}{dt} = \frac{h}{l}P - Mn_1^2 a_1 \cos(n_1 t) - D \quad (4)$$

Der Betrag der Kraft $\overrightarrow{P}$, die die Ruderer über die Dolle auf das Boot ausüben, ist zu Beginn und am Ende des Intervalls $[0; \tau_1]$ (Antriebsphase) sehr klein (nahe 0) und erreicht sei-

Die erste und die zweite Ableitung der durch die Gl. (3) gegebenen Funktion nach t lauten:

$$\dot{x}_1 = a_1 n_1 \sin(n_1 t); \quad \ddot{x}_1 = n_1^2 a_1 \cos(n_1 t).$$

Die **Bewegungsgleichung der Ruderer** in Fahrtrichtung ist damit (siehe Abb. 4):

$$Q - R = M(\ddot{x}_1 + f) = M\left(\ddot{x}_1 + \frac{dv}{dt}\right) = M\left(n_1^2 a_1 \cos(n_1 t) + \frac{dv}{dt}\right)$$

nen maximalen Wert ungefähr in der Mitte des Intervalls (siehe Abb. 12).

Diese Eigenschaft (sinusförmiger Verlauf) des Betrags P der Kraft $\overrightarrow{P}$ wird durch folgende Formel mathematisch beschrieben:

$$\frac{h}{l}P = P_{max} \sin(n_1 t), \quad (5)$$

Abb. 12 Die Entwicklung von P während der Antriebsphase. (Lazauskas 1997, http://www. cyberiad.net/library/rowing/ stroke/smodel.htm, S. 32)

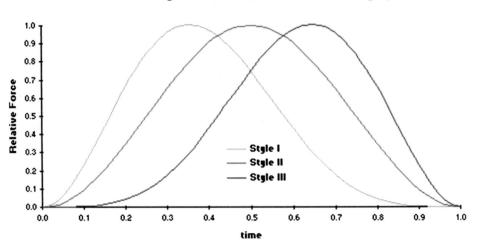

Force Variation during the Power Stroke for Different Rowing Styles

wobei P_{max} der maximale Wert von $\frac{h}{l}P$ ist (a. a. O.).[25]

Das Einsetzen des Terms aus (5) in (4) und die Benutzung der Formel für D (siehe Gl. (1)) ergeben:

$$(m + M)\frac{dv}{dt} = P_{max} \sin(n_1 t) - Mn_1^2 a_1 \cos(n_1 t) - 24{,}93$$
$$+ 11{,}22v - 13{,}05v^2$$

$$\Rightarrow \frac{dv}{dt} = \frac{P_{max}}{m + M} \sin(n_1 t) + \frac{(-Mn_1^2 a_1)}{m + M} \cos(n_1 t)$$
$$+ \frac{(-24{,}93)}{m + M} + \frac{11{,}22}{m + M}v + \frac{(-13{,}05)}{m + M}v^2$$

$$\Rightarrow \frac{dv}{dt} = K_1 \sin(n_1 t) + K_2 \cos(n_1 t) + A + Bv + Cv^2, \quad (6)$$

$$A := \frac{-24{,}93}{m + M}; \quad B := \frac{11{,}22}{m + M}; \quad C := \frac{-13{,}05}{m + M}$$

(Brearley et al. 1998, S. 392).

Mit der Gl. (6) ist eine Differenzialgleichung hergeleitet worden, die die Geschwindigkeit des Bootes während der Antriebsphase beschreibt.[26]

3.2 Modellieren der Freilaufphase

Die Freilaufphase ist das Zeitintervall $[\tau_1; \tau_1 + \tau_2]$, wobei τ_2 die Dauer dieser Phase ist.

Mit $\quad t' := t - \tau_1 \quad$ gilt: $\quad \tau_1 \leq t' + \tau_1 \leq \tau_1 + \tau_2 \Leftrightarrow 0 \leq t' \leq \tau_2$.

Diese Phase beginnt mit dem Ausheben der Ruderblätter. Während dieser Phase beugen die Ruderer ihre Beine und bewegen sich mit dem Rollsitz in Richtung des Hecks des Bootes (Vorrollen). Dabei wirkt eine (gemeinsame) Kraft ($-\overrightarrow{F}$) auf die Ruderer, die ihre Bewegung erzeugt. Die Ruderer ziehen sich über ihre festgeschnallten Füße/Schuhe entgegengesetzt der Fahrtrichtung des Bootes in Heckrichtung. Eine betragsmäßig gleich große Kraft ($\overrightarrow{F}$), jedoch entgegengerichtet, die an den Stemmbrettern ansetzt, wirkt direkt auf das Boot (also durchgezogen eingezeichnet; siehe Abb. 13).

Während der ersten Hälfte der Freilaufphase ist die Richtung der Kraft $\overrightarrow{F}$ wie in der Abb. 13, und das Boot beschleunigt weiterhin (noch nach Beendigung der Antriebsphase) in Fahrtrichtung. In der zweiten Hälfte der Freilaufphase kehren die Kraft $\overrightarrow{F}$ (siehe Abb. 14) und die Bootsbeschleunigung $\overrightarrow{f}$ (siehe Abb. 15) ihre Richtungen um.

Während der Freilaufphase sind die Körperstellungen der Ruderer sehr ähnlich zu denen während der Antriebsphase (siehe Abb. 7); jedoch bewegen sich die Ruderer nun in entgegengesetzter Richtung und über eine andere (größere) Zeitspanne (τ_2) (siehe Abb. 6).[27]

Die Bewegung der Ruderer auf dem Rollsitz

Die relative Vorwärtsverschiebung der Ruderer (den Körperschwerpunkt oder die Hüfte betrachtend) während des Zeitintervalls $\{t' \mid 0 \leq t' \leq \tau_2\}$ kann nun folgendermaßen beschrieben werden:

---

[25]Erwähnt sei, dass Lazauskas (1997, http://www.cyberiad.net/library/ rowing/stroke/smodel.htm) $\frac{h}{l}P = P_{max} \sin^2\left(\frac{\pi \cdot t}{\tau_1}\right)$, $0 \leq t \leq \tau_1$, also eine $\sin^2$-Kurve, benutzt. Ich folge jedoch dem Ansatz von Brearley et al. (1998, S. 392).

[26]Eine ähnliche Differenzialgleichung, die die Vorwärtsbewegung des Systems Boot-Ruderer-Riemen (relativ zum unbewegten Wasser) beschreibt, findet sich bei Zaciorskij und Jakunin (1981, S. 91).

[27]Die Werte in Newton und die Bezeichnungen Q, F und R in Abb. 14 ergänzt durch T. Bardy; 1 lbf $\approx 4{,}4482$ N (Kuchling 1989, S. 44).

Abb. 13 Kräfte während der Freilaufphase. (Brearley et al. 1998, S. 393)

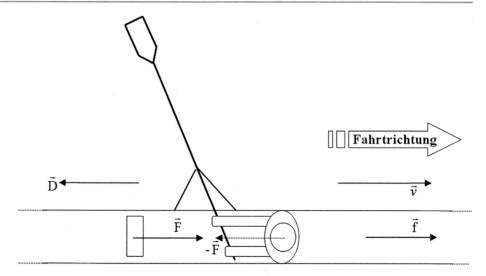

Abb. 14 Die Entwicklung verschiedener Kräfte während eines Schlages (Einer). (Atkinson 2001, http://www.atkinsopht.com/row/rowabstr.htm)

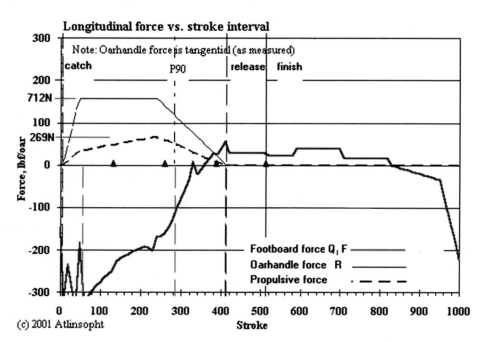

$$x_2 = a_1 \cos \left(n_2 t' \right) \qquad (7)$$

(vgl. Gl. (3))

mit den Ableitungen $\dot{x}_2 = -n_2 a_1 \sin \left(n_2 t' \right)$ und $\ddot{x}_2 = -n_2^2 a_1 \cos \left(n_2 t' \right)$, wobei a_1 dieselbe Amplitude wie bei der Antriebsphase und $n_2 := \frac{\pi}{\tau_2}$ die Kreisfrequenz der angenommenen einfachen harmonischen Bewegung ist.

Die Differenzialgleichung der Freilaufphase

Die Vorwärts**beschleunigung** der Ruderer relativ zum Boot ist $\ddot{x}_2$ und relativ zum Wasser $\ddot{x}_2 + f$.

Die **Bewegungsgleichung der Ruderer in der Vorwärtsbewegung** ist demnach (siehe Abb. 13):

$$-F = M(\ddot{x}_2 + f) = M \left(-n_2^2 a_1 \cos \left(n_2 t' \right) + \frac{dv}{dt'} \right)$$

(Brearley et al. 1998, S. 393).

Die **Bewegungsgleichung des Bootes in der Freilaufphase** lautet somit (siehe Abb. 13):

$$F - D = m \frac{dv}{dt'}.$$

Addiert man nun jeweils die linken und rechten Seiten der beiden letzten Gleichungen, so erhält man (der Einfachheit halber schreibe ich t anstelle von t'):

$$-D = -Mn_2^2 a_1 \cos \left(n_2 t \right) + M \frac{dv}{dt} + m \frac{dv}{dt}.$$

Abb. 15 Beschleunigung eines Ruderbootes (Einer) während einer Schlagphase (ähnlich der eines Achters). (Young und Muirhead 1991, http://phys. washington.edu/~wilkes/post/ temp/phys208/shell.acceleration. html)

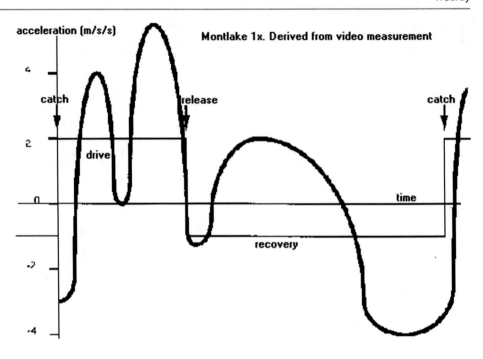

Unter Benutzung von $-D = A + Bv + Cv^2$ ergibt sich schließlich:

$$\frac{dv}{dt} = K_3 \cos(n_2 t) + A + Bv + Cv^2 \qquad (8)$$

(a. a. O., S. 394).

mit $0 \leq t \leq \tau_2$, $n_2 = \frac{\pi}{\tau_2}$, $K_3 = \frac{M n_2^2 a_1}{m+M}$ und A, B, C wie bei Gl. (6).

(8) ist eine Differenzialgleichung, die die **Geschwindigkeit des Bootes** während der Freilaufphase beschreibt.

4   Beispielrechnung für einen Rennruder-Achter

Der Wasserwiderstand, der auf den Bootsrumpf eines Rennruder-Achters wirkt, ist experimentell ermittelt worden (siehe Gl. (1)): $D = 24{,}93 - 11{,}22v + 13{,}05v^2$ [N], wobei die Bootsgeschwindigkeit v in m/s anzugeben ist.

Brearley et al. (1998, S. 394) haben aus Videobetrachtungen eines australischen Olympia-Achters in einem 2000 m-Rennen die Werte $\tau_1 = 0{,}7$ s (Dauer der Antriebsphase) und $\tau_2 = 0{,}9$ s (Dauer der Freilaufphase) ermittelt.[28] Abb. 16 bestätigt näherungsweise diese Werte,

wobei ich davon ausgehe, dass die Beschriftung an einer Stelle falsch ist. Das Wort „Release" als Beginn der Freilaufphase müsste m. E. an der bei 0,670 s angebrachten gestrichelten Linie notiert sein.

Im Folgenden werde ich ebenfalls die Werte $\tau_1 = 0{,}7$ s bzw. $\tau_2 = 0{,}9$ s verwenden, die sich im Übrigen auch aus Zeiten für sieben verschiedene Achter bei Nolte (1989, S. 447, Abb. 4b) als gerundete Mittelwerte (0,667 bzw. 0,87 s) ergeben. In der Beispielrechnung werden diese Werte als konstant angenommen (zur Vereinfachung der Rechnungen), obgleich sie während eines Rennens variieren können (die Dauer einer Schlagphase ist ja nicht während des gesamten Rennverlaufs konstant). Zum Beispiel sind in der Startphase die Zeitabschnitte kürzer. Es wird in einer höheren Schlagfrequenz gerudert (siehe Abb. 17).

Damit ergibt sich für die Gesamtdauer eines vollständigen Ruderschlages eine Zeit von 1,6 s.[29] Dies führt zu einer Schlagzahl von 37,5 Schlägen pro Minute.

Die Amplitude a_1 der durchschnittlichen Bewegung der Massenschwerpunkte der acht Ruderer setze ich mit 0,36 m an (vgl. Brearley et al. 1998, S. 394)[30], die Masse des Bootes (inklusive Steuermann) mit m = 146 kg (minimale Masse des Bootes (ohne Riemen) laut Reglement: 96 kg; siehe FISA 2017, S. 64, http://www.worldrowing.com/mm/

---

[28]Lazauskas (1997, http://www.cyberiad.net/library/rowing/stroke/ smodel.htm) kommt mit der Formel $\tau_1 = 0{,}00015625(r - 24)^2 - 0{,}008125(r - 24) + 0{,}8$, wobei r die Schlagrate pro Minute ist, auf eine errechnete Zeit von $\tau_1 \approx 0{,}719$ s (mit r = 37,5). I. Allg. ist die Antriebsphase kürzer als die Freilaufphase (siehe auch Held und Kreiß 1973, S. 31).

[29]Bei Young und Muirhead (1991, http://phys.washington.edu/~wilkes/post/temp/phys208/shell.acceleration.html) findet man eine Dauer von ca.1,5 s (siehe auch Abb. 16).

[30]Lazauskas (1997, http://www.cyberiad.net/library/rowing/stroke/ smodel.htm) gibt folgende Daten an: Für einen 57 kg schweren Ruderer ist $a_1 = 0{,}315$ m, und für einen 95 kg schweren Ruderer ist $a_1 = 0{,}374$ m.

Abb. 16 Geschwindigkeit eines Ruderachters während einer Schlagphase (übernommen aus Martin und Bernfield (1980, ohne Seitenangabe); Beschriftung teilweise erneuert durch T. Bardy). (Young und Muirhead 1991, http://phys.washington. edu/~wilkes/post/temp/phys208/ shell.acceleration.html)

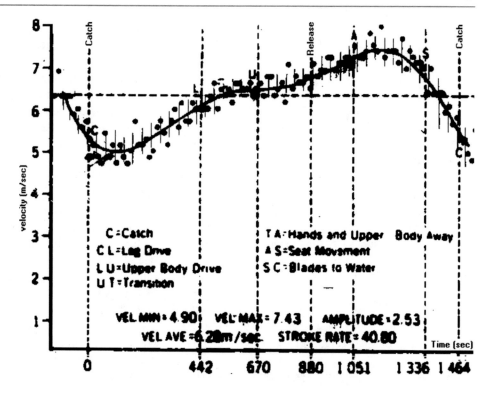

Abb. 17 Schlagfrequenz bei unterschiedlichen Bootstypen auf den ersten 600 m. (Lazauskas 1997, http://www.cyberiad.net/ library/rowing/stroke/smodel. htm)

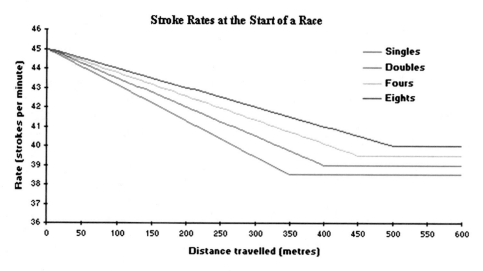

Document/General/General/12/68/94/FISArulebookEN-2017finalweb4_Neutral.pdf) und die Masse aller acht Ruderer zusammengenommen mit M = 680 kg[31].

Messungen mit einem Ruderergometer haben ergeben, dass die durchschnittliche maximale Kraft, die ein Rennruderer aufbringt, 447,4 N beträgt (vgl. Brearley et al. 1998,

S. 394).[32] Für alle acht Ruderer ergibt sich damit eine maximale Kraft von $R_{max} = 8 \cdot 447{,}4$ N ≈ 3579 N.

Aus den Gl. (2) und (5) erhält man (l und h sind dabei die Längen aus Abb. 4):

---

[31]Damit wird der Anteil der Masse der Ruderer an der Gesamtmasse mit etwa 82 % angenommen (vgl. die Fußnoten 14 und 15).

[32]Mit der Angabe von vier wesentlichen Ziffern ist hier nicht gemeint, dass die betreffende Kraft auf 0,1 N genau bekannt ist, sondern dass diese Anzahl von wesentlichen Ziffern benötigt wird, um die späteren Rechnungen genau genug durchführen zu können. Zur Kraft, die ein Rennruderer aufbringt, siehe auch Herberger et al. (1977, S. 29), wo die Angabe von Brearley et al. (1998) näherungsweise bestätigt ist.

$$P = \frac{R}{1 - \frac{h}{l}} \quad \text{und} \quad \frac{h}{l}\left(\frac{R}{1 - \frac{h}{l}}\right) = P_{max}\sin(n_1 t)$$

$$\Rightarrow \frac{R}{\frac{1}{h} - 1} = P_{max}\sin(n_1 t)$$

$$\Rightarrow P_{max} = \left[\left(\frac{1}{h}\right) - 1\right]^{-1} \cdot R_{max} \quad \text{(a. a. O.).}$$

Ich verwende gemäß Brearley et al. (1998, S. 394) die Längen $l = 3{,}40$ m und $h = 1{,}02$ m.[33]

Somit ergibt sich: $P_{max} \approx 0{,}4286 \cdot 3579$ N ≈ 1534 N.

In (6) ergibt sich damit: $K_1 = \frac{P_{max}}{m+M} \approx \frac{1534}{826} \approx 1{,}8571$ (ohne Einheit).

Für die **Antriebsphase** (6) erhält man weiterhin:

$$0 \leq t \leq 0{,}7, \quad n_1 = \frac{\pi}{0{,}7}, \quad K_2 \approx -5{,}9695,$$

$$A \approx -0{,}030182, \quad B \approx 0{,}013584,$$

$$C \approx -0{,}015799.$$

Für die **Freilaufphase** (8) ergibt sich:

$$0 \leq t \leq 0{,}9, \quad n_2 = \frac{\pi}{0{,}9}, \quad A, B \text{ und } C \text{ wie oben,}$$

$$K_3 = \frac{Mn_2^2 a_1}{m+M} \approx 3{,}6112.$$

Um den Geschwindigkeitsverlauf des hier betrachteten Achters zu ermitteln, muss man die beiden folgenden Differenzialgleichungen (siehe die Gl. (6) und (8)) lösen[34], die jeweils die Antriebsphase bzw. die Freilaufphase während eines Zuges modellieren:

$$\frac{dv}{dt} = 1{,}8571 \sin\left(\frac{\pi t}{0{,}7}\right) - 5{,}9695 \cos\left(\frac{\pi t}{0{,}7}\right) - 0{,}030182$$
$$+ 0{,}013584v - 0{,}015799v^2 \quad \text{(Antriebsphase: } 0 \leq t \leq 0{,}7\text{),}$$

$$\frac{dv}{dt} = 3{,}6112 \cos\left(\frac{\pi t}{0{,}9}\right) - 0{,}030182 + 0{,}013584v$$
$$- 0{,}015799v^2 \quad \text{(Freilaufphase: } 0 \leq t \leq 0{,}9\text{).}$$

Mithilfe der Software MATHEMATICA bin ich nun folgendermaßen vorgegangen:

Mit den Startwerten $t = 0$ und $v_{01} = 0$ habe ich die erste Differenzialgleichung (der Start beginnt mit dieser Phase) numerisch gelöst und v an der Stelle $t = 0{,}7$ (Ende der 1. Antriebsphase) berechnet. Ergebnis: $v_{11} \approx 0{,}7972$. Mit diesem Wert als Startwert (und $t = 0$) habe ich die zweite Differenzialgleichung (Freilaufphase) gelöst und v an der Stelle $t = 0{,}9$ (Ende dieser Phase) berechnet. Ergebnis: $v_{21} \approx 0{,}7569$. Mit dieser Geschwindigkeit (und $t = 0$) habe ich dann wieder die erste Differenzialgleichung gelöst und so weiter (siehe auch Abb. 18).

Um die Durchschnittsgeschwindigkeit ($\tilde{v}$) während jedes vollständigen Zuges zu ermitteln, habe ich die erhaltenen Geschwindigkeiten über das betreffende Intervall (immer mit der „Länge" 1,6 s) integriert und damit die jeweils in jedem Intervall zurückgelegte Strecke erhalten. Die Längen dieser Teilstrecken habe ich dann noch durch die Intervalllänge (1,6) dividiert, um jeweils die Durchschnittsgeschwindigkeit in den betreffenden Intervallen zu erhalten.

Mit MATHEMATICA erhält man folgende Entwicklung der Durchschnittsgeschwindigkeiten ($\tilde{v}$) vom Start an (wobei die errechneten Punkte (Mitte Intervall/Durchschnittsgeschwindigkeit) von MATHEMATICA verbunden wurden) (siehe Abb. 19).

Im steady-state-Bereich (das ist der Bereich, in dem die Durchschnittsgeschwindigkeit fast konstant bleibt) liegt die Durchschnittsgeschwindigkeit bei etwa 5,93 m/s. Dieser Bereich beginnt nach ca. 40 s.

Den Geschwindigkeitsverlauf innerhalb eines Zuges (während der „steady-state"-Phase) erhalte ich, indem ich die beiden Differenzialgleichungen für die „steady-state"-Phase löse, die Geschwindigkeiten einzeln grafisch darstelle und beide Graphen aneinander setze (siehe Abb. 22).

Man erkennt eine deutliche Schwankung (ca. 2,4 m/s) im Geschwindigkeitsverlauf innerhalb eines Ruderschlages.

Den Kurvenverlauf vom Start an bzw. die starken Schwankungen innerhalb eines Schlages belegen auch die

---

[33]Dudhia (2001, http://eodg.atm.ox.ac.uk/user/dudhia/rowing/physics/basics.html) verwendet die folgenden Daten: 3,75 m (Ruderlänge) bzw. 1,15 m (Innenhebel). Bei Nolte (1984, S. 302) findet man: Ruderlänge: 3,82 m bis 3,87 m; Innenhebel: 1,11 m bis 1,15 m. In http://www.rish.de/rudern/boote/trimmen steht (dort übernommen aus Affeld et al. (1994, 69 f.)): Ruderlänge: 3,84 m; Innenhebel: 1,135 m bis 1,14 m. Riemen des Bootsherstellers Empacher (http://www.empacher.com/fileadmin/DE/baublatt/Baublatt-Riemen-1016-GER.pdf): Ruderlänge: 373 cm bis 378 cm; Innenhebel: 110 cm bis 122 cm; Blattlänge: 53,5 cm bis 55 cm. Herberger et al. (1977, S. 34) schreiben, dass man, um auf die Längen l und h zu kommen, noch 10 cm beim Griffende und 25 cm beim Blattende subtrahieren muss.

[34]Bei diesen Gleichungen handelt es sich um sog. Riccatische Differenzialgleichungen (siehe dazu z. B. Stepanow 1963, 41 ff.), die sich i. Allg. nicht exakt, d. h. termmäßig, lösen lassen, sondern nur numerisch.

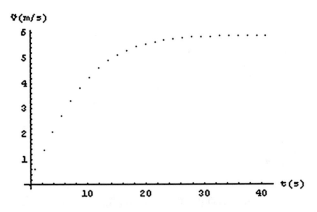

Abb. 18 Die berechneten Durchschnittsgeschwindigkeiten

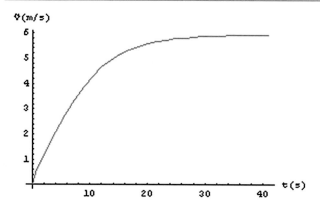

Abb. 19 Die verbundenen Punkte. (Eine grafische Darstellung der Durchschnittsgeschwindigkeit findet sich auch bei Brearley et al. (1998, S. 395))

von mir im Internet gefundenen Abbildungen (Abb. 20 und 21). Sie zeigen die charakteristischen Geschwindigkeitsschwankungen während einer Schlagphase (allerdings für einen Einer, für einen Achter habe ich entsprechende Graphen nicht finden können; qualitativ dürften jedoch keine großen Unterschiede zwischen Einer und Achter bestehen).

Die Zeit, die der Achter für die 2000 m-Strecke benötigt, kann berechnet werden. Während der Beschleunigungsphase von ca. 40 s Dauer erhält man durch Addition der mit dem Computer errechneten durchschnittlichen Streckenlängen pro Zug einen Beschleunigungsweg von ca. 201 m. Die Zeit, die das Boot für die restlichen 1799 m benötigt, erhält man durch Division der Streckenlänge und der „steady-state"-Geschwindigkeit von 5,93 m/s: $\frac{1799\,\text{m}}{5,93\,\text{m/s}} \approx 303$ s.

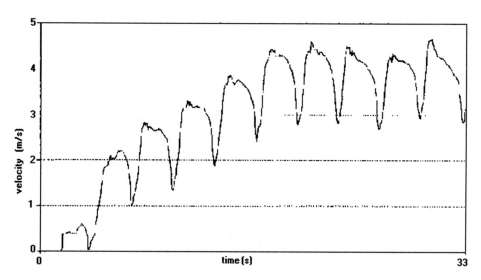

Abb. 20 Geschwindigkeitsentwicklung vom Start an (Einer) (Beschriftung von T. Bardy erneuert). (Young und Muirhead 1991, http://phys. washington.edu/~wilkes/post/temp/phys208/shell.acceleration.html)

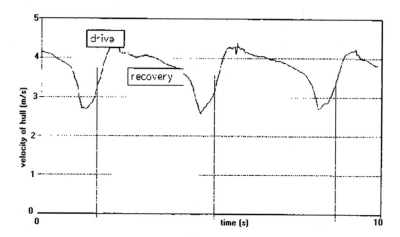

Abb. 21 Geschwindigkeitsverlauf in der „steady-state"-Phase (Einer) (Beschriftung von T. Bardy erneuert). (Young und Muirhead 1991, http:// phys.washington.edu/~wilkes/post/temp/phys208/shell.acceleration.html)

Dies ergibt – zusammen mit den 40 s für die Beschleunigungsphase – eine Renndauer von 5 min 43 s. Diese Zeit wurde z. B. auch vom niederländischen Achter bei den Olympischen Spielen in Athen 2004 erreicht (2. Platz (NED): 5:43,75, 1. Platz (USA): 5:42,48; siehe http://www. worldrowing.com/events/2004-olympic-games/mens-eight/).

5 Ein mathematisches Modell zum Rudern in zwei Phasen

5.1 Beschreibung der zwei Phasen

In Abb. 22 erkennt man einen sehr schwankenden Verlauf der Geschwindigkeit des Ruderbootes während eines vollständigen Schlages. Der Wasserwiderstand ist bei einer solchen Schwankung in der Geschwindigkeit größer als bei einer nahezu konstant gehaltenen Ruderbootgeschwindigkeit (siehe Formel (1)[35]). Ziel einer jeden Rudermannschaft sollte es sein, die Geschwindigkeitsschwankungen möglichst gering zu halten.[36]

Wie kann man nun (zumindest theoretisch) eine nahezu konstante Ruderbootgeschwindigkeit innerhalb eines Schlages erreichen?

Schon in den 70er Jahren des letzten Jahrhunderts wurden Versuche unternommen, durch technische Änderungen am Boot einen gleichmäßigen Geschwindigkeitsverlauf zu erreichen. Hierbei ging es vor allem darum, durch ein zeitlich versetztes Rudern einzelner Ruderer im Achter (sog. Viertaktrudern, jeweils zwei aufeinanderfolgende Ruderer rudern in einer Phase) den Geschwindigkeitsverlust während eines Schlages zu reduzieren (vgl. Herberger et al. 1977, S. 28).[37]

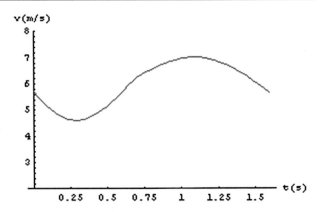

Abb. 22 Geschwindigkeitsverlauf innerhalb eines Ruderschlages in der „steady-state"-Phase. (Eine grafische Darstellung der Bootsgeschwindigkeit während der „steady-state"-Phase findet sich auch bei Brearley et al. (1998, S. 396).)

Brearley et al. (1998, S. 397) beschreiben hierzu einen (ähnlichen) technisch weniger komplizierten Weg:

Die Ruderer rudern nicht gleichmäßig, d. h. nicht in einer Phase wie bei der konventionellen Technik. Es ist aber nicht so einfach möglich, jeden Ruderer in einer anderen Phase rudern zu lassen. So müsste zum Beispiel das Ruderboot entsprechend verlängert werden, um einerseits für die Bewegung einzelner Ruderer auf ihren Rollsitzen genügend Platz zu schaffen (siehe Abb. 24) und andererseits dafür zu sorgen, dass sich die Ruderblätter einzelner Ruderer nicht gegenseitig behindern (siehe Abb. 26).

Einfacher ist es, zwei Gruppen (je 4 Ruderer) zu bilden, wobei jede Gruppe in einer anderen Phase rudert. Vom Heck aus betrachtet, bilden die ersten vier Ruderer die 1. Gruppe und die letzten vier die 2. Gruppe (siehe die Abb. 23, 24, 25 und 26).

Hierbei ist zu bedenken, dass zusätzlicher Platz im Boot zwischen den Ruderern mit den Nummern 4 und 5 geschaffen werden muss, um (bei diesem Modell) einerseits einen Zusammenstoß zwischen diesen Ruderern (siehe Abb. 24) und andererseits eine Kollision der Riemen der Ruderer mit den Nummern 3 und 5 bzw. 4 und 6 (siehe Abb. 26) zu vermeiden.

Wie viel Platz müsste bei dieser Rudertechnik zusätzlich zwischen den kritischen Plätzen 4 und 5 geschaffen werden?

5.2 Notwendige Verlängerung des Bootes

Zunächst betrachte ich die kritische Phase bei der Stellung der Riemen der Plätze 3 und 5 (siehe Abb. 27) bzw. analog der Plätze 4 und 6. Bei einem Auslagewinkel der Ruder von 45°, einem Rückenlagewinkel von 130° (siehe Abb. 28),

---

[35]Diese Formel liefert bei einer minimalen Geschwindigkeit von 4,6 m/s im „steady-state" (siehe Abb. 22) einen Wasserwiderstand von ≈249 N, bei einer maximalen Geschwindigkeit von 7,0 m/s einen Wasserwiderstand von ≈586 N. Bei der errechneten Durchschnittsgeschwindigkeit von 5,93 m/s beträgt dieser Widerstand ≈417 N, ein um etwa 5 % kleinerer Wert als das entsprechend der Dauer der beiden Phasen gewichtete Mittel (249 N · 0,7 + 586 N · 0,9)/1,6 ≈ 439 N.

[36]Um die Widerstände am fahrenden Boot zu minimieren, ist eine nahezu konstante Geschwindigkeit des Bootes anzustreben. Diese Forderung bleibt aber nach Fritsch (1990, S. 89) eine Idealvorstellung, da der Antrieb im Rudern intermittierend ist. Er kann nicht kontinuierlich gestaltet werden. Geschwindigkeitsschwankungen (bis zu 25 % Abweichung von der mittleren Bootsgeschwindigkeit) und die damit verbundenen erhöhten Widerstände (sie steigen mit dem Quadrat der Geschwindigkeit des Bootes) sind unvermeidlich (vgl. a. a. O.).

[37]Bei Townend (1984, S. 89–92) werden andere als die üblichen Anordnungen der Ruderer diskutiert. Auch wurde mit sog. Rollauslegerbooten experimentiert, bei denen feste Sitzplätze (mit Rückenlehne) sowie bewegliche Stemmbretter und Ausleger angebracht wurden (vgl. Herberger et al. 1977, S. 29).

Abb. 23 Rudern in zwei Phasen (die Pfeile geben die Bewegungsrichtung der Ruderblätter an)

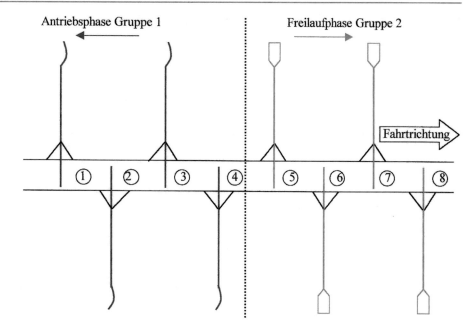

Abb. 24 Eine kritische Situation beim Rudern in zwei Phasen

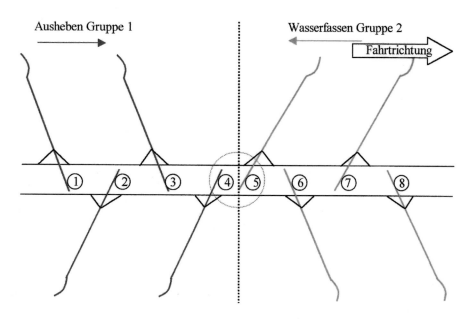

einem Dollenabstand in Längsrichtung von 2,73 m[38] und einer Differenz von Außen- und Innenhebellänge von 2,75 m (siehe Fußnote 33; den Angaben von Nolte 1984 folgend, wobei zur Sicherheit noch ein paar cm zugegeben werden) müsste der Abstand von Ruderplatz 4 zu Platz 5 um x verlängert werden.

Berechnung von x (siehe Abb. 29):
Nach dem Sinussatz gilt:

$$y : 273\,\text{cm} = \sin\left(50°\right) : \sin\left(85°\right)$$
$$\Rightarrow y = \frac{\sin(50°) \cdot 273\,\text{cm}}{\sin(85°)} \approx 209,9\,\text{cm}.$$

Nach dem 2. Strahlensatz ergibt sich somit:

$$x : 273\,\text{cm} \approx 65,1\,\text{cm} : 209,9\,\text{cm} \Rightarrow x \approx 85\,\text{cm}.$$

D. h.: Um eine Kollision der Riemen zu vermeiden, ist beim beschriebenen Zwei-Phasen-Rudern zwischen den

---

[38]Der Bootshersteller BBG Bootsbau Berlin GmbH (http://www.bbg-rowing.com) berichtet in einer E-Mail an T. Bardy von einer Länge von Mitte Dollenstift zu Mitte Dollenstift von 2660 mm bis 2800 mm in Längsrichtung, je nach Länge und Einteilung des Ruderplatzes beim (Riemen-)Achter-Boot aus eigener Herstellung.

Abb. 25 Eine Situation beim
Rudern in zwei Phasen

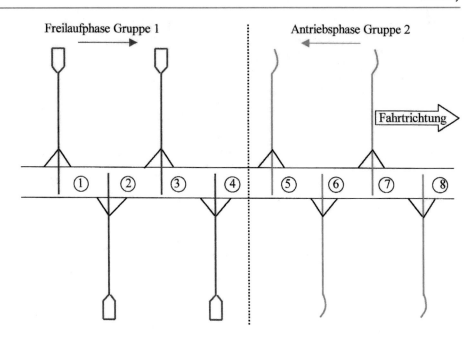

Abb. 26 Eine weitere kritische
Situation beim Rudern in zwei
Phasen

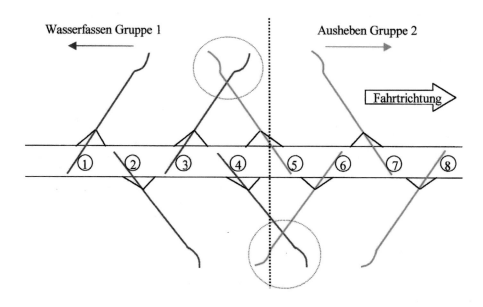

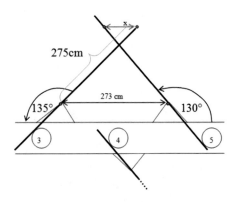

Abb. 27 Notwendige Bootsverlängerung (Zeichnung nur qualitativ)

Plätzen 4 und 5 ein zusätzlicher Raum von 85 cm Länge vorzusehen.[39]

Auch wegen der Möglichkeit der Kollision der Ruderer auf den Plätzen 4 und 5 beim Zurück- bzw. Vorrollen (siehe Abb. 24) muss der Sitzabstand verlängert werden. Ich habe folgende Daten angenommen: Länge Unterarm (ohne Hand): 30 cm, Armlänge (unter Berücksichtigung des Greifens am Riemen): 72 cm, Rumpflänge: 70 cm,

---

[39]Herberger et al. (1977, S. 22) berichten, dass durch eine Verlängerung des Bootes bis 19,30 m gute Widerstandsverhältnisse entstanden. Jedoch traten Probleme in der Stabilität und der Beherrschung des Bootes auf.

Abb. 28 Winkelstellungen eines Riemens während der Antriebsphase. (http://filebox.vt.edu/eng/mech/tidwell/me4016/final/dynamic.html, dort übernommen aus Herberger et al. 1977, S. 30)

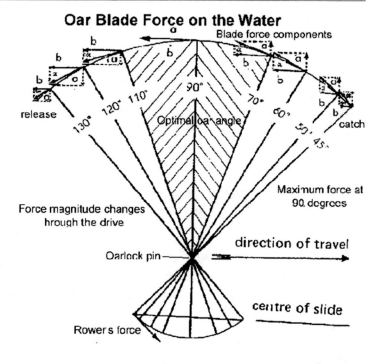

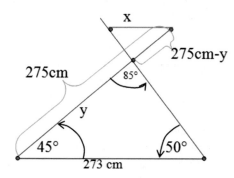

Abb. 29 Berechnung von x (Zeichnung nur qualitativ)

Vorbeuge: 120°, Rücklage: 70°. Mithilfe einer maßstabsgerechten Zeichnung gemäß Abb. 30 habe ich erhalten: $X \approx 70$ cm (Abstand vom Stemmbrett des Platzes 5 zum Ende der Rollbahn des Platzes 4, siehe auch Abb. 2). Da der Abstand X bei einem „normal" gebauten Achter bereits

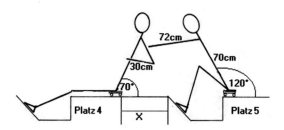

Abb. 30 Verlängerung des Sitzabstands (Beschriftung und Modifikation der Originalabbildung durch T. Bardy. Fritsch (1992, S. 83) gibt folgende Winkel an: Vorlage: 110° bis 120°; Rücklage: 70° bis 75°). (http://home.hccnet.nl/m.holst/recover1.html)

etwa 25 cm betragen dürfte, wäre wegen dieser Kollisionsmöglichkeit eine Bootsverlängerung von etwa 45 cm bereits ausreichend.[40] Da durch die Berücksichtigung der Kollision der Riemen schon eine Verlängerung von 85 cm errechnet wurde, reicht dies auch im Blick auf die Sitzpositionen völlig aus. Die von Brearley et al. (1998, S. 397) angegebene erforderliche Verlängerung um 2 m halte ich nach meiner Berechnung und maßstabsgerechten Zeichnung für erheblich überzogen.

Durch eine Verlängerung um 85 cm – zur Sicherheit nehme ich sogar 90 cm – vergrößert sich die Bootsmasse und damit m. (Eine Verlängerung um 90 cm ist durchaus regelkonform, sodass ein „optimierter" Achter Rennen fahren darf. Dies geht aus „Rule 39" und den „Bye-Laws to Rule 39 – Boats and Equipment" der Regeln der FISA (Fédération Internationale des Sociétés d´ Aviron) von 2017 hervor, siehe S. 60 in http://www.worldrowing.com/mm/Document/General/General/12/68/94/FISArulebookEN-2017finalweb4_Neutral.pdf.)

Rechnung:

Länge des Bootes: 17,50 m (für die Rechnung nehme ich nur 16,50 m, um die Verengung an Bug und Heck zu

---

[40]Angaben der Firma BBG Bootsbau Berlin GmbH (http://www.bbg-rowing.com) in ihrer E-Mail an T. Bardy: Länge Rollbahnende bis Anfang Stemmbrettschiene bugwärts 20 mm bis 80 mm je nach Einstellung der Rollbahn und je nach Länge des Ruderplatzes; außerdem Länge der Rasterschiene des Stemmbretts ca. 200 mm. Ein Riemen-Achter dieser Firma besitzt standardmäßig einen Rollraum von 710 mm Länge und einen Fußraum von 690 mm Länge.

berücksichtigen). Ein Achter muss laut Reglement mindestens 96 kg wiegen (siehe oben).

Also: $\frac{96\,\text{kg}}{16,5\,\text{m}} \approx 5,8 \frac{\text{kg}}{\text{m}}$, d. h. $\approx 0,058$ kg pro cm.

90 mal 0,058 kg ergibt eine Vergrößerung der Masse um etwa 5,2 kg.

Also gilt anstelle von m jetzt: $m_1 = 146\,\text{kg} + 5,2\,\text{kg} = 151,2\,\text{kg}$. Diese Änderung der Masse haben Brearley et al. (1998) in ihrem Modell nicht berücksichtigt.

5.3   Die Differenzialgleichungen für verschiedene Zeit-Intervalle

Bei diesem Modell des Zwei-Phasen-Ruderns nehme ich an, dass der Widerstand D des Wassers auf den Bootsrumpf unverändert bleibt, also nehme ich auch hier $D = 24,93 - 11,22v + 13,05v^2$ [N], was wegen der Verlängerung des Bootes natürlich nicht völlig der Realität entsprechen dürfte.

Die Abb. 31 zeigt schematisch die Beziehung zwischen der Freilaufphase und der Antriebsphase der beiden Rudergruppen für einen vollständigen Schlagzyklus (0 s bis 1,6 s) und darüber hinaus. Es ist leicht ersichtlich, dass es bei diesem Zwei-Phasen-Ruder-Modell ausreicht, die Situation für einen halben Zyklus zu betrachten, da der andere (halbe Zyklus) entsprechend verläuft (siehe Abb. 31). Ich betrachte also das Zeitintervall [0; 0,8]. Die Bezeichnungen aus der Betrachtung der konventionellen Technik werden übernommen. Jetzt wird allerdings die Masse einer Gruppe von Ruderern (4 Personen) als $\frac{1}{2}$M angenommen. Alle Kräfte, die in den Abb. 4 bzw. 13 eingezeichnet sind, werden halbiert, weil sie hier nur für vier der insgesamt acht Ruderer betrachtet werden.

Aus der Abb. 31 wird ersichtlich, dass nun die Zeitintervalle [0; 0,7] (Gruppe 2 in Freilaufphase, Gruppe 1 in Antriebsphase) und [0,7; 0,8] (beide Gruppen in der Freilaufphase) separat zu betrachten sind.

Das Zeit-Intervall [0; 0,7]

Dieses Intervall beginnt für die zweite Gruppe 0,1 s nach dem Beginn ihrer Freilaufphase.

Die Gleichung (vgl. (7)), die die relative Vorwärtsverschiebung der Gruppe 2 von deren zentralen Position beschreibt, ist

$$x_2 = a_1 \cos[n_2(t + 0,1)].$$

Die erste Ableitung (Geschwindigkeit) und die zweite Ableitung (Beschleunigung) lauten:

$$\dot{x}_2 = -a_1 n_2 \sin[n_2(t + 0,1)], \ddot{x}_2 = -a_1 n_2^2 \cos[n_2(t + 0,1)].$$

Für die Gruppe 2 beschreibt F_2 (anstelle von F in Abb. 13) die vereinigte Kraft dieser vier Ruderer.

Die Vorwärts-Bewegungsgleichung dieser Ruderer (in der Freilaufphase) lautet damit:

$$
\begin{aligned}
-F_2 &= \frac{1}{2}M(\ddot{x}_2 + f) \\
&= \frac{1}{2}M\left[-n_2^2 a_1 \cos(n_2(t + 0,1)) + \frac{dv}{dt}\right] \quad (9)
\end{aligned}
$$

(vgl. Abschn. 3.2) (Brearley et al. 1998, S. 398; dort ist ein Vorzeichen falsch).

Für die Gruppe 1 zeigt die Abb. 31, dass das Intervall [0; 0,7] eine vollständige Antriebsphase darstellt. Die relative Vorwärtsbewegung dieser vier Ruderer von ihrer zentralen Position aus ist gegeben durch (vgl. (3)):

$$x_1 = -a_1 \cos(n_1 t).$$

Die Ableitungen lauten:

$$\dot{x}_1 = a_1 n_1 \sin(n_1 t), \ddot{x}_1 = a_1 n_1^2 \cos(n_1 t).$$

Bei der Betrachtung der Gruppe 1 benutze ich anstelle von P, Q, R (siehe Abb. 4) die Zeichen P_1, Q_1, R_1 für die gemeinsamen Kräfte dieser **vier** Ruderer.

Die **Vorwärts-Bewegungsgleichung** dieser Ruderer (in der Antriebsphase) lautet dann (vgl. Abschn. 3.1):

$$Q_1 - R_1 = \frac{1}{2}M(\ddot{x}_1 + f) = \frac{1}{2}M\left(n_1^2 a_1 \cos(n_1 t) + \frac{dv}{dt}\right) (10)$$

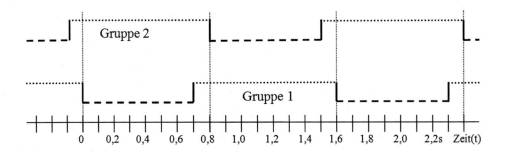

Abb. 31 Stellung der Ruderblätter beim „Zwei-Phasen"-Rudern. (vgl. Brearley et al. 1998, S. 397)

Gruppe 2

Gruppe 1

0   0,2   0,4   0,6   0,8   1,0   1,2   1,4   1,6   1,8   2,0   2,2s   Zeit(t)

········: Blätter aus dem Wasser

— — ·: Blätter im Wasser

(a. a. O.; dort ist ein Vorzeichen falsch).

Die **Bewegungsgleichung des Bootes** lautet somit:

$$F_2 + P_1 - Q_1 - D = m_1 \frac{dv}{dt}. \qquad (11)$$

Addiert man nun die jeweils linken und rechten Seiten der drei Gl. (9), (10) und (11), so führt dies zu

$$-F_2 + Q_1 - R_1 + F_2 + P_1 - Q_1 - D$$
$$= (m_1 + M)\frac{dv}{dt} + \frac{1}{2}Mn_1^2 a_1 \cos(n_1 t)$$
$$- \frac{1}{2}Mn_2^2 a_1 \cos(n_2(t + 0,1))$$
$$\Rightarrow (m_1 + M)\frac{dv}{dt}$$
$$= P_1 - R_1 + \frac{1}{2}Ma_1\left[n_2^2 \cos(n_2(t + 0,1))\right.$$
$$\left. - n_1^2 \cos(n_1 t)\right] - D.$$

Gemäß Gl. (2) gilt:

$$P_1 - R_1 = \left(\frac{h}{l}\right)P_1. \qquad (12)$$

Und wie bei (5) gilt:

$$\left(\frac{h}{l}\right)P_1 = P_{1max} \sin(n_1 t). \qquad (13)$$

Da nur vier Ruderer an der Antriebsphase beteiligt sind, gilt:

$$P_{1max} = \frac{1}{2}P_{max}. \qquad (14)$$

Es wird angenommen – wie schon gesagt –, dass der Widerstand D, der auf das Boot wirkt, hier ebenfalls durch die Gl. (1) gegeben ist, also:

$$D = 24,93 - 11,22v + 13,05v^2 [N].$$

Unter Verwendung von (12), (13) und (14) erhält man die folgende Differenzialgleichung, welche die durch die vier Ruderer der Gruppe 1 bewirkte Antriebsphase bei diesem Zwei-Phasen-Rudern beschreibt

$$(m_1 + M)\frac{dv}{dt} = \frac{1}{2}P_{max} \sin(n_1 t)$$
$$+ \frac{1}{2}Ma_1[n_2^2 \cos(n_2(t + 0,1))$$
$$- n_1^2 \cos(n_1 t)] - 24,93$$
$$+ 11,22v - 13,05v^2$$
$$\Rightarrow \frac{dv}{dt} = K_4 \sin(n_1 t) + K_5 \cos(n_1 t)$$
$$+ K_6 \cos(n_2(t + 0,1))$$
$$+ A^* + B^* v + C^* v^2 \qquad (15)$$

(vgl. a. a. O., S. 399)

Hierbei gilt:

$$0 \le t \le 0,7, \quad n_1 = \frac{\pi}{0,7}, \quad n_2 = \frac{\pi}{0,9},$$

$$K_4 := \frac{P_{max}}{2(m_1 + M)} \approx 0,92276,$$

$$K_5 := \frac{-Mn_1^2 a_1}{2(m_1 + M)} \approx -2,9661,$$

$$K_6 := \frac{Mn_2^2 a_1}{2(m_1 + M)} \approx 1,7943,$$

$$A^* := \frac{-24,93}{m_1 + M} \approx -0,029993,$$

$$B^* := \frac{11,22}{m_1 + M} \approx 0,013499,$$

$$C^* := \frac{-13,05}{m_1 + M} \approx -0,015700.$$

Das Zeit-Intervall [0,7; 0,8]

Die Abb. 31 zeigt, dass sich in diesem Zeitintervall beide Rudergruppen (Gruppe 2 noch, Gruppe 1 schon) in der Freilaufphase befinden. Für die Gruppe 2 zeigt die Gl. (9), dass für die Kraft F_2 folgende Gleichung gilt:

$$F_2 = \frac{1}{2}M \cdot \left[n_2^2 a_1 \cos(n_2(t + 0,1)) - \frac{dv}{dt}\right]. \qquad (16)$$

Diese Gleichung ist insgesamt für das Intervall [−0,1; 0,8] gültig (siehe Abb. 31), demnach auch für das hier betrachtete Teilintervall. Aus der Abb. 31 ist auch ersichtlich, dass die Freilaufphase $(0,7 \le t \le 0,8)$ für die Gruppe 1 genau dieselbe ist wie die Freilaufphase $(-0,1 \le t \le 0)$ für die Gruppe 2.

Wenn F_1 die gemeinsame Kraft für die Gruppe 1 bezeichnet, so folgt aus (16):

$$F_1 = \frac{1}{2}M \cdot \left[n_2^2 a_1 \cos(n_2(t - 0,7)) - \frac{dv}{dt}\right].$$

Die Summe der Kräfte F_1 und F_2, die auf das Ruderboot bei dieser Technik wirken, ist:

$$F_1 + F_2$$
$$= \frac{1}{2}Mn_2^2 a_1 \cdot \left[\cos(n_2(t + 0,1)) + \cos(n_2(t - 0,7))\right] - M\frac{dv}{dt}$$
$$= \frac{1}{2}Mn_2^2 a_1 \cdot 2 \cdot \cos\left[\frac{n_2}{2}(2t - 0,6)\right] \cos\left[\frac{n_2}{2}0,8\right] - M\frac{dv}{dt}$$
$$= Mn_2^2 a_1 \cos(n_2(t - 0,3)) \cos(0,4n_2) - M\frac{dv}{dt} \qquad (17)$$

(beim zweiten Gleichheitszeichen wird die folgende Formel verwendet:

$$\cos(\alpha) + \cos(\beta) = 2 \cos\left(\frac{\alpha + \beta}{2}\right) \cos\left(\frac{\alpha - \beta}{2}\right)).$$

Die **Vorwärts-Bewegungsgleichung des Bootes** während dieses Zeitintervalls ist gegeben durch:

$$F_1 + F_2 - D = m_1 \frac{dv}{dt}.$$

Diese Gleichung kann mithilfe von (1) und (17) in die folgende Form gebracht werden:

$$(m_1 + M) \frac{dv}{dt} = Mn_2^2 a_1 \cos(0{,}4n_2) \cos(n_2(t - 0{,}3))$$
$$- 24{,}93 + 11{,}22v - 13{,}05v^2$$
$$\Rightarrow \frac{dv}{dt} = K_7 \cos(n_2(t - 0{,}3))$$
$$+ A^* + B^*v + C^*v^2, \qquad (18)$$

mit $\quad 0{,}7 \le t \le 0{,}8, A^*, B^*, C^* \quad$ wie oben und $K_7 := \frac{Mn_2^2 a_1 \cos(0{,}4n_2)}{m_1 + M}$.

Um bequemer rechnen zu können, ist es sinnvoll, $t' = t - 0{,}7$ zu setzen. Somit wird dann das Intervall $\{t' \,|\, 0 \le t' \le 0{,}1\}$ betrachtet.

Damit kann (18) geschrieben werden als (nun wird wieder t' durch t ersetzt):

$$\frac{dv}{dt} = K_7 \cos(n_2(t + 0{,}4)) + A^* + B^*v + C^*v^2 \quad (19)$$

mit $\quad 0 \le t \le 0{,}1, n_2 = \frac{\pi}{0{,}9}, K_7 \approx 0{,}62315, A^* \approx -0{,}029993,$ $B^* \approx 0{,}013499, \quad C^* \approx -0{,}015700$.

Diese Differenzialgleichung beschreibt die Phase, in der beide Rudergruppen in der Freilaufphase sind.

6   Vergleich der konventionellen mit der Zwei-Phasen-Technik

Weiter bin ich nun ähnlich wie in der obigen Beispielrechnung vorgegangen. Die Abb. 32 ist mithilfe von MATHEMATICA entstanden. Wie man erkennen kann, erreicht der Ruder-Achter beim Rudern mit der Zwei-Phasen-Technik erst nach ca. 10 s (6 bis 7 vollständigen Zügen[41]) eine höhere Geschwindigkeit als bei der Anwendung der konventionellen Technik. Die konventionelle Technik ist also nur am Start von Vorteil.

Es wäre also theoretisch sinnvoll, die ersten Züge in der Ein-Phasen-Technik durchzuführen (das Boot in eine gewisse Geschwindigkeit zu bringen) und dann in die Zwei-Phasen-Technik zu wechseln. Dies ist praktisch natürlich sehr schwierig und erfordert eine kaum erreichbare Koordination zwischen den beiden Rudergruppen.

Die Abb. 33 zeigt, dass die Geschwindigkeitsschwankungen während des „steady-state"-Bereichs für die Zwei-Phasen-Technik ($\approx 0{,}3$ m/s) viel geringer sind als bei der konventionellen Technik ($\approx 2{,}4$ m/s). Der Wasserwiderstand ist damit geringer (siehe Fußnote 35). Somit hat die Zwei-Phasen-Technik hier einen klaren Vorteil.

Die Strecke, die das Boot in der Zwei-Phasen-Technik während eines vollständigen Zuges im „steady-state"-Bereich ($\approx 6{,}10$ m/s) zurücklegt, beträgt $1{,}6$ s $\cdot$ $6{,}10$ m/s $= 9{,}76$ m.

Nun kann man den Streckengewinn bei Anwendung der Zwei-Phasen-Technik in einem 2000 m-Rennen errechnen. Bei dieser Rechnung beziehe ich mich nur auf den „steady-state"-Bereich. Mit der konventionellen Technik erreicht der Achter nach ca. 40 s den „steady-state"-Bereich von $\approx 5{,}93$ m/s (siehe Abb. 32, dort sind die Geschwindigkeiten allerdings nur auf eine Nachkommastelle genau ablesbar). Bis hier hat er ca. 201 m[42] zurückgelegt. Es bleibt also noch eine Strecke von 1799 m. In diesem Bereich legt der Achter mit dieser Technik pro Zug eine Strecke von 9,49 m zurück. Mit der Zwei-Phasen-Technik würden die 1799 m in 1799/9,76 $\approx$ 184,32 Zügen zurückgelegt.

Mit der Ein-Phasen-Technik würde bei einer solchen Anzahl von Zügen eine Strecke von $184{,}32 \cdot 9{,}49$ m $\approx 1749{,}20$ m zurückgelegt. Mit der Zwei-Phasen-Technik würde man (rechnerisch) somit einen Vorsprung von ca. 50 m haben. Nach Angaben von Affeld et al. (1988, S. 174) kann eine Gewichtszunahme des Bootes um 1 kg einen Rückstand von ungefähr 3,1 m bewirken. Durch die Massenerhöhung um 5,2 kg (siehe Abschn. 5.2), bedingt durch eine Verlängerung des Bootes, reduziert sich der Vorsprung somit auf 50 m $-$ 16,12 m $\approx$ 34 m. Dies sind fast zwei Bootslängen Vorsprung.

Ein Rennruder-Achter erreicht also bei Veränderung der konventionellen Rudertechnik (nun Zwei-Phasen-Technik) eine nahezu konstante Geschwindigkeit innerhalb eines Ruderschlages und damit auch eine schnellere 2000 m-Zeit. Allerdings müsste die Bootslänge verändert werden, wodurch das Boot instabiler bzw. schwerer zu steuern wäre.

Selbst für den Fall, dass D sich bei der Zwei-Phasen-Technik so erhöht, dass einige Meter verloren gehen, stellt sich die Frage, ob die durchgeführten theoretischen Überlegungen nicht Anlass für eine praktische Erprobung sein könnten. Die für die Ruderer (und den Steuermann) entstehenden erheblichen Koordinationsprobleme verkenne ich allerdings nicht.

---

[41]Dieser Wert entsteht aus den errechneten Punkten, die jeweils die Durchschnittsgeschwindigkeit für einen vollständigen Zug darstellen.

[42]Dieser Wert ist aus den mit MATHEMATICA erhaltenen Durchschnittsgeschwindigkeiten berechnet worden.

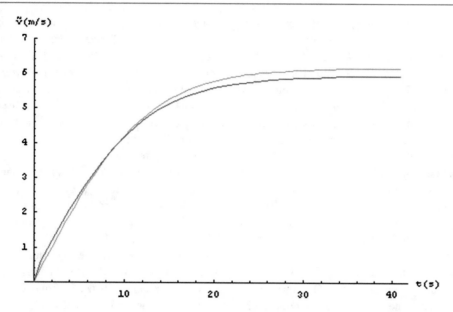

Abb. 32 Die Entwicklung der Durchschnittsgeschwindigkeit bei beiden Rudertechniken in der Anfangsphase. (Eine grafische Darstellung der beiden Durchschnittsgeschwindigkeitsverläufe findet sich auch bei Brearley et al. (1998, S. 400))

Abb. 33 Der Geschwindigkeitsverlauf während eines Schlages bei beiden Rudertechniken

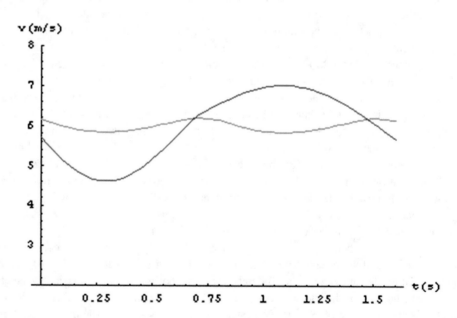

7   Unterrichtserfahrungen mit dem Beispiel

Im Rahmen eines Leistungskurses Mathematik konnte ich die beschriebene Modellbildung in zwei Unterrichtswochen durchführen. Die Lernenden hatten eine Hausaufgabe zur Vorbereitung auf die Einführungsstunde zu erledigen (siehe Arbeitsauftrag I in Abb. 34), in der sie u. a. den Unterschied zwischen einem Riemen- und einem Skullboot erläutern, Rennbootsklassen im Rudersport nennen, die Länge und Masse eines Rennruder-Achters herausfinden, die Funktion eines Rollsitzes beschreiben und den Unterschied zwischen Antriebsphase und Freilaufphase erläutern sollten. Gestartet habe ich die Unterrichtsreihe

(1. Stunde) mit zwei Filmausschnitten „Endlauf-Achter bei den Olympischen Spielen 2000 in Sydney mit Interview des Bundestrainers" bzw. „Endlauf-Achter der WM 2003 in Mailand", um die Lernenden in die Sportart Rudern und die betreffenden Fachbegriffe einzuführen.[43] Hierzu erhielten

---

[43]Idealerweise könnte die mathematische Modellbildung zur Geschwindigkeit eines Ruderbootes im Rahmen einer Sportwoche mit praktischen Rudererfahrungen (z. B. bei Aufenthalt in einem Ruderheim) erfolgen. Wenn „selber rudern!" so nicht geht, gelingt vielleicht eine Exkursion zu einem nahe gelegenen Ruderverein mit der Gelegenheit zum Experteninterview: Lernende fragen Ruderer (mit entsprechender Vorbereitung in der Klasse). (Diese Vorschläge stammen von den Herausgebern).

die Lernenden einen Beobachtungsbogen, auf dem die ein-geblendeten Zwischenzeiten für einen Achter, die Boots-klasse und die Wettkampfart notiert wurden. Auch sollten zum Ende der Filme vermutete Geschwindigkeitsverläufe (vom Start an und während eines Ruderschlages) qualitativ gezeichnet werden, mögliche Größen benannt werden, die die Geschwindigkeit des Ruderbootes beeinflussen, und die Durchschnittsgeschwindigkeit eines Achters aus den notier-ten Zwischenzeiten ermittelt werden.

Neben dem Vorstellen und Besprechen der Ergebnisse der Hausaufgabe und des Beobachtungsbogens wurden erste Äußerungen über die Ziele der Athleten und Trainer gemacht und überlegt, wie eine höhere Geschwindigkeit des Bootes und damit eine schnellere Endzeit erreicht werden kann.

Als Arbeitsauftrag (Nr. II, siehe Abb. 35) für die nächste Stunde sollten die vorgegebenen Kräfte (Gegenkräfte) in die (leere) Abb. 4 eingezeichnet, die Abb. 6 beschrieben und eine Funktion benannt werden, mit deren Hilfe man den Geschwindigkeitsverlauf auf dem Rollsitz (siehe Abb. 6) modellieren kann.

In der nächsten Doppelstunde (2./3. Stunde) wurde die Vorgehensweise bei einer mathematischen Modellbildung besprochen, konkrete Modellvoraussetzungen wurden dis-kutiert und überlegt, wann ein Ruderschlag Erfolg hat ($P>Q$). Im Verlauf der Doppelstunde konnte bis zum Ende die (Differenzial-) Gleichung hergeleitet werden, die die Geschwindigkeit des Bootes während der Antriebsphase beschreibt (siehe Gl. (6)).

Als ein Arbeitsauftrag für die nächste Stunde (siehe Arbeitsauftrag III in Abb. 36) sollten in die (leere) Abb. 13 die betreffenden Kräfte eingezeichnet und überlegt werden, was sich nun bei x_1, $\dot{x}_1$ und $\ddot{x}_1$ verändert (mit dem Hinweis, dass nun $n_2 = \frac{\pi}{\tau_2}$ und τ_2 die Dauer der Freilaufphase ist). Auch sollte selbstständig versucht werden, eine Gleichung für die Freilaufphase herzuleiten (Hinweis: Herleitung der Bewegungsgleichungen für die Ruderer bzw. das Boot ver-laufen ähnlich wie bei der Antriebsphase). Dies wurde in der nächsten Stunde (4. Stunde) vorgestellt und gemeinsam besprochen.

Nun konnten Daten recherchiert (Hausaufgabe zur 5. Stunde, Arbeitsauftrag IV in Abb. 37) und die beiden Glei-chungen (Antriebs- und Freilaufphase) für einen speziellen Achter aufgestellt werden (5. Stunde). Mithilfe des Com-puters konnten in dieser Stunde die Lernenden auch die Geschwindigkeitsverläufe darstellen und mit selbst recher-chierten Graphen vergleichen. Nachdem die Streckenzeit des Modellachters bestimmt wurde, konnte sie mit den Zeiten aus den Videos verglichen werden. (Arbeitsauftrag V in Abb. 38).

Die nächste (6.) Stunde beschäftigte sich im Rahmen einer Gruppenarbeit mit dem Zwei-Phasen-Rudern. Die Gruppe 1 bearbeitete das Problem, dass die Riemen der Ruderer auf den Plätzen 3 und 5 sowie 4 und 6 kollidieren,

die Gruppe 2 befasste sich mit der Schwierigkeit, dass sich die Ruderer auf den Plätzen 4 und 5 stoßen (einer in Rück-lage, der andere in Vorlage), und die Gruppe 3 hatte die Aufgabe, herauszufinden, ob eine wünschenswerte Boots-verlängerung (und damit Gewichtszunahme) regelkonform ist. Nach dem Präsentieren und Zusammenfügen der Gruppenergebnisse wurde gemeinsam die Bootsmassenver-größerung bestimmt.

Als Vorbereitung zur Ermittlung der Bewegungs-gleichungen beim Zwei-Phasen-Rudern wurde eine Hausaufgabe zur Abb. 31 gestellt (Arbeitsauftrag VI in Abb. 39). Zunächst sollte das Zusammenspiel der zwei Ruder-Gruppen beschrieben und überlegt werden, welche Zeitabschnitte gesondert zu betrachten sind. Außerdem sollte versucht werden, die Gleichungen für den Weg, die Geschwindigkeit und die Beschleunigung der Ruderer der 2. Gruppe auf den Rollsitzen herzuleiten.

In der folgenden Doppelstunde (7./8. Stunde) wur-den dann mithilfe eines Lücken-Textes die Differenzial-gleichungen für die durch die vier Ruderer der Gruppe 1 bewirkte Antriebsphase bzw. die Phase, in der beide Grup-pen sich in der Freilaufphase befinden, hergeleitet (Arbeits-auftrag VII in Abb. 40).

Die folgende Doppelstunde (9./10. Stunde) im Computer-raum diente dem Darstellen der Geschwindigkeitsver-läufe mithilfe des Computers, dem Vergleich der beiden Geschwindigkeitsverläufe (der beiden Rudertechniken) und der Berechnung des möglichen Streckengewinns mit der Zwei-Phasen-Technik (Arbeitsauftrag VIII in Abb. 41).

Die abschließende Unterrichtsstunde (11. Stunde) diente der Übertragung der Vorgehensweise bei der Modellierung der Geschwindigkeit eines Ruder-Achters in den Modell-bildungsprozess (Blum 1985, S. 200 ff.).

Die Analyse der Befragung der Lernenden mithilfe eines Fragebogens am Ende der Unterrichtsreihe ergibt fol-gendes Bild: 10 der 23 Schülerinnen und Schüler fanden den Unterrichtsversuch in Ordnung bzw. er hat ihnen sehr gefallen. Besonders hat ihnen gefallen: u. a. der Filmeinsatz zu Beginn der Unterrichtsreihe (sehr motivierender Ein-stieg in das Thema); die Arbeit am Computer; der Vergleich Modell – Realität; die Optimierung einer Sporttechnik durch Mathematik; dass das Modell annähernd mit der Realität übereinstimmt; die Entwicklung einer neuen Rudertechnik; mal interessant zu sehen, wie eine solche Modellbildung vor sich geht.

21 Lernende finden, dass eine solche Unterrichtsreihe gelegentlich im Unterricht angeboten werden sollte; 13 sind der Meinung, dass mathematische Modellbildungen öfter im Unterricht behandelt werden sollten; 13 sind der Ansicht, dass die Zeit, die für die Unterrichtsreihe zur Verfügung stand, nicht zu knapp bemessen war; 12 hät-ten gerne noch mehr mit dem Computer gearbeitet. Auf die Verwendung der selbst recherchierten Daten für die

Berechnungen bestand keiner der Lernenden. 13 waren der Meinung, dass im Rahmen der Unterrichtsreihe mehr Gruppenarbeit angeboten werden sollte.

Allerdings traten auch Probleme auf. So fanden einige Schülerinnen und Schüler, dass die häufige Verwendung von Variablen sie teilweise überfordert hat. Die Übersicht hat teilweise gefehlt, sodass ein paar Lernende nicht mehr folgen konnten. An diesen Stellen hätte mehr Zeit eingeplant bzw. mehr erklärt werden müssen. Allerdings stand mir leider nicht mehr Zeit zur Verfügung. Auch wünschte sich eine Schülerin einen längeren Einstieg in das Thema „Rudern".

Meines Erachtens sind einige Probleme und Schwierigkeiten der Lernenden dadurch zu erklären, dass die Thematisierung mathematischer Modellbildung für sie neu war. Sie hatten vorher noch keine Modellbildungskompetenzen erworben.

Anhang

Arbeitsaufträge aus dem Unterricht. (Siehe Abb. 34, 35, 36, 37, 38, 39, 40 und 41).

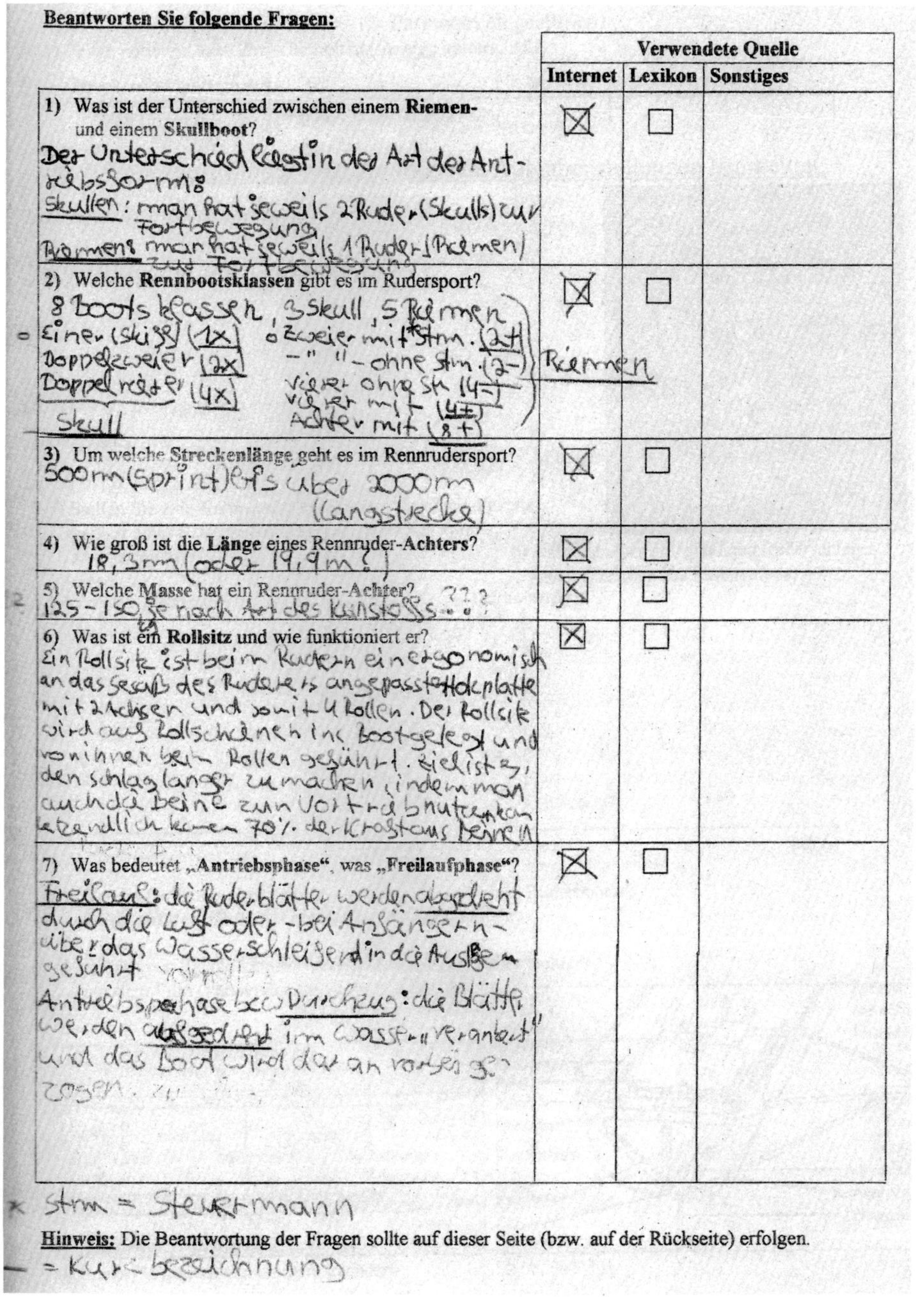

Beantworten Sie folgende Fragen:

	Verwendete Quelle		
	Internet	Lexikon	Sonstiges
1) Was ist der Unterschied zwischen einem **Riemen-** und einem **Skullboot**? Der Unterschied liegt in der Art der Antriebsform: Skullen: man hat jeweils 2 Ruder (Skulls) zur Fortbewegung. Riemen: man hat jeweils 1 Ruder (Riemen) zur Fortbewegung	☒	☐	
2) Welche **Rennbootsklassen** gibt es im Rudersport? 8 Bootsklassen, 3 Skull, 5 Riemen; Einer (Skiff) (1x), Doppelzweier (2x), Doppelvierer (4x) – Skull; Zweier mit Stm. (2+), –"– ohne Stm. (2-), Vierer ohne St. (4-), Vierer mit (4+), Achter mit (8+) – Riemen	☒	☐	
3) Um welche **Streckenlänge** geht es im Rennrudersport? 500m (Sprint) bis über 2000m (Langstrecke)	☒	☐	
4) Wie groß ist die **Länge** eines Rennruder-Achters? 18,3m (oder 19,9m?)	☒	☐	
5) Welche **Masse** hat ein Rennruder-Achter? 125–150, je nach Art des Kunststoffs ???	☒	☐	
6) Was ist ein **Rollsitz** und wie funktioniert er? Ein Rollsitz ist beim Rudern eine ergonomisch an das Gesäß des Ruderers angepasste Holzplatte mit 2 Achsen und somit 4 Rollen. Der Rollsitz wird auf Rollschienen ins Boot gelegt und von ihnen beim Rollen geführt. Sein Ziel ist es, den Schlag länger zu machen, indem man auch die Beine zum Vortrieb nutzen kann. Letztendlich kommen 70% der Kraft aus den Beinen	☒	☐	
7) Was bedeutet **„Antriebsphase"**, was **„Freilaufphase"**? Freilauf: die Ruderblätter werden abgedreht durch die Luft oder – bei Anfängern – über das Wasser schleifend in die Auslage geführt. Antriebsphase bzw. Durchzug: die Blätter werden aufgedreht im Wasser „verankert" und das Boot wird daran vorbei gezogen.	☒	☐	

* Stm = Steuermann

Hinweis: Die Beantwortung der Fragen sollte auf dieser Seite (bzw. auf der Rückseite) erfolgen.

– = Kurzbezeichnung

Abb. 34 Arbeitsauftrag I

Abb. 35 Arbeitsauftrag II

1) Zeichnen Sie in der Abbildung folgende Kräfte ein: (beachte Kraft und Gegenkraft)

$\vec{P}$: Kraft, die die Riemen über die Dolle (als festem Punkt) auf das Boot ausüben

$\vec{Q}$: Kraft, die die Ruderer auf die Stemmbretter ausüben

$\vec{R}$: Kraft, die die Ruderer auf die Riemen ausüben

<u>außerdem:</u> $\vec{D}$: Widerstand des Wassers auf den Bootsrumpf

                       $\vec{v}$: Geschwindigkeit des Bootes $\vec{f}$: Beschleunigung des Bootes

Hinweis: durchgezogener Pfeil: Kraft wirkt auf das Boot; gestrichelter Pfeil: Kraft wirkt auf die Ruderer

Alle eingezeichneten Kräfte wirken **parallel** zur Fahrtrichtung.

Kräfte während der **Antriebsphase**

2) Betrachten Sie die folgenden Graphiken (Die Fragen sind auf der Rückseite zu beantworten!):

- Was ist dort jeweils zu erkennen?
- Was bedeutet ft/sec?
- Wie erhält man 2,4m/s?
- Durch welche Funktion könnte man den Geschwindigkeitsverlauf auf dem Rollsitz modellieren? **(3)**

(1)

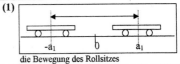

die Bewegung des Rollsitzes

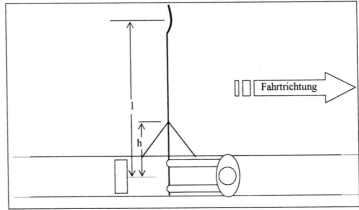

(2)

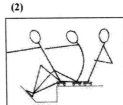

die Bewegung auf dem Rollsitz

Geschwindigkeitsverläufe (gemessen bei einem Einer) Atkinson 2001

Abb. 36   Arbeitsauftrag III

1) In der letzten Stunde haben wir u. a. die Bewegungsgleichung der Ruderer in Fahrtrichtung und die Bewegungsgleichung des Bootes in der <u>Antriebsphase</u> bestimmt. Verwenden Sie in der letzten Gleichung nun folgende Annahme:

$$\frac{h}{l}P = P_{max}\sin(n_1 t),\text{ wobei } P_{max}\text{ der maximale Wert von }\frac{h}{l}P\text{ ist und }n_1 = \frac{\pi}{\tau_1}.$$

Weiterhin ist D=24,93-11,22v+13,05v^2 einzusetzen.
Bestimmen Sie mit diesen Angaben $\dot{v}(t)$.

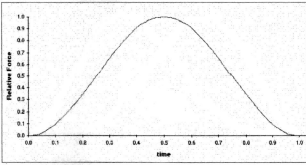

Entwicklung von P während der **Antriebsphase**

2) Welche Kräfte wirken in der **Freilaufphase**?
  Zeichnen Sie die zugehörigen Pfeile (gestrichelt bzw. durchgezogen) in die Abbildung ein.

  $\vec{F}$: Ruderer ziehen sich über die festgeschnallten Schuhe/Füße in Heckrichtung

  $\vec{D}$: Widerstand des Wassers auf den Bootsrumpf

  $\vec{v}$: Geschwindigkeit des Bootes

  $\vec{f}$: Beschleunigung des Bootes

  <u>Hinweis:</u> Welche Kräfte (siehe Abbildung der Antriebsphase) wirken nun **nicht**?

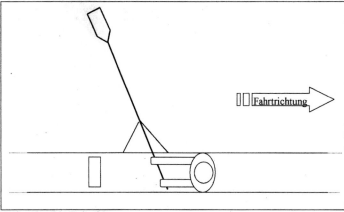

Kräfte während der **Freilaufphase**

3) Was verändert sich nun bei x_1, $\dot{x}_1$, $\ddot{x}_1$?   **<u>Hinweis:</u>** $n_2 = \dfrac{\pi}{\tau_2}$, τ_2: Dauer der Freilaufphase

4) Leiten Sie eine Gleichung für die Freilaufphase her. **Ziel:** $\dot{v}(t) = ...$

  <u>Hinweis:</u> Die Herleitung der Bewegungsgleichungen für die Ruderer bzw. das Boot verlaufen ähnlich wie bei der Antriebsphase.

Abb. 37 Arbeitsauftrag IV

1) Versuchen Sie, an folgende Daten zu einem Achter zu kommen:

τ_1, τ_2, a_1, m, M, R_{max} bzw. P_{max}, l und h.

Notieren Sie die von Ihnen gefundenen Daten und geben Sie jeweils Ihre Quelle an.

Diese Daten benötigen Sie, um die beiden Gleichungen (Antriebs- bzw. Freilaufphase) für einen speziellen Achter aufzustellen (Aufgabe 2).

Länge des Rollsitzes: 9 Zoll = 23 cm $\Rightarrow a_1 = 11,5$ cm

(www.teeser-ruderverein.de/geschichte.html)

Gewicht der Ruderer in Riemenbooten max. 70 kg (Männer)
" des Steuermanns mind. 50 kg (")

(www.udr.de/sydney2000/sportarten/regeln/rudern.html)

" " " mind. 55 kg

Durchschnittsgewicht der Ruderer max. 70 kg

(www.rish.de/regeln.html) $\Rightarrow$

2) Wie lauten die **beiden Gleichungen** mit den von Ihnen gefundenen Werten?

$$\dot{v}(t) = \frac{P_{max}}{u+M} \sin(u_1 t) + \frac{(-M a_1 u_1^2)}{u+M} \cdot \cos(u_1 t)$$

$$+ \frac{(-24,93)}{u+M} + \frac{11,22}{u+M} \cdot v + \frac{(-13,05)}{u+M} v^2$$

$$= \frac{\left[\frac{1}{1,02u} - 1\right]^{-1} \cdot 3579\,N}{146 + 680\,kg} \sin\left(\frac{\pi}{0,7s} \cdot t\right) + \frac{(-680\,kg \cdot 0,36m}{826\,kg}$$

$$\left(\frac{\pi}{0,7}\right)^2 + \frac{(-24,93)}{826\,kg} + \frac{11,22}{826\,kg} v + \frac{(-13,05)}{826\,kg} v^2$$

Wer keine Daten gefunden hat, sollte folgende Werte verwenden:

$\tau_1 = 0,7s$ (Dauer der Antriebsphase), $\tau_2 = 0,9s$ (Dauer der Freilaufphase), l = 3,40m, h = 1,02m, a_1=0,36m (durchschnittliche Bewegung der Massenschwerpunkte der acht Ruderer), m=146kg (Masse des Bootes inklusive Steuermann), M=680kg (Masse aller acht Ruderer);

Messungen an einem Ruderergometer haben ergeben, dass die durchschnittliche maximale Kraft, die **ein Rennruderer aufbringt, 447,4 N beträgt.**

Für alle acht Ruderer ergibt sich damit eine maximale Kraft von R_{max}= 8·447,4N ≈ 3579N .

P_{max} ≈ 0,4286·3579N ≈ 1534N (Kraft, die die Riemen über die Dolle auf das Boot ausüben)

Hinweis: $P_{max} = \left[\left(\frac{1}{h}\right) - 1\right]^{-1} \cdot R_{max}$

1) Länge der Rollbahn 23 cm

(www.rish.de/geschichte.html)

2) = -220,98 $\frac{N}{m \cdot kg}$ sin (4,48 t) + (-4,97)

3) Versuchen Sie, Geschwindigkeitsverläufe (vom Start an bzw. nach der Beschleunigungsphase) von Ruderbooten zu finden.

Abb. 38 Arbeitsauftrag V

Zunächst noch einmal die Ergebnisse, die wir durch Lösen der beiden Gleichungen für die Antriebs- bzw. die Freilaufphase erhalten haben:

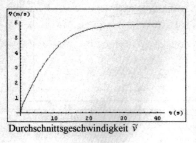

Durchschnittsgeschwindigkeit $\bar{v}$

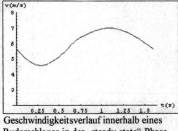

Geschwindigkeitsverlauf innerhalb eines Ruderschlages in der „steady-state"-Phase

Durch Vergleich mit Graphen aus der Realität konnten wir ähnliche Verläufe feststellen. Unsere Modellbildung scheint also erfolgreich gewesen zu sein. Dies bestätigt auch der Vergleich der Endzeit unseres Modell-Achters mit tatsächlich erreichten Zeiten bei den Olympischen Spielen 2004 in Athen:

Modell-Achter: 5min 43s

Olympia 2004: 1.Platz (USA): 5min 42,48s   2.Platz (NED): 5min 43,75s

Im weiteren Verlauf der Unterrichtsreihe werden wir nun ein Modell eines veränderten Achterbootes betrachten, mit dem Ziel, die Geschwindigkeitsschwankungen (sind ja sehr groß: mehr als 2m/s) innerhalb eines Ruderschlages möglichst gering zu halten und somit eine schnellere Endzeit zu erreichen (das Ziel / der Traum einer jeden Rudermannschaft).

Aufgabe:

Überlegen Sie sich, wie der Ruderachter eine höhere Geschwindigkeit erzielen könnte.

Wie könnten die charakteristischen Geschwindigkeitsschwankungen während eines Schlages möglichst gering gehalten werden?

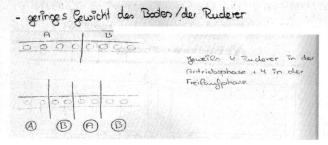

Abb. 39 Arbeitsauftrag VI

In der letzten Unterrichtsstunde haben wir das „Zwei-Phasen"-Rudern betrachtet und eine daraus resultierende Verlängerung des Bootes berechnet.

Ziel der folgenden Stunden:

Ein Modell für das Zwei-Phasen-Rudern entwickeln und die Graphen der Geschwindigkeiten des Zwei-Phasen-Ruderns mit den Graphen des 1. Modells vergleichen.

Aufgabe: Betrachten Sie folgende Abbildung.

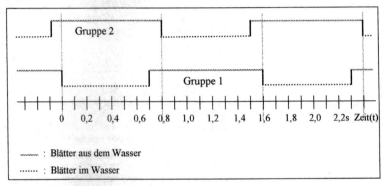

──── : Blätter aus dem Wasser

······ : Blätter im Wasser

Stellung der Ruderblätter beim „Zwei-Phasen"-Rudern

a) Welche Zeitabschnitte müssen gesondert betrachtet werden?

Beschreiben Sie das Zusammenspiel der zwei Ruder-Gruppen.

b) Leiten Sie die Gleichungen für den Weg (x_2), die Geschwindigkeit ($\dot{x}_2$) und die Beschleunigung ($\ddot{x}_2$) der Ruderer der 2. Gruppe auf den Rollsitzen her.

Abb. 40 Arbeitsauftrag VII

In der letzten Stunde haben wir folgendes Zeitintervall beim Zwei-Phasen-Rudern betrachtet:

<u>Zeitintervall [0; 0,7]:</u>

Für die Gruppe 2 (hier in Freilaufphase) erhalten wir:

$$x_2 = a_1 \cos[n_2(t+0{,}1)], \quad \dot{x}_2 = -a_1 n_2 \sin[n_2(t+0{,}1)], \quad \ddot{x}_2 = -a_1 n_2^2 \cos[n_2(t+0{,}1)];$$

und als **Vorwärts-Bewegungsgleichung** dieser Ruderer (in der Freilaufphase)

$$-F_2 = \frac{1}{2}M(\ddot{x}_2 + f) = \frac{1}{2}M\big[-n_2^2 a_1 \cos(n_2(t+0{,}1)) + \dot{v}(t)\big].$$

Für die Gruppe 1 (hier in der Antriebsphase) erhalten wir:

$$x_1 = -a_1 \cos(n_1 t), \quad \dot{x}_1 = a_1 n_1 \sin(n_1 t), \quad \ddot{x}_1 = a_1 n_1^2 \cos(n_1 t);$$

und als **Vorwärts-Bewegungsgleichung** dieser Ruderer (in der Antriebsphase)

$$Q_1 - R_1 = \frac{1}{2}M(\ddot{x}_1 + f) = \frac{1}{2}M\big(n_1^2 a_1 \cos(n_1 t) + \dot{v}(t)\big).$$

Die **Bewegungsgleichung des Bootes** lautet:

$$F_2 + P_1 - Q_1 - D = m_1 \dot{v}(t).$$

Insgesamt erhalten wir die folgende Differenzialgleichung, welche die durch die vier Ruderer der Gruppe 1 bewirkte Antriebsphase bei diesem Zwei-Phasen-Rudern beschreibt:

$$\dot{v}(t) = K_4 \sin(n_1 t) + K_5 \cos(n_1 t) + K_6 \cos(n_2(t+0{,}1)) + A^* + B^* v + C^* v^2$$

$$0 \le t \le 0{,}7, \qquad n_1 = \frac{\pi}{0{,}7}, \qquad n_2 = \frac{\pi}{0{,}9}, \qquad K_4 := \frac{P_{max}}{2(m_1+M)}, \qquad K_5 := \frac{-M n_1^2 a_1}{2(m_1+M)},$$

$$K_6 := \frac{M n_2^2 a_1}{2(m_1+M)}, \qquad A^* := \frac{-24{,}93}{m_1+M}, \qquad B^* := \frac{11{,}22}{m_1+M}, \qquad C^* := \frac{-13{,}05}{m_1+M}.$$

Aufgabe:

a) Bestimmen Sie diese Gleichung für einen konkreten Achter (siehe Daten aus vorigen Stunden).

b) Leiten Sie eine Gleichung für das Intervall [0,7 ; 0,8] her.

Abb. 41 Arbeitsauftrag VIII

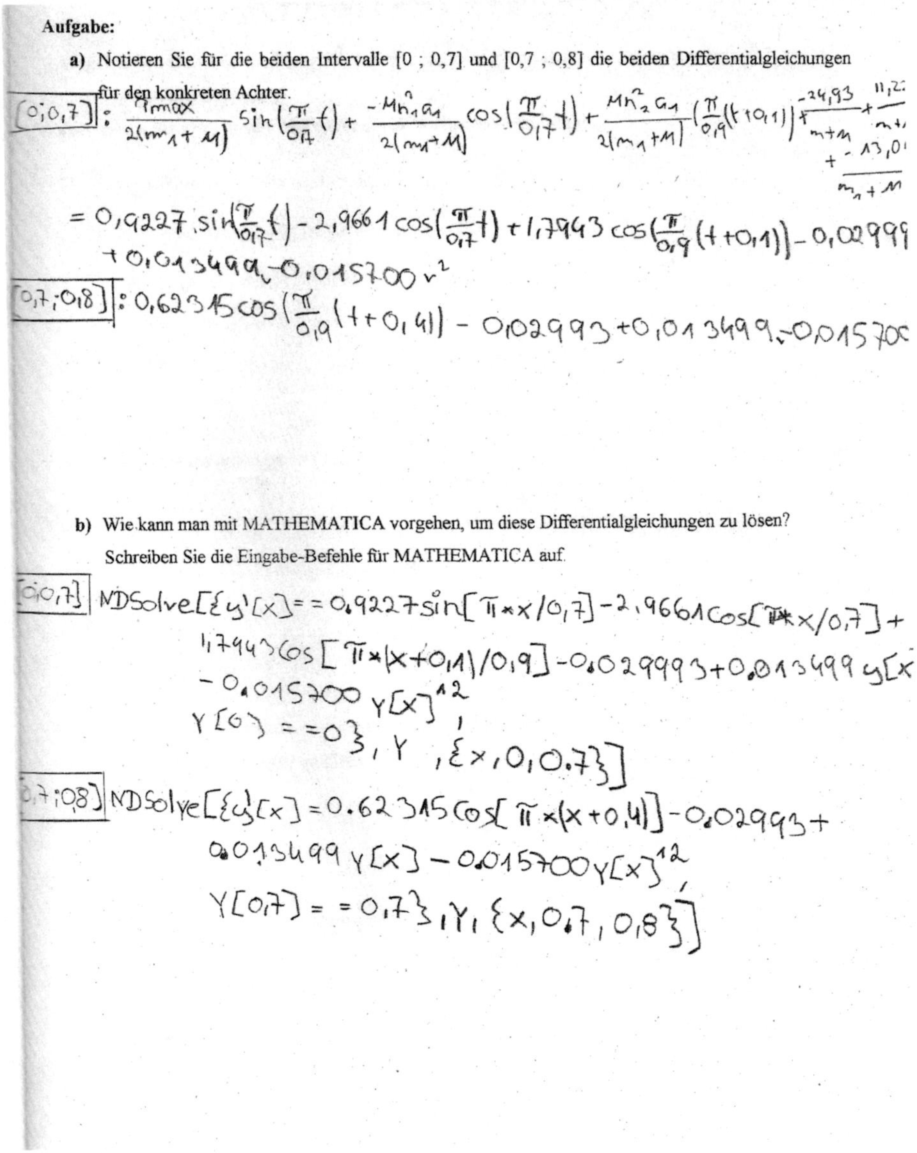

Aufgabe:

a) Notieren Sie für die beiden Intervalle [0 ; 0,7] und [0,7 ; 0,8] die beiden Differentialgleichungen für den konkreten Achter.

$[0;0,7]$:
$$\frac{q_{max}}{2(m_1+M)}\sin\left(\frac{\pi}{0,7}t\right) + \frac{-Mn_1^2 a_1}{2(m_1+M)}\cos\left(\frac{\pi}{0,7}t\right) + \frac{Mn_2^2 a_1}{2(m_1+M)}\left(\frac{\pi}{0,9}(t+0,1)\right)\frac{-24,93}{m+m}^{11,2} + \frac{-13,0}{m_1+M}$$

$$= 0,9227\cdot\sin\left(\frac{\pi}{0,7}t\right) - 2,9661\cos\left(\frac{\pi}{0,7}t\right) + 1,7943\cos\left(\frac{\pi}{0,9}(t+0,1)\right) - 0,02999$$
$$+ 0,013499 - 0,015700\,v^2$$

$[0,7;0,8]$: $0,62315\cos\left(\frac{\pi}{0,9}(t+0,4)\right) - 0,02993 + 0,013499 - 0,015700$

b) Wie kann man mit MATHEMATICA vorgehen, um diese Differentialgleichungen zu lösen? Schreiben Sie die Eingabe-Befehle für MATHEMATICA auf.

$[0;0,7]$
```
NDSolve[{y'[x]== 0,9227 sin[π*x/0,7]-2,9661 cos[π*x/0,7]+
1,7943 cos[π*(x+0,1)/0,9]-0,02999+0,013499 y[x
-0,015700 y[x]^2
y[0] ==0}, y ,{x,0,0.7}]
```

$[0,7;0,8]$
```
NDSolve[{y[x] = 0,62315 cos[π*(x+0,4)]-0,02993+
0,013499 y[x]-0,015700 y[x]^2
y[0,7] == 0,7}, y, {x,0,7,0,8}]
```

Literatur

Affeld, K., Schichl, K., Ruan, S.: Über ein mathematisches Modell des Ruderns. In: Steinacker, J.M. (Hrsg.) Rudern: Sportmedizinische und sportwissenschaftliche Aspekte, S. 168–176. Springer, Berlin (1988)

Bingelis, A., Danisevicius, J.: Mathematische Modellierung der effektiven Schlagfrequenz beim Rudern. Leistungssport **21**(6), 42–44 (1991)

Blum, W.: Anwendungsorientierter Mathematikunterricht in der didaktischen Diskussion. Math. Semesterberichte **32**(2), 195–232 (1985)

Brearley, M.N., deMestre, N.J.: Improving the efficiency of racing shell oars. Math. Gaz. **84**(11), 405–414 (2000)

Brearley, M.N., deMestre, N.J., Watson, D.R.: Modelling the rowing stroke in racing shells. Math. Gaz. **82**(11), 389–404 (1998)

Fritsch, W.: Handbuch für das Rennrudern: Planung-Training-Leistung. Meyer und Meyer, Aachen (1990)

Fritsch, W.: Handbuch für den Rudersport: Training-Kondition-Freizeit. Meyer und Meyer, Aachen (1992)

Held, H., Kreiß, F.: Vom Anfänger zum Rennruderer. BLV Verlagsgesellschaft, München (1973)

Herberger, E., Beyer, G., Harre, D., Krüger, H.O., Querg, H., Sieler, G.: Rudern: Ein Lehrbuch für Trainer, Übungsleiter und Sportlehrer, Berlin (1977)

Kollmann, W.: Rennanalysen zur WM 1998 in Köln (Teil I). Rudersport **117**(1), 11–13 (1999)

Kollmann, W.: WM-Analysen Luzern 2001: Gelingen und Misslingen von Renntaktiken/Spitzenleistungen auch ohne Weltbestzeiten. Rudersport **119**(24), 892–894 (2001)

Kuchling, H.: Taschenbuch der Physik. Harri Deutsch, Frankfurt a. M. (1989)

Maaß, K.: Vorstellungen von Schülerinnen und Schülern zur Mathematik und ihre Veränderung durch Modellierung. MU **49**(3), 30–53 (2003)

Martin, T.P., Bernfield, J.S.: Effect of stroke rate on velocity of a rowing shell. Med. Sci. Sports Exerc. **12**(4), 250–256 (1980)

Millward, A.: A study of the forces exerted by an oars man and the effect on boat speed. J. Sport Sci. **5**, 93–103 (1987)

Nolte, V.: Die Wahl der Ruderlänge und der richtigen Hebel. Rudersport **102**(13), 300–303 (1984)

Nolte, V.: Der Antrieb des Ruderbootes – Biomechanische Grundlagen. Vortrag beim 3. Hamburger Symposium. Rudersport **107**(17), 446–450 (1989)

Oehler, P., Schneider, T.: Temperaturabhängigkeit der Bootsgeschwindigkeit. Rudersport **100**(9), 212 (1982)

Schatté, E.: Schneller durch leichte Boote. Rudersport **99**, 3 (1981) (Beilage Trainer-Journal. Lehrbriefe für Trainer und Übungsleiter **76**(1), V–VII)

Stepanow, W.W.: Lehrbuch der Differentialgleichungen. Deutscher Verlag der Wissenschaften, Leipzig (1963)

Townend, M.S.: Mathematics in Sport. E. Horwood, Chichester (1984)

Wellicome, J.F.: Report on resistance experiments carried out on three racing shells. Nat. Phys. Lab. Ship T.M. **184**,1 (1967)

Zaciorskij, Y.M., Jakunin, N.A.: Zur Biomechanik des Ruderns (Übersichtsdarstellung). Beiheft zu Leistungssport: Rudern (Redaktion: Nickel, H.), S. 83–98 (1981)

Internet-Adressen

http://filebox.vt.edu/eng/mech/tidwell/me4016/final/dynamic.html. Zugegriffen: 14. Apr. 2004

http://phys.washington.edu/~wilkes/post/temp/phys208/shell.acceleration.html. Zugegriffen: 14. Apr. 2004

http://www.atkinsopht.com/row/rowabstr.htm. Zugegriffen: 3. Jan. 2018

http://eodg.atm.ox.ac.uk/user/dudhia/rowing/physics/basics.html. Zugegriffen: 3. Jan. 2018

http://www.bbg-rowing.com. Zugegriffen: 3. Jan. 2018

http://www.maths.adelaide.edu.au/Applied/llazausk/hydro/GODZ/RES/INTRO/guri1.html. Zugegriffen: 14. Apr. 2004

http://www.cyberiad.net/library/rowing/stroke/smodel.htm. Zugegriffen: 14. Apr. 2004

http://www.empacher.com/fileadmin/DE/baublatt/Baublatt-Riemen-1016-GER.pdf. Zugegriffen: 3. Jan. 2018

http://www.worldrowing.com/mm/Document/General/General/12/68/94/FISArulebookEN2017finalweb4_Neutral.pdf. Zugegriffen: 3. Jan. 2018

http://www.worldrowing.com/events/2004-olympic-games/mens-eight/. Zugegriffen: 3. Jan. 2018

http://www.rish.de/rudern/biomechanik. Zugegriffen: 3. Jan. 2018

http://home.hccnet.nl/m.holst/recover1.html. Zugegriffen: 3. Jan. 2018

https://deutschlandachter.de/presse/. Zugegriffen: 1. Aug. 2018

http://www.carlosdinares.com/wp-content/uploads/2013/10/rowing-seat.jpg. Zugegriffen: 3. Jan. 2018

http://www.rish.de/rudern/boote/trimmen. Zugegriffen: 3. Jan. 2018

Neues AKW-Gesetz

Heinz Böer

Zusammenfassung

Mit einer Einmalzahlung haben sich die AKW-Betreiber-Gesellschaften von allen Verpflichtungen, für die sichere Endlagerung des Atommülls zu sorgen, für immer freigekauft. Reicht diese Summe realistisch oder war es ein Geschenk der Politik?

Dieser Fragestellung wird mit unterschiedlichen Modellierungen, mit Integralrechnung, mit Funktionsbestimmung und mit Tabellenkalkulation nachgegangen.

Insgesamt geht es um Mathematik aus dem Leben und für das Leben, um ein alltagsrelevantes Thema in einem politischen Streitfall.

1 Der Sachverhalt

Die Betreiber von Atomkraftwerken (AKW) waren verpflichtet sämtliche Kosten für den Rückbau der Kernkraftwerke sowie die Entsorgung des erzeugten radioaktiven Abfalls einschließlich Endlagerung selbst zu tragen. Mit einem neu vom Bundestag beschlossenen Gesetz mussten sie bis Mitte 2017 einmalig insgesamt gut 23,5 Mrd. EUR in einen extra dafür geschaffenen staatlichen Fonds einzahlen, sind damit aber von den Kosten der Endlagerung des Atommülls für immer befreit. Die 23,5 Mrd. EUR ergeben sich aus den bis 2099 geschätzten Kosten von knapp 170 Mrd. EUR. Die Geldausgaben wurden auf das Jahr 2017 rückgerechnet mit einem durchschnittlichen Zinssatz von 4,58 %. Das zugrunde liegende Gutachten wurde erstellt von der Wirtschaftsprüfungsgesellschaft Warth & Klein Grant Thornton AG. Die Kosten für den Rückbau der AKWs sowie die Verpackung des Atommülls bis zur Übergabe in Zwischenlager verbleibt laut beschlossenem Gesetz bei den Energiekonzernen. *Nach: Frankfurter Rundschau vom 19.1.2017.*

Bei aller Kritik stimmten die Abgeordneten mehrheitlich dem Gesetz zu, weil sie befürchteten, dass die AKW-Betreiberfirmen in Konkurs gehen könnten und dann die Entsorgungskosten ganz vom Staat getragen werden müssten.

2 Im Mathematikunterricht?

Es geht um quantitative Zusammenhänge, die im Mathematikunterricht modelliert und geprüft werden können. Das Thema geht uns und – mehr noch – unsere Schülerinnen und Schüler an. Das sieht man schon an den Zeiträumen, um die es geht. Die Presse hat darüber nur wenig und nicht konkret berichtet, vermutlich, weil die Zahlenzusammenhänge nicht leicht zu erklären sind. Will man die Zusammenhänge aber beurteilen können, dann sind Modellierungen des Sachverhaltes nötig – im Mathematikunterricht, wo sonst?

Fragestellung I: Was ist die wesentliche Änderung durch das neue Gesetz? Welche Kritikpunkte bestehen?

Nach dem alten Gesetz müssen die AKW-Betreiber alle Kosten für die Spätfolgen des AKW-Betriebes tragen – egal, wie hoch sie werden und wie lange das dauert. Nach dem neuen Gesetz müssen sie einmalig 23,5 Mrd. EUR zahlen und sind damit alle Verpflichtungen der Endlagerung los.

Unklar ist, ob die bis 2099 bezifferten 170 Mrd. reichen und ob der angesetzte durchschnittliche Zinssatz erreicht wird. Zudem entstehen auch danach noch Folgekosten, die überhaupt nicht berücksichtigt werden.

Fragestellung II: Passt der angegebene Zinssatz?

Modell A: Nimmt man an, dass das eingezahlte Geld bis 2099 ohne Entnahmen verzinst wird, so ergibt sich ab 2018 in den 82 Jahren $23,5 \text{ Mrd.} \cdot 1,0458^{82} \approx 924$ Mrd. Die benötigten 170 Mrd. € wären weit überschritten.

Umgekehrt: Mit welchem durchschnittlichen Zinssatz müsste gerechnet werden, wenn bis 2099 die angegebene Summe erreicht werden soll?

H. Böer (✉)
Nottuln, Deutschland
E-Mail: boeer.hamers@t-online.de

© Springer Fachmedien Wiesbaden GmbH, ein Teil von Springer Nature 2019
I. Grafenhofer und J. Maaß (Hrsg.), *Neue Materialien für einen realitätsbezogenen Mathematikunterricht 6,*
Realitätsbezüge im Mathematikunterricht, https://doi.org/10.1007/978-3-658-24297-8_3

23,5 Mrd. $\cdot z^{82} = 170$ Mrd. und damit $z = \sqrt[82]{\frac{170}{23,5}} \approx 1,0244$

Mit einem Zinssatz von rund 2,44 % kämen 170 Mrd. € heraus im Jahr 2099. Der angegebene Zinssatz von 4,58 % läge viel zu hoch.

Modell B: Angenommen, von 2018 bis 2099 wird jährlich derselbe Betrag von dem Fonds für die Atommüllendlagerung ausgegeben, sodass der staatliche Fond am Ende leer ist. Passt dann der angegebene Zinssatz?

Ich gehe davon aus, dass

- Ende 2017 die 23,5 Mrd. € eingezahlt sind,
- jeweils ein Jahr lang verzinst wird mit 4,58 %,
- an jedem Jahresende 2,1 Mrd. € entnommen werden, denn 170 Mrd. €: (2099 – 2018) ≈ 2,1 Mrd.

Dann ist der Geldvorrat schon nach 19 Jahren erschöpft und es ergibt sich Ende 2099 nach der letzten Entnahme nicht 0, sondern rund – 833 Mrd. €. Das passt überhaupt nicht zum Text.

Gerechnet wurden die Zahlen mithilfe einer einfachen Tabellenkalkulation durch B3 = B2*(1 + 0,0458) − 2100000 000, runtergezogen bis 2099.

A	B
Jahr	Geld
2017	2,35E + 10
2018	22476299999
2019	21405714539
2032	2095611601
2033	91590611,93
2034	−2004214538
2035	−4196007564
...	
...	
2096	−7,2284E + 11
2097	−7,5804E + 11
2098	−7,9486E + 11
2099	−8,3336E + 11

Modell C: Mit jährlich gleicher Entnahme über einen Zeitraum von 81 Jahren (2018 bis 2099) ist nicht zu rechnen. Eher wird am Anfang wenig, in der Mitte des Zeitraums viel und am Ende wieder wenig entnommen. Nimm an, die entnommene Geldmenge nimmt parabolisch 41 Jahre bis zu einem Maximum zu, danach entsprechend wieder ab bis 2099 und macht insgesamt 170 Mrd. € aus.

Zunächst ist die unterstellte quadratische Funktion zu bestimmen.

Vereinfachungen: Ich nehme eine Erstentnahme am Ende des Jahres 2017 mit 10 Mio. an. Zudem ersetze ich die diskrete Summe der Entnahmen durch die Integration der Funktionswerte.

Die quadratische Funktion hat ihren Hochpunkt bei (41|E), wobei E der y-Wert der maximalen Entnahme ist.

Funktionsansatz (Scheitelpunktform): $f(x) = a(x - 41)^2 + E$ mit x: Jahre ab 2017 und $f(x)$: Geld in Mrd. €

Es gibt zwei Forderungen.

I: Es wird in 82 Jahren summiert 170 Mrd. € entnommen.

II: Die Entnahme beginnt Ende 2017 mit 10 Mio. € = 0,01 Mrd. €

I: $\int_0^{82} \left[a \cdot (x - 41)^2 + E \right] dx = 170$

II: $f(0) = 0,01$

$$\int_0^{82} \left[a \cdot \left(x^2 - 82x + 41^2 \right) + E \right] dx$$

$$= a \cdot \left(\frac{x^3}{3} - 41x^2 + 41^2 x \right) + E \cdot x \Big|_0^{82}$$

I: $= 45\,947\,a + 82\,E = 170$

II: $a \cdot (0 - 41)^2 + E = 1681\,a + E = 0,01$

Die letzten beiden Gleichungen liefern $a \approx -0,00184$; $E \approx 3,1047$; also.

$f(x) = -0,00184 \cdot (x - 41)^2 + 3,1047$.

Im Jahre 2058 wird mit rund 3,1 Mrd. € am meisten Geld für die Atommüll-Endlagerung aus dem Fonds entnommen, vorher und danach weniger.

Wie im Modell B wird der Jahresanfangswert mit 4,58 % verzinst, am Jahresende wird hier aber jeweils der Funktionswert der quadratischen Entnahmefunktion oben abgezogen. Der Startwert in C2 Ende 2017 liegt bei 23,5 Mrd. € – 10 Mio. €.

C3 = C2*1,0458−(−0,00184*(B3−41)^2 + 3104700000)

A	B	C
Jahr	x-Wert	Geld
2017	0	2,35E + 10
2018	1	2,15E + 10
2019	2	1,93E + 10
...	...	...
2025	8	3,65E + 09
2026	9	6,31E + 08
2027	10	−2,53E + 09
2028	11	−5,83E + 09
...	...	...
2096	79	−1,51E + 12
2097	80	−1,59E + 12
2098	81	−1,66E + 12
2099	82	−1,74E + 12

Schon im Jahr 2027 wäre der Fonds-Wert negativ. Am Ende der Laufzeit hätten sich 1,74 Bio. € Schulden angesammelt.

Modell C mit variablem Zinssatz: Wie müsste der Zinssatz bei Modell C lauten, damit sich am Ende 0 € im Fonds befindet (Anfangseinsatz wie bisher)?

Dazu muss in der Tabellenkalkulation der Zinssatz geändert werden können. Durch systematisches Probieren des Zellenwertes D2 lässt sich dann die Frage beantworten mit $C3 = C2*(1+D\$2)-(-0,00184*(B3-41)^2+3104700000)$.

Mit einem Zinssatz von 13,217 % bleibt am Ende rund 18,2 Mrd. € übrig, mit 13,216 % fehlen rund 28,6 Mrd. €.

Das Ausgangskapital von 23,5 Mrd. € müsste mit rund 13,217 % verzinst werden, um nach Modell C bis zum Ende zu reichen.

A	B	C	D
Jahr	x-Wert	Geld	Zinssatz
2017	0	2,35E+10	0,13217
2018	1	2,35E+10	
...	...	...	
2097	80	1,93E+10	
2098	81	1,88E+10	
2099	82	1,82E+10	

Modell C mit variablem Einsatzkapital: Wie müsste der Einzahlungswert bei Modell C lauten, damit sich am Ende 0 € im Fonds befindet (Zinssatz wie bisher)?

Dazu muss in der Tabellenkalkulation das Einsatzkapital in C2 geändert werden. Durch systematisches Probieren des Zellenwertes lässt sich dann die Frage beantworten mit $C3 = C2*1,0458-(-0,00184*(B3-41)^2+3104700000)$.

Mit einem Einsatzkapital von 66,1 Mrd. € bleibt am Ende rund 988 Mio. € übrig, mit 66,0 Mrd. € Einsatz fehlen rund 29,5 Mrd. €.

Das Ausgangskapital müsste bei 66,1 Mrd. € liegen, um mit 4,58 % verzinst nach Modell C bis zum Ende zu reichen.

A	B	C
Jahr	x-Wert	Geld
2017	0	6,61E+10
2018	1	6,60E+10
...	...	...
2097	80	6,71E+09
2098	81	3,91E+09
2099	82	9,88E+08

Modell D mit linear ansteigenden jährlichen Kosten

Die Kosten für die Endlagerung sind im Moment noch gering, weil es nur ein Endlager für mittel- und schwachradioaktiven Abfall gibt – z. B. wie oben angenommen 10 Mio. Dazu kommen die Kosten für die Endlagersuche für hochradioaktiven Abfall.

Richtig steigen werden die jährlichen Kosten aber erst dann, wenn ein Endlager gefunden und gebaut wird und der Abbruch der Atomruinen beginnt. Dazu passt das Modell C.

Möglich ist noch ein weiterer Ansatz mit linear steigenden Kosten. Bei Startkosten von 10 Mio. in 2017 kommt man bei jährlicher Kostensteigerung um 55 Mio. mit dem Geld bis 2099 aus, vorausgesetzt die Zinsrate von 4,58 % wird erreicht. Insgesamt können rund 189 Mrd. EUR ausgegeben werden, es bleiben noch 5 Mrd. als Reserve. Auch bei Startkosten von 50 Mio. und einer jährlichen Steigerung von 53 Mio. geht die Hochrechnung noch auf.

Aber auch lineare Zunahmen sind wie die anderen Modellansätze theoretisch und konstruiert. Besonders unrealistisch ist, dass 2099 die höchsts Kosten pro Jahr erreicht werden und dann auf 0 fallen.

Resümee: Die hier versuchten Modellierungen wirken konstruiert und passen häufig nicht zu den angegebenen Daten. Da wurde „irgendwie anders" gerechnet. Vermutlich wurde jedes einzelne AKW untersucht mit seinem Stilllegungsjahr und den erwartbaren Kosten zu geplanten Jahresdaten. Die Untersuchung würde im Unterricht zu weit führen. Allenfalls kann eine interessierte Schüler-in-nen-Gruppe die Originalüberlegungen in der Studie der Wirtschaftsprüfungsgesellschaft studieren und im Überblick vortragen. Übrigens wurden die 4,58 % als Zinssatz gewählt, weil das die langjährig durchschnittlichen Renditen von Bundesschatzbriefen sind.

Die Kritikpunkte bleiben: Man weiß nicht, ob die durchschnittlichen Zinssätze je wieder erreicht werden. Eben so wenig weiß man, wie sich die Bau- und Entsorgungskosten entwickeln. Das wichtigste Argument ist aber sicherlich, dass die Kosten nach 2099 garantiert nicht auf Null fallen. Dies macht schon der Blick auf Caesium-137 mit einer Halbwertzeit von 30 Jahren deutlich. In etwa 300 Jahren (10 Halbwertzeiten) ist davon nur noch ein Promille vorhanden, solange muss der hochradioaktive Abfall mindestens sicher gelagert werden. Und dann haben wir noch nicht das Plutonium-239 mit einer Halbwertzeit von 24000 Jahren in den Blick genommen.

Zudem zeigt die intensive Beschäftigung mit dem relevanten Thema Atommüllentsorgung in Modell C die sehr sensible Abhängigkeit des Ergebnisses vom angesetzten Zinssatz und auch vom eingesetzten Anfangskapital. Schon sehr kleine Änderungen bewirken in beiden Fällen gravierend andere Ergebnisse für 2099. Das zeigt, dass keine Studie verlässlich Prognosen über einen solch langen Zeitraum machen kann.

Unterwegs wurde zudem viel Modellbildung geübt zu einem relevanten wirtschaftlichen Hintergrund.

3   Verortung im Mathematikunterricht

Mit der Integralrechnung, der Exponentialfunktion, der Funktionsbestimmung und der verwendeten Tabellenkalkulation passt das Thema gut in den Analysisunterricht der Oberstufe. Interessant ist hier besonders, dass die Fragen nach einem passenden Zinssatz bzw. einem passenden Anfangskapital durch systematisches Probieren mithilfe einer Tabellenkalkulation bearbeitet werden kann statt mit einer komplexen und langwierigen überexakten Integralgleichung. Das schärft den Blick für den Gebrauch angemessener Mittel.

Auch solche vereinfachenden Problem-Bearbeitungsmöglichkeiten suchen, bearbeiten und sammeln wir in der MUED (s. www.mued.de).

Lukrativ und tödlich

Heinz Böer

Zusammenfassung

Ein kurzer Zeitungsausschnitt bietet Gelegenheit, sich mit den tödlichen Folgen des Rauchens weltweit quantitativ auseinander zu setzen – unter der Verwendung der Integralrechnung mit ernsthafter Nutzung eines GTR oder mithilfe einer Tabellenkalkulation.

Insgesamt geht es um Mathematik aus dem Leben und für das Leben, um ein alltagsrelevantes Thema und Handlungskonsequenzen.

1 Der Sachverhalt

6 Millionen Menschen sterben jährlich an den Folgen des Rauchens. Davon sind 600 000 Passivraucher. … 1 Milliarde Menschen könnten im 21. Jahrhundert an den Folgen des Tabakkonsums sterben, wenn sich die derzeitigen Trends fortsetzen.

Frankfurter Rundschau vom 27.11. 2015. Die Daten entstammen der Weltgesundheitsorganisation, dem World Tobacco Atlas und dem Deutschen Krebsforschungszentrum.

2 Im Mathematikunterricht?

Die Zahl der Raucherinnen und Raucher unter den Schülerinnen und Schülern nimmt seit einiger Zeit ab. Aber für viele ist das Rauchen noch lukrativ. Sie stehen möglicherweise am Beginn einer Raucherkarriere. Das ist ein Grund, auch im Mathematikunterricht das Thema aufzugreifen. Untersucht wird, ob eine Zunahme prognostiziert wird und wie stark die (als exponentiell unterstellte) Zunahme ist – je nach Interpretation der Meldung.

H. Böer (✉)
Nottuln, Deutschland
E-Mail: boeer.hamers@t-online.de

Das passt in die Integralrechnung in der Oberstufe, bei der der grafikfähige Taschenrechner wirklich benötigt wird. Oder man löst die Gleichung durch systematisches (und arbeitsteiliges) Probieren.

Berechnungen mit einer Tabellenkalkulation, in der die Zunahmerate schrittweise geändert wird, ist hier als zweiter Zugang bearbeitet, ebenso ein Vergleich der Werte.

Fragestellung I: Wird bei den „derzeitigen Trends" eher mit einer Abnahme oder eher mit einer Zunahme der Raucherzahlen gerechnet?

Mit den aktuellen, jährlichen Todeszahlen von 6 Mio. ergeben sich in 100 Jahren 600 Mio. Da die prognostizierte Summe mit einer Milliarde darüber liegt, wird eine Zunahme angenommen.

Damit ist klar, dass eine Zunahme unterstellt wird. Das macht neugierig, wie groß sie denn angenommen wird.

Fragestellung II: Angenommen, der derzeitige Trend wird exponentiell fortgeschrieben. Mit welcher Wachstumsrate wird dann für die Prognose hochgerechnet?

Präzisierung a: Vereinfachend wird angenommen, dass die derzeitige Totenzahl von 6 Mio. für den Beginn des Jahrhunderts, also das Jahr 2000, gilt.

Für die unterstellte Wachstumsfunktion $f(x) = 6 \cdot 10^6 \cdot a^x$ kann man die diskrete Summation durch eine Integration annähern. Dann bleibt die Gleichung zu lösen:

$$\int_0^{100} 6 \cdot 10^6 \cdot a^x \, dx = 10^9.$$ Das führt auf $a^{100} - 1 = \frac{10^3}{6} \cdot \ln a.$

Die Gleichung lässt sich mit einem grafikfähigen Taschenrechner GTR lösen, indem die rechte Seite subtrahiert und die Funktion von a auf Nullstellen untersucht wird. Oder es wird die allgemeine Gleichung eingegeben und numerisch gelöst. Hat der Kurs keinen GTR und auch kein Rechnerprogramm zur Verfügung, so kann die Gleichung arbeitsteilig durch Annäherung des passenden a-Wertes gelöst werden. Herauskommt: $a \approx 1{,}00952$ bzw. $p \% \approx 0{,}95 \%$.

Hochgerechnet wurde eine exponentielle Entwicklung mit 0,95 % Wachstumsrate pro Jahr.

Präzisierung b: Da der Artikel Ende 2015 erschien, sind mit 6 Mio. Toten die von 2014 gemeint. Dann lautet der Ansatz ohne den Vereinfachungsschritt in a: $\int_{-14}^{86} 6 \cdot 10^6 a^x \, dx = 10^9$.

Die Gleichung $a^{86} - a^{-14} = \frac{10^3}{6} \cdot \ln a$ liefert a: $\approx 1{,}012503$ bzw. p % $\approx 1{,}25$ %.

Hier lautet der „derzeitige Trend": Die Zahl der Toten durch Rauchen nimmt seit 2000 und auch weiterhin um rund 1,25 % pro Jahr zu.

Fragestellung III: Welcher Ansatz liefert die größere Wachstumsrate und warum?

Bei angenommenen 6 Mio. Toten im Jahr 2000 wird ein geringerer Zunahmeprozentsatz errechnet als wenn die Anzahl erst im Jahr 2014 erreicht wird.

Die Flächenberechnung in b beginnt bei dem Anfangswert $6 \cdot 10^6 \cdot 1{,}0125^{-14} \approx 5{,}04 \cdot 10^6$. Da die Integration bei einem kleineren Wert startet als die in a, muss die Funktion in b stärker zunehmen, um die Fläche von 1 Mrd. unter der Kurve zu erreichen. Das trifft hier auch zu, da 0,95 % < 1,25 % bzw. 1,0095 < 1,0125. Siehe die Skizze.

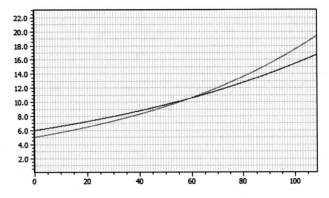

Fragestellung IV: Was ergibt sich bei Fragestellung II, wenn diskret, z. B. mit einer Tabellenkalkulation gearbeitet wird?

In eine Tabellenkalkulation wird der Anfangswert und die Wachstumsrate eingegeben. Die hochgerechneten Werten bis 2100 werden summiert. Ergibt sich ein zu hoher Summenwert, so wird der Prozentsatz erniedrigt, sonst erhöht – bis sich in etwa die gewünschte Summe von 1 Mrd. ergibt.

Präzisierung a wie oben:

A	B	C	D	
Jahr	Tote R	Tote R	Tote R	Der Startwert im Jahr 2000 liegt bei sechs Mio. Es wird exponentiell hochgerechnet durch Multiplikation des Vorjahreswertes bei einem festen Wachstumsfaktor In der letzten Zeile werden alle 101 Werte addiert ausgegeben
2000	6,00E+06	6,00E+06	6,00E+06	
2001	6060000	6048000	6056460	
2002	6120600	6096384	6113451,29	
…..				
2097	15751593,9	12996393,9	14883625,4	
2098	15909109,9	13100365	15023680,3	
2099	16068201	13205168	15165053,1	
2100	16228883	13310.809,3	15307756,2	
Summe	1,04E+09	9,27E+08	1,00E+09	

In der Spalte B wurde mit p% = 1 % hochgerechnet. Die Summe ist mit 1,04 Mrd. zu hoch. In der Spalte C war p% = 0,8 % mit zu kleiner Endsumme von 927 Mio. Durch Variieren des vorgegebenen Prozentsatzes ergab sich erstmals bei 0,941 % in etwa eine Endsumme von einer Mrd. Mit 0,94 % liegt der Prozentsatz in derselben Größenordnung wie oben mit 0,95 %.

3 Präzisierung b wie oben

A	B	C	D	
Jahr	Tote R.	Tote R.	Tote R.	Hier liegt der Startwert für 2014 mit sechs Mio. fest. Bis zum Jahr 2000 wird exponentiell rückgerechnet, indem der jeweilige Nachjahreswert durch den Faktor 1+p/100 dividiert wird. Nach 2014 wird wie oben der Vorjahreswert mit dem Faktor multipliziert. In der letzten Zeile werden wieder alle 101 Werte addiert ausgegeben
2000	5219777,82	4871095,66	5059110,93	
2001	5271975,6	4944162,1	5121125,51	
…..				
2012	5881776,3	5823970,49	5855565,12	
2013	5940594,06	5911330,05	5927342,63	
2014	6000000	6000000	6000000	
2015	6060000	6090000	6073548	
2016	6120600	6181350	6147997,55	
2017	6181806	6274070,25	6223359,71	
…….				
2098	13840336,5	20955537,2	16696042,5	
2099	13978739,8	21269870,3	16900702,5	
2100	14118527,2	21588918,4	17107871,4	
Summe	903993468	1136110431	1000038237	

In der Spalte B wurde mit p% = 1 % hochgerechnet. Die Summe ist mit rund 904 Mio. zu gering. In der Spalte C war p% = 1,5 % mit zu großer Endsumme von rund 1,1 Mrd. Durch Variieren des vorgegebenen Prozentsatzes ergab sich in Spalte D bei 1,2258 % eine Endsumme von rund einer Mrd. Mit 1,23 % liegt der Prozentsatz in derselben Größenordnung wie oben mit 1,25 %.

Fragestellung V: Wodurch ergeben sich Abweichungen in den Rechenergebnissen?

In beiden Ansätzen zu a und b liefert die Tabellenkalkulation ein etwas kleinere Wachstumsrate.

- Die summierten Werte in der Tabellenkalkulation können dargestellt werden als Balken der Breite 1 über einem x-Wert k, der von k −0,5 bis k +0,5 reicht. Dann entspricht die Balkenfläche dem Tabellenwert an der Stelle k. Für k = 0 bzw. das Jahr 2000 reicht der Balken von −0,5 bis 0,5. Der Balken zu 2100 reicht von 99,5 bis 100,5. Summiert werden also Flächen von −0,5 bis 100,5. Dagegen summiert die Integration nur Flächen von 0 bis 100. Die Balkenflächen sind also insgesamt größer.

- Zur „Glättung" der diskreten Werte durch die Funktion: Für jeden natürlichen x-Wert k liegt die Exponentialfunktion am linken Rand der zugehörigen Balkenfläche bei k − 0,5 zu niedrig, am rechten Rand bei k +0,5 zu hoch gegenüber der Balkenhöhe, wobei die Abweichung rechts größer ist als links, da eine Linkskurve vorliegt (bei linearen Funktionen sind die Abweichungen gleich groß). Das bedeutet, dass die Integration bei jedem Wert k einen etwas größeren Wert liefert als die Balken bei der Tabellenkalkulation. Am Beispiel: Das Integral über $f(x) = 6 \cdot 10^6 \cdot 1,00952^x$ ergibt von 49,5 bis

50,5 den Wert 9 636 054 und ist damit etwas größer als $f(50) = 9\ 636\ 018$. Die Fläche, die durch Integration gewonnen wird, ist also größer.

- Die beiden Tendenzen gleichen sich aus, aber nicht ganz. Die Balkenflächen bei der Tabellenkalkulation ergeben insgesamt eine größere Fläche als bei der Integration, dadurch ist dort nur eine etwas kleinere Wachstumsrate nötig, um auf 1 Mrd. zu kommen.

---

4 Zum Unterricht

In Nordrhein-Westfalen ist der GTR in der Oberstufe eingeführt, sodass die Berechnung der Wachstumsraten unproblematisch möglich war. Damit stand die Modellierung des Sachzusammenhangs im Vordergrund. Im Leistungskurs war die Integration unproblematisch. Die Tabellenkalkulationsbedienung musste noch einmal wiederholt werden, da sie aus der Sekundarstufe I weitgehend verschüttet war.

Das Thema Rauchen fanden die Schülerinnen und Schüler als individuelle und auch als weltweite Problemstellung interessant. Sie waren erstaunt, dass sie mithilfe der gerade behandelten Integralrechnung die Fragestellung nach dem Prognoseprozentsatz bearbeiten konnten.

Das Interesse war dann auch tragend für die eher innermathematischen Fragestellungen III und V.

Meine Schülerinnen und Schüler sind dankbar für Problemstellungen, die sie interessieren und bei der die behandelte Mathematik weiterhilft. Solche kleinen Antworten auf die Frage „Warum sollen wir das lernen?" sollten wir Lehrerinnen und Lehrer suchen, nutzen und weitergeben – wie in der MUED üblich (s. www.mued.de).

Insektenschwund

Heinz Böer

Zusammenfassung

Ältere Autofahrerinnen kennen das noch: nach einer längeren Fahrt mit dem Auto musste erst einmal die Frontscheibe freigekratzt werden von den darauf verendeten Insekten. Das passiert kaum noch!

Inzwischen gibt es quantitative Daten zu dieser individuellen, qualitativen Beobachtung. Die Zahl geflügelter Insekten schrumpfte in den vergangenen knapp 30 Jahren auf rund ein Viertel – Anlass für genauere Rechnungen rund um das Thema mit Integralrechnung, Tabellenkalkulation und dem Vergleich der Ergebnisse.

Insgesamt geht es um Mathematik aus dem Leben und für das Leben, um ein alltagsrelevantes Thema und Handlungskonsequenzen.

1 Der Sachverhalt

Im Herbst 2017 machte eine alarmierende Nachricht die Runde: Seit 1989 hat der Entomologische Verein Krefeld ehrenamtlich in insgesamt 63 Gebieten mit unterschiedlichem Schutzstatus in Nordrhein-Westfalen, Rheinland-Pfalz und in Brandenburg mit Hilfe von Fallen Fluginsekten gesammelt und deren Masse bestimmt: 53,54 kg wirbellose Tiere, also Millionen Insekten.

Ein internationales Expertenteam hat die Daten ausgewertet. Die Zahl geflügelter Insekten in Deutschland schrumpfte in den 27 Jahren um 76 %. Die Studie ist die erste, die belegt, dass sämtliche geflügelten Insekten massiv vom Aussterben betroffen sind. Nach: Frankfurter Rundschau vom 20.10.2017

H. Böer (✉)
Nottuln, Deutschland
E-Mail: boer.hamers@t-online.de

2 Im Mathematikunterricht?

Das Thema reizt – auch und gerade zur Behandlung im Mathematikunterricht. Es geht um quantitative Zusammenhänge, die – ernstgenommen – weitgehende normative Folgerungen zeitigen müssten. Das geht uns und – mehr noch – unsere Schülerinnen und Schüler an. Der Aufschrei im Blätterwald ist kurzlebig. Ein längerfristiges Engagement rührt her – wenn überhaupt – von der Zukunftsperspektive, die hier angesprochen ist. Tieraussterben als Ankündigung einer nicht mehr bewohnbaren Erde…?

Die Datenveröffentlichung in den Medien war so knapp wie beschrieben. Gerne wüsste man noch, welche Masse von Insekten denn von Jahr zu Jahr gefangen wurden, besonders wie viel am Anfang und am Ende der angegebenen Periode. Das lässt sich aus den Daten rekonstruieren, wenn vereinfacht unterstellt wird, dass die vielen Schwankungen durch eine Ausgleichskurve angenähert werden.

Mit diesen Fragestellungen gehört das Thema in den Mathematikunterricht. Mit eigenen Berechnungen nähern sich die Schülerinnen und Schüler dem Thema intensiver, beschäftigen sich länger damit und werden evtl. neugierig, weiter zu recherchieren und sich weiter zu engagieren – weil es um ihre Zukunft geht.

3 Verortung im Mathematikunterricht

Wenn die Massen der gefangenen Insekten durch Integration berechnet werden und mit denen der Tabellenkalkulation verglichen werden, dann gehört das Thema in den Mathematikunterricht der Oberstufe. Wird nur mit der Tabellenkalkulation gearbeitet (was möglich ist!), dann kann das Thema auch schon am Ende der Sekundarstufe I bearbeitet werden. Ich habe das Thema im LK Mathematik bearbeiten lassen. Das hat die Schülerinnen und Schüler interessiert, weil sie selber davon gehört hatten und weil sie das für ein Zukunftsthema, für ihr Thema gehalten haben.

4   Bearbeitung I

Für Rückblicke und Prognosen passen klassisch zwei (geglättete) Ansätze, ein linearer und ein exponentieller. Die Abnahme in 27 Jahren (1989 bis 2016) ist bekannt.

- Verteilt man sie linear, so ergibt sich im Durchschnitt ein Rückgang des Insektenbestandes um rund 2,8 % des Ausgangswertes pro Jahr, denn 76 %: 27 ≈ 2,8 %.
- Da 2016 nur noch 24 % des Anfangsbestandes a vorhanden sind, ist für den exponentiellen Ansatz die Gleichung zu lösen: $a \cdot z^{27} = 0{,}24\,a$.
  Jährlich ist der Insektenbestand im Durchschnitt um gut 5 % des Vorjahresbestandes zurückgegangen, denn $z = \sqrt[27]{0{,}24} \approx 0{,}948 \approx 100\,\%{-}5\,\%$.

Mit den Abnahmewerten pro Jahr ist die Anfangs- und Endmenge noch nicht bekannt. Dazu sind die 27 Jahreswerte zu summieren. Zur Vereinfachung ersetze ich die Summation durch eine Integration, ausgehend von einer Anfangsmenge a im Jahr 1990.

- Für den linearen Fall ist dann die Gleichung zu lösen:

$$\int_{0}^{27} (a - 0{,}028\,a \cdot t)\, dt = 53{,}54$$

$$a \cdot (t - 0{,}028 \cdot 0{,}5 \cdot t^2)\Big|_{0}^{27} = 53{,}54$$

$$16{,}79\,a = 53{,}54$$

$$a \approx 3{,}19$$

- 1990 wurden rund 3,2 kg, 2016 nur noch rund 3,2 kg · 0,24 = 768 g gefangen – bei linearer Entwicklung.
- Bei angenommener exponentieller Entwicklung ergibt sich:

$$\int_{0}^{27} (a \cdot 0{,}948^{t})\, dt = \frac{a}{\ln 0{,}948} \cdot 0{,}948^{t}\Big|_{0}^{27}$$

$$= \left(\frac{0{,}948^{27}}{\ln 0{,}948} - \frac{1}{\ln 0{,}948}\right) a \approx 14{,}3\,a$$

$$14{,}3 \cdot a = 53{,}54 \text{ bzw. } a \approx 3{,}74$$

1990 wurden rund 3,74 kg, 2016 nur noch rund 3,74 kg · 0,24 ≈ 0,898 kg ≈ 900 g gefangen – bei exponentieller Entwicklung.

5   Eine kleine Irritation

Irritierend ist hier, dass bei der exponentiellen Entwicklung sowohl der Anfangs- als auch der Endwert höher liegt als bei der linearen Entwicklung. Die Graphen – mit einem grafikfähigen Taschenrechner stehen sie schnell zur Verfügung – klären die Irritation auf.

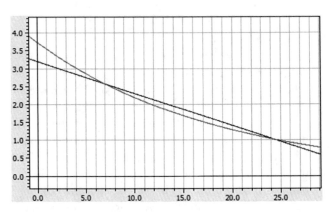

Die Exponentialfunktion startet höher als die lineare und endet ebenso. Zwischendurch unterschreitet sie die lineare Funktion, sodass die Fläche unter den beiden Kurven doch gleich ist.

6   Bearbeitung II

Statt durch Integration lässt sich die Problematik auch durch Summation der Einzeljahreswerte etwa mit einer Tabellenkalkulation bearbeiten: Die Ausgangszahl im 1. Datenfeld wird systematisch variiert, bis sich die bekannte Summe in etwa ergibt.

Die Änderungen sind vorgegeben, siehe oben. In der A-Spalte stehen die 27 Jahreszahlen. In der B-Spalte werden zu gegebenem Anfangswert linear die Folgewerte berechnet. In der C-Spalte werden zu gegebenem Anfangswert exponentiell die Folgewerte berechnet. Unten sind die Spaltenwerte summiert.

Die Anfangswerte in B2 und C2 werden geändert, bis die Summe unten mit der vorgegebenen Summe von 53,54 kg gut übereinstimmt.

A	B	C	
Jahr	Menge, lin	Menge, exp	
1990	3,12	3,65	A2, B2, C2 werden vorgegeben.
1991	3,03264	3,4602	B2 und C2 werden variiert, bis die Summe unten stimmt.
1992	2,94528	3,2802696	A3=A2+1; B3=B2-0,028*B2;
1993	2,85792	3,10969558	C3=C2*0,948
1994	2,77056	2,94799141	A bis 2016 runterziehen.
1995	2,6832	2,79469586	B4=B3-(B2-B3); die ursprüngliche Differenz immer
1996	2,59584	2,64937167	wieder subtrahieren – linear bis
1997	2,50848	2,51160435	2016.
1998	2,42112	2,38100092	C bis 2016 runterziehen; der
1999	2,33376	2,25718887	Vorjahreswert wird immer mit
2000	2,2464	2,13981505	dem gleichen Faktor multipliziert.
.	.	.	
.	.	.	
2015	0,936	0,96050869	
2016	0,84864	0,91056224	B29=SUMME(B2:B28);
Summe	53,57664	53,5920577	C29=SUMME(C2:C28)

Der Anfangswert für die lineare Entwicklung passt gut zur Berechnung oben: 3,12 kg statt 3,19 kg. Der Endwert für 2016 liegt mit 849 g allerdings höher als 768 g.

Der Anfangswert für die exponentielle Entwicklung weicht gering von der Berechnung oben ab: 3,65 kg statt 3,74 kg, ebenso der Endwert für 2016: 911 g statt 898 g.

7 Kritische Anmerkungen zu den erhobenen Daten

Keine einzige der 63 Fallen wurde über den gesamten Zeitraum an einem Ort aufgestellt. Viele Standorte wechselten stattdessen von Jahr zu Jahr – wie die Autoren der Studie selbstkritisch anmerken. Meistens wurde keine einzige Wiederholungsmessung durchgeführt.

Allgemein gilt: Eine Änderung zwischen zwei Zeitpunkten hängt davon ab, welchen Anfangszeitpunkt man wählt. Für die vorliegenden Daten gilt: mit dem Jahr 1991 als Anfangspunkt wären es nur etwa 30 % weniger Insekten gewesen.

Die Daten sind aber immer noch ein Anlass zum Nachdenken über die Ursachen.

Nach: Unstatistik des Monats Oktober 2017 von Prof. Dr. Walter Krämer

Dem Autor lagen offensichtlich genauere Daten zu den Jahresergebnissen vor.

8 Was fehlt?

Es liegt nahe, hier noch eine Prognose anzuschließen. Wie groß werden die Mengen sein, die in 10 oder 20 Jahren noch gefangen werden können? Dabei wird klar, dass auf lange Sicht eine fallende lineare Funktion kein passendes Modell sein kann, da die Funktion den Wert 0 und auch negative Werte annimmt. Das exponentielle Modell passt da besser.

Aber diese Fragen haben meine Schülerinnen und Schüler nicht (mehr) gestellt. Die Daten und Kurven waren so schon erschreckend genug. Um sich für mehr Hintergründe zu interessieren und, soweit möglich, gegen das Insektensterben aktiv zu werden, reichten die ermittelten Daten. Vielleicht interessieren sich Ihre Schülerinnen und Schüler genauer?

9 Was bleibt?

Daten aus Zeitungsmeldungen können Schülerinnen und Schüler selber rekonstruieren – nach überlegten mathematischen Modellen. Die rechnerischen Rekonstruktionen können auf unterschiedlichen Wegen gewonnen und verglichen werden. Die Datenbasis kann selber recherchiert und infrage gestellt werden.

Das alles zu berechnen macht Sinn, wenn die Meldung als interessant, als gesellschaftlich relevant und für einen selber als wichtig akzeptiert wird.

Solche Fragestellungen sammelt die MUED (www.mued.de) für die Nutzung im Unterricht. Haben Sie auch solche? Schicken Sie sie uns (mued@mued.de).

Wintervögel zählen und Statistik lernen

Mit welcher Genauigkeit lassen sich aus vielen Beobachtungen Schlüsse auf die tatsächliche Population ziehen?

Manfred Borovcnik, Jürgen Maaß, Helmut Steiner und Elena Zanzani

Zusammenfassung

In Österreich findet – wie in vielen anderen Ländern auch – jährlich Anfang Januar eine Zählung von Wintervögeln statt, also von jenen Vögeln, die in Österreich über Winter bleiben. Wie genau kann eine solche „Zählung" sein, wenn sie auf freiwilliger Beteiligung von Menschen beruht, die sich eine Stunde Zeit nehmen, Vögel zählen und dann ihr Ergebnis auf einer Internetseite oder per Postkarte an die Organisatoren abliefern? Wir sind dieser Frage nachgegangen und dabei auf viele weitere Fragen gestoßen. Unterrichtsversuche haben uns gezeigt, dass Schülerinnen und Schüler bereit sind, den Wintervögeln zu helfen und zu diesem Zweck genauer über verbesserte Methoden zur Zählung nachzudenken. Als geeignetes Mittel zum Verständnis der Zählmethoden und ihrer Qualität bzw. Genauigkeit haben sich realitätsnahe Übungen von Zählungen auf dem Schulhof bzw. im Klassenraum bewährt. Mit genau geplanten und eingegrenzten Versuchsbedingungen lässt sich gut verstehen, welche Hürden auf dem Weg zu einer genauen Zählung in der Realität zu bewältigen sind. Mit Hilfe von Informationen aus der Biologie über das Verhalten von Wintervögeln kann (fächerübergreifend) erarbeitet werden, welche zusätzlichen Herausforderungen sich ergeben, wenn Wintervögel professionell gezählt werden sollen. Wenn sich eine Schulklasse erfolgreich bemüht hat, selbst solche Fragen zur Modellierung, zum Einsatz statistischer Methoden und Hochrechnungen und deren Genauigkeit zu entwickeln und zu beantworten, kann sie sehr viel Statistik lernen und dieses Wissen auch nutzen, um Anwendungen der Statistik in anderen Bereichen zu verstehen: etwa BIG DATA, die statistische Analyse von Internetnutzungen, oder bei den vielen Statistiken, die in Medien und im Internet als Begründung verwendet werden.

1 Einleitung: Informationen zur Aktion „Stunde der Wintervögel"

Zählen und Zählmethoden sind nicht nur ein Themengebiet innerhalb der Leitidee Daten und Zufall für die Bildungsstandards der Sekundarstufe 1, sondern lassen sich auch in den Leitideen Zahl und Messen verorten. In unterschiedlichsten Kontexten spielt zuverlässiges Zählen bzw. Schätzen eine wichtige Rolle.

Der Verein BirdLife Österreich (www.BirdLife.at) organisiert jährlich im Winter eine Vogelzählung. Alle Menschen sind eingeladen, per Post oder Internet einen Meldebogen (s. Abb. 1) auszufüllen und einzusenden. Gewünscht wird, dass pro Art die in einem bestimmten Beobachtungszeitraum jeweils gleichzeitig gesichtete Höchstanzahl gemeldet wird (vgl. www.stunde-der-winter-voegel.at/img/sdw2015.pdf).

Die Frage nach dem Sinn der Aktion wird auf der Internetseite so beantwortet: „Bei Kälte und Schnee freuen sich viele Vögel über das Futter, das wir Menschen ihnen anbieten. Und so mancher sonst scheue gefiederte Wintergast wurde schon am Futterhäuschen gesehen. Aber über unsere Vögel im Winter gibt es bislang wenig wissenschaftliche Erkenntnisse. Wie passen sie sich an die kalte und futterarme Jahreszeit an? Welche Vögel werden durch Winterfütterung

M. Borovcnik (✉)
Universität Klagenfurt, Institut für Statistik, Klagenfurt, Österreich
E-Mail: manfred.borovcnik@aau.at

J. Maaß
Universität Linz, Institut für Didaktik der Mathematik, Linz, Österreich
E-Mail: juergen.maasz@jku.at

H. Steiner
Institut für Wildtierforschung, Piberbach, Österreich
E-Mail: hsteiner@forumartenschutz.at

E. Zanzani
BG BRG Körnerschule, Linz, Österreich
E-Mail: elena.zanzani@gmail.com

© Springer Fachmedien Wiesbaden GmbH, ein Teil von Springer Nature 2019
I. Grafenhofer und J. Maaß (Hrsg.), *Neue Materialien für einen realitätsbezogenen Mathematikunterricht 6*, Realitätsbezüge im Mathematikunterricht, https://doi.org/10.1007/978-3-658-24297-8_6

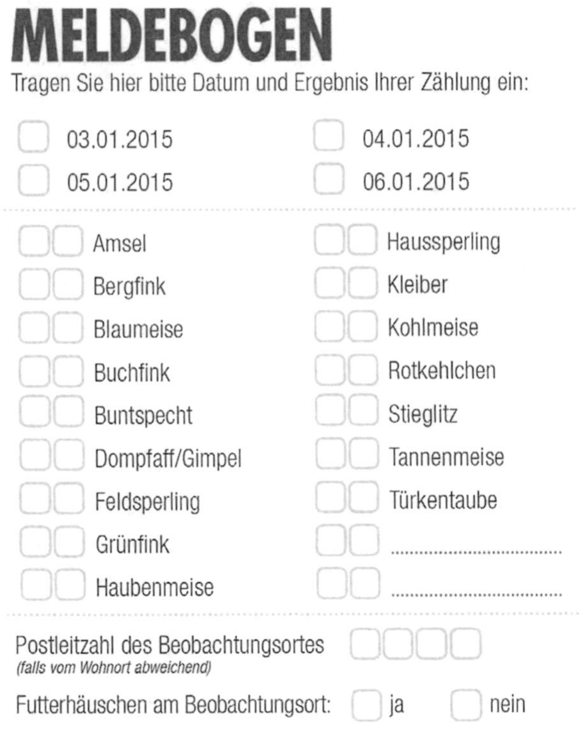

MELDEBOGEN

Tragen Sie hier bitte Datum und Ergebnis Ihrer Zählung ein:

◯ 03.01.2015   ◯ 04.01.2015

◯ 05.01.2015   ◯ 06.01.2015

◯◯ Amsel   ◯◯ Haussperling

◯◯ Bergfink   ◯◯ Kleiber

◯◯ Blaumeise   ◯◯ Kohlmeise

◯◯ Buchfink   ◯◯ Rotkehlchen

◯◯ Buntspecht   ◯◯ Stieglitz

◯◯ Dompfaff/Gimpel   ◯◯ Tannenmeise

◯◯ Feldsperling   ◯◯ Türkentaube

◯◯ Grünfink   ◯◯ ....

◯◯ Haubenmeise   ◯◯ ....

Postleitzahl des Beobachtungsortes ◯◯◯◯
(falls vom Wohnort abweichend)

Futterhäuschen am Beobachtungsort: ◯ ja   ◯ nein

Abb. 1 Meldebogen 2015 von BirdLife

gefördert, welche nicht? Wie wirkt sich der Klimawandel auf die Vögel im Winter aus?" (http://www.stunde-der-winter-voegel.at/index.php?id=warum).

Wir schlagen im folgenden Beitrag vor, die Information über Birdlife zum Ausgangspunkt für einen realitätsorientierten Mathematikunterricht zur Statistik zu wählen. Die vorgeschlagene Vorgangsweise im Unterricht entspricht einem explorativen Umgang mit Fragen und Daten. Borovcnik und Ossimitz (1987) beziehen sich auf bestehende Daten und zeigen, wie man Methoden interaktiv entwickeln kann, um anstehende Fragen aus dem Kontext zu erörtern. Borovcnik (1990) legt den Schwerpunkt auf Techniken der explorativen Datenanalyse im Vergleich zur traditionellen beschreibenden Statistik; diese explorativen Techniken sollen besonders gut geeignet sein, weil die verwendeten Kennziffern einfach zu verstehen und anzuwenden sind. Wie sehr man einfache Methoden der beschreibenden Statistik benötigt, zeigt sich immer wieder im Umgang mit Daten in der öffentlichen Diskussion, etwa wenn es um die Erfassung von Arbeitslosen geht (Krüger 2012).

Der Unterricht in beschreibender Statistik kann gar nicht als wichtig genug eingeschätzt werden. Orientierung mag der Aufsatz von Sill (2014) liefern, die Möglichkeiten eines diesbezüglichen Unterrichts lotet Krüger et al. (2015) eingehend aus.

Im vorliegenden Aufsatz soll aufgezeigt werden, wie spannend der Bereich der beschreibenden Statistik unterrichtet werden kann und wie sehr man sich mit den Problemen der Datenerfassung beschäftigen muss, damit die gewonnenen Daten aussagekräftig werden. Die Daten einfach hinzunehmen und in Verfahren einzusetzen führt zu wenig validen Ergebnissen. Wie artifiziell Daten eigentlich sein sollten, damit sie als Basis für die Bearbeitung realer Fragen taugen, sieht man auch an den Überlegungen in Borovcnik (2014). Zu zeigen, dass man trotz der Fülle schier unlösbarer Fragen den Unterricht bereichern und interessant gestalten kann, das ist unsere Absicht hier.

2 Methodische Überlegungen zum Unterrichtsvorschlag: Realitätsnahe Übungen als Weg zum Verständnis

Jede Lehrkraft hat im Hinblick auf die Situation in der eigenen Schulklasse die beste Expertise. Wir wissen deshalb nicht besser als Sie, wie Sie ihre Schulklasse optimal unterrichten und wollen Ihnen das auch nicht vorschreiben. Die folgenden didaktischen Überlegungen sind unsere Hinweise und Erfahrungen. Wir schreiben sie auf, damit Sie unseren Unterrichtsvorschlag für Ihre Schulklasse optimal auf Ihre Weise umsetzen können.

Ausgangspunkt ist unsere Einschätzung, dass schon auf den ersten Eindruck (auch bei Kolleginnen und Kollegen, die kaum mehr als Grundkenntnisse in Statistik haben) der Verdacht entsteht, dass diese Art der Vogelzählung leicht Gefahr läuft, zu nicht sehr genauen Ergebnissen zu kommen. Nun ist es aus unserer Sicht weder erforderlich noch didaktisch sinnvoll, dass eine Lehrkraft ihre Expertise dazu nutzt, zu Beginn einer Unterrichtssequenz zum Thema „Zählen und dadurch Statistik lernen" eine detaillierte Analyse der hier eingesetzten Zählmethode und ihrer Kritik aus Expertensicht vorzutragen. Das eigentliche Lernziel einer solchen Unterrichtssequenz ist es doch, dass die Schülerinnen und Schüler durch die intensive und eigenständige Beschäftigung mit Zählmethoden und ihren Problemen selbst wichtige Grundlagen der Statistik lernen. Wir betonen den Zusammenhang von eigenständiger Beschäftigung und selber nachhaltig Lernen ganz bewusst, indem wir im Folgenden entsprechende Vorgehensweisen – insbesondere kleine realitätsnahe Übungen, die auch unabhängig vom Gesamtthema durchgeführt werden können – für den Unterricht empfehlen bzw. von ihnen berichten.

Als Orientierung für den von uns vorgeschlagenen Unterrichtsgang präsentieren wir ihn zunächst in Überschriften:

- Motivationsphase: Informationen zur Aktion „Stunde der Wintervögel"
- Projektplanung: Wo treten beim Zählen Probleme auf?
- Analyse von Experimenten und Versuche zu: Ungenaue Beschreibung der Zählobjekte, Mehrfachzählungen, Fehlende Festlegung eines deutlich abgegrenzten Zeitintervalls für die Zählung
- Aussortieren unrealistischer bzw. fehlerhafter Zählungen
- Weitere Faktoren, welche die Zählgenauigkeit beeinflussen
- Was machen wir mit den Zählergebnissen? Es gibt keine einfache Formel!
- Beurteilung der Beobachtungsgenauigkeit durch realitätsnahe Übungen
- Übungen zur Zählung bewegter Objekte
- Fazit für die Vogelzählung
- Wintervogelbestand – Wie Experten Vögel zählen

Der letzte Punkt ist die fächerübergreifende Verbindung mit dem Biologieunterricht. Sie kann teilweise auch schon zu Beginn des Projektes hergestellt werden.

2.1 Erster Schritt: Motivation

Aus unserer Sicht und Erfahrung ist es für die Lernenden durchaus motivierend, sich mit den heimischen Vögeln im Winter zu beschäftigen. Die kleinen Federbälle erwecken unmittelbar Mitgefühl, weil sie bei Eis und Schnee trotz Futtermangels überleben wollen. Folgen wir zu Beginn dieser Unterrichtssequenz der Argumentation von Birdlife, können wir durch das Zählen der Vögel einen Beitrag für diese Vögel leisten. Wenn im Laufe des Unterrichts deutlich wird, dass die Zählmethode aus mathematischer Sicht durchaus verbessert werden kann, lässt sich die Motivation dahingehend erweitern, dass die Schulklasse auf dem Umweg, die Tücken des Zählens besser zu meistern, Birdlife und damit den Vögeln selbst helfen kann. So werden die Schülerinnen und Schüler zu kompetenten Ratgebern für das Zählen, insbesondere von Vögeln im Winter.

2.2 Zweiter Schritt: Problembewusstsein wecken. Wo treten beim Zählen Probleme auf?

Als Einstieg empfehlen wir eine sehr vereinfachte Zählübung mit bewusst offenem Rahmen, also ohne detaillierte Teilaufträge. Wir schlagen vor, die Schülerinnen und Schüler während der großen Pause selbst zählen zu lassen, etwa wie viele auf dem Schulhof ein bestimmtes Kleidungsstück tragen (z. B. rote oder grüne Kleidungsstücke, eine

Kopfbedeckung haben oder keine, Schuhe oder Sandalen anhaben etc.). In unserem Praxisversuch in einer 2. Klasse eines Linzer Gymnasiums ging das folgendermaßen:

Ich habe den Zeitpunkt der Aufgabenstellung besonders strategisch gewählt. Ich habe diese am Ende einer Mathematikstunde freitags kurz vor dem Läuten und lediglich mit der vagen Formulierung verkündet, sie sollten „am Wochenende Personen mit roten und grünen Pullovern zählen". Auf weitere Fragen habe ich aus Mangel an Zeit und Gelegenheit keine Auskünfte gegeben.

In der nächsten Stunde sollten sie mir ihre Zählungen diktieren. Zweck dieser Übung stellte das Aufdecken verschiedener Probleme in meiner Aufgabenstellung dar. Dazu habe ich lediglich die angesagten Zahlen an der Tafel notiert. Wie erwartet kamen bald Aussagen, die den Zweifel an der gegebenen Hausübung deutlich machten. Manche eröffneten mir die Anzahl der insgesamt gezählten Teile, manche unterschieden die zwei Kategorien „roter Pullover" und „grüner Pullover". Schnell kam das Klassengespräch auf die Problematik der Wörter „und" bzw. „oder". Es war ihnen nicht klar, was genau ich mit meiner Ansage gemeint hatte. Sollten sie nur die roten und gleichzeitig grünen Pullover zählen oder galten auch Pullover, die entweder rot oder grün waren?

Problem 1: Ungenaue Beschreibung der Zählobjekte
Emma berichtete von einer Auseinandersetzung mit ihrer Freundin über den Pullover von Mias Mutter. Der war eigentlich weiß, hatte aber kleine rote Punkte. Sollte der gezählt werden oder nicht? In der Klasse wurde dann darüber diskutiert, welche Farbe gezählt werden soll, wenn ein Kleidungsstück sowohl rot als auch grün ist. Oder wenn nur eine kleine Schleife grün ist, gilt das schon als grünes Kleidungsstück oder nicht?

Problem 2: Mehrfachzählungen
Einen weiteren Diskussionspunkt lieferte ein berechtigter Einwand einer Schülerin. Sie meinte: „Emma und ich waren gemeinsam auf einer Geburtstagsparty und wir haben beide den Pullover von Mias Mama mitgezählt." Dieses Statement führte uns direkt zur Einführung einer weiteren Problematik, nämlich jener der Doppelzählungen. Ich habe zur Illustration das weitere Beispiel eines jungen Mannes gebracht, der zuerst von einer Schülerin in der Innenstadt beim Shoppen gezählt wurde, dann in einem Restaurant von einer anderen, später noch im Reitstall gesichtet und am Abend nochmals in der Eisdisco gezählt wurde.*

Mehrfach gezählte Objekte verfälschen Zählergebnisse genauso wie Objekte, die trotz Existenz und Präsenz nicht wahrgenommen und daher nicht erhoben werden können.

Abb. 2 Notiz im Schulheft

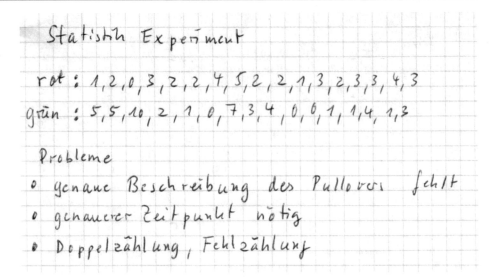

Problem 3: Fehlende Festlegung eines deutlich abgegrenzten Zeitintervalls

Des Weiteren habe ich nachgefragt, wann genau die Kinder mit dem Zählen begonnen haben. Manche meinten, sie hätten gleich am Freitag am Nachhauseweg gezählt. Andere erklärten, sie hätten erst am Samstag angefangen. Auch hier schien meine vage Formulierung für Inkohärenzen bei der Zählung gesorgt zu haben.

Problem 4: Erstes Zwischenfazit an einem Beispiel

An dieser Stelle fassten wir die einzelnen problembehafteten Beobachtungen zusammen. Abb. 2 zeigt die dazugehörige Schulübung mit den von den Mädchen gezählten Werten und den Stichwörtern zu den aufgetretenen Problemen während der Zählphase.

2.3 Dritter Schritt: Aussortieren unrealistischer bzw. fehlerhafter Zählungen

Damit haben die Lernenden schon ganz wesentliche Probleme benannt. Wir ergänzen mit dem Blick auf die Vogelzählung noch ein paar Themen, über die sie eventuell in der Auswertung ihres ersten Zählversuches diskutieren können. Wie erkennt man, ob Zählungen realistisch sind? Wie kann man beurteilen, ob Fehler in der Zählung vorhanden sind?

Auf den ersten Blick sehen die Zahlen, die in der Versuchsklasse zusammengetragen wurden, realistisch aus. Damit fehlte der Anlass, sich zu überlegen, was zu tun wäre, wenn ein Schüler 5000 Mal „rot" und 6000 Mal „grün" eintragen würde. Wenn so große Zahlen genannt werden, liegt der Verdacht nahe, dass hier nicht das Ergebnis einer Zählung sondern einfach irgendeine Zahl genannt wurde. Daraus kann sich eine sehr lehrreiche Diskussion über Filter ergeben, also den Test von Daten, die für die

Auswertung tatsächlich herangezogen werden. Solche Filter können aufgrund von Vorüberlegungen oder Schätzungen bestimmt werden. Wenn sich die Zählung auf dem Pausenhof abspielt, stellt sich die Frage, wie viele Menschen überhaupt auf dem Schulhof sind. Wenn insgesamt x Schülerinnen und Schüler diese Schule besuchen, bietet es sich an, alle Zählungen mit Ergebnissen größer als $x/2$ auszufiltern. Ähnliche Filter mag man gewinnen, wenn die Gesamtheit aller Zählungen untersucht wird. Das kann zu einer Regel wie dieser führen: Wenn ein individuelles Zählergebnis um mehr als z. B. 50 % vom Durchschnitt aller Ergebnisse abweicht, so wird es nicht berücksichtigt.

Offensichtlich führen solche Fragen zu einer Vielzahl von Themen aus der Statistik, die wir erwähnen aber hier nicht weiter ausführen, weil wir eine UE zu *Basisfragen* der Statistik vorschlagen. In der Oberstufe empfiehlt es sich, aus dem Wunsch, unrealistische bzw. offensichtlich fehlerhafte Zählungen auszusortieren, eine UE auszuarbeiten, die eine Orientierung bietet über die vielen in der Praxis gängigen Regeln, mit denen man Ausreißer identifizieren kann. Dabei werden einzelne Daten in Beziehung zur Gesamtheit aller Daten gesetzt. Welche Regel man benützt, hängt vom Kontext und dem Zweck, den man mit der Zählung verfolgt, ab.

2.4 Vierter Schritt: Weitere Faktoren, welche die Zählgenauigkeit beeinflussen

In unterrichtlichen Versuchen sollten weitere Einflussfaktoren, welche die Güte der Zählungen beeinflussen, erarbeitet werden. Dazu wurden in der Klasse mehrere Versuche gemacht.

Erster Versuch: Einige Gegenstände, z. B. drei farbige Papierbögen (zwei blau, einer gelb), werden gut sichtbar in der Klasse verteilt, z. B. an die Tafel geheftet. Frage: Was beobachten die Schülerinnen und Schüler? Wenn sie alle zur Tafel schauen, werden alle zwei blaue und einen gelben Papierbogen sehen. Alle beobachten also „zwei blau, einer gelb". Offensichtlich ist die Summe der Beobachtungen nicht gleich der Anzahl der Papierbögen, wohl aber sowohl das arithmetische Mittel als auch der Median.

Was folgt daraus? Offenbar besteht die Gefahr, dass Gegenstände oder Personen mit bestimmten Eigenschaften mehrfach gezählt werden, wenn mehrere zählende Menschen sie im Beobachtungszeitraum sehen. In der Schulklasse können alle die Tafel sehen, auf dem Schulhof besteht die Möglichkeit der Mehrfachzählung und wenn die Schülerinnen und Schüler einzeln zu Hause zählen, ist die Gefahr einer Mehrfachzählung sehr gering. Wir schlagen noch zwei kleine Versuche vor, um diese Einsicht etwas zu vertiefen.

Zweiter Versuch: Was passiert, wenn wir schrittweise die Anzahl der Beobachtenden verringern? Nichts! Wenn schließlich nur noch ein Schüler auf die Tafel schaut, wird er (wenn er keine Fehler macht) zum Ergebnis „zwei blau, einer gelb" kommen.

Dritter Versuch: Was passiert, wenn wir die Anzahl der Beobachtenden konstant lassen, z. B. fünf Personen, und die Anzahl der zu beobachtenden Objekte steigern? Alle Schülerinnen und Schüler nehmen verschiedene Objekte aus ihren Schultaschen und legen sie irgendwo in den Klassenraum. Nach kurzer Zeit haben die fünf Beobachter den Überblick verloren. Es gibt also so etwas wie eine maximale Beobachtungskapazität, eine Obergrenze für die Möglichkeit, genau zu zählen. Diese Obergrenze kann von der beobachtenden Person, der Situation (Sichtverhältnisse) und anderen Faktoren abhängen.

Das wurde im Praxisversuch dann so realisiert:

Danach habe ich an der Tafel ein Rechteck mit Kreide skizziert und Magnete daraufgesetzt. Die Kinder bekamen die Aufgabe, diese zu zählen. Ich habe hier zwei Magnete unter einen anderen gleich großen gepinnt und so einen „Magnetturm" geschaffen (Abb. 3).

Während die Schülerinnen, die in einem gewissen Neigungswinkel zur Tafel saßen, 12 Magnete zählten, kamen jene, die frontal zur Tafel saßen lediglich auf 10. Mit dieser Aufgabe sollten die Schülerinnen anschaulich auf das Problem des „Übersehens" aufmerksam gemacht werden. Außerdem wurde auch darüber diskutiert, ob der auf der Linie liegende rote Magnet im linken unteren Bereich bei der Zählung zu berücksichtigen sei. Wir einigten uns darüber, ihn in die Zählung einzuschließen.

Von ganz wesentlicher Bedeutung ist, ob es sich um große Mengen handelt, die zu zählen sind. Dabei wird die Erfassung der Anzahlen zunehmend schwer und es ergeben sich oft notgedrungen Schätzungen anstelle der zahlenmäßigen Vollerfassung.

Ab wie vielen Objekten wird es schwer, ihre Anzahl auf einen Blick zu zählen bzw. genau zu schätzen? Dazu macht die Schulklasse einen Zusatzversuch: Jeder zeichnet auf einem Blatt Papier eine Reihe von Kreuzen, etwa 10, 15, 20 oder gar 50. Auf der Rückseite des Blattes wird die genaue Zahl notiert. Dann geht die eine Hälfte der Klasse zu den anderen und testet ihre Fähigkeit zu schätzen (nachher werden die Rollen getauscht). Wer ein Blatt erhält, schätzt nach einer knappen Zeitvorgabe (so knapp, dass man mit dem Zählen nicht fertig würde; die Zeit wird mit Stoppuhr gemessen); das Schätzergebnis wird dann notiert und mit dem richtigen Ergebnis auf der Rückseite verglichen. Nach einigen Runden kann sich jede/r schon ganz gut selbst einordnen: Wie genau bin ich beim Schätzen? Die Ergebnisse werden zusammengetragen und erörtert. Man könnte auch eine lockerere Zeitvorgabe geben und auffordern zu zählen. Dann kann man in der darauffolgenden Diskussion darüber sprechen, wie die Kinder gezählt haben, welche Strategien sie hierzu verwendet haben (einen gezielten Bereich ganz auszählen und hochrechnen; ein paar Planquadrate auswählen und genau zählen, in Bündeln zu je ca. 10 „schätzend" zählen etc.).

Als Fazit dieses Versuches wird festgehalten, dass bei einer Vielzahl von gezählten Objekten Ungenauigkeiten

Abb. 3 Einfluss des Blickwinkels auf das Zählergebnis: Links: Ansicht frontal. Rechts: Ansicht mit Neigungswinkel

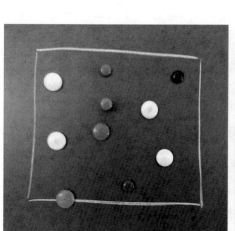
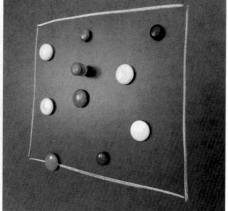

auftreten können, insbesondere dann, wenn sich die Objekte bewegen. Die Ungenauigkeiten lassen sich eventuell verringern, wenn mehrere Personen gleichzeitig zählen und sich auf ein Ergebnis einigen. Es gibt auch eine technische Lösung: Wer einen Vogelschwarm oder das Geschehen rund um ein Futterhaus fotografiert, kann auf dem Foto in Ruhe genau zählen, wie viele Vögel (bis auf Überlappung) welcher Art zu sehen sind. Das ist aber ein deutlich höherer Aufwand.

2.5 Fünfter Schritt: Was machen wir mit den Zählergebnissen?

Im Praxisversuch haben die Schülerinnen und Schüler Zahlen zwischen Null und Zehn genannt, die aufgelistet wurden. Auf den ersten Blick erscheint es nun sinnvoll, diese Zahlen zu addieren, um zu einer Gesamtzahl von Menschen zu gelangen, die gezählt wurden, weil sie nach Ansicht der Zählenden zu einer gesuchten Gruppe gehören. So einfach geht es aber nicht. Weshalb?

Die Ausgangsfrage „Was machen wir mit den Zählergebnissen?" lässt sich ganz offensichtlich nicht mit einer einfachen Rechenvorschrift beantworten: Alle zusammenzählen ist nur sinnvoll, wenn die Beobachtenden weit genug voneinander entfernt sind. Allerdings bleibt dann zu fragen, was diese Summe aussagt – wir kommen weiter unten auf die Frage zurück, ob (bzw. mit welcher Sicherheit bzw. Wahrscheinlichkeit) sich aus dieser Summe etwas über eine Gesamtheit aussagen lässt. Beim Zählen in der Klasse, also in einer Situation, in der alle alles sehen können und die Gesamtzahl der zu zählenden Objekte sicher zu bestimmen ist, ist die Summenbildung nicht sinnvoll. Durchschnittswerte ausrechnen ist nachvollziehbar, aber letztlich auch nicht sinnvoll – es sei denn, die Beobachtungs- oder Zählgenauigkeit der einzelnen Schülerinnen und Schüler soll überprüft werden.

Wir halten deshalb fest, dass die eigentliche Antwort auf diese Frage die Schlussfolgerung ist, dass die Bedingungen, unter denen gezählt wird, und die Aufgabenstellung möglichst genau vorab durchdacht und geplant werden müssen.

Bevor wir weitere Übungen vorstellen, die hier hilfreich sein können, erwähnen wir noch eine mathematische Antwortmöglichkeit auf die Ausgangsfrage. Addieren und Mittelwerte bilden waren die ersten Ideen zur mathematischen Auswertung der Zählergebnisse. Etwas anderes ist es, nach der **Proportion** zu fragen, d. h., nach dem statistischen Verhältnis von Leuten mit roten und grünen Bekleidungsstücken (im Beispiel mit der Pullover-Zählung). Das kann durchaus sinnvoll sein, etwa für einen Hersteller, der die optimale Farbgebung für seine Pullover plant.

Wir schlagen vor, auch an dieser Stelle die Möglichkeit zu nutzen, ein wenig mehr statistische Methodik zu erarbeiten. Wie? Die Grundidee ist, die Zählungen der einzelnen Schülerinnen und Schüler mit der Gesamtheit aller Beobachtungen zu vergleichen. Einige mögen viele Pullover einer Farbe und wenige einer anderen gesehen haben (im Extremfall: 0 rot, 10 grün); insgesamt wurden etwa gleich viele Pullover beider Farben gezählt. Wurden die Zählenden durch ihre eigenen Farbpräferenzen beeinflusst? Haben sie sich z. B. im Kreise ihrer Freunde und Freundinnen aufgehalten, die bevorzugt eine Farbe tragen, weil ihr Lieblingssportverein oder ihr Lieblingsmusiker diese Farbe bevorzugt? Wenn einer solchen Frage nachgegangen wird, kann es zu einem sehr interessanten interdisziplinären Ausflug in die Philosophie kommen, zum Thema der Erkenntnistheorie und insbesondere der erkenntnisleitenden Interessen.

2.6 Sechster Schritt: Beurteilung der Beobachtungsgenauigkeit durch realitätsnahe Übungen

Haben die verbleibenden Beobachter und Beobachterinnen tatsächlich genau gezählt? Hat sich jemand geirrt? Wurden alle erfasst? Wurden Personen doppelt oder sogar mehrfach gezählt? Wie ist man mit den Kindern umgegangen, die sowohl rote als auch grüne Bekleidungsstücke anhatten? Wurden Personen doppelt gezählt, wenn sie zwei grüne Stücke anhatten? Haben jene mit roten (oder grünen) Kleidungsstücken irgendwo im Eck oder versteckt in einer Gruppe gestanden, sodass sie gar nicht mitgezählt wurden? Wurden von bestimmten Beobachtern eher grüne Kleidungsstücke gezählt, vielleicht wegen einer Vorliebe für diese Farbe oder weil sie diese Farbe besser sehen? Wie groß ist die Auswirkung dessen, dass sich sowohl Beobachter als auch die Beobachteten bewegen oder nicht bewegen (beides hat Vor- aber auch Nachteile).

In der Reflexion ihrer bisherigen Versuche zur Zählung sollen die Schülerinnen und Schüler mithilfe der Lehrkraft zur Einsicht kommen, dass sie eine solche Zählung vorher genauer planen und durchdenken müssen, wenn sie hinterher nicht so viel Zweifel am Ergebnis haben wollen. Denn, so wissen sie nun: Zählen ist nicht gleich Zählen. Einige Ideen werden notiert:

- Wir könnten statt einer Strichliste genau notieren, wen wir gesehen haben, etwa „Susanne aus der 3b trug einen Schal mit roten Punkten. Und grüne Handschuhe!"
- Wir können uns nach einem vorher überlegten Plan so auf dem Schulhof verteilen, dass wir alles möglichst gut sehen.

- Wir können den Schulhof in Teilflächen aufteilen, die jeweils von drei von uns genau beobachtet werden. Weshalb drei von uns? Wegen der wechselseitigen Kontrolle!
- Wir müssen vorher unbedingt festlegen, was „rotes" (oder „grünes") Kleidungsstück meint: Ganz rot, hellrosa, rote Punkte oder Streifen…?
- Schön wäre es, wenn die Gezählten aktiv mitwirken, etwa sich selbst nach genauen Vorgaben (etwa zu Farbmustern, Punkten, Streifen in der Kleidung) einer Gruppe (rot, grün, rot und grün, keines von beiden) zuordnen und das Ergebnis in eine Liste (eventuell auch online) eintragen. Können wir dazu etwas tun, etwa sagen, dass wir einen Preis verlosen unter denen, die einen roten (oder grünen) Schal tragen? Beeinflusst man damit die Meldungen, wenn die Kinder meinen oder merken, dass wenige ein grünes Bekleidungsstück tragen?
- Können wir die anderen Schülerinnen und Schüler nicht wenigstens bitten, ein paar Minuten still zu stehen?
- Gibt es bessere Beobachtungsperspektiven, etwa ein Fenster im ersten Stock? Könnten wir dann ein Foto machen und dieses anschließend in Ruhe auswerten?

Zur Verbindung von Geometrie (Sichtbereich) und Zählung: Die Lehrkraft startet diese Stunde mit der Frage: Was müssen wir tun, wenn wir als Schulklasse eine möglichst genaue Zählung in einem kleinen Bereich durchführen wollen? Nach einigen Erörterungen zur Planung entsteht folgendes Versuchsdesign: Die zu beobachtende Fläche wird in Sichtbereiche („Planquadrate") eingeteilt, für die je zwei oder drei Beobachtende zuständig sind. Im ersten, einfachsten Fall gibt es nur eine kleine Gesamtfläche, einen offenen Sichtbereich, fix verteilte Objekte und fixe, gut gewählte Beobachtungsplätze. Im Laufe des Versuches sollen diese Bedingungen immer weiter gefasst werden, um sich der realen Situation der Vogelzählung anzunähern.

Im ersten Fall werden alle Objekte gesehen und korrekt gezählt – kein Problem. Nun nehmen wir an, die Beobachterteams seien ein wenig in der Sicht behindert und können nur mit 80 % Genauigkeit genau zählen (bei 20 Objekten soll das bedeuten, die Zählergebnisse schwanken zwischen 16 und 24, sofern man öfter zählt). Bei einer Fläche und einem Team (oder einem Beobachter) liegt dann die Genauigkeit der Beobachtung bei 80 %. Was heißt das? Wenn 10 Objekte gezählt werden, könnten tatsächlich auch 8, 9, 11 oder 12 Objekte (plus und minus 2 von 10 oder 20 %) vorhanden sein. Es besteht ein Unterschied zum Lernen von Mathematik. Hier ist die Frage, wie kann man diese Ungenauigkeiten ausreichend modellieren, sodass man die Auswirkungen auf das aggregierte Ergebnis (über einzelne Flächen hinweg summiert, über einzelne Beobachterteams hinweg summiert etc.) vorhersagen und damit das Gesamtergebnis in seiner Genauigkeit hinterfragen kann.

Bei zwei gleichen Flächen und zwei Teams mit gleicher Beobachtungsgenauigkeit (nehmen wir wieder 80 %) ist die Folgerung naheliegend, dass die Genauigkeit der Summe der Beobachtungen wieder bei 80 % liegt. Leider liegen die Dinge nicht ganz so einfach. Man kann sich durch eine geeignete Überlegung davon überzeugen. Wenn es um die Summe zweier ungenauer Beobachtungen geht, wird die Genauigkeit wesentlich schlechter, wenn es um den Mittelwert zweier fehlerhafter Beobachtungen geht, wird die Genauigkeit entsprechend besser (die Fehler „mitteln sich aus"). Welchen Einfluss auf die zu erwartende Gesamtgenauigkeit haben bei mehreren Flächen und Teams unterschiedliche Flächengrößen und unterschiedliche Beobachtungsgenauigkeiten der einzelnen Beobachter (einzeln oder in Teams)?

Als erstes überlegt die Schulklasse, welchen Einfluss einander überlappende Beobachtungsflächen bzw. Sichtbereiche haben, wenn zudem unterschiedliche Flächengröße und Genauigkeit der Beobachtung auftreten. Auf dem Weg zu einer Formel, die diese Situation allgemein beschreibt, starten wir mit zwei Flächen und konkreten Zahlen. Nehmen wir zwei Quadrate, eins 100 Quadratmeter groß und ein zweites 144 Quadratmeter groß. 25 Quadratmeter sind gemeinsame Fläche. Team eins erreicht eine Genauigkeit von 70 %, Team 2 eine Genauigkeit von 80 %. Die Lehrkraft ahnt schon, dass eine Formel mehr den Charakter einer plausiblen Beziehung aufweisen wird, als die Eigenschaft einer allgemein gültigen Relation.

Bevor es nun aber losgeht, meldet sich noch eine Schülerin mit einem Einwand: „Wozu brauchen wir überhaupt eine solche Formel? Wir wollen doch erreichen, dass möglichst genau beobachtet wird, oder? Dann entscheiden wir einfach, dass wir doppelt oder gar mehrfach beobachtete Flächen immer dem Team zuordnen, das am genauesten schaut. Wir brauchen also keine Formel für gemischte Beobachtungen, sondern genaue Entscheidungen, wer welche Fläche beobachtet." Das ist ein überzeugendes Argument.

Im Schulversuch wurde dieser Vorschlag so umgesetzt.

Nach dem Erarbeiten sämtlicher Probleme, die bei zu ungenauen Zählangaben entstehen können, gab ich den Kindern die Aufgabe, folgendes Szenario (s. Abb. 4) durchzudenken. Es sollten die roten oder grünen Pullover jener Schüler, die sich während der Pause im Wintergarten aufhielten, ermittelt werden. Wir nahmen an, dass vier Schülerinnen zur Zählung eingeteilt seien und jedes der Kinder in einer Ecke des Gartens postiert wurde.

In einer kleinen Gruppenarbeit sollten die Schülerinnen nun die Probleme finden, die sich bei einer solchen Zählung

Abb. 4 Szenario zum Zählen

ergeben könnten. Es waren ähnliche Probleme, wie sie vorhin bereits gefunden wurden:

- *Doppelzählungen.*
- *Problem des Übersehen-Werdens.*
- *Schwierigkeit Personen zu zählen, die in Bewegung sind.*
- *Personen kommen und gehen.*

Als weiterer Schritt gab ich den Mädchen nun die Aufgabe, mögliche Lösungen zu diesen Schwierigkeiten zu finden. Es kam gleich die Frage auf, ob die vier Kinder auch anders postiert werden könnten. Da dies eindeutig zu bejahen war, folgten folgende Vorschläge der Schülerinnen:

- *Zählungen in Teamarbeit vornehmen: Einer zählt beim Eingang zum Wintergarten. Dieser muss sich aber bereits vor der Pause hinstellen, da ausgeschlossen werden muss, dass sich bereits Personen im Garten befinden. Die anderen kontrollieren, wer den Wintergarten verlässt und wer hineingeht, um auszuschließen, dass jemand mehrfach gezählt wird.*
- *Die bereits erhobenen Personen werden gekennzeichnet, um Doppelzählungen zu vermeiden, beispielsweise mit einem Stempel auf die Hand oder durch Notieren von einem Namen, wenn jemand erhoben wurde.*
- *Eine andere Schülergruppe meinte, die Personen mit roten oder grünen Pullovern sollten überhaupt während des Unterrichtes gezählt werden, da man so davon ausgehen könne, dass die Schülerinnen und Schüler sich in ihren Klassen aufhielten und man auf diese Weise fast gänzlich sicher gehen könne, niemanden zu übersehen bzw. doppelt zu zählen.*

2.7   Siebenter Schritt: Übungen zur Zählung bewegter Objekte

Der erste Gedanke gilt der Gefahr einer Mehrfachzählung. Wenn sich eine Gruppe von Personen mit grünen Schals (etwa Fans eines Sportvereins) ganz bewusst gemeinsam und gut sichtbar über den Schulhof bewegt, um ihre Freude über den Sieg ihres Teams deutlich zu machen, wird diese Gruppe vermutlich mehrfach gezählt und verfälscht das Ergebnis. Wenn nicht ganz genau dokumentiert und beim Zusammentragen der Ergebnisse nachgefragt wird, welche Personen gezählt wurden, fällt diese Verfälschung auch nicht auf. Ähnlich mag es beim Vogelzählen sein, wenn etwa ein Schwarm Krähen in relativ großer Höhe über einen Stadtteil fliegt und von mehreren Beobachtern gesehen und gemeldet wird. Was fällt uns ein, um diese Mehrfachzählung zu vermeiden bzw. im Datensatz zu berücksichtigen?

Genaue Dokumentation: Wir raten auch hier zu einer kleinen Übung im Klassenraum, um schrittweise herauszufinden, wie genau die Dokumentation einer Zählung sein muss, damit tatsächlich zweifelsfrei Fehler ausgeschlossen werden können. Da im Klassenraum alle Personen bekannt sind, bietet es sich als Lösung an, die Schülerinnen und Schüler mit Namen und gesuchter Eigenschaft (etwa „roter Pullover") aufzulisten. Dann spielt es keine Rolle, wie die gezählten Personen sich während der Zählung bewegt haben, wie oft sie gezählt worden sind etc. Lässt sich diese Methode auf eine Zählung mit vielen auch unbekannten Personen oder auf die Zählung von Vögeln im Winter übertragen? Offenbar geht das nicht.

Wie genau soll dokumentiert werden? Was geht sonst? Uns fällt dazu eine aufwändige Methode ein, bei der alle Beobachtenden ganz genau aufschreiben, zu welchem Zeitpunkt sie welche Fläche im Blick hatten. Der Aufwand steigt noch, wenn über einen längeren Zeitraum in kurzen Zeitabständen dieselben Flächen beobachtet werden – wir fürchten, dass so ein kaum auswertbarer Datenfriedhof entsteht.

Momentane Beobachtung: Wenn der Beobachtungszeitraum so stark verkürzt wird, dass die Bewegung der zu beobachtenden Menschen oder Vögel keine Rolle spielt, ist das Problem gelöst. Die Anweisung wäre in einem solchen Versuch etwa: Zählt um Punkt 10 Uhr maximal 10 s lang. Im Grunde genommen ist das die Idee des Fotos, aber ohne Fotoapparat und daher im Nachhinein nicht überprüfbar.

Wir halten als kleines Zwischenfazit fest, dass eine genaue Zählung selbst bei so scheinbar einfachen Merkmalen wie der Farbe von getragenen Bekleidungsstücken sehr schwierig oder sogar unmöglich ist. Wir können nicht einmal eine Prozentzahl für die Zuverlässigkeit einer Zählung angeben, weil dazu notwendige Parameter fehlen und z. T. prinzipiell nicht feststellbar sind. Hier eröffnet sich die Chance zu einer ersten Überlegung zu BIG DATA – aufgrund welcher Zählung und mit welcher Genauigkeit oder Zuverlässigkeit werden etwa Informationen über Personen, die das Internet nutzen, gespeichert und welche Informationen werden gespeichert?

Noch eine Versuchsanordnung: Beobachtende Personen in Bewegung. Bei der Vogelzählung mag es durchaus Spaziergänger geben, die in Ruhe gehen und genau schauen – es gibt also keinen Grund, ihre Beobachtungen alle einfach auszuschließen. Zudem mag es sogar sein, dass bestimmte Vogelarten (z. B. Eichelhäher) nicht zum Futterhaus in den Garten kommen und deshalb nur von Spaziergängern (oder Beobachtungsprofis mit Kameras auf einem speziellen Beobachtungsplatz im Wald) gesehen werden können. Wir schlagen deshalb vor, auch zu überlegen und gegebenenfalls im Versuch zu simulieren, wie sich eine solche Bewegung auf das Ergebnis auswirkt.

Im einfachsten Fall überschneidet sich das Beobachtungsfeld während des Spaziergangs nicht mit den Personen, die vom Wohnzimmer aus in ihren Garten schauen. Im Schulversuch auf dem Schulhof könnte man z. B. den Schulhof in Bereiche einteilen, die von den umhergehenden Beobachterinnen und Beobachtern zum Zählen beschritten werden. Um einen Eindruck von der Zählgenauigkeit zu erhalten, können dabei auch jeweils mehrere Personen für jeden Beobachtungsbereich zugeteilt werden. Wenn dann alle zur gleichen Zeit und für einen kurzen Zeitraum (die zu zählenden Personen sollen in dieser „Zählzeit" möglichst nicht in einen anderen Beobachtungsbereich wechseln) zählen, kann das Gesamtergebnis schon recht genau werden. Wie genau, lässt sich an dieser Stelle nicht quantifizieren, da das offenbar von der Genauigkeit oder Zuverlässigkeit aller Beobachtungen und der dabei gemachten Vorgaben (präzise Definition der Aufgaben, insbesondere was als „rotes" oder „grünes" Bekleidungsstück gewertet werden soll) abhängt.

Was passiert, wenn sich die Beobachtungsfelder von sich bewegenden und fix postierten Zählpersonen überschneiden? Bei der Vogelzählung ist das der Fall, wenn jemand an einem Garten vorbeigeht, der gleichzeitig vom Fenster aus beobachtet wird. Auf dem Schulhof lässt sich dieser Fall simulieren, wenn gleichzeitig Beobachtungszonen und Beobachtungsrouten festgelegt werden. Wir vermuten, dass Zählungen durch die Eigenbewegung generell etwas ungenauer werden, weil man sich gleichzeitig auf die eigene Bewegung konzentrieren muss (um nicht jemanden anzurempeln oder selbst zu stolpern). Wenn diese Ver-

mutung richtig ist, folgen wir der oben erwähnten Leitidee (wie erreichen wir praktisch die genaueste Zählung) und entscheiden, dass wir uns eher auf stationäre Beobachtungsposten stützen wollen.

Diese Strategie hat allerdings auch ihre Nachteile; zwei fallen schnell auf. Einerseits werden so insgesamt mehr Personen zum Zählen benötigt und andererseits mag es sein, dass bestimmte Beobachtungen nur dann möglich sind, wenn man das Beobachtungsfeld durch Bewegung erweitert (siehe oben, das Beispiel Eichelhäher).

Wenn der Wunsch besteht, eine große Menge an Beobachtungen durchzuführen (etwa bestimmte Merkmale wie die Farbe von Bekleidungsstücken aller Menschen in der Fußgängerzone) und dafür zu wenige Personen zur Verfügung stehen, um alle gleichzeitig von fixen Beobachtungsposten aus zu zählen, kann an dieser Stelle die Idee der **repräsentativen** Zählung ins Spiel gebracht und ausprobiert werden. Die Grundidee ist vermutlich in der Schulklasse schon irgendwie bekannt, auch wenn sie noch nicht unterrichtet wurde: Wenn wir etwa uns auf z. B. 10 % der Gesamtfläche der Fußgängerzone oder des Schulhofes konzentrieren und zugleich annehmen, dass sich die Personen mit verschiedenfarbigen Kleidungsstücken auf der gesamten Fläche etwa gleichmäßig verteilen, können wir aus der Zählung von Personen auf der kleineren Beobachtungsfläche hochrechnen, wie viele Personen mit welchen Bekleidungsstücken auf der gesamten Fläche sind (bzw. im Beobachtungszeitraum dort waren). Mit der Frage, ob wir die gezählten Werte einfach mit Zehn multiplizieren dürfen, eröffnen wir die Tür zu einem weiteren wichtigen Themengebiet der Statistik, nämlich der Planung der Datengewinnung und dem Einsatz von Zufall zur Ermittlung der Daten.

3 Schlussfolgerungen für die Vogelzählung im Unterricht

Aber was bedeutet das für die Vogelzählung? Offenbar ist es sehr schwer bis unmöglich, einen Vogelschwarm exakt zu zählen. Wenn die Vögel etwa in einer Hecke sitzen und von dort zu einem Futterhaus fliegen, kommen die beiden Faktoren *schlecht erkennbar* (in der Hecke) und *viel Bewegung* zusammen. Hier wird es schon ab ca. 10 Vögeln schwer, genau zu zählen. Wenn viele Krähen im Schwarm fliegen, ist es schwer, sie zu zählen, obwohl sie am Himmel gut erkennbar sind. Ab welcher Zahl von Vögeln ein Übergang vom Zählen zum Schätzen („das waren mindestens 20 Krähen!") stattfindet, hängt von den Beobachtenden und vielen anderen Umständen (Sichtverhältnisse, Erfahrung der Beobachter etc.) ab. Wenn zwei oder mehr Personen dieselbe Gruppe von Vögeln beobachten und dann ihre Ergebnisse austauschen und abgleichen, wie viele Vögel sie gesehen haben, wird die Beobachtung meist genauer. Allerdings kann es auch sein, dass jemand mit viel Überzeugungskraft falsch zählt und sein Ergebnis gegen jene „durchsetzt", die genauer gezählt haben.

3.1 Erste Einheit: Fazit für die Vogelzählung

Die Schulklasse schaut sich den Meldebogen genauer an und stellt fest, dass aus den eingesendeten Daten nur wenig über die genauen Umstände der Beobachtung zu schließen ist: Nur die Postleitzahl des Beobachtungsplatzes wird gefragt. Aus der Postleitzahl lässt sich selbstverständlich nichts Genaues über die tatsächliche Beobachtung (Sichtbereich, mögliche Einschränkungen, Genauigkeit und Qualifikation des Beobachtenden etc.) schließen. Es ist auch nicht möglich zu überprüfen, ob und inwieweit sich die Sichtbereiche überschneiden, ob also eventuell die gleichen Vögel mehrfach gezählt wurden. Theoretisch könnte es sogar sein, dass eine Gruppe von Personen gemeinsam einen Spaziergang macht und dabei Vögel zählt. Anschließend geben alle einzeln ihre Beobachtung ein – und verfälschen so das Gesamtergebnis.

In der nächsten Mathematikstunde wiederholten wir die wesentlichen Punkte zur Verbesserung des Erfolges bei einer Zählung. Abb. 5 zeigt die von den Schülerinnen notierten Stichwörter.

Eine Schülerin meinte, man sollte die beobachteten Personen „stoppen", sprich ihnen jegliche Bewegung untersagen, um sie besser beobachten bzw. erfassen zu können. Ich erklärte in diesem Zusammenhang den Begriff der „Momentaufnahme", sprich (gedanklich) ein Foto der Situation zu machen, um die Zählung einfacher vornehmen zu können. Vom Stichwort „Momentaufnahme" ausgehend leitete ich die eigentliche Thematik der Wildvögel-Zählung ein.

3.2 Zweite Einheit: Adaption der Erkenntnisse auf die Zählung der Wildvögel

Ich stellte die Frage, ob man Zugvögel auf den Vogel genau zählen könne. Nach der Auflistung der Probleme, die bei Zählungen auftreten könnten, bzw. der Suche nach Lösungsmöglichkeiten dazu verneinten alle Schülerinnen meine Frage eindeutig. In der Situation konnte ich niemand Konkreten drannehmen, da sehr viele im Affekt lautstark auf meine Frage antworteten. Diese eigentlich kollektive Verneinung meiner Frage empfand ich als großen Erfolg dieser Lernsequenz. Ich denke, dass ohne die Vorbereitung der Kinder auf dieses Thema die meisten von ihnen intuitiv geantwortet oder vor einer Antwort sehr lange überlegt hätten. Die vermittelten Fakten machten aber eine klare und richtige Stellungnahme vonseiten der Mädchen möglich.

Nun ließ ich von den Kindern in Gruppenarbeit mögliche Gründe für die Verneinung meiner zuvor gestellten Frage erörtern. Ich habe nachstehend ihre Angaben zusammengefasst:

- *Sie bewegen sich (Wasser, Luft, Erde).*
- *Sie können sich verstecken.*
- *Sie sind auf der ganzen Welt verstreut.*
- *Sie sind in großer Zahl vorhanden.*
- *Sie stürzen ab.*
- *Sie vermehren sich schnell.*

Am Ende dieser Stunde stellte ich eine eigentlich rhetorische Frage, ob es sinnvoll ist, als Hausübung bis zum nächsten Tag eine Zählung der gesehenen Zugvögel zu geben. Dies verneinten die Schülerinnen abermals, da ihrer Meinung nach keine aussagekräftigen Werte herauskommen könnten. Sie bekamen also keine Hausübung.

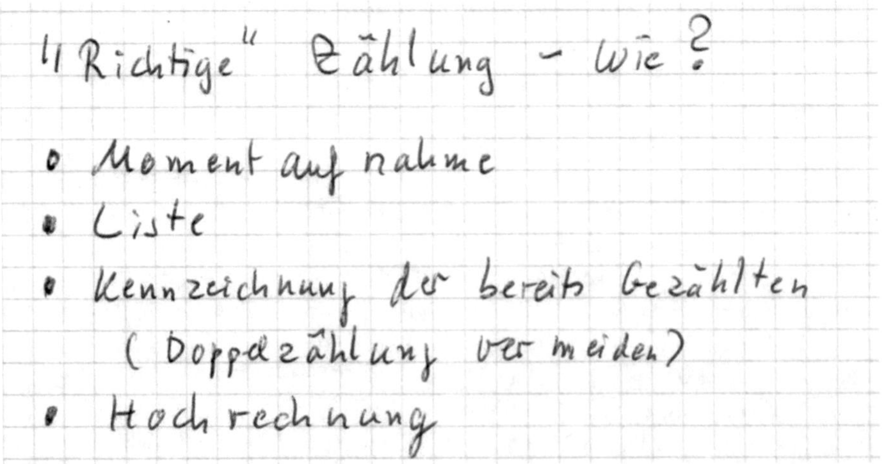

Abb. 5 Bestandsaufnahme des Klassengesprächs zum richtigen Zählen

3.3 Dritte Einheit: Wildvögel effizient zählen

In der dritten Einheit erarbeiteten wir Ansätze, Wildvögel effizient zu zählen. Im Hinterkopf behielten die Schülerinnen, dass es unmöglich ist, alle lebenden Wildvögel genau zu zählen und dass Daten darüber höchstens approximativ richtig sein können.

Die Mädchen erkannten, dass eine Einzelperson aufgrund mangelnder Technik nicht in der Lage ist, eine solche Zählung vorzunehmen. Weiters erarbeiteten wir ein Konzept, wie grundsätzlich an eine Zählung solcher Dimension heranzugehen sei.

Wie der Auszug in Abb. 6 aus einer Schulübungsmitschrift zeigt, kamen hier genau drei äußerst valide Vorschläge:

- Schwärme zählen: *Die Schülerinnen meinten, man sollte nicht die einzelnen Tiere zählen, sondern die Schwärme. Die Anzahl der Tiere in den Schwärmen könnte entweder geschätzt oder ungefähr anhand der Größe des Schwarms ermittelt werden.*
- Hochrechnung: *Da ich in der letzten Einheit den Begriff Hochrechnung erklärt habe, kam eine Schülerin auf diese zurück. Sie meinte, man könne die Vögel in der Körnerstraße zählen und daraus ungefähr schließen, wie viele es in ganz Linz gäbe.*
- Kennzeichnung: *Eine Schülerin erinnerte sich an eine Sendung im Fernsehen über eine Naturschutzgruppe, die seltene Vögel beobachtete. Sie steckten den Tieren mit Nummern versehene Ringe an die Füßchen und konnten so die einzelnen Tiere identifizieren und zählen.*

Die Schülerinnen haben mit ihren doch sehr passenden Vorschlägen eine gewisse Kompetenz bzw. Affinität in Bezug auf das Thema „Wildvögel-Zählung" bewiesen. Abschließend ist noch anzumerken, dass die Mädchen mithilfe der beschriebenen Einheiten einen sehr vorteilhaften Zugang zum Thema erfahren haben. Sukzessive wurden sie für die mit einer Wildvögel-Zählung verbundenen Problematik sensibilisiert. Sie konnten sich sowohl mit den gebotenen Inputs der Lehrperson als auch mit ihren eigenständigen

Überlegungen ihre eigene Meinung zum Thema bilden und bauten auf diese Weise besagte Kompetenz im Hinblick auf die Thematik auf.

Wie bereits zuvor erwähnt, war die kollektive Verneinung der Frage, ob man alle Wildvögel auf der Erde zählen könne, für mich als Lehrperson ein großes Erfolgserlebnis und letztendlich auch ein Feedback dafür, dass die Problematik von den Schülerinnen gänzlich aufgenommen und verstanden wurde.

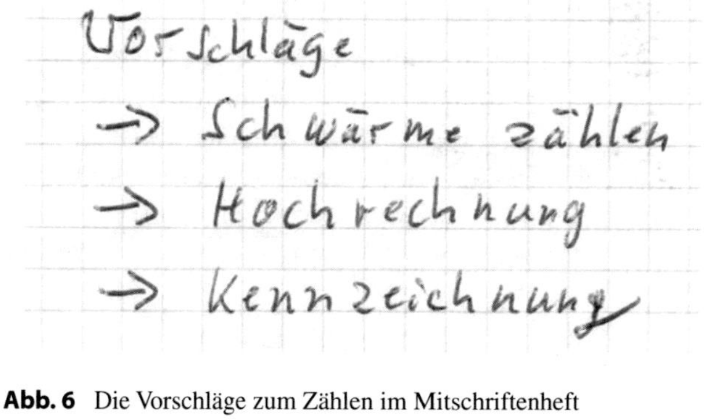

4 Wintervogelbestand – Wie Experten Vögel zählen

In diesem Abschnitt berichtet ein Ökologe, wie Naturwissenschaftler Vögel zählen. Dabei geht es um die üblichen Methoden, die zum Erfassen des Bestands entwickelt worden sind, sowie um die besonderen Umstände, welche gerade bei der Erfassung des Vogelbestands im Winter auftreten. Wie man professionell Vögel zählt, welche Ansätze es dazu gibt, welche spezifischen Probleme dabei auftauchen können, kann natürlich für den Statistikunterricht weitere Anregungen liefern.

Generell werden Vogel-Erfassungen grob in flächenhafte (Revierkartierung), linienhafte und punkthafte Erfassungen unterteilt (Landmann et al. 1990; Bibby et al. 1995). Außerdem unterscheidet man Totalerfassungen (z. B. Weißstorch) und die Schätzung von Proportionen (man spricht dann von relativen Abundanzen). Je nach Fragestellung, Zeitbudget und Gelände wird die Methodik gewählt. So empfiehlt sich die Linientaxierung (Transektkartierung) für Bestandsaufnahmen entlang linienförmiger Strukturen wie z. B. Bächen oder Hecken. Die meisten ökologischen Informationen gewinnt man aus der zeitaufwändigen Revierkartierung (z. B. Scherzinger 1985, 2006; Steiner 2014).

4.1 Faktoren, die den Vogelbestand und die Bestandsaufnahme beeinflussen

Zahlreiche Faktoren beeinflussen nun Wintervogelbestände an sich sowie die Bestandsaufnahme in Form einer Zählung etwa an einem Futterhaus (vgl. Newton 1998; Gatter 2000; Berthold et al. 2003):

- Nahrungsangebot: lokal, vor Ort, alternatives Nahrungsangebot in den Wäldern (Mastjahre von Buche, Fichte, Eiche u. a.), aber auch in den Herkunftsgebieten (Nordeuropa, Russland usw.).
- Lokale Witterung: lokal (Schneedecke, Niederschlag, Raureif, Eisregen etc.), aber auch in den Herkunftsgebieten.
- Zwischenartliche Interferenzen: positive wie negative Beeinflussung des Auftretens.

Vorschläge
→ Schwärme zählen
→ Hochrechnung
→ Kennzeichnung

Abb. 6 Die Vorschläge zum Zählen im Mitschriftenheft

- Feinde: Feindspektrum (wer sind die Feinde; sowie stark sind die vertreten); Deckung, Vegetation und Fluchtdistanz: ist die Entfernung der Deckung von der Futterstelle zu groß, nimmt das Risiko gegenüber Feinden zu.
- Seuchen und Krankheiten.

Nahrungsangebot: Die Frage, ob eine Futterstelle im Garten vorhanden ist und wie sie beschickt wird, spielt eine Rolle für das erwartbare Artenspektrum (nur Körnerfresser-Futter, oder auch Weichfutter): Rotkehlchen *(Erithacus rubecula)*, Drosseln *(Turdus sp.)*, Seidenschwänze *(Bombycilla garrulus)* etc. Bei gutem Nahrungsangebot in den Wäldern durch Samenschüttung (durch warme Witterung in den letzten Jahren häufig passiert, vgl. Jedrzejewska und Jedrzejewski 1998) besteht für Arten wie Finken *(Fringillidae)*, Kleiber *(Sitta europaea)*, Meisen *(Paridae)* und Spechte *(Piciformes)* eine geringere Notwendigkeit, die Nähe von Siedlungen aufzusuchen.

Witterung: Hohe Schneelagen erschweren das Erreichen von Samennahrung im Wald und können zu verstärktem Aufsuchen von Siedlungen führen. Bei milder Witterung im hohen Norden bleiben mehr Zugvögel (Wintergäste) in diesen Breiten.

Interferenzen: Die Anwesenheit dominanter Arten kann eine unterlegene Spezies zurückdrängen (vgl. Dhondt 2012). Wird ein Feind von Dritten verdrängt, so kann das für die Verbreitung von Vorteil sein (siehe die teilweise Verdrängung des Sperbers durch den Habicht weiter unten). Das Prädationsrisiko strukturiert Vergesellschaftungen von Meisentrupps (Krams 1996, 2001; Krams und Thiede 2000). Subdominante Individuen müssen außen am Baum Nahrung suchen, wo das Prädationsrisiko durch Luftfeinde wie Sperber *(Accipiter nisus)* oder Sperlingskauz *(Glaucidium passerinum)* am höchsten ist. Sogar der Tagesgang der individuellen Körpermasse wird vom Prädationsrisiko gesteuert (vgl. Gosler et al. 1995; Adriaensen et al. 1998). Zu fette Individuen haben geringere Überlebenschancen, da ihre Fluchtfähigkeit abnimmt. Werden Singvögel zu stark gefüttert, so könnten sie gerade dadurch leichter zur Beute werden, sodass der Bestand abnimmt.

Feinde: Das Feindspektrum ist langfristig nicht konstant, denn die Sperberbestände (Beeinflussung von Kleinvögeln) waren in den 1970er Jahren pestizidbedingt fast erloschen und haben sich seitdem wieder erholt (Gatter 2000). Der Hauptfeind des Sperbers, der Habicht, dringt neuerdings jedoch verstärkt in urbane Bereiche vor, verdrängt den Sperber und könnte Kleinvögel indirekt via top-down-Kaskade fördern (vgl. Steiner et al. 2006; Rutz 2008; Sergio und Hiraldo 2008; Terborgh und Estes 2010).

4.2 Expertise über Wechselwirkungen, Veränderungen sowie "schwierige" Arten

Eigene fast tägliche Untersuchungen im Garten des Hauses Diepersdorf 30 in 4552 Wartberg/Krems 1988 bis 2003 zeigten eine tägliche ein- bis mehrfache Frequentierung durch Sperber, die zu einem folgenden Intervall von rund 10 min bis zu einer Stunde geringerer Singvogelaktivität führte. Dabei wirkte sich dies auf weiträumig flüchtende Arten wie Grünling *(Carduelis chloris)* oder Wacholderdrossel *(Turdus pilaris)* stärker aus, die länger oder gar nicht mehr zurückkehrten.

Die Nähe der Futterstelle zur Deckung ist ein wichtiger Faktor, weil die Flucht vor dem Sperber in die Deckung für viele langsamere Arten wie z. B. Meisen eine überlebensnotwendige Strategie ist (Hinsley et al. 1995). Aber auch für schnellfliegende Arten wie Watvögel *(Charadriidae)* spielt die Nähe zur Deckung für das Überleben eine wichtige Rolle, aber invers, da die Deckung den Flugfeinden zum „Anpirschen" dient (z. B. Whitfield 2003) und eine vorhandene Deckung daher zur Gefahrenquelle wird. Auch die Zugwege werden vom Feindspektrum beeinflusst (Ydenberg et al. 2004; Lind und Cresswell 2006).

Generell hat sich die Gartenkultur in der mitteleuropäischen Landschaft stark verändert, wobei früher Nutzgärten dominierten, aber heute Zierkoniferen stark verbreitet sind, was sich aufgrund der viel besseren Deckung stark auf die Zusammensetzung der Vogelwelt auswirkte; etwa wurde dadurch die Elster *(Pica pica)* stark gefördert (Gatter 2000).

Arten mit großer Fluchtdistanz wagen sich kaum in die Nähe von Winterfütterungen. Die Fluchtdistanz ist dabei keine Konstante, sondern hängt von der regionalen Verfolgung durch den Menschen ab und kann sich natürlich auch zeitlich ändern; z. B. bei Gänsen *(Anser sp.)*, Reihern *(Ardea sp.)*, Greifvögeln *(Accipitriformes)*, Uhu *(Bubo bubo)* etc. Auch innerhalb derselben Art schwankt die Fluchtdistanz zwischen ruralen und urbanen Gärten, wie etwa bei der Amsel *(Turdus merula)*.

Am leichtesten lassen sich Schlussfolgerungen bei Arten ziehen, deren Abundanz in sogenannten Invasionsjahren um das hundert- oder mehrfache schwankt, wie beim Seidenschwanz.

„Methodisch schwierige" Arten: Dazu zählen heimliche, akustisch unauffällige, in geringer Siedlungsdichte, in dichter Vegetation versteckt und/oder nächtlich lebende Arten: manche Eulen wie Raufußkauz *(Aegolius funereus)* und Sperlingskauz *(Glaucidium passerinum)*, Rallen *(Rallidae)*, Haselhuhn *(Tetrastes bonasia)*, Wachtel *(Coturnix coturnix)*, Waldschnepfe *(Scolopax rusticola)*, Kernbeißer *(Cocco-*

thraustes coccothraustes), Turteltaube *(Streptopelia turtur)*, Baumfalke *(Falco subbuteo)*, Wespenbussard *(Pernis apivorus)* und manche Spechte (vgl. Steiner 1998, 2000, 2009; Steiner et al. 2007). Diese teils nur im Sommer anwesenden Arten sind oft von besonderer Naturschutzrelevanz; sie stehen auf „Roten Listen" oder im Anhang 1 der EU-Vogelschutzrichtlinie.

Diese Arten sind nur durch mehrjährige Felderfahrung und gezielt angepasste Suchmethoden erfassbar. Bei herkömmlichen Erfassungen, wie z. B. der populären Erstellung von Brutvogelatlanten, durch durchaus passionierte und versierte Amateurornithologen wird die Verbreitung (Rasterfrequenz) dieser Arten um 50–80 % unterschätzt, wie eine Untersuchung aus Oberösterreich zeigte (Steiner 2003). Offenbar ist einiges Vorwissen über Vogelarten und Verhaltensweisen von Vögeln in verschiedenen Jahreszeiten sehr hilfreich, wenn genau gezählt bzw. geschätzt werden soll.

5 Statistische Notizen

Es ist bemerkenswert, dass man in der Schule in kurzer Zeit bereits so nachhaltige Ergebnisse erzielen kann. Man denke nur an das eine Fazit: Die Bedingungen, unter denen gezählt wird, und die Aufgabenstellung müssen möglichst genau im Voraus durchdacht und geplant werden. Wenn wir die eine oder andere empirische Studie lesen, haben wir den Eindruck, dass diese Schlussfolgerung noch immer zu wenig Beachtung findet.

5.1 Systemanalyse

Egal, welches statistische Problem sich aus einer Frage in der „Realität" ergibt, man muss durch eine sogenannte Systemanalyse die eigentliche Frage präzisieren und auf eine statistische Frage transformieren. Man muss die genauen Bedingungen der Datenbeschaffung angeben, erst dann wird es möglich, sinnvolle Daten zu erhalten und die Ausgangsfrage einigermaßen zu beantworten. Ohne Vogelforscher zu sein (wobei wir nach dem Kapitel über professionelles Zählen von Wildvögeln jetzt nicht mehr unbedarft sind), könnte man das Problem des Zählens der Wintervögel so umreißen.

Beobachter: Interessen des Beobachters (bekommt den Preis, möchte zum Naturschutz beitragen), Genauigkeit, steht im Garten oder bewegt sich (rasch) durch die Gegend, sucht die Planquadrate systematisch ab.

Methode der Beobachtung: Vogelflug oder Nestsuche. Futterhaus oder nicht. Fernglas oder direkt.

Methode der Zählung: Direkte Zählung. Zählung in Quadranten. Zählung im Zeitfluss.

Ort der Beobachtung: Innerhalb oder außerhalb verbauten Gebietes. Garten, Futterhaus, Wald, Dorfstraße. Planquadrate oder zufällige Beobachtungseinheiten.

Umstände der Beobachtung: Tageszeit, Sonnenschein, Temperatur. Allgemeines Wetter wie Regen oder Schneefall, Jahreszeit etc.

Gegenstand der Beobachtung: Vogelarten verhalten sich unterschiedlich. Eine bestimmte Vogelart hat Präferenzen, wo sie sich aufhält. Vögel fliegen im Schwarm, in kleinen Gruppen, vereinzelt, in Paaren oder allein.

Wenn sich Vögel ohne Präferenzen verhalten, also immer dieselben Übergangswahrscheinlichkeiten für den neuen Ort haben, unabhängig von Tageszeit oder Wetter, keine Bevorzugung des Orts, so ist es egal, wo der Beobachter steht und man kann die Auswirkung seiner Bewegung gut simulieren.

5.2 Bewertung der Datenqualität

Hat man dann die Daten gewonnen, ist es ganz wesentlich, die Datenqualität zu überprüfen. Das, was die Lernenden im Unterricht so eingehend hinterfragt haben, wird in der Praxis leider nicht immer so ernst genommen, wie es dem Anlass entspräche. Wir nehmen jetzt Daten aus einer Zählung von roten und grünen Pullovern (die nicht auf dem Schulhof entstanden sind) und zeigen, wie man einzelne Daten zur Gesamtheit in Beziehung setzen kann, um damit deren Validität zu prüfen. Folgende Daten seien zustande gekommen (s. Tab. 1).

Statt formaler Regeln zur Identifikation von Ausreißern anzuwenden, stellen wir die Daten in einer Punktwolke dar und stellen rasch fest, dass die Beobachtungen Nr. 14 und dann Nr. 13 so weit weg von den anderen sind, dass sie als nicht valide gelten können; sie werden daher ausgeschieden (Abb. 7).

Tab. 1 Ergebnisse von verschiedenen Beobachtern – Anzahl roter (R) und grüner (G) Pullover

Nr.	1	2	3	4	5	6	7	8	9	10	11	12
R	58	67	32	3	3	3	54	87	76	65	36	61
G	22	34	24	1	1	1	36	45	32	56	45	41

Nr.	13	14	15	16	17	18	19	20	21	22	23	
R	223	5555	37	56	81	63	28	49	76	65	47	
G	136	6666	76	67	51	43	15	29	45	71	27	

Abb. 7 Die ersten zwei
Schritte zeigen, wie sehr
Beobachtungen Nr. 14 und Nr. 13
von den übrigen Beobachtungen
abweichen

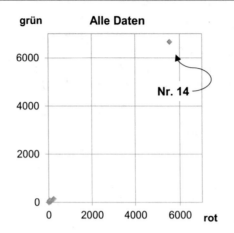

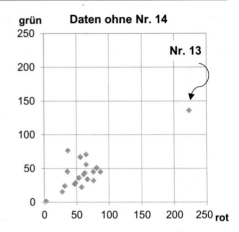

Abb. 8 Prüfen der Restdaten auf
interne Konsistenz.
Links: die Daten scheinen
zueinander zu passen.
Rechts: Wenn man die
gemeinsame Proportion zwischen
grün und rot berücksichtigt, so
sieht man, wie stark Nr. 15 von
den übrigen abweicht

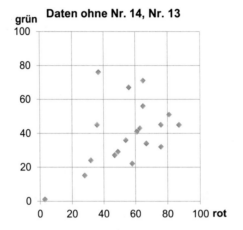

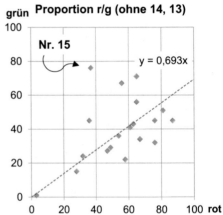

Der Rest der Daten (Abb. 8) erscheint recht homogen. Allerdings, wenn man berücksichtigt, dass die Proportion zwischen der Anzahl grüner und roter Pullover in der Gesamtheit einen bestimmten Wert hat (hier geschätzt 0,693), so fällt der Punkt Nr. 15 und damit der dahinter stehende Beobachter gänzlich heraus: das Verhältnis ist beinahe 2. Auch dieser Wert entspricht nicht einer validen Erfassung der Anzahlen roter und grüner Pullover.

Wir validieren die einzelnen Beobachter dadurch, dass sie nicht zu weit voneinander abweichen. Ist in Abb. 7 direkt die erhobene Anzahl das Kriterium und werden einzelne Beobachter als unzuverlässig beurteilt, wenn sie zu kleine oder zu große Anzahlen gemeldet haben, so ziehen wir in Abb. 8 das Verhältnis der Anzahlen zueinander als Kriterium heran und scheiden einen Beurteiler aus, wenn sich das Verhältnis der Anzahlen (roter und grüner Pullover) zu stark von den anderen Daten abhebt. Das deutet an, dass hier andere Einflüsse wirken, welche eine Repräsentativität wenig glaubwürdig erscheinen lassen. Man könnte auch bewusste Manipulation (anstelle der Beobachtung) annehmen oder auch nur die Beeinflussung der Beobachtung durch (unbewusste) Präferenzen etwa hier für die Farbe. Bei der Beurteilung der Repräsentativi-

tät geht es um ein offenes Problem; weder ist klar, ob man einzelne Daten gegen einen Trend abhebt und wie man diesen schätzt bzw., wo man die Grenzen zieht. Eine solche Offenheit ist typisch für die explorative Datenanalyse im Sinne von Borovcnik und Ossimitz (1987).

5.3 Repräsentative Methoden zur Erhebung

Planquadrate oder ausgewählte Beobachtungsfelder können den Erhebungsaufwand enorm reduzieren. Wie wählt man aus? Da sowohl das Verhalten der einzelnen Vogelarten unterschiedlich ist und ferner (siehe Abschn. 4 „Wintervogelbestand – Wie Experten Vögel zählen") die einzelnen Vogelarten extrem von lokalen Gegebenheiten (strenger Winter, Feinde, schlechtes Wetter, Tageszeit) beeinflusst werden, muss man hier – je nach Fragestellung – einen Erhebungsplan erstellen. Leichter ist es, wenn man einzelne Vogelarten monitoren will. Aber Birdlife will ja die Gesamtheit der Wintervögel überschauen.

Eine Idee ist es, repräsentative Beobachtungsfelder zu ermitteln und diese gezielter zu beobachten. Die Rasterzählung entspricht unserer Momentaufnahme, die in Planquadrate zerlegt wird. Dazu gibt es interessante Anregungen für den Unterricht in Perry und Kader (1998), bei dem es Pinguine zu zählen gilt. Eine andere Idee, welche man in „geschlossenen" Lebensräumen anwenden kann, ist die Capture-Recapture-Methode (siehe Engel 2000, 2002). Man fängt erst einige Tiere (nicht zu wenige) und kennzeichnet sie (etwa mit einem Ring am Bein). Nach einiger Zeit fängt man wieder einige Tiere (oder beobachtet sie nur) und bestimmt den Anteil der markierten Tiere. Wenn die Tiere sich in der Zwischenzeit im Lebensraum zufällig bewegen (und zum Zeitpunkt des Wiederfangens keine verzerrenden Umstände herrschten), so kann man den Anteil der markierten Tiere im Fang (in der Beobachtung) mit dem Anteil der markierten Tiere in der Gesamtheit gleich setzen. Daraus ergibt sich eine Schätzung der Gesamtzahl. Diese Methode funktioniert aber nur bei guter Vermischung der anfangs markierten Tiere und bei geschlossenen Lebensräumen. Beim Wiederfang muss man nicht nur die zufällige Aufteilung der Tiere auf das Gebiet unterstellen, man muss auch beim Wiederfang eine Stichprobe gewährleisten.

Mehr zu probabilistischen Ansätzen zum Zählen von Populationen wie den Bestand an Wildvögeln findet man in Borovcnik et al. (2017). Diese Ansätze führen nur dann zu sinnvollen Schätzungen, wenn man davon ausgehen kann, dass die Daten (die Angaben der Beobachter) einer Zufallsstichprobe entstammen. Welche Verzerrungen bei einer Beobachtung auftreten können, das haben wir in unserem unterrichtlichen Zugang ausführlich erörtert.

5.4 Berechnungen – Zielfrage: Ermittlung des Bestands

Der Bestand, speziell der Bestand an Wintervögeln, ist schwer zu schätzen, das haben die Kinder ja erstaunlich genau aufgearbeitet. Bei Birdlife wird nach der maximalen Zahl der innerhalb der Beobachtungsstunde gesichteten Vögel gefragt: wenn man einmal 2, dann 6 und schließlich 3 Meisen gleichzeitig (am Futterhäuschen oder sonst wo) beobachtet hat, so sind 6 Meisen zu melden. Die Angabe des Maximums vermeidet klarerweise Doppelzählungen. Der Nachteil ist aber, dass das Maximum nicht ganz so einfach mit dem Bestand zusammenhängt. Außerdem können die verschiedenen, angesprochenen Faktoren unterschiedlich Einfluss nehmen, wie das Maximum mit dem gegebenen Bestand zusammenhängt.

Die Grundannahme bei Birdlife scheint zu sein, dass sich diese unterschiedlichen Faktoren durch die vielen Zähler so ausgleichen, dass grobe Abweichungen dadurch herausgemittelt werden; es ist nicht ganz klar, ob sie Datenfilter verwenden und wie sie diese verwenden, um auffällig abweichende Meldungen auszusortieren. Auf Rückfragen bekamen wir ausweichende Antworten. Es war wohl Kritik

erwartet worden, sodass man sich im Wesentlichen darauf beschränkte, dass es gar nicht Hauptziel der Beobachtung ist, die Wintervögel zu zählen, sondern dass es mehr darum geht, auf das Problem des Rückgangs der Vögel aufmerksam zu machen.

Veränderungen im Bestand sollten aber erkennbar werden. Jedenfalls, wenn die Beobachter, das Wetter und alle andere Einflussgrößen wie Strenge des Winters, Feinde etc. gleich geblieben sind (ceteris paribus). Wenngleich eine direkte Umrechnung auf Bestandsänderungen schwierig sein sollte wegen des Maximums. Man könnte von Studien ablesen, wie sich das Maximum der Beobachtung verändern sollte, wenn sich der Bestand ändert; allerdings muss man dabei wieder auf die Annahme zurückgreifen, dass die Bedingungen in den verschiedenen Jahren und für die verschiedenen Vogelarten gleich sind.

Aufteilung der Vögel auf Arten: Es wäre ja immerhin interessant, zu wissen, wie sich die Anteile verschiedener Arten entwickeln. Wir haben ja die Proportionen untereinander betrachtet, um die Datengüte zu beurteilen. Wenn man den Bestand einer Vogelart relativ zuverlässig kennt, so kann man den Bestand einer anderen durch die Verhältnisse (eine Standardmethode; siehe etwa Kish 1995) des Auftretens schätzen. Man könnte Veränderungen in den Proportionen im Laufe der Jahre auf Änderungen in der Zusammensetzung der Wintervögel zurückführen. Allerdings erweist sich das als relativ schwierig, weil sich die lokalen Bedingungen und die Bedingungen im Lauf der Jahre ändern und sich damit auf die Proportionen auswirken können. Wenn diese Faktoren wieder die alte Konstellation einnehmen, „stimmen" dann die Proportionen wieder. Die Aufteilung der Vogelarten ist allerdings auch von den Präferenzen der Vögel abhängig, nicht nur deswegen, weil ja viele Zählungen vor dem Futterhaus erfolgen. Bestimmte Vögel, die sich selbst versorgen oder die kein entsprechendes Futter bekommen, werden daher unterrepräsentiert sein.

Bleibt auch von der statistischen Seite das Fazit, dass Birdlife ein sehr ehrgeiziges Programm hat, aber die Ziele – sei es Bestandserhebung oder Entdecken von Bestandsveränderungen oder Aufteilung der Vögel auf Arten – nur schwer einlösen kann.

Wer hätte gedacht, dass Zählen so schwierig ist!

6 Epilog

Die Vorgangsweise im Unterricht entspricht einem explorativen Umgang mit Fragen und Daten. Borovcnik und Ossimitz (1987) beziehen sich auf bestehende Daten und zeigen, wie man Methoden interaktiv entwickeln kann, um anstehende Fragen aus dem Kontext zu erörtern. Borovcnik (1990) legt den Schwerpunkt auf Techniken der explorativen Datenanalyse im Vergleich zur traditionellen beschreibenden Statistik; diese explorativen Techniken sollen besonders gut geeignet sein, weil die verwendeten Kennziffern einfach zu verstehen und anzuwenden sind. Wie sehr man einfache Methoden der beschreibenden Statistik benötigt, zeigt sich immer wieder im Umgang mit Daten in der öffentlichen Diskussion, etwa wenn es um die Erfassung von Arbeitslosen geht (Krüger 2012).

Der Unterricht in beschreibender Statistik kann gar nicht als wichtig genug eingeschätzt werden. Orientierung mag der Aufsatz von Sill (2014) liefern, die Möglichkeiten eines diesbezüglichen Unterrichts loten Krüger et al. (2015) eingehend aus.

Im vorliegenden Aufsatz soll aufgezeigt werden, wie spannend der Bereich der beschreibenden Statistik unterrichtet werden kann und wie sehr man sich mit den Problemen der Datenerfassung beschäftigen muss, damit die gewonnenen Daten aussagekräftig werden. Die Daten einfach hinzunehmen und in Verfahren einzusetzen, führt zu wenig validen Ergebnissen. Wie artifiziell Daten eigentlich sein sollten, damit sie als Basis für die Bearbeitung realer Fragen taugen, sieht man auch an den Überlegungen in Borovcnik (2014). Dass man trotz der Fülle schier unlösbarer Fragen den Unterricht interessant gestalten kann, das zu zeigen war unsere Absicht hier.

Es mag überraschen, dass die Schülerinnen auf den fächerübergreifenden Unterricht sehr positiv reagierten; durch ihre eigenen Analysen konnten sie die Möglichkeiten der Mathematik viel besser einschätzen. Sie hatten jedenfalls keine Schwierigkeit, anzuerkennen und zu erkennen, dass die Ergebnisse solcher Zählungen unscharf sind und nicht das messen können, was sie vorgeben, auch wenn das in der Öffentlichkeit weitgehend anders gesehen wird (siehe Thüringer Allgemeine o. D.; Naturschutz in Bayern – Landesbund für Vogelschutz o. D.; Südwestrundfunk o. D.). Da werden nämlich die Zählergebnisse mit dem tatsächlichen Bestand oder dessen Veränderung assoziiert und daraus werden Trends abgeleitet.

Manfred Borovcnik und Jürgen Maaß haben den Vorschlag entwickelt, Elena Zanzani hat ihn in der Schule (5. und 6. Schulstufe Gymnasium) ausprobiert und ihre Erfahrungen und Kommentare eingefügt. Helmut Steiner hat mit biologischem Fachwissen zum besseren Verständnis der Vogelwelt beigetragen.

Literatur

Adriaensen, F., Dhondt, A.A., van Dongen, S., Lens, L., Matthysen, E.: Stabilizing selection on blue tit fledgling mass in the presence of sparrowhawks. Proc. R. Soc. Lond. B **265**, 1011–1016 (1998)

Berthold, P., Gwinner, E., Sonnenschein, E. (Hrsg.): Avian migration. Springer, Berlin (2003)

Bibby, C.J., Burgess, N.D., Hill, D.A.: Methoden der Feldornithologie: Bestandserfassung in der Praxis. Neumann, Radebeul (1995)

Borovcnik, M.: Explorative Datenanalyse – Techniken und Leitideen. Didaktik der Mathematik **18**, 61–80 (1990)

Borovcnik, M.: Vom Nutzen artifizieller Daten. In: Sproesser, U., Wessolowski, S., Wörn, C. (Hrsg.) Daten, Zufall und der Rest der Welt – Didaktische Perspektiven zur anwendungsbezogenen Mathematik, S. 27–43. Springer, Berlin (2014)

Borovcnik, M., Maaß, J., Steiner, H., Zanzani, E.: Wintervögel zählen: Zuverlässige Zählmethoden und Genauigkeitsfragen im Statistik-Unterricht. Stochastik in der Schule **37**(1), 2–14 (2017)

Borovcnik, M., Ossimitz, G.: Materialien zur Beschreibenden Statistik und Explorativen Datenanalyse. Hölder-Pichler-Tempsky, Wien (1987)

Dhondt, A. A.: Interspecific competition in birds. Oxford University Press, Oxford (2012)

Engel, J.: Markieren – Einfangen – Schätzen: Wie viele wilde Tiere? Stochastik in der Schule **20**(2), 17–24 (2000)

Engel, J.: Aus Anteilen Anteile schätzen. mathematik lehren **114**, 16–19 (2002)

Gatter, W.: Vogelzug und Vogelbestände in Mitteleuropa. 30 Jahre Beobachtung des Tagzugs am Randecker Maar. Aula Verlag, Wiebelsheim (2000)

Gosler, A.G., Greenwood, J.J.D., Perrins, C.: Predation risk and the cost of being fat. Nature **377**, 621–623 (1995)

Hinsley, S.A., Bellamy, P.E., Moss, D.: Sparrowhawk Accipiter nisus predation and feeding site selection by tits. Ibis **137**, 418–420 (1995)

Jedrzejewska, B., Jedrzejewski, W.: Predation in vertebrate communities. The Bialowieza primeval forest as a case study. Ecological Studies 135. Springer, Berlin (1998)

Kish, L.: Survey sampling, Rev. Aufl. Wiley, New York (1995)

Krams, I.A.: Predation risk and shifts of foraging sites in mixed willow and crested tit flocks. J. Avian Biol. **27**, 153–156 (1996)

Krams, I.: Communication in crested tits and the risk of predation. Anim. Behav. **61**, 1065–1068 (2001)

Krams, I., Thiede, W.: Wo finden die Meisentrupps im Kiefernwald die Nahrung und wie sind die Trupps gegliedert? Ökol. Vögel **22**, 107–118 (2000)

Krüger, K.: Was die Arbeitslosenzahlen (nicht) zeigen – Interpretation von Daten der Bundesagentur für Arbeit. Der Mathematikunterricht **4**, 32–41 (2012)

Krüger, K., Sill, H.D., Sikora, C.: Didaktik der Stochastik in der Sekundarstufe I. Springer, Berlin (2015)

Landmann, A., Grüll, A., Sackl, P., Ranner, A.: Bedeutung und Einsatz von Bestandserfassungen in der Feldornithologie: Ziele, Chancen, Probleme und Stand der Anwendung in Österreich. Egretta **33**, 11–50 (1990)

Lind, J., Cresswell, W.: Anti-predation behaviour during bird migration; the benefit of studying multiple behavioural dimensions. J. Ornithol. **147**, 310–316 (2006)

Naturschutz in Bayern – Landesbund für Vogelschutz (o. D.): Endergebnis Stunde der Wintervögel 2016. Kohlmeise ist erneut Bayerns häufigster Wintervogel. www.lbv.de/aktiv-werden/stunde-der-winter-voegel/ergebnisse-bayern0.html. Zugegriffen: 10 Nov 2016

Newton, I.: Population limitation in birds. Academic Press, San Diego (1998)

Perry, M., Kader, G.: Counting penguins. The Mathematics Teacher **91**(2), 110–116 (1998)

Rutz, C.: The establishment of an urban bird population. J. Anim. Ecol. **77**, 1008–1019 (2008)

Scherzinger, W.: Die Vogelwelt der Urwaldgebiete im Inneren Bayerischen Wald, Heft 12. Schriftenreihe des Bayerischen Staatsministeriums für Ernährung, Landwirtschaft und Forsten, München (1985)

Scherzinger, W.: Reaktionen der Vogelwelt auf den großflächigen Bestandeszusammenbruch des montanen Nadelwaldes im Inneren Bayerischen Wald. Vogelwelt **127**, 209–263 (2006)

Sergio, F., Hiraldo, F.: Intraguild predation in raptor assemblages: a review. Ibis **150**(Suppl. 1), 132–145 (2008)

Sill, H.-D.: Grundbegriffe der Beschreibenden Statistik. Stochastik in der Schule **34**(3), 2–9 (2014)

Steiner, H.: Faunistische Nachweise durch die Methode der Rupfungssuche auf der südlichen Traun-Enns-Platte. Vogelkdl. Nachr. OÖ. **6**(2), 23–27 (1998)

Steiner, H.: Waldfragmentierung, Konkurrenz und klimatische Abhängigkeit beim Wespenbussard (Pernis apivorus). J. Ornithol. **141**, 68–76 (2000)

Steiner, H.: Methodenkritik und Interpretationsleitfaden. In: Brader, M., Aubrecht, G., et al. (Hrsg.): Atlas der Brutvögel Oberösterreichs. Denisia, Bd. 7, 73–74 (zugleich Kataloge des Oberösterreichischen Landesmuseums N. F., 194). Biologiezentrum/Oberösterreichisches Landesmuseum, Linz (2003)

Steiner, H.: Zur Nutzung des herbstlichen Vogelzuges und Ökologie einer Brut auf einem Masten einer Hochspannungsleitung beim Baumfalken (Falco subbuteo). Vogelkdl. Nachr. OÖ. **17**(1–2), 73–88 (2009)

Steiner, H.: Wie funktioniert die Kulturlandschaft? – Öko-Ornithologie der Traun-Enns-Platte und die Vögel Oberösterreichs (Teil I). Öko.L **36**(2), 27–34 (2014)

Steiner, H., Haslinger, G., Jiresch, W., Pühringer, N., Stadler, S.: Ökologische Nische und Naturschutz: Das Beispiel Greifvögel und Eulen in Wald und Gebirge. Vogelkdl. Nachr. OÖ. **14**(1), 1–30 (2006)

Steiner, H., Schmalzer, A., Pühringer, N.: Limitierende Faktoren für alpine Raufußhuhn-Populationen – Management-Grundlagen nach Untersuchungen im Nationalpark Kalkalpen. Denisia, Bd. 21. Biologiezentrum/Oberösterreichisches Landesmuseum, Linz (2007)

Südwestrundfunk (o. D.): Bitte einmal durchzählen – Vögel im Garten. https://www.swr.de/swraktuell/nabu-stunde-der-wintervoegel-bitte-einmal-durchzaehlen-voegel-im-garten/-/id=396/did=16758458/nid=396/8werhc/index.html. Zugegriffen: 10 Nov 2016

Terborgh, J., Estes, J. A.: Trophic cascades. Predators, prey, and the changing dynamics of nature. Island Press, Washington (2010)

Thüringer Allgemeine (o. D.): Zählung: Wie viele Wintervögel gibt es in Thüringen? www.thueringer-allgemeine.de/web/zgt/leben/detail/-/specific/Zaehlung-Wie-viele-Wintervoegel-gibt-es-in-Thueringen-1954589047. Zugegriffen: 10 Nov 2016

Whitfield, D.P.: Redshank Tringa totanus flocking behaviour, distance from cover and vulnerability to sparrowhawk Accipiter nisus attacks. J. Avian Biol. **34**, 163–169 (2003)

Ydenberg, R.C., Butler, R.W., Lank, D.B., Smith, D.B., Ireland, J.: Western sandpipers have altered migration tactics as peregrine falcon populations have recovered. Proc. R. Soc. Lond. B **271**, 1263–1269 (2004)

Wie riskant ist eine Investition am Finanzmarkt?

Christian Dorner

Zusammenfassung

Medien berichten immer wieder von riskanten Anlageformen, Finanzblasen und Kursabstürzen. Was versteht man in diesem Zusammenhang überhaupt unter Risiko? Lässt sich das Risiko einer Investition in ein Wertpapier messen? Ausgehend von einem intuitiven Risikobegriff wird auf Basis historischer Aktienkurse eine Kennzahl entwickelt, die anschließend sukzessive weiterentwickelt wird. In diesem Artikel werden zu Beginn allgemeine Informationen zum Thema Aktien gegeben. Anschließend findet man eine mögliche Modellierung und deren Verbesserungen für den Mathematikunterricht in der Sekundarstufe II. Der im Ausblick vorgestellte Modellierungsansatz gibt einen Ausblick auf einen Ansatz, der historische Daten gänzlich vermeidet.

1 Einleitung

Das Modellieren im Zusammenhang mit Risiko ist eine äußerst wichtige Grundfähigkeit, denn es macht Risiko verständlich(er). Eine Vereinfachung bzw. eine Strukturierung der risikobehafteten Situation hilft, die Quelle der Gefahr ausfindig zu machen bzw. den möglichen Verlust zu beschreiben. Die Übersetzung in ein mathematisches Modell mit mathematischen Konzepten wie z. B. der Wahrscheinlichkeitsrechnung ist der nächste (und oft schwierige) Schritt. Die Berechnungen in diesem Modell führen zu einem Ergebnis, dessen Aussage über das Risiko der Situation wieder interpretiert werden muss (vgl. Martignon und Kuntze 2015, S. 161–162).

Schwierigkeiten bei der Modellierung haben zur Folge, dass gewisse risikobehaftete Situationen nur schlecht bzw.

C. Dorner (✉)
Institut für Mathematik und wissen. Rechnen, K.-F. Universität Graz, Graz, Österreich
E-Mail: christian.dorner@uni-graz.at

überhaupt falsch eingeschätzt werden. Das kann auf der einen Seite dazu führen, dass man eine übertriebene Angst vor risikobehafteten Situationen entwickelt. Auf der anderen Seite kann das in eine übermäßige Risikoaffinität münden (vgl. Martignon und Kuntze 2015, S. 157).

Erschwerend hinzu kommt, dass in vielen Fällen keine Zeit für eine mathematische Modellierung bleibt, die Entscheidung muss unmittelbar getroffen werden. Wenn eine bestimmte Situation schon im Vorhinein durchdacht (bzw. modelliert) wurde, dann kann man in so einem Moment zumindest zum Teil auf bereits getätigte Überlegungen zurückgreifen. Das spricht für eine Behandlung des Risikobegriffs im (Mathematik)Unterricht.

Das Leben steckt voller Risiko. Viele der täglichen Entscheidungen bzw. Handlungen sind risikobehaftet. Während Menschen bei etlichen alltäglichen Situation über eine gewisse Intuition oder über gesammelte Erfahrungen über das ihr innewohnende Risiko verfügen, haben sie dies bei Handlungen am Finanzmarkt meist nicht. Einigen ist gar nicht klar, dass sie in vielen Fällen beim Kauf von Finanzprodukten ein Risiko eingehen. Das kann in manchen Fällen so weit führen, dass man glaubt, man verringert sein Risiko durch den Erwerb eines Finanzprodukts. Viele wissen gar nicht, dass sie spekulativ am Finanzmarkt partizipieren (vgl. Dorner 2017, S. 102). Aus einem Interview mit einem Finanzmathematiker:

> Meine Tante möchte auf Nummer sichergehen und deswegen hat sie Gold gekauft. […] und ja, auch ein Freund von mir hat Gold und Öl gekauft, um sich abzusichern und beide sind ganz stark gegen Spekulationen. Natürlich ist das genau Spekulation, wenn man Gold und Öl kauft (Dorner 2017, S. 102).

Traditionelle Sparformen wie Sparbücher liefern (momentan) wenig Ertrag. Des Weiteren tauchen immer mehr (online) Geldinstitute auf, die den Zugang für Investitionen am Finanzmarkt (z. B. in Aktien) erleichtern. Das führt dazu, dass eine steigende Anzahl an Personen ihr Geld in risikoreiche Finanzprodukte steckt. Einige davon erkennen jedoch gar nicht, ob sie bzw. wie sie dabei ein Risiko eingehen. Im Sinne der Ausbildung der Schüler/innen zu mündigen Bürger/innen erscheint es sinnvoll, das Thema Risiko am Finanzmarkt schon in der Schule zu behandeln. Im folgenden Unterrichtsvorschlag sollen sich die Lernenden mit dem Risikobegriff bei der Investition in eine Aktie beschäftigen. Die unten stehende Frage dient als Ausgangsfrage für die in diesem Beitrag vorgeschlagene Unterrichtssequenz:

> Wie groß ist das Risiko bei einer Investition in eine bestimmte Aktie zum Zeitpunkt der Investition?

2 Vorbemerkungen zur Durchführung im Unterricht

Die Schülerinnen und Schüler sollen die Chance bekommen, Mathematik auf Fragestellungen zum Finanzmarkt anzuwenden. Aus empirischen Erhebungen des Autors sind die Lernenden dabei meist intrinsisch motiviert sich mit dem Thema auseinanderzusetzen, allein aus dem (naiven) Glauben heraus (mathematische) Methoden kennenzulernen, die einen reich machen. Einige vertiefen sich dabei unaufhaltsam in die Thematik, in vielen Fällen getrieben durch die Vorstellung, die Mathematik verrät zukünftige Entwicklungen der Aktienkurse.

Auch wenn sich die meisten (Fehl)Vorstellungen durch die Behandlung des Unterrichtsvorschlags zerschlagen werden, bleibt zumindest ein klareres Bild der Mathematik und insbesondere des Modellierens. Des Weiteren soll ein Schwerpunkt des Unterrichtsvorschlags auch auf dem mündigen Umgang mit mathematischen Modellen liegen. Ein Finanzmathematiker spricht den Aspekt der kritischen Verwendung mathematischer Modelle in der Finanzwelt während eines Interviews an.

> Naja, es ist sicher die unkritische Verwendung, von, jetzt innerhalb der Bank, unkritische Verwendung von - - - mathematischen Modellen […] ist – sicher gefährlich, wenn man nicht gut weiß, was hinter den Modellen steckt und welche Annahmen hier – getroffen werden. Also zum Beispiel in der Praxis wird sehr sehr viel mit Gaußverteilung modelliert und die – Restriktionen die sich ergeben, dadurch, dass im Finanzbereich der zentrale Grenzwertsatz nicht so ohne weiteres so einfach anzuwenden ist, dass das weitgehend so nicht verstanden wird, aus dem sehe ich große Gefahren, wenn Leute in einem etwas naiven Glauben an die Exaktheit der Mathematik solche Modelle unkritisch verwenden (Dorner 2017, S. 79).

Ein Lernziel soll vor allem die angesprochene Aufgabe im Zitat von Henn sein.

> Natürlich können Modelle mehr oder weniger passenden, geeignet, … sein, aber keinesfalls „richtig" oder „falsch". Hiervon eine richtige Vorstellung zu vermitteln, scheint mir eine der wichtigsten Aufgaben der Schule zu sein (Henn 2000, S. 11).

Inhaltlich zielt der folgende Unterrichtsvorschlag auf das Auswerten von Daten ab. Genauer sollen sich die Lernenden mit der Zusammensetzung und dem Aufbau der Standardabweichung auseinandersetzen. Kritisches Urteilsvermögen in Bezug auf ertragsversprechende Wertpapierangebote soll im Rahmen der Unterrichtssequenz durch die Betrachtung des Risikos erworben werden.

Der folgende Unterrichtsvorschlag dient eben nicht dazu, Schüler/innen zu Börsenprofis zu erziehen, sondern sie für das Thema Risiko am Finanzmarkt zu sensibilisieren. Die unten vorgestellten Risikoberechnungen sollen nicht die Illusion erzeugen, dass man nun die einzig richtige Risikokennzahl ermittelt hat, sondern dass man aufgrund der verwendeten Daten bzw. des verwendeten Modells eine Abschätzung berechnet, wo bei einer tatsächlichen Verwendung am Finanzmarkt noch viel schiefgehen kann. Aus diesem Grund müssen etwaige Schwächen der vorgenommenen Modellierung unbedingt besprochen werden.

Bei der Durchführung des folgenden Unterrichtsvorschlags ist die größte methodische Schwierigkeit für die Lehrperson das Finden des passenden Wechsels zwischen offenen und lehrerzentrierten Arbeitsaufträgen bzw. Phasen für die beteiligte Gruppe an Lernenden. Diesbezüglich begegnet die Lehrkraft im Verlauf der Unterrichtssequenz mehreren kritischen Stellen, an denen sie das weitere Vorgehen sorgfältig geplant haben sollte. Für jede dieser Stellen findet man im Beitrag einen eigenen kleinen Abschnitt, siehe Abschn. 5.1, 5.3 und 5.5, der die Vor- und Nachteile von möglichen Alternativen thematisiert. Am Beginn des Vorschlages empfiehlt sich das Durchführen einer Einführungssequenz in das Thema Aktien im Stil des Abschn. 3, damit die Lernenden über die nötigen Grundlagen verfügen. Das kann in einem fächerübergreifenden Unterricht geschehen oder in mindestens zwei Einheiten, die stark auf die mathematischen Teile reduziert sind.

Die Dauer der nachfolgenden Unterrichtssequenz variiert stark. Sie hängt von vielen Faktoren ab, z. B. wie intensiv an den Definitionen der Begrifflichkeiten gearbeitet wird, welcher Modellierungsansatz gewählt wird, wie stark die Lehrperson den Lernenden hilft, etc. Aus der Sicht des Autors benötigt die Lehrperson für eine (halbwegs) umfassende Behandlung mindestens vier Unterrichtseinheiten.

Für die Risikoberechnungen benötigen die Lernenden ein Tabellenkalkulationsprogramm, das auch mit großen Datenmengen umgehen kann. Die Betrachtung solcher Datenmengen kommt im Mathematikunterricht eher selten vor. Die hier vorgestellten Modellierungen stellen eine Möglichkeit dar, dies am Beispiel des Finanzmarktes zu behandeln.

Die Anforderungen an die Lehrperson erstrecken sich von guten Kenntnissen über ein unterrichtstaugliches

Tabellenkalkulationsprogramm bis hin zu guten finanzmathematischen Kenntnissen. Alle Berechnungen des Unterrichtsvorschlags wurden in Excel durchgeführt und sind nachvollziehbar ausgeführt, siehe Abschn. 5. Im Abschn. 3 wurden die wirtschaftlichen und finanzmathematischen Grundlagen des Vorschlages zusammengefasst, für eine Vertiefung empfiehlt sich ein Blick in die dort angeführte Literatur.

3 Aktien – wirtschaftliche Grundlagen

3.1 Warum gibt es überhaupt Aktien?

Am Beginn einer großen Firma steht meist eine bestimmte Idee. Um daraus ein erfolgreiches Unternehmen zu schaffen, bedarf es an langwieriger Produktentwicklung (bzw. Forschung), Testphasen, Produktionsstätten und Maschinen, Mitarbeiter, etc. Aber vor allem benötigt man Geld.

Der erste Weg um dieses zu erhalten, führt zur Bank. Jedoch darf man nicht erwarten, dass die Bank darauf wartet, ihr ganzes Geld in das Unternehmen zu investieren. Sie fordert Sicherheiten. Diese sind oft nicht ganz einfach bereitzustellen. Für die Umsetzung der Idee bietet sich noch der Gang an die Börse an, wo sich Personen und Institutionen finden, die Geld investieren wollen (sogenannte Anleger/innen) und Firmen, die Kapital benötigen. Anleger/innen erwarten sich für das Investieren in ein bestimmtes Unternehmen höhere Erträge als, wenn sie ihr Geld auf ein Sparbuch legen. Dafür sind sie bereit im Gegenzug ein höheres Risiko einzugehen.

Um als Unternehmen Zugang zur Börse zu erhalten, bedarf es der Gründung einer Aktiengesellschaft (kurz: AG). Ein/e Anleger/in kann dann eine Aktie erwerben. Dabei handelt es sich um ein Beteiligungspapier, das das Einbringen von Kapital in die Firma nachweist. Im Gegenzug erhalten Anleger/innen (oder auch Aktionäre/innen genannt) im Allgemeinen zwei Rechte:

- Das Recht auf Mitsprache (bei der jährlichen Hauptversammlung)
- Das Recht auf Gewinnbeteiligung (Dividende)

Bei einer tollen Entwicklung des Unternehmens steigt der Kurs der Aktie und man darf auch eine zufriedenstellende Dividende erwarten. Das Ganze kann aber leider auch in die andere Richtung gehen, bei einer ungünstigen Entwicklung sinkt der Kurs der Aktie und die Dividenden werden sehr niedrig bzw. gar nicht ausgeschüttet. Das kann so weit gehen, dass die Aktiengesellschaft liquidiert wird, dann werden zuerst alle Gläubiger/innen befriedigt und wenn noch etwas Vermögen übrig bleibt, verteilt man es auf die Aktionäre/innen (vgl. Götz et al. 2007, S. 19–21).

3.2 Aufbau von Aktiengesellschaften

Eine Aktiengesellschaft setzt sich aus dem Vorstand, dem Aufsichtsrat und der Hauptversammlung zusammen.

Das Unternehmen wird vom Vorstand geleitet, dazu gehören alle Vorstandsmitglieder. Der/die Vorstandvorsitzende (englisch: Chief Exekutive Officer, kurz: CEO) trägt die Hauptverantwortung über die Geschäfte des Unternehmens.

Bei einem Handel mit sehr großer Tragweite muss der Vorstand den Aufsichtsrat miteinbeziehen, dieser überwacht generell die Tätigkeiten des Vorstandes. Des Weiteren bestimmt er die Vorstandsmitglieder und darf sie gegebenenfalls wieder abbestellen. Die Belegschaft ist durch bestimmte Arbeitnehmer/innen im Aufsichtsrat vertreten.

Bei der Hauptversammlung sind alle Aktionäre/innen geladen, sie findet in der Regel einmal jährlich statt. Dabei informiert der Vorstand über das letzte Geschäftsjahr. Anschließend wird die Verwendung etwaiger Gewinne besprochen und die Höhe der Dividende festgelegt (vgl. Adelmeyer und Warmuth 2009, S. 49–50).

3.3 Aktienkurs

Der Handel mit Aktien findet an Börsen statt. Früher unterschied man dabei zwischen Präsenzbörsen, wo sich die Händler/innen auf dem Börsenparkett treffen, und Computerbörsen, hierbei sitzen die Händler/innen auf der Welt verstreut vor ihren Computern. Die meisten Börsen haben den Parketthandel mittlerweile eingestellt und verwenden ein elektronisches Handelssystem.

Es heißt so schön, der Aktienkurs wird durch Angebot und Nachfrage bestimmt. Das ist bestenfalls eine vage Beschreibung. Wie geht das tatsächlich vor sich? Eine Hauptaufgabe einer Börse ist die Feststellung eines Aktienkurses, dabei ist der Kurs so festzulegen, dass der größtmögliche Umsatz aus den gebotenen Kaufs- und Verkaufsanträgen erzeugt wird. Alle Anträge werden in einem Orderbuch vermerkt, welches bei regem Handel kurz geschlossen wird, um den Kurs zu bestimmen. Wir betrachten das folgende (frei erfundene) Orderbuch, siehe Tab. 1.

Bei einem Kurs von 69,00 € finden sich nach Tab. 1 Käufer/innen, die insgesamt 250 Aktien kaufen möchten. Dem gegenüber stehen Verkäufer/innen, die insgesamt 120 Aktien verkaufen möchten. Es muss festgehalten werden,

Tab. 1 Auszug aus einem Orderbuch

	Käufer		Verkäufer	
Kurs	Anzahl	Summe	Anzahl	Summe
69,00	250	1830	120	120
69,50	300	1580	160	280
70,00	400	1280	200	480
70,50	250	880	400	880
71,00	210	630	250	1130
71,50	180	420	200	1330
72,00	120	240	180	1510
72,50	70	120	50	1560
73,00	50	50	20	1580

wenn jemand bereit ist, eine Aktie für 73,00 € zu kaufen, dann ist er/sie es auch für 72,50 €, 72,00 €, 71,50 € usw. Umgekehrt, wenn jemand eine Aktie für 69,00 € verkauft, dann verkauft er/sie diese auch für 69,50 €, 69,50 € usw. Die beiden Spalten in denen die kumulierten Summen angeführt sind, geben die Gesamtanzahl an Aktien an, die zu diesem Preis gekauft bzw. verkauft werden würden. Nach dem Meistausführungsgebot ist der Aktienkurs bei jenem Preis festzulegen, bei dem die meisten Aktien den Besitzer wechseln. Das geschieht hier bei 70,50 €. In der Realität stimmen diese Summen, hier 880 bei den Käufern/innen und Verkäufer/innen, meistens nicht überein (vgl. Beike und Schlütz 2015, S. 40–44; Daume 2009, S. 11–12). Allgemein bestimmt man den Kurs folgendermaßen:

▶ **Aktienkurs** Sei *k(x)* die Summe aller Käufer/innen der Aktie zu einem bestimmten Preis *x* und *v(x)* die Summe aller Verkäufer/innen der Aktie zu einem bestimmten Preis *x*, dann bestimmt man den Aktienkurs nach der Formel:

$$AK = \max_{x} \{\min\{k(x), v(x)\}\}.$$

Der Formel entnimmt man, dass bei einer großen Nachfrage, der Preis der Aktie in die Höhe getrieben wird und umgekehrt. Sie berücksichtigt also das Prinzip von Angebot und Nachfrage (vgl. Daume 2009, S. 12).

Aufgrund dieser Formel erscheint der Aktienkurs vorhersehbar zu sein. Jedoch lässt sich kein Kurs exakt voraussagen. Auf den ersten Blick erscheint das etwas unglaubwürdig. Erstens lassen sich bei einem Rückblick in die Vergangenheit die Verläufe der Aktienkurse erklären. Zweitens ist bekannt, dass Ereignisse, wie z. B. politische Entscheidungen, Nachrichten, Naturkatastrophen, …, den Aktienkurs beeinflussen werden. So gesehen, ist der Aktienkurs determiniert. Jedoch schließen Zufall und Determinismus einander nicht aus (vgl. Döhrmann 2004, S. 28). Daume schreibt Folgendes:

…, als dass man natürlicherweise davon ausgeht, dass Aktienkurse durch wirtschaftliche, gesellschaftliche und politische Entwicklungen und menschliche Entscheidungen bestimmt werden und insofern determiniert sind. Dieses Wirkungsgefüge ist jedoch derart komplex, so dass wir über zu wenig Kenntnis für eine sichere Prognose verfügen (Daume 2009, S. 100–101).

Die Autorin untermauert ihre Aussage mit einem Zitat von Henze:

Dabei wollen wir im Folgenden nicht über die Existenz eines wie immer gearteten Zufalls philosophieren, sondern den pragmatischen Standpunkt einnehmen, dass sich gewisse Vorgänge […] einer deterministischen Beschreibung entziehen und somit ein stochastisches Phänomen darstellen, weil wir nicht genug für eine sichere Vorhersage wissen. Wir lassen hierbei offen, ob dieses Wissen nur für uns in der speziellen Situation oder prinzipiell nicht vorhanden ist (Henze 2000, S. 1 zitiert nach Daume 2009, S. 101).

Ähnlich dem Münzwurf, dessen Ergebnis ja schon beim Abwurf vorgegeben ist, kann niemand bei Aktienkursen alle Einflussfaktoren überblicken, aus diesem Grund fasst man ja schon den Münzwurf (aus pragmatischer Sicht) als Zufallsversuch auf. Bei Aktienkursen kommt erschwerend hinzu, dass sie sehr oft von einem bestimmten Ereignis stark beeinflusst werden (z. B. 9/11). Niemand weiß, wann alle diese kursrelevanten Ereignisse passieren. Aus diesen Gründen nehmen wir für die folgenden Überlegungen die Entwicklung des Aktienkurses als zufällig an.

Bei der Entscheidung für den Kauf einer bestimmten Aktie handelt es sich, aufgrund der zufälligen Entwicklung des Aktienkurses, um eine Entscheidung unter Unsicherheit. Das heißt, bei einer Investition in eine Aktie geht man aufgrund der besagten Ungewissheit ein Risiko ein.

3.4 Ertrag einer Aktie

Der Ertrag einer Aktie setzt sich aus der Dividende und der Entwicklung des Kurses zusammen. Wie schon zuvor erwähnt, weiß man weder die Höhe der Dividende, noch kann man die zukünftigen Entwicklungen eines Kurses vorhersehen.

Kursentwicklung misst man durch das Verhältnis zwischen Gewinn bzw. Verlust und Einsatz. In diesem Zusammenhang spricht man von einer Rendite. Angenommen wir hätten am 03.04.2018 eine Aktie des Unternehmens Adidas um 195,85 € gekauft. In Abb. 1 ist zu erkennen, dass der Aktienkurs am 30.04.2018 leicht höher ist als am 03.04.2018. Die betrachtete Aktie notierte an diesem Tag bei 203,50 €. Die Rendite berechnet sich durch:

$$\frac{203,50 - 195,85}{195,85} \approx 0,039 = 3,9\,\%$$

Renditen beziehen sich immer auf einen Zeitraum, meistens ist das ein Jahr, ein Vierteljahr, ein Monat, eine Woche oder

Abb. 1 Kursverlauf der
Adidas-Aktie vom 03.04.2018–
30.04.2018

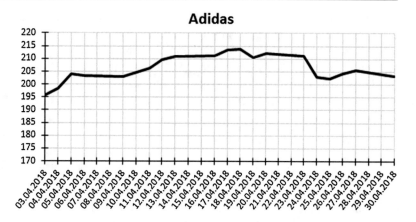

ein Tag. Wir halten diese Berechnungsweise der Rendite fest und bezeichnen sie ab jetzt als „einfache Rendite":

▶ **Einfache Rendite** Seien S_a der Kurs der Aktie zum Zeitpunkt a und S_b der Kurs der Aktie zum Zeitpunkt b. Die einfache Rendite $R_{a,b}$ im Zeitraum $[a; b]$ wird gemäß der folgenden Formel berechnet:

$$R_{a,b} = \frac{S_b - S_a}{S_a}.$$

Anleger/innen beachten vielmehr die Rendite als den absoluten Aktienkurs. Wenn diese gegeben ist, dann kann für jeden investierten Betrag sofort der Gewinn bzw. der Verlust berechnet werden. Bei der Verwendung der einfachen Renditen ergibt sich ein Problem.

Angenommen wir haben uns am 01.01.2018 eine Aktie um 200 € gekauft. Heute beträgt ihr Wert aber leider nur noch 40 €. Die Rendite für diesen Zeitraum ist −80 %. Sollte diese Aktie wenn überhaupt wieder um 80 % steigen, dann beträgt der Kurs der Aktie 40 · 1,8 = 72 €. Um wieder auf das Ausgangsniveau von 200 € zu kommen, benötigt man von heute weg eine Rendite von 400 %.

Finanzmathematiker/innen umgehen das Problem, indem sie die logarithmische Rendite verwenden.

▶ **Logarithmische Rendite** Seien S_a der Kurs der Aktie zum Zeitpunkt a und S_b der Kurs der Aktie zum Zeitpunkt b. Die logarithmische Rendite $L_{a,b}$ im Zeitraum $[a; b]$ wird gemäß der folgenden Formel berechnet:

$$L_{a,b} = \ln\left(\frac{S_b}{S_a}\right).$$

Diese unterscheidet sich von der einfachen Rendite, wenn deren Betrag kleiner als 5 % ist, kaum. Das ist zurückzuführen auf die Reihenentwicklung der Logarithmusfunktion:

$$\ln(x+1) = x - \frac{x^2}{2} + \frac{x^3}{3} - \frac{x^4}{4} + - \ldots \text{ für } -1 < x \le 1$$

Betrachten wir nochmals das fiktive Beispiel mit der Aktie, die wir um 200 € gekauft haben. Die logarithmische Rendite vom 01.01.2018 bis heute beläuft sich auf $\ln\left(\frac{40}{200}\right) \approx -1{,}61$. Um wieder auf das Ausgangsniveau zu kommen, benötigt man eine Rendite von $\ln\left(\frac{200}{40}\right) \approx 1{,}61$. Diese Symmetrieeigenschaft ist ein Grund, warum Finanzmathematiker/innen die logarithmische Rendite bevorzugen.

Hinzu kommt die Additivitätseigenschaft: Die logarithmische Rendite über einen bestimmten Zeitraum ist gleich der Summe der logarithmischen Renditen über Teilzeiträume des betrachteten Zeitraums.

Beispiel

Wenn $S_1, S_2, \ldots, S_n$ die Aktienkurse zu n aufeinanderfolgenden Zeitpunkten bezeichnen, dann gilt nach den Rechenregeln für Logarithmen:

$$\ln\left(\frac{S_2}{S_1}\right) + \ln\left(\frac{S_3}{S_2}\right) + \ldots + \ln\left(\frac{S_n}{S_{n-1}}\right) = \ln\left(\frac{S_2}{S_1} \cdot \frac{S_3}{S_2} \cdot \ldots \cdot \frac{S_n}{S_{n-1}}\right)$$
$$= \ln\left(\frac{S_n}{S_1}\right)$$

Das ist der entscheidende Grund, warum die Finanzmathematiker/innen die logarithmische Rendite verwenden (vgl. Adelmeyer und Warmuth 2009, S. 51–55; Daume 2009, S. 15–16).

Die Verwendung logarithmischer Renditen ist etwas kontraintuitiv für Schülerinnen und Schüler. Lernende bevorzugen die einfache Rendite. Hinzukommt, dass die Logarithmusfunktion erst relativ spät in der Schule eingeführt wird. An dieser Stelle sei angemerkt, Berechnung des arithmetischen Mittels bzw. der Standardabweichung von einfachen Renditen ist streng genommen falsch. Die Verwendung des geometrischen Mittels wäre korrekt. Trotzdem wird oft der Mittelwert von einfachen Renditen gebildet, da die relativen Kursänderungen in der Regel sehr klein sind, vor allem wenn man sehr kurze Zeitperioden betrachtet. Bei solch kleinen Änderungen gibt das arithmetische Mittel der Teiländerungen die Gesamtänderung recht gut wieder. Aus diesem Grund sehen wir es für schulische Zwecke als ausreichend, mit der einfachen Rendite zu arbeiten. Auch bei Adelmeyer und Warmuth werden im Rahmen der Portfoliotheorie arithmetische Mittelwerte und Standardabweichungen einfacher Renditen berechnet (vgl. Adelmeyer 2006, S. 53; Adelmeyer und Warmuth 2009, S. 84).

4   Risiko, was ist das?

In einem ersten Schritt gilt es, zu klären, was allgemein unter Risiko zu verstehen ist bzw. besser formuliert, was man unter Risiko verstehen kann. Eine Übertragung der Bedeutung des Begriffes auf den Finanzmarkt findet später statt. In erster Linie ist man versucht zu glauben, dass der Begriff Risiko genau definiert ist. Wenn man tiefer gehende Recherchen betreibt, dann stellt man fest, dass es keine allgemeingültige Festlegung gibt (vgl. Borovcnik 2015, S. 114). In der Alltagssprache wird der Begriff sehr schwammig und breit angewandt. Hanson 2007 unterscheidet fünf unterschiedliche Arten, Risiko zu definieren.

- Ein ungewolltes Ereignis, das eintreten kann oder auch nicht eintritt.
- Die Ursache für ein ungewolltes Ereignis, das eintreten kann oder auch nicht.
- Die Wahrscheinlichkeit für ein ungewolltes Ereignis, das eintreten kann oder auch nicht.
- Der Erwartungswert eines ungewollten Ereignisses, das eintreten kann oder auch nicht.
- Der Fakt, dass eine Entscheidung unter bekannten Wahrscheinlichkeiten vorgenommen wurde.
(Hanson 2007 zitiert nach Borovcnik 2015, S. 114, übersetzt).

Einer der ersten, der sich in einem wissenschaftlichen Sinne, mit dem Risikobegriff auseinandersetzte war Knight 1921. Interessanterweise geschah das im Kontext der Wirtschaft. Er gilt als der Begründer der Chicago School of Economics und seine Betrachtungen insbesondere zum Risikobegriff haben viele Menschen beeinflusst. Er spricht von Risiko, wenn die zugehörigen Wahrscheinlichkeiten bekannt sind. Wenn diese nicht bekannt sind, dann nennt er das Unsicherheit. Wenn es auch einige Einwände gegen diese Festlegung gibt (vgl. Borovcnik 2015, S. 117–118), so empfinden Wirtschaftswissenschaftler/innen diese Definition als sinnvoll und noch immer brauchbar. Sie sind dabei der Meinung, dass Knight Unsicherheit mit Situationen verbindet, an denen der Markt zusammenbricht

und daher keine (subjektiven) Wahrscheinlichkeiten mehr angegeben werden können (vgl. Borovcnik 2015, S. 117–118).

Bei Aktien unterscheidet man generell vier Risikoarten:

- Insolvenzrisiko: Das Unternehmen kann zahlungsunfähig werden. Das kann zu einem Totalverlust des in die Aktie investierten Kapitals führen.
- Kursänderungsrisiko: Wie in Abschn. 3.3 erwähnt, kann man die zukünftige Entwicklung des Kurses nicht vorhersehen. Schwankungen können zum Teil recht groß sein.
- Dividendenrisiko: Diese hängt vom erzielten Gewinn des Unternehmens ab und kann sehr niedrig oder überhaupt ganz ausfallen.
- Liquiditätsrisiko: Unter Umständen kann es vorkommen, dass sich die Aktie nicht mehr so schnell verkaufen lässt. Es findet sich kein/e Käufer/in. Aus diesem Grund sinkt der Kurs. Das kann auf relativ kleinen Märkten passieren. (vgl. https://www.oenb.at/docroot/risiko_ertrag/wissensboerse/factsheets-aktie.html).

In den folgenden Abschnitten versuchen wir das Kursänderungsrisiko aufgrund vergangener Daten abzuschätzen. Diese historischen Kurswerte sind leicht zu bekommen (z. B. https://finance.yahoo.com/). Um das Insolvenzrisiko zu ermitteln, bedarf es eines guten Einblicks in die Aktiengesellschaft und weiterer wirtschaftlicher Kenntnisse aus dem Bereich der Finanzierung. Hier ergibt sich ein Anknüpfungspunkt für einen fächerübergreifenden Unterricht mit einem wirtschaftlichen Fach, der hier nicht weiterverfolgt wird. Beim Dividendenrisiko ist man sehr abhängig von der Abstimmung bei der Hauptversammlung, siehe Abschn. 3.1, wo man einen guten Einblick in die Zusammensetzung der Aktionäre/innen und deren Interessen benötigt. Durch die Verwendung von angepassten Schlusskursen, siehe Abschn. 5.2 wird der Einfluss der Dividende auf Aktienkurse zumindest bei den vergangenen Daten berücksichtigt. Das Liquiditätsrisiko versuchen wir so zu umgehen, dass wir nur Aktien betrachten, die auch in nationalen Aktienindizes gelistet sind, sodass keine genaueren Marktanalysen nötig sind.

Wie auch immer, Schülerinnen und Schüler würden in erster Linie wahrscheinlich den Begriff in Google eingeben, die Ergebnisse betrachten und in einem der ersten Treffer, wie z. B. in Wikipedia, nachlesen. Dort steht am Beginn:

> Risiko (Wagnis, Gefahr, vom Schicksal/ Zufall abhängen, vermutlich aus dem Italienischen, *risico*,[1]) wird in verschiedenen wissenschaftlichen Disziplinen unterschiedlich definiert. Allen Definition gemeinsam ist die Beschreibung des Risikos als Ereignis mit möglicher negativer (Gefahr) bzw. positiver (Chance) Auswirkung.[2] Da nicht alle Einflussfaktoren bekannt

sind, bzw. vom Zufall abhängen, ist das Risiko mit einem Wagnis verbunden. Unter einem Wagnis wird fachsprachlich „das Eingehen eines Risikos bzw. das Einlassen auf eine risikohaltige Situation" verstanden.[3]" (https://de.wikipedia.org/wiki/Risiko)

In erster Linie nehmen wir davon mit, dass es sich dabei um ein Ereignis handelt, dass mit negativer bzw. positiver Auswirkung verbunden ist.

Eine genauere Recherche zu Risiko am Aktienmarkt (im Internet) liefert Begriffe wie Schwankungen und Volatilität. Für die Lehrperson sei an dieser Stelle erwähnt, dass es von letzterem Ausdruck viele Definitionen gibt. Da kommt es ganz auf das Umfeld an, in dem der Terminus verwendet wird. So betrachtet man Volatilität in der Statistik, den Wirtschaftswissenschaften, der Politik, der Chemie, der Solarenergie, etc. Hier ist klar, dass wir uns auf die Definition der Wirtschaftswissenschaften stürzen. Aber auch hier kursieren unterschiedliche Begriffsbestimmungen, so findet man vor allem die historische Volatilität, die stochastische Volatilität und die implizite Volatilität. An dieser Stelle seien die ersten beiden erläutert.

> The standard deviation of the continuously compounded return on an asset, measured using historical prices (McDonald 2006, S. 912).

Also darunter versteht man die Standardabweichung der Renditen auf Basis der historischen Kurswerte. Diese Festlegung findet man in vielen Lehrbüchern (e.g. Götz et al. 2007, S. 30; Adelmeyer und Warmuth 2009, S. 57; Daume 2009, S. 17 versteht darunter die Standardabweichung der logarithmischen Renditen). Bei den folgenden Behandlungen gehen wir von dieser eben gegebenen Definition aus. Allerdings soll diese im Unterricht nicht einfach vorgeben werden und die Schüler/innen rechnen lediglich die Kennzahl aus, siehe Abschn. 5.1.

Unter stochastischer Volatilität versteht man:

> A process in which the instantaneous volatility can vary randomly, either as a function of the stock price or other variables (McDonald 2006, S. 918).

Nach dieser Festlegung ist die Volatilität ein stochastischer Prozess der vom Kurswert der Aktie oder anderen Variablen abhängt. Für die Beschreibung der impliziten Volatilität, siehe Abschn. 6.

5 Entwicklung einer Kennzahl

5.1 Kritische Stelle 1

Die erste kritische Stelle in diesem Unterrichtsvorschlag stellt sich schon bei der Erteilung der Ausgangsfrage bzw. des Arbeitsauftrags. Wir geben hier drei Alternativen:

1. **Ganz offen:** Hierbei wird abgesehen von der Einführung nach Abschn. 3 nur die Ausgangsfrage gegeben: Wie groß ist das Risiko bei einer Investition in eine Aktie zum Zeitpunkt der Investition? Da es sich hier nicht um eine typische (eingekleidete) Schulbuchaufgabe handelt, schwirrt kein fertiges Standardmodell in den Köpfen der Schüler/innen herum. Somit dürfen und sollen die Lernenden den Begriff Risiko im Kontext der Investition diskutieren. Sie können ihre eigenen Ideen und Vorerfahrungen miteinfließen lassen. Das hört sich zwar gut an, aber für die Unterrichtspraxis ist das nur sehr erfahrenen Lehrpersonen mit Klassen, die bereits einiges an Modellierungserfahrung haben, zu empfehlen. Viele Schüler/innen sind mit der Offenheit schlichtweg überfordert. Zum Teil benötigt man Spezialwissen, dass für die Lernenden in kurzer Zeit kaum erwerbbar ist (z. B. das Verwenden von angepassten Schlusskursen bei Risikobetrachtungen, siehe Abschn. 5.2). Für die Lehrperson kommt als Schwierigkeit hinzu, dass sie bei so einem Ansatz eine Vielzahl an Modellierungsansätzen zu betreuen hat, die mit der Zeit schwierig zu überblicken sind.

2. **Teilweise offen:** Eine Möglichkeit dabei ist es Suchbegriffe für eine Internetrecherche vorzugeben, um die Schüler/innen auf bestimmte Seiten zu leiten. Oder, die Lehrperson nimmt am besten eine Fülle (bei einer Erprobung reichten 4) an Diagrammen mit Kursverläufen von Aktienkursen mit, um gemeinsam mit den Schülern/innen zu diskutieren, welche der Aktien aufgrund der historischen Kursverläufe risikoreicher erscheinen. Die Lehrperson lenkt hier die Schüler/innen bewusst auf die Schwankungen des Aktienkurses und erklärt, dass im Rahmen der Risikobetrachtungen die angepassten Schlusskurse verwendet werden sollen. Hierbei nimmt man den Lernenden einiges an Modellierungstätigkeit ab. Man verrät aber noch nicht, wie man das Risiko quantifizieren kann.

3. **Vorgegeben:** Die Lehrperson erklärt (oder auch diskutiert, wie zuvor) mit den Schülern/innen anhand von Aktienkursverläufen, welche Merkmale eine risikoreiche Aktie charakterisieren und gibt auch gleich vor, dass man das Risiko mithilfe der Standardabweichung quantifizieren kann. Hier wird einiges verraten, jedoch gibt es im Anschluss noch weitere Möglichkeiten die Modellierung zu verfeinern, siehe Abschn. 5.4 und 5.6 dadurch schafft man eine Art Standardmodell als Ausgangspunkt für die Schüler/innen, in dem alle zumindest operieren können.

Aufgrund von empirischen Erprobungen empfehlen wir bei der erstmaligen Durchführung des Unterrichtsvorschlags zumindest „teilweise offen" vorzugehen. Je nach Erfahrung der Lernenden ist es unter Umständen nötig, dass die Lehrperson die Implementierung in ein Tabellenkalkulationsprogramm vorzeigt.

5.2   Absolute Kurswerte – erster Versuch

Die anschließenden Erklärungen skizzieren den Idealverlauf der Überlegungen nach dem Erteilen der Ausgangsfrage. Wenn einer der beiden nicht offenen Einstiege gewählt wird, dann sind Teile der folgenden Erläuterungen von der Lehrperson zu übernehmen.

Die erste Schwierigkeit liegt nun darin, die obigen allgemeinen Formulierungen zu Risiko (siehe Abschn. 4 Eintrag in Wikipedia) auf die Investition in eine Aktie zu übertragen. Nach einigen Überlegungen kann man sich Folgendes denken: Wenn der Aktienkurs sich nie ändern würde, weder nach oben noch nach unten, dann ginge man bei der Investition kein Risiko ein. In so einem Fall würde auch kaum jemand investieren. Ein positives Ereignis wäre das Steigen des Kurses und ein negatives Ereignis wäre das Fallen des Kurses. Das Schwanken des Aktienkurses wäre in dieser Betrachtung das Risiko.

Was ist eine geeignete Maßzahl für das Schwanken? Aus diesen Überlegungen sollten große Schwankungen eine größere Kennzahl als kleinere Schwankungen liefern. Eine Maßzahl, die diese Voraussetzungen erfüllt, ist die Standardabweichung. In diesem ersten Versuch erscheint die Berechnung der Kennzahl durch historische Daten ausreichend, um daraus einen ungefähren Schätzer des momentanen Risikos bei der Investition in eine Aktie zu erhalten.

Wir möchten diese Maßzahl gleich testen und wählen dazu drei beliebige Aktien aus: VW, RWE und Österreichische Post. Die ersten beiden sind Unternehmen, die im DAX[1] gelistet werden, die letzte scheint im ATX[2] auf. Beispielsweise auf der Homepage https://finance.com/ findet man nach Aufruf der Aktie unter „Historical Data" brauchbare Daten. Wir einigen uns darauf, die täglichen Kurse beginnend am 09.04.2013 und endend am 09.04.2018 zu untersuchen, dabei beziehen wir uns bei den beiden Aktien von VW und RWE auf den Handelsplatz Frankfurt und bei der Aktie der Österreichischen Post auf die Börse in Wien. Diese Daten kopieren wir in ein Excel-File. Für die VW-Aktie erhält man Tab. 2, aufgrund der vielen Daten (Kursdaten von 1271 Tagen) zeigt die Tabelle nur einen Ausschnitt.

Bevor wir die Kennzahl bestimmen, klären wir noch, welchen dieser Datensätze wir genauer untersuchen.

An dieser Stelle muss das Kürzel „Adj Close" näher erläutert werden. Es steht für „Adjusted Closing Price", übersetzt „angepasster Schlusskurs". Es gibt bestimmte Maßnahmen des Unternehmens, die durchgeführt werden können, die den Kurs der Aktie ändern, aber nicht die Gesamtmarktkapitalisierung. Bei einem Aktiensplit wird beispielsweise der Nennwert der Aktie herabgesetzt und die Anzahl der Aktien erhöht. Damit erhofft man sich, die Aktie leichter handelbar zu machen. Zum Beispiel möchte eine Aktiengesellschaft ihre Aktie zweimal „splitten". Wenn eine Aktie vor dem Tag des Aktiensplits bei 200 € schloss, wird der Schlusskurs bei dem „angepassten Schlusskurs" auf 100 € angepasst. Diese Division durch 2 wird dann bei allen älteren Kursen ausgeführt. Ähnliches gilt für die Dividende, die sich bei Bekanntwerden auch im Aktienkurs niederschlägt. Wenn eine Dividende ausgeschüttet wird, dann reduziert sich der Wert des Unternehmens, da es tatsächlich Geld verliert. Zum Beispiel beträgt der Kurs einer Aktie am Tag einer Ausschüttung von 1 € pro Aktie 21 €. Für den angepassten Schlusskurs wird der Kurs von 21 € auf 20 € reduziert. Es gibt noch weitere Ereignisse die der angepasste Schlusskurs berücksichtigt, auf diese werden wir aber nicht näher eingehen. Würde man bei Risikoberechnungen den Kurs nicht anpassen, dann hätte man ungewöhnlich große Schwankungen in die Kennzahl miteinbezogen, die aber im Rahmen einer Risikobetrachtung keine Relevanz haben.

Wir wählen also die angepassten Schlusskurse in Spalte F aus. Die Berechnung der Standardabweichung gestaltet sich in Excel relativ einfach. Der Befehl $=$**Stabw.N(F2:F1272)** berechnet die Standardabweichung der täglichen angepassten Kurswerte der letzten fünf Jahre. Täglich bezieht sich auf die Tage, an denen die Börse (in diesem Fall Frankfurt) geöffnet war. Man erhält einen Wert von ca. 26,99 €. Der tägliche Aktienkurs wich in den letzten fünf Jahren (bzw. in dem gegebenen Zeitraum) im Mittel um 26,99 € vom mittleren Aktienkurs ab. Bei der RWE-Aktie erhalten wir 5,30 € und bei Aktie der Österreichischen Post 4,29 €. Überprüfen wir nun, ob unsere Kennzahl unsere Vorstellung widerspiegelt. Demnach ist das momentane Risiko bei einer Investition in die VW-Aktie am größten und das Risiko bei der Investition in die Post-Aktie am geringsten. Betrachten wir zuerst ein Liniendiagramm des Kursverlaufes der jeweiligen Kurse, siehe Abb. 2, 3 und 4.

Bei der Betrachtung der Kursverläufe fällt auf, dass alle drei Kurse gewisse Schwankungen zeigen. Tatsächlich weist die VW-Aktie eine viel größere Schwankung als die

---

[1]Der DAX (Deutscher Aktienindex) ist der wichtigste deutsche Aktienindex. Er gibt Auskunft über die wirtschaftliche Entwicklung der 30 größten deutschen Unternehmen.

[2]Der ATX (Austrian Traded Index) ist der wichtigste österreichische Aktienindex. Er gibt Auskunft über die wirtschaftliche Entwicklung der 20 größten österreichischen Unternehmen.

Tab. 2 Historische Kurswerte der VW-Aktie

	A	B	C	D	E	F	G
1	**Date**	**Open**	**High**	**Low**	**Close**	**Adj Close**	**Volume**
2	09.04.2018	164,40	166,40	164,20	164,30	160,57	87
3	06.04.2018	166,10	166,10	164,80	164,80	161,06	385
4	05.04.2018	165,30	166,90	165,30	166,70	162,92	447
5	04.04.2018	164,10	164,10	159,50	162,50	158,81	368
6	03.04.2018	162,20	164,00	160,90	164,00	160,28	643
7	29.03.2018	156,40	163,20	156,40	163,20	159,50	606
8	28.03.2018	159,80	159,80	156,00	156,00	152,46	205

Abb. 2 Kursverlauf der VW-Aktie vom 09.04.2013– 09.04.2018

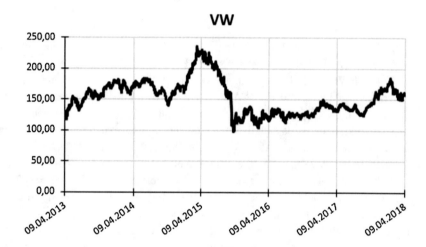

Abb. 3 Kursverlauf der RWE-Aktie vom 09.04.2013– 09.04.2018

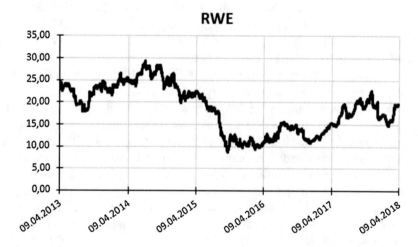

anderen beiden auf. Bei einer Recherche in der jüngeren Konzernhistorie stößt man bestimmt auf den Abgasskandal, der auch im Liniendiagramm deutlich sichtbar ist. Es wirkt so, also wäre die Kennzahl ein erster geeigneter Schätzer für das Risiko aus historischen Daten.

5.3 Kritische Stelle 2

Doch der Schein trügt. Diese Kennzahl hat nämlich einen Nachteil. Es gilt zu berücksichtigen, dass die VW-Aktie einen ganz anderen Kurswert hat als die RWE-Aktie und

Abb. 4 Kursverlauf der Aktie der Österreichischen Post vom 09.04.2013–09.04.2018

die Aktie der Österreichischen Post. Vergleichen wir die arithmetischen Mittel der angepassten Kurswerte: VW 153,74 €, RWE 18,51 €, Österreichische Post 30,81 €. Der angepasste Schlusskurs der VW-Aktie stand am 09.04.2018 bei 160,57 €, wenn der Schlusskurs am nächsten Tag um 26,99 € sinkt, dann ist das relativ gesehen weniger, als wenn der angepasste Schlusskurs der RWE-Aktie, dieser stand am 09.04.2018 bei 19,73 €, um 5,30 € sinkt. Bei einer Investition eines bestimmten Betrages in eine Aktie interessiert es den/die Anleger/in, wie viel er/sie gewinnt bzw. verliert. Aus diesem Grund sollte man nicht die absoluten Kurswerte betrachten, sondern die relativen Kursänderungen. Das sind die sogenannten Renditen, siehe Abschn. 3.4.

Der Wechsel von absoluten Kurswerten, siehe Abschn. 5.2, hinzu relativen Kurswerten, siehe Abschn. 5.4, ist eine Stelle im Unterricht, die den Schülern/innen sehr schwer fällt. Nach Erfahrungswerten schaffen nur sehr wenige Schüler/innen von selbst den Sprung auf die relativen Kurswerte. Bei der Erprobung musste in einer kurzen lehrerzentrierten Phase nachgeholfen werden. Kaum ein/e Schüler/in betrachtete von selbst aus sofort Renditen. Es besteht auch die Möglichkeit, gleich bei Abschn. 5.1 im Rahmen des teilweise offenen Zugangs den Vorteil der Renditen in diesem Zusammenhang zu erwähnen.

Eine Möglichkeit besteht auch darin, dass die Lernenden diesen Wechsel erst später durchführen. Die Schüler/innen sollen zuerst unterschiedliche Gewichtungen modellieren, siehe Abschn. 5.6, und erst dann den Wechsel hinzu relativen Werten vollziehen.

Wir empfehlen jedoch, den Wechsel gleich am Beginn zu vollziehen.

5.4 Betrachtung der Renditen – zweiter Versuch

Wie in Abschn. 3.4 erläutert, verwenden Finanz-mathematiker/innen gerne die logarithmische Rendite. Bei den folgenden Betrachtungen führen wir immer zwei Arten der Kennzahlen an, jene die auf Basis der einfachen Rendite und jene die auf Basis der logarithmischen Rendite (Ergebnisse auf Basis dieser Rendite werden in Klammer angegeben) bestimmt wurden. Wir berechnen die Renditen und anschließend die Standardabweichung der einfachen (bzw. logarithmischen) Renditen, siehe Tab. 3.

In **H2** steht gemäß der Definition aus Abschn. 3.4 die Formel $= (F2–F3)/F3$ und in **I2** findet man $= \ln(F2/F3)$. Bestimmt man nun die Standardabweichung der einfachen Renditen (bzw. logarithmischen Renditen) der VW-Aktie, dann erhält man 0,0187 (bzw. 0,0189). Wie man sieht, unterscheiden sich die Abweichungen der beiden Renditen kaum. Für die RWE-Aktie berechnet man 0,0225 (bzw. 0,0225) und für die Österreichische Post 0,0115 (bzw. 0,0115). Nun zeigt sich gleich ein anderes Bild, das größte momentane Risiko bei einer Investition in eine Aktie in Form täglicher Schwankungen der einfachen (bzw. loga-rithmischen) Rendite auf Basis der angepassten Schluss-kurse hat man nach dieser Kennzahl bei einer Investition in die RWE-Aktie und nicht mehr bei der VW-Aktie. Der Aktie der Österreichischen Post liegt nach wie vor das geringste Risiko inne. Interpretieren kann man diese Kennzahl als die durchschnittliche Abweichung der täg-lichen Kursänderungen vom Durchschnitt aller Kurs-änderungen. Letzterer beträgt bei allen der betrachteten Aktien bei einer Rundung auf drei Nachkommastellen 0,000. Das bedeutet, man muss z. B. bei der VW-Aktie damit rechnen, dass sich das in diese Aktie investierte Ver-mögen um ca. 2 % ändert. Das kann sowohl ein Gewinn als auch ein Verlust sein.

Hier hat man die historische Volatilität berechnet, das kann durchaus auch im Unterricht erwähnt werden. An die-ser Stelle sei bemerkt, man berechnet hier die Standardab-weichung von Renditen. Diese ist dimensionslos und wird daher nicht in Euro angegeben im Gegensatz zur Kennzahl aus Abschn. 5.2.

Tab. 3 Berechnung der einfachen und logarithmischen Rendite bei der VW-Aktie

	A	B	C	D	E	F	G	H	I
1	**Date**	**Open**	**High**	**Low**	**Close**	**Adj Close**	**Volume**	**Ein. Ren**	**Log. Ren**
2	09.04.2018	164,40	166,40	164,20	164,30	160,57	87	−0,00303	−0,00304
3	06.04.2018	166,10	166,10	164,80	164,80	161,06	385	−0,01140	−0,01146
4	05.04.2018	165,30	166,90	165,30	166,70	162,92	447	0,02585	0,02552
5	04.04.2018	164,10	164,10	159,50	162,50	158,81	368	−0,00915	−0,00919
6	03.04.2018	162,20	164,00	160,90	164,00	160,28	643	0,00490	0,00489

5.5 Kritische Stelle 3

Das Manko der Standardabweichung der einfachen (bzw. logarithmischen) Renditen ist die gleiche Gewichtung aller einfachen (bzw. logarithmischen) Renditen. In anderen Worten die Tagesrendite vor fünf Jahren hat den gleichen Einfluss auf die Kennzahl, die das momentane Risiko angeben soll, wie die gestrige Rendite. Das erscheint in der Tat nicht plausibel. Weiter zurückliegende Renditen sollten mit einem geringeren Gewicht in die Berechnung miteinfließen als aktuelle Renditen.

In diesem Fall wollen wir drei mögliche Alternativen für die Lehrperson im Unterricht geben:

1. **Offen:** Man fordert die Lernenden dazu auf, ihr Modell aus Abschn. 5.4 und zu verbessern, ohne eine bestimmten Grund zu nennen. Das zieht mehrere Probleme mit sich. Erstens Schüler/innen verlangen unmittelbar einen Grund, warum sie ihr Modell verbessern sollen. Zweitens, wenn man auf Nachfrage noch immer keinen Grund nennt und es trotzdem schafft, sie davon zu überzeugen ihr Modell zu verbessern, dann beziehen manche Schüler/innen mehr historische Daten in die Rechnung mit ein oder versuchen den historischen Kurs in stündlichen Abständen zu bekommen. Drittens, manche sind der Meinung ihre Berechnung kann man kaum noch verbessern. Bei einer solchen Vorgangsweise benötigen die Schüler/innen Modellierungserfahrung.

2. **Teilweise offen:** Man nennt das Manko der alten Kennzahl explizit und verlangt von den Schülern/innen neuere Daten stärker miteinzubeziehen. Hier verrät man zwar

einiges, aber das Verändern der Standardabweichung und die Implementierung in ein Computerprogramm müssen selbstständig vollbracht werden.

3. **Vorgegeben:** Man erklärt, die Idee der unterschiedlichen Gewichtung, siehe Abschn. 5.6 und überlässt die

Berechnung und Implementierung in ein Computerprogramm den Schüler/innen bzw. zeigt auch diese vor

Aufgrund empirischer Erfahrungswerte empfehlen wir teilweise offen vorzugehen.

5.6 Unterschiedliche Gewichtung – dritter Versuch

Linear abfallende Gewichtung

Wir entwickeln die zuvor verwendete Kennzahl, die Standardabweichung, weiter. Die kürzer zurückliegenden quadratischen Abweichungen der Renditen vom Mittelwert, sollen nun stärker gewichtet werden als länger zurückliegende. Anschließend wird wieder aufsummiert und die Wurzel der Summe berechnet. Es stellt sich die Frage nach der genauen Vorgehensweise bei der Gewichtung. In einer ersten Annäherung kann das linear geschehen. Wenn n (logarithmische) Renditen in unserem Datensatz vorliegen, dann bekommt die erste bzw. „die neueste" Abweichung das Gewicht $\frac{n}{n+(n-1)+\cdots 2+1}$. Die zweite Abweichung erhält das Gewicht $\frac{n-1}{n+(n-1)+\cdots 2+1}$ usw. Bei der VW-Aktie haben wir insgesamt 1270 Werte bzw. Renditen. Das heißt, die „neueste" Abweichung hat ein Gewicht von ca. 0.00157356. Bei der Standardabweichung hatte diese Abweichung ein Gewicht von $\frac{1}{1270} \approx 0{,}00079$. Die Abb. 5 zeigt wie die Gewichte bei 10 Werten verteilt sind.

Die neue Kennzahl, die wir mit σ_{linear} bezeichnen, hat folgende Form:

$$\sigma_{\text{linear}} = \sqrt{\frac{n \cdot \left(R_{n-1,n} - \overline{R}\right)^2 + (n-1) \cdot \left(R_{n-2,n-1} - \overline{R}\right)^2 + \ldots + 2 \cdot \left(R_{1,2} - \overline{R}\right)^2 + 1 \cdot \left(R_{0,1} - \overline{R}\right)^2}{n + (n-1) + \ldots + 2 + 1}}$$

Die Rendite $R_{n-1,n}$ bezeichnet die relative Änderung des letzten Kurswerts gemessen am vorletzten Kurswert. Unter $\overline{R}$ ist der Mittelwert der Renditen zu verstehen. Diese Kennzahl berechnen wir wieder auf Basis der einfachen Renditen (und der logarithmischen Renditen).

Die Vorgehensweise ist nun geklärt. Es fehlt die Implementierung in Excel. Wir zeigen das anhand der RWE-Aktie an den einfachen Renditen, siehe Tab. 4.

Aus Gründen der Übersicht sind in der Tab. 4 nur Spalten abgebildet, die bei der Berechnung der Kennzahl benötigt werden. Des Weiteren haben wir Ergebnisse von Berechnungen nach den Daten angeführt, diese sind also erst ab der Zeile 1273 zu sehen. Die Spalten bis I (hier zum Teil nicht sichtbar) sind analog zur Tab. 3 In den Zellen **H1273** bzw. **H1274** steht die Standardabweichung der Daten in der Spalte H bzw. das arithmetische Mittel dieser Daten. Die Spalte J führt in absteigender Reihenfolge die (natürlichen) Zahlen von 1270 bis 1 an. In der Zelle **J1273** steht die Summe dieser Zahlen. In der Spalte K befinden sich die Gewichte für die quadratischen Abweichungen, beispielsweise liest man in **K2** das Ergebnis der Rechnung = **J2/J1273**. Die Spalte L listet die linear gewichteten quadratischen Abweichungen vom Mittelwert auf, in **L2** findet man = **K2*(H2-H1274)^2**. Die neue Kennzahl, die das Risiko angibt, steht in der Zelle **L1273**. Sie berechnet man in Excel durch = **WURZEL(SUMME(L2:L1271))**.

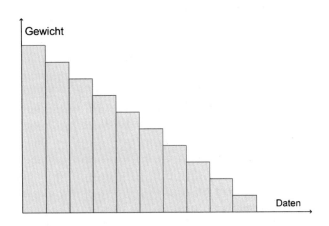

Abb. 5 Linear abfallende Gewichtung bei zehn Werten

Auch hier ist es wieder möglich, die logarithmischen Renditen bei der Berechnung zu verwenden. Kennzahlen auf Basis dieser Renditen wurden in Klammer gesetzt. Die Berechnung gestaltet sich analog. Man erhält die folgenden Risikokennzahlen: für die RWE-Aktie 0,023344 (bzw. 0,023361), für die VW-Aktie 0,0188 (bzw. 0,0189) und für die Aktie der Österreichischen Post 0,011497 (bzw. 0,011480). Das größte momentane Risiko bei einer Investition in eine dieser Aktien, darunter ist die zu erwartende Schwankung der täglichen Renditen der Aktie zu verstehen, erfährt man bei der RWE-Aktie und das kleinste bei der Aktie der Österreichischen Post. Diese Kennzahl kann man als Weiterentwicklung der historischen Volatilität betrachten.

Exponentiell abfallende Gewichtung – dritter Versuch

Wenn man den kurz zurückliegenden Daten noch mehr Gewicht in der Kennzahl schenken möchte, dann kann das durch eine exponentiell abfallende Gewichtung geschehen. Zuerst bestimmt man einen Parameter λ, der in der Fachsprache „smoothing parameter" genannt wird. Üblicherweise setzt man diesen mit 0,94 fest (vgl. https://www.investopedia.com/articles/07/ewma.asp). Die Gewichtung erfolgt folgendermaßen: Die neueste quadratische Abweichung erhält das Gewicht $(1 - \lambda) \cdot \lambda^0$, die zweitneueste quadratische Abweichung erhält den Parameter $(1 - \lambda) \cdot \lambda^1$ usw. Summiert man alle Gewichte auf, so sollte/muss 1 herauskommen. Bei dieser Gewichtung ist das nur der Fall, wenn man unendlich viele Daten hat und $|\lambda| < 1$ ist, denn:

$$\sum_{i=0}^{\infty} (1 - \lambda) \cdot \lambda^i = (1 - \lambda) \cdot \sum_{i=0}^{\infty} \lambda^i = (1 - \lambda) \cdot \frac{1}{1 - \lambda} = 1$$

Bei n Daten müsste die Gewichtung nach folgendem Schema erfolgen: die neueste quadratische Abweichung bekommt das Gewicht $\frac{1-\lambda}{1-\lambda^n} \cdot \lambda^0$, der zweitneueste quadratische Abweichung teilt man die Abweichung $\frac{1-\lambda}{1-\lambda^n} \cdot \lambda^1$ zu, usw. Bei einem großen Datensatz ist der Faktor $\frac{1}{1-\lambda^n}$ vernachlässigbar,

Tab. 4 Berechnung der neuen Kennzahl in Excel (RWE-Aktie)

	A	…	F	…	H	…	J	K	L
1	**Date**	…	**Adj. Close**	…	**Ein. Ren.**	…	**Gew. Z.**	**Gewicht**	**Abw. Lin.**
2	09.04.2018	…	19,73	…	0,004975	…	1270	0,001574	3,71855E–08
3	06.04.2018	…	19,63	…	0,002994	…	1269	0,001572	1,30424E–08
4	05.04.2018	…	19,57	…	0,002000	…	1268	0,001571	5,58892E–09
⋮	⋮	⋮	⋮	⋮	⋮	⋮	⋮	⋮	⋮
1270	11.04.2013	…	24,55	…	0,006239	…	2	2,478E–06	9,29831E–11
1271	10.04.2013	…	24,40	…	0,036227	…	1	1,239E–06	1,61591E–09
1272	09.04.2013	…	23,54	…		…			
1273		…		…	0,022507	…	807.085		0,023344
1274		…		…	0,000114	…			

da $\frac{1}{1-\lambda^n} \approx 1$ ist. Bei der VW-Aktie haben wir 1270 historische Renditen, da ist $0{,}94^{1270} = 7{,}453 \ldots \cdot 10^{-35}$ also kaum merkbar. Analog zur Abb. 5 visualisieren wir in Abb. 6 die exponentiell abfallende Gewichtung an zehn Werten mit $\lambda = 0{,}6$. Bei der Parameterwahl $\lambda = 0{,}94$ kommt der exponentielle Abfall bei zehn Werten nicht zur Geltung, deswegen wurde der Parameter für die Abbildung kleiner gewählt.

Die neue Kennzahl, die wir mit σ_{expo} bezeichnen, hat folgende Form:

$$\sigma_{\text{expo}} = \sqrt{(1-\lambda) \cdot \left(\lambda^0 \cdot \left(R_{n-1,n} - \overline{R} \right)^2 + \lambda^1 \cdot \left(R_{n-2,n-1} - \overline{R} \right)^2 + \ldots + \lambda^{n-2} \cdot \left(R_{1,2} - \overline{R} \right)^2 + \lambda^{n-1} \cdot \left(R_{0,1} - \overline{R} \right)^2 \right)}$$

Die Variable $R_{n-1,n}$ bezeichnet wieder die relative Änderung des letzten Kurswerts gemessen am vorletzten Kurswert und $\overline{R}$ steht für den Mittelwert dieser Renditen. Die Berechnung dieser Kennzahl führen wir auf Basis der einfachen Renditen (und der logarithmischen Renditen) durch.

Bei einer Implementierung in Excel kann man zwei zusätzliche Spalten erstellen, siehe am Beispiel der RWE-Aktie in Tab. 5.

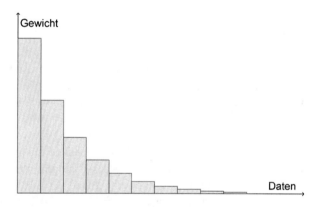

Abb. 6 Exponentiell abfallende Gewichtung bei zehn Werten

In der Spalte N stehen die exponentiellen Gewichte, wobei in **N1** der „smothing parameter" festgelegt wird. In der Zelle N2 folgt die Berechnung für die neueste quadratische Abweichung $= (1-\$N\$1)*\$N\$1^{\wedge}(\text{ZEILE(N2)}-2)$. Das Kopieren dieser Eingabe in dieser Spalte bis zur Zeile 1271 ergibt die einzelnen Gewichte. Anschließend bestimmt man die quadratischen Abweichungen mit ihren Gewichten. In der Zelle **O2** findet man die Formel $= \text{N2*(H2}-\$H\$1274)^2$. Die gesuchte Kennzahl findet man in **O1273** mit dem Eintrag $=$**WURZEL(SUMME(O2:O1271))**.

Analog zu den vorherigen Betrachtungen besteht die Möglichkeit, die Kennzahl wieder auf Basis der logarithmischen Renditen zu berechnen, siehe Werte in Klammer. Das momentane Risiko bzw. die zu erwartende Schwankung der täglichen Renditen beträgt für die RWE-Aktie eben 0,019343 (bzw. 0,018990), für die VW-Aktie 0,021097 (bzw. 0,021052) und für die Aktie der Österreichischen Post 0,010516 (bzw. 0,010527).

Im Vergleich zu der linear abfallenden Risikokennzahl sind die Werte bei der RWE-Aktie und bei der Aktie der Österreichischen Post gesunken. Wenn also kürzer zurückliegende Renditen stärker ins Gewicht fallen, dann erhält man nach dieser Interpretation ein geringeres momentanes Risiko bei einer Investition in diese Aktien. Bei der VW-Aktie hingegen steigt das Risiko. Auch diese Kennzahl kann man als Weiterentwicklung der historischen Volatilität sehen.

Das nobelpreisverdächtige Modell – Hintergrundinformationen

Die zuletzt berechnete Kennzahl hat Elemente eines mit dem Nobel-Gedächtnispreis für Wirtschaftswissenschaften ausgezeichneten Modells. Auch wenn die Ähnlichkeiten schlussendlich verschwindend gering sind, so bleibt die Kernidee, dass aktuellere Daten stärker gewichtet werden,

Tab. 5 Implementierung der Kennzahl mit exponentiell abfallender Gewichtung (RWE-Aktie)

	A	…	F	…	H	…	N		O
1	**Date**	⋯	**Adj Close**	⋯	**Ein. Ren.**	⋯	**0,94**		**Abw. Exp.**
2	09.04.2018	…	19,73	…	0,004975	…	0,06		1,41788E–06
3	06.04.2018	…	19,63	…	0,002994	…	0,0564		4,67838E–07
4	05.04.2018	…	19,57	…	0,002000	…	0,053016		1,88597E–07
⋮	⋮		⋮		⋮		⋮		⋮
1270	11.04.2013	…	24,55	…	0,006239	…	5,0614E–36		1,89917E–40
1271	10.04.2013	…	24,40	…	0,036227	…	4,7577E–36		6,20488E–39
1272	09.04.2013	…	23,54	…		…			
1273				…	0,022507	…			0,019343
1274				…	0,000114	…			

erhalten. Allerdings findet der Zugang über ein rekursives Modell statt.

Zur Illustration formulieren wir hier die exponentiell abfallende Kennzahl als rekursives Modell. Es erscheint äußerst intuitiv, dass sich das Risiko über die Zeit hinweg verändert. Es gibt Perioden bei denen eine Investition in eine bestimmte Aktie ein großes Risiko ist und Zeiten in denen das Risiko eher klein ist. Ein Versuch der Bestimmung einer Kennzahl könnte über eine rekursive Folge geschehen, wie z. B.: Das aktuelle Risiko zum Quadrat ist das gewichtete arithmetische Mittel aus der letzten quadratischen Abweichungen vom Mittelwert des Aktienkurses $\overline{R}$ und des Risikos der Vorperiode.

$$\sigma_t^2 = (1 - \lambda) \cdot \left(R_{t-1,t} - \overline{R}\right)^2 + \lambda \cdot \sigma_{t-1}^2$$

Angenommen wir haben unendlich viele Daten über historische Renditen, dann kann man das Risiko explizit darstellen:

$$\sigma_t^2 = (1 - \lambda) \cdot \left(R_{t-1,t} - \overline{R}\right)^2 + (1 - \lambda) \cdot \lambda \left(R_{t-2,t-1} - \overline{R}\right)^2$$
$$+ (1 - \lambda) \cdot \lambda^2 \left(R_{t-3,t-2} - \overline{R}\right) + \cdots.$$

Das lässt sich gesamt schreiben als:

$$\sigma_t^2 = \sum_{i=1}^{\infty} (1 - \lambda) \cdot \lambda^{i-1} \left(R_{t-i,t-i+1} - \overline{R}\right)^2$$

Es entsteht also genau dieselbe Kennzahl wie im Abschn. 5.6.2. Dies ist ein sehr einfacher Schätzer des momentanen Risikos bzw. der momentanen Volatilität.

Auf dieser Grundidee fußende komplexere Modelle sind in der Finanzmathematik bzw. in den Wirtschaftswissenschaften sehr berühmt. Im Jahr 2003 hat Robert F. Engle den Nobel-Gedächtnispreis für Wirtschaftswissenschaften verliehen bekommen. Diese Auszeichnung erhielt er für seine Arbeit an dem autoregressiven bedingt heteroskedastischen Modell (kurz ARCH-Modell). Mittlerweile gibt es auch eine Verallgemeinerung des angesprochenen Modells, das GARCH-Modell bzw. Generalized-ARCH-Modell (vgl. McDonald 2006, S. 748).

6 Entwicklung einer Kennzahl – Ausblick

Das Problem an den vorigen Berechnungen liegt daran, dass man nur mit vergangen Werten hantiert. Diese eignen sich bestenfalls als (sehr) grober Schätzer für das momentane Risiko bei der Investition in eine Aktie. Die Aussagekraft über die Gegenwart oder gar über die Zukunft mit Hilfe historischer Daten ist leider gering. Diese Begrenzung rührt daher, dass seit der letzten Rendite, die in den Datensatz miteinfließt, schon neue kursrelevante Ereignisse passiert sein können (z. B. Naturkatastrophen, Terroranschläge,

Nachrichten über das Zurückbleiben der Verkaufszahlen hinter den Erwartungen, etc.). Solche Events finden dann bei den berechneten Kennzahlen keinen bis kaum einen Niederschlag. Aussagen über die Zukunft sind generell schwer, da wir ja, wie schon in Abschn. 3.3 erläutert, nicht in die Zukunft schauen können. Finanzmathematiker/innen haben einen Ansatz entwickelt, das momentane Risiko zu bestimmen. Sie sprechen in diesem Zusammenhang von der „impliziten Volatilität". Was versteht man darunter?

Dafür muss man etwas weiter ausholen. Am Finanzmarkt kann mittlerweile nahezu auf alles Mögliche gewettet werden (z. B. auf das Steigen eines Kurses oder auf das Fallen eines Kurses bis zu einem bestimmten Stichtag). Das heißt, es gibt Finanzprodukte, die auf die Zukunft ausgerichtet sind, das sind unter anderem Optionen.

Beim Kauf einer Option erwirbt man das Recht aber nicht die Pflicht, eine bestimmte Aktie um einen bestimmten Ausübungspreis zu einem bestimmten Zeitpunkt zu kaufen. Die VW-Aktie hatte am 24.04.2018 einen Wert von 168,02 €. Angenommen, wir kaufen eine Option auf diese Aktie, die uns das Recht aber nicht die Pflicht einräumt, die VW-Aktie in einem Monat also am 25.05.2018 um 12:00 um 170 € zu kaufen. Wenn der Preis der Aktie über 170 € steigt, dann zahlt es sich je nach Preis der Option aus, diese einzulösen. Im Falle eines Anstiegs auf 200 € verbucht man bei der Option einen Gewinn von 30 € minus dem Preis der Option selbst. Wenn der Kurs auf 100 € fällt, dann wird man vernünftigerweise die Option nicht einlösen, da man dann 170 € für die Aktie bezahlen müsste, obwohl sie am Markt um 100 € gekauft werden kann. Die Option ist also wertlos, man verliert den gezahlten Preis der Option.

Wie kann man also das Risiko einer Aktie mit Hilfe von Optionen auf diese Aktie ermitteln? Es gibt einige mathematische Modelle für die Berechnung des Optionspreises, die beiden folgenden sind mittlerweile Standardmodelle, die man in vielen Lehrbüchern findet: Binomialmodell (vgl. Shreve 2004-I), Black-Scholes-Modell (vgl. Shreve 2004-II). In der Fachwissenschaft werden diese äußerst komplex erweitert. In der fachdidaktischen Literatur findet man immer wieder Unterrichtsvorschläge, die Optionen behandeln (z. B. Pfeifer 2000; Zseby 2002; Daume 2009 und Meyer 2014).

Diese Modelle zur Bepreisung sind im Wesentlichen für Finanzinstitute wichtig, die solche Finanzprodukte erstellen und verkaufen. Da ist es wichtig, einen guten (bzw. fairen) Preis für dieses Produkt zu finden.

Wenn diese Option am Markt gehandelt wird, dann entsteht ihr Preis, genauso wie bei Aktien durch Angebot und Nachfrage. Die angesprochenen Modelle zur Bestimmung des Optionspreises beziehen das Risiko, z. B. in Form einer Kennzahl (oft ist es die historische Volatilität, für die Definition siehe Abschn. 4), ein. Für die Berechnung des Risikos geht man nun umgekehrt vor, man setzt den aktuellen Optionspreis in das Modell ein und berechnet die Risikokennzahl. Im Endeffekt läuft das auf Gleichungen bzw. Gleichungssysteme hinaus, in denen nicht mehr der Optionspreis unbekannt ist, sondern die Risikokennzahl, nach der die Gleichung bzw. das System von Gleichungen gelöst wird. Diese Risikokennzahl nennt man in der Fachsprache „implizite Volatilität". Sie ist ein Maß für die aktuell am Markt erwartete Schwankungsbreite der zugrundeliegenden Aktie über die Restlaufzeit der Option.

7 Abschließende Bemerkungen

An dieser Stelle sei ausdrücklich darauf hingewiesen, dass bei einer Durchführung der obigen Unterrichtsvorschläge spätestens am Ende der Sequenz der Einfluss historischer Daten auf die Kennzahl geklärt werden muss. Im Besonderen soll die Bedeutung für die Gegenwart bzw. Zukunft dieser berechneten Zahl diskutiert werden.

Die vorgestellte Unterrichtsidee eignet sich für den Mathematikunterricht der Sekundarstufe II. Aus rein mathematischer Sicht ist es denkbar Berechnungen mittels der Standardabweichungen schon in der Sekundarstufe I durchzuführen. Jedoch müssen sich Schüler/innen bei der Behandlung des Vorschlages sowohl auf die mathematischen als auch auf die wirtschaftlichen Konzepte konzentrieren. Das fällt den Schüler/innen in der Sekundarstufe I in der Regel noch sehr schwer.

Stoffdidaktisch beruht der vorgestellte Unterrichtsvorschlag auf zwei von fünf „zentralen Ideen" der Finanzmathematik nach Dorner. Das Auswerten und Analysieren von großen Datensätzen sowie die Betrachtung der Unvorhersehbarkeit von Aktienkursen fällt unter die zentrale Idee „Verwenden von Stochastik im Kontext Finanzmathematik". Die Modellierung einer Risikokennzahl bzw. die Auseinandersetzung mit dem Risikobegriff im Kontext der Finanzmathematik ordnet man der Idee „Handhabung von Risiko" zu (vgl. Dorner 2017, S. 73–113).

Literatur

Adelmeyer, M.: Aktien und ihre Kurse. Math. Lehren **134**, 52–58 (2006)

Adelmeyer, M., Warmuth, E.: Finanzmathematik für Einsteiger. Vieweg, Wiesbaden (2009)

Beike, R., Schlütz, R.: Finanznachrichten lesen – verstehen – nutzen: ein Wegweiser durch Kursnotierungen und Marktberichte. Schäffer-Poeschl, Stuttgart (2015)

Borovcnik, M.: Risk and Decision: The "Logic" of Probability. Math. Enthusiast **12**(1), 113–139 (2015)

Daume, P.: Finanzmathematik im Unterricht, 2. Aufl. Vieweg, Wiesbaden (2009)

Döhrmann, M.: Zufall, Aktien und Mathematik: Vorschläge für einen aktuellen und realitätsbezogenen Stochastikunterricht. Dissertation, Verlag Franzbecker, Hildesheim (2004)

Dorner, C.: Schulrelevante Aspekte der Finanzmathematik. Dissertation, Universität Wien (2017)

Götz, S., Schweiger, C., Diboky, F.: Mathematik-Lehrbuch Wirtschaft: Rechnen mit Rendite und Risiko. Öbvhpt, Wien (2007)

Hanson, S.O.: Risk. In: Zalta (Hrsg.), Stanford Encyclopaedia of Science. plato.standord.edu/archives/spr2014/entries/risk/ (2007)

Henn, H.-W.: Warum manchmal Katzen vom Himmel fallen … oder … von guten und von schlechten Modellen. In: H. Hischer (Hrsg.), Modellbildung, Computer und Mathematikunterricht, S. 9–17. Franzbecker, Hildesheim (2000)

Henze, N.: Stochastik für Einsteiger, 2. Aufl. Vieweg, Wiesbaden (2000)

Knight, F.H.: Risk, Uncertainty and Profit. Hart, Schaffner & Marx: Houghton Mifflin Company, Boston (1921)

Martignon, L., Kuntze, S.: Good Models and Good Representations are a Support for Learners' Risk Assessment. Math. Enthusiast, **12**(1), 157–167 (2015)

McDonald, R.: Derivatives Markets, 2. Aufl. Pearson Educations, Boston (2006)

Meyer, J.: Einblick in Optionen. In: H.-W. Henn, J. Meyer (Hrsg.), Materialien für einen realitätsbezogenen Unterricht, S. 27–44. Springer, Wiesbaden (2014)

Pfeifer, D.: Zur Mathematik derivativer Finanzinstrumente: Anregungen für den Stochastik-Unterricht. Stochastik in der Schule **2**, 25–37 (2000)

Shreve, S.: Stochastic Calculus for Finance I. Springer, New York (2004-I)

Shreve, S.: Stochastic Calculus for Finance II. Springer, New York (2004-II)

Zseby, S.: Die Rolle der Simulation im Finanzmanagement. Stochastik in der Schule **3**, 12–22 (2002)

Astronomische Entfernungen- Entwicklung von Vorstellungen und Stützgrößen

Günter Graumann

Zusammenfassung

Vorstellungen zu Längen im Zentimeterbereich werden schon in der Grundschule mit Bezug auf den eigenen Körper und alltägliche Gegenstände aufgebaut und Vorstellungen zu Entfernungen bis zu fünf oder zehn Kilometer werden ebenfalls in der Grundschulzeit durch Schulwege, Wanderungen und Fahrradunternehmungen gefestigt. Vorstellungen von Entfernungen von mehreren hundert Kilometern oder sogar einigen tausend Kilometern können wir dann nicht mehr durch unmittelbare Erfahrungen entwickeln, sondern benötigen dazu Reflexionen über Autofahrten und Flüge sowie Arbeiten mit dem Atlas und mit Landkarten. Für *astromische Entfernungen* stehen uns dann solche Bezüge nicht mehr zur Verfügung; hierfür müssen wir spezielle Darstellungsformen und Berechnungen mit Längenverhältnissen heranziehen. Zum besseren Einprägen von Fakten und Größenordnungen muss man Beziehungen zwischen verschiedenen Größen finden, Korrelationen zwischen verschiedenen Bereichen und Arten von Messungen erkennen sowie spezielle Darstellungen von großen Messungen entdecken. Wir haben damit ein Problemfeld mit vielen verschiedenen Aspekten. Die Schülerinnen und Schüler können in diesem Problemfeld viele Möglichkeiten für kreatives Arbeiten und Selbsttätigkeit finden und Untersuchungen durchführen (sowohl zur Astronomie als auch zur Mathematik). Sie müssen am Anfang auch das ganze Problemfeld strukturieren. Die meisten Informationen finden sowohl die Lehrenden als auch die Schülerinnen und Schüler in Büchern und im Internet.

Im Folgenden werden eine Reihe von Informationen und Darstellungen als Anregung dargelegt. In dem hier gegebenen Rahmen können wir allerdings nur einige grundlegende Aspekte präsentieren.

Wir werden die Überlegungen dazu in drei Bereiche unterteilen: Die astronomische Nachbarschaft unserer Erde (die Atmosphäre und die Satelliten sowie der Mond), unser Sonnensystem (Sonne und die Planeten von Merkur bis Neptun sowie die äußeren Sphären mit Kometen etc.) sowie unsere Milchstraße (mit Sternen in der Nähe unserer Sonne und einigen Daten über die Galaxie) und das gesamte Universum (mit anderen Galaxien, Galaxienhaufen, Superhaufen, Quasaren und dem Ende des beobachtbaren Universums).

1 Die Erde und ihre Satelliten

Zunächst seien einige Fakten aufgezählt, die Schüler zum Beispiel im Internet oder in speziellen Büchern finden können:

- Die **Erde** hat einen Radius von rund 6370 km;
- Die **Atmosphäre** (über der Meereshöhe) beträgt 8 km bis ca. 10.000 km und zwar reicht die *Troposphäre* vom Erdboden bis ca. 8 km Höhe an den Polen und 18 km Höhe über dem Äquator (im Mittel also etwa 2 ‰ des Erdradius). Sie enthält 90 % der Luft und ist für das Wetter ausschlaggebend. Die Flughöhe von Flugzeugen bei Interkontinentalflügen reicht teilweise bis zu dieser Höhe. Die nächste Atmosphärenschicht, die *Stratosphäre,* reicht bis ca. 50 km (d. h. ihre Grenze liegt etwa 8 ‰ der Erdradiuslänge über dem Meer). In ihr befindet sich die Ozonschicht, die uns vor zu starker UV-Strahlung schützt. Oberhalb davon befindet sich kaum noch Luft, man zählt aber zur Atmosphäre noch die *Mesosphäre* bis ca. 80 km (etwas mehr als 1 % des Erdradius), die *Thermosphäre* bis 500 km (ca. 8 % des Erdradius) und die *Exosphäre* bis ca. 10.000 km (ca. 5/3 des Erdradius).

G. Graumann (✉)
Fakultät für Mathematik, Universität Bielefeld, Bielefeld, Deutschland
E-Mail: og-graumann@web.de

© Springer Fachmedien Wiesbaden GmbH, ein Teil von Springer Nature 2019
I. Grafenhofer und J. Maaß (Hrsg.), *Neue Materialien für einen realitätsbezogenen Mathematikunterricht 6,*
Realitätsbezüge im Mathematikunterricht, https://doi.org/10.1007/978-3-658-24297-8_8

- Die künstlichen **Satelliten** befinden sich in einer Höhe von 200 km bis 36.000 km. Man unterscheidet dabei die LEO(*Low Earth Orbit*)-Satelliten mit einer Höhe der Umlaufbahn von 200 km bis 1500 km. Sie umkreisen die Erde sehr schnell; ein Umlauf dauert 1,5 bis 2 h. Die Raumstation *ISS* befindet sich in einer Höhe von 400 km und hat eine Umlaufbahnzeit von 90 min. GPS-Satelliten und Navigationssatelliten wie Galileo gehören zu den MEO(*Medium Earth Orbit*)-Satelliten und haben eine Umlaufbahnhöhe von 6000 km bis 36.000 km. Im Rahmen dieser Höhe bezeichnet man die Satelliten mit 35.790 km Höhe (bzw. 42.160 km Bahnradius bezogen auf den Erdmittelpunkt) als *Geostationäre Satelliten,* weil sie die gleiche Umlaufzeit wie die Erdrotation (24 h) haben, d. h. sie stehen immer über dem gleichen Ort auf der Erde. Die Telekommunikationssatelliten Astra, Eutelsat und Immarsat sowie der meteorologische Satellit Meteosat befinden sich in dieser Höhe.
- Der **Mond** hat eine elliptische Umlaufbahn mit großer Halbachse von 383.398 km und kleiner Halbachse von 382.806 km. Die Ebene der Mondbahn ist gegen die Bahnebene der Erde um die Sonne, die Ekliptikebene, im Mittel um ca. 5,2° geneigt. Die Neigung schwankt allerdings mit einer Periode von 173 Tagen um etwa ±0,15° um diesen mittleren Wert. Der Abstand des Mondes von der Erde ist dabei verschiedenen Schwankungen unterworfen, sodass sich die Entfernungen zwischen 356.400 km und 406.700 km bewegen. Der mittlere Abstand des Mondes ist 385.000 km, d. h. er ist damit etwa 9mal so groß wie der Radius der geostationären Umlaufbahn.

Zusammenfassung der Größen für die Atmosphäre und Satelliten:

	Höhe über Erdoberfläche	Entfernung zum Erdmittelpunkt
Erde	–	6370 km
Troposphäre	8 bis 18 km	6378 bis 6388 km
Stratosphäre	18 bis 50 km	6388 bis 6420 km
Mesosphäre	50 bis 80 km	6420 bis 6450 km
Thermosphäre	80 bis 500 km	6450 bis 6870 km
Exosphäre	500 bis 10.000 km	6870 bis 16.370 km
Raumstation ISS	400 km (ungefähr)	6770 km (ungefähr)
GPS-Satelliten	6000 bis 36.000 km	12.370 bis 42.370 km
Geostat. Satelliten	35.790 km	42.160 km
Mond	385.000 km (im Mittel)	391.370 km (im Mittel)

Zur besseren Verinnerlichung dieser Daten versuchen wir ein **maßstabgetreues Bild der Erde und ihrer Atmosphäre bzw. Satellitenbahnen** auf einem DIN-A4-Blatt (oder auch einem DIN-A3-Blatt) zu erstellen. Wir beginnen den Versuch damit, dass wir einfach für 1000 km auf dem Blatt Papier 1 cm (d. h. einen Maßstab 1:100.000.000) wählen. Der Kreis für die Erde hat dann einen Durchmesser von 6,4 cm. Dann reicht die Troposphäre und die Stratosphäre aber nur 0,1 bzw. 0,5 mm darüber hinaus, was kaum gezeichnet werden kann. Die Mesosphäre würde bis 0,8 mm, die Thermosphäre bis 5 mm und die Exosphäre bis 10 cm hinaus reichen, sodass wir ab Erdmittelpunkt eine Länge von 16,4 cm haben, was gerade auf die Breite einer DIN-A4-Seite passt. Damit haben wir einen ersten Eindruck der Entfernungsverhältnisse erhalten.

Vertiefen könnte man das mit einen Bild an der Tafel mit einem 10mal so großen Bild, d. h. einem Maßstab von 1:10.000.000 (1 cm ≅ 100 km). Wir hätten dann: Erdradius 64 cm und darüber hinaus Troposphäre ca. 1 mm, Stratosphäre bis 5 mm, Mesosphäre bis 8 mm, Thermosphäre bis 5 cm, Exosphäre bis 1 m. In dieses Bild könnte man dann auch noch die Entfernungen der Satelliten eintragen mit ISS 4 cm, nächster GPS-Satelliten 60 cm, geostationäre Satelliten 3,58 m.

Ein maßstabsgetreues Bild der Entfernungen nur der Satelliten kann man auf einem DIN-A4-Blatt erzielen, wenn wir unseren zuerst verwendeten Maßstab leicht verändern und zwar etwa so, dass jetzt 1 cm 300 km entspricht (d. h. einem Maßstab 1:300.000.000). Der Erdradius hat dann in der Zeichnung die Länge von 2,1 cm und die ISS-Entfernung von der Erdoberfläche beträgt ca. 1,3 mm während die Entfernung des nächsten GPS-Satelliten 6,7 cm und die Entfernung der geostationären Satelliten 11,9 cm beträgt.

Der Mond würde sich bei diesem Maßstab in etwas mehr als einem Meter (1,08 m) befinden (Abb. 1).

Eine andere Möglichkeit, die Vorstellungen zu vertiefen, wäre über Zeitdauern. Man stelle sich z. B. ein Fahrzeug („imaginäres Auto") vor, das sich geradlinig mit konstant 100 km/h von der Erdoberfläche ab in den Weltraum bewegt. Dann erreicht dieses Fahrzeug die Grenze zwischen Troposphäre und Stratosphäre nach ca. 10 min, die Grenze der Stratosphäre nach 30 min, die ISS-Bahn nach 4 h, die nächstgelegenen GPS-Bahnen nach 8 Tagen und 8 h sowie die geostationären Bahnen nach 14 Tagen und 22 h. Den Mond würde dieses Fahrzeug erst nach 160 Tagen erreichen.

Man kann anstatt eines solchen „Autos" auch mit einer Rakete, die im Schnitt mit 20.000 km/h in den Weltraum saust, rechnen. Die Troposphäre ist dann nach 3 s durchdrungen und das Ende der Stratosphäre nach 9 s; die ISS-Bahn wird nach ca. 1 min und 12 s und die nächstgelegenen GPS-Bahnen bzw. geostationäre Bahn nach 1 h bzw. 1¾ h erreicht. Bei der Mondbahn kommt diese Rakete nach 19 h an.

Abb. 1 Entfernungen von
Satelliten im Maßstab 1:300 Mio.

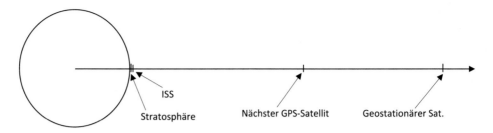

2   Unser Sonnensystem

Wir besorgen uns zunächst einmal eine Reihe von Daten
zum Durchmesser der Sonne und der Planeten sowie zu den
Entfernungen der Planeten zur Sonne.

- Die **Sonne** hat einen Durchmesser von rund
  1,4 Mio. km[1].

- Für die **Planeten** (vor allem die äußeren Planeten) findet
  man in Büchern und im Internet teilweise unterschiedliche Daten, die vermutlich auf die nicht immer ganz
  kreisrunden Bahnen zurückgehen. Die Entfernung der
  Erde zur Sonne z. B. beträgt 147,1 Mio. km im sonnen-
  nächsten Punkt (Perihel), der im Januar erreicht wird,
  152,1 Mio. km im sonnenfernsten Punkt (Aphel), der im
  Juli erreicht wird. Als „Entfernung" gilt der Mittelwert
  von 149,6 Mio. km. Wir wollen im Weiteren mit den folgenden gerundeten Daten arbeiten.

Planet	Durchmesser	Entfernung zur Sonne	Umlaufzeit um die Sonne
Merkur	4880 km	57,9 Mio. km	87,9 Tage
Venus	12.100 km	108,2 Mio. km	224,5 Tage
Erde	12.740 km	149,6 Mio. km	365¼ Tage
Mars	6780 km	227,9 Mio. km	687 Tage
Jupiter	140.000 km	778,3 Mio. km	11,9 Jahre
Saturn	120.000 km	1430 Mio. km	29,5 Jahre
Uranus	51.000 km	2880 Mio. km	84,0 Jahre
Neptun	49.000 km	4500 Mio. km	164,8 Jahre

Wollen wir die Entfernungen zur Sonne auf einem DIN-A4-
Blatt maßgetreu darstellen, so muss die Entfernung Son-
ne-Neptun bei ca. 18 cm liegen. Mit 18 cm $\cong$ 4500 Mio. km
ergibt sich dann 1 cm $\cong$ 250 Mio. km (d. h. ein Maßstab
1:25 Billionen). Die Entfernungen zur Sonne sind bei

diesem Maßstab: Merkur 2,3 mm; Venus 4,3 mm; Erde
6 mm; Mars 9 mm; Jupiter 3,1 cm; Saturn 5,7 cm; Uranus
11,5 cm; Neptun 18 cm (Abb. 2).

Der seit 2006 als Zwergplanet klassifizierte Pluto hat
eine Entfernung zur Sonne von 5970 Mio. km und müsste
auf unserer Halbgeraden 23,8 cm von der Sonne entfernt
eingetragen werden.

Mit einer um den Faktor 10 oder 20 vergrößerten Darstellung an der Tafel oder einem Papierstreifen über der
Tafel können diese Entfernungsverhältnisse und das Rechnen mit Maßstäben vertieft werden.

Eine nochmalige Vertiefung kann erzielt werden, wenn
die Entfernungen auf dem Sportplatz der Schule (der
meist etwas mehr als 100 m lang ist) markiert werden.
Wählt man etwa für den Maßstab 100 m $\cong$ 5000 Mio. km
(d. h. 1:50 Mrd.), dann sind die Entfernungen der Planeten
(gerundet auf Dezimeter – was auf dem Sportplatz praktisch
noch ausführbar ist) wie folgt: Merkur 1,2 m; Venus 2,2 m;
Erde 3,0 m; Mars 4,6 m; Jupiter 15,6 m; Saturn 28,6 m;
Uranus 57,6 m; Neptun 90,0 m.

In manchen Lehrmittelsammlungen existiert ein „Erd-
ball" von 2 m Durchmesser. Nehmen wir diesen als Modell
für die Sonne, so kann man für die vier inneren Planeten
auf der Straße vor der Schule eine Darstellung vornehmen,
bei der auch die Planetendurchmesser miteinbezogen werden können. Da die Sonne einen Durchmesser von ca.
1,4 Mio. km hat erhalten wir aus 2 m $\cong$ 1,4 Mio. km einen
Maßstab von 1:700 Mio. Damit ergibt sich als Durchmesser
Sonne 2 m, Merkur 0,7 cm, Venus 1,7 cm, Erde 1,8 cm,
Mars 1,0 cm und als Entfernung zur Sonne für Merkur
82,7 m, Venus 154,6 m, Erde 213,7 m und Mars 325,6 m.

Mit Knetmasse kann man entsprechend der vorgegebenen Größe kleine Kugeln formen und an den entsprechenden Entfernungen hochhalten. Interessant dabei ist
etwa, dass aus der Position der Erde der Ball (die Sonne)
genauso groß erscheint, wie die echte Sonne an unserem
Himmel. Versucht man allerdings umgekehrt von der Position der Sonne aus die aus Knetmasse geformte Erde zu
sehen, so ist das kaum möglich.

Für die äußeren Planeten, die ja größer sind, erhalten wir
natürlich auch größere „Bälle" und zwar gelten bei diesem
Maßstab: Jupiter 20,0 cm; Saturn 17,1 cm; Uranus 7,3 cm;
Neptun 7,0 cm. Für die Entfernungen dieser Planeten zur
Sonne reicht das Straßenstück vor oder in der Nähe der

---

[1]Die Sonne erscheint uns am Himmel genau so groß wie der Mond,
weil die Verhältnisse von Durchmesser zu Entfernung gleich groß
sind, nämlich 0,009 = 1,4 Mio. km:149,6 Mio. km ≈ 3476 km:385.00
0 km. Aus diesem Grund sind Sonnenfinsternisse möglich.

Abb. 2 Entfernungen der
Planeten von der Sonne im
Maßstab 1:25 Bill.

Schule allerdings nicht mehr aus. Diese Entfernungen wären etwa für Jupiter 1,1 km; Saturn 2,0 km; Uranus 4,1 km; Neptun 6,4 km.

Zusammenfassung für den Maßstab 1:700 Mio.:

	Entfernung zur Sonne	Durchmesser
Sonne	–	200,0 cm
Merkur	82,7 m	0,7 cm
Venus	154,6 m	1,7 cm
Erde	213,7 m	1,8 cm
Mars	325,6 m	1,0 cm
Jupiter	1100,0 m	20,0 cm
Saturn	2000,0 m	17,1 cm
Uranus	4100,0 m	7,3 cm
Neptun	6400,0 m	7,0 cm

Darstellungen der Entfernungen der Planeten zur Sonne mit einem Maßstab wie dem gerade verwendeten bzw. einem etwas dagegen leicht veränderten Maßstab wie 1:1 Mrd. oder 1:1,5 Mrd. findet man in vielen Orten in Deutschland unter dem Stichwort „Planetenweg". (Einen solchen in der Nähe des Wohnortes findet man etwa unter https://de.wikipedia.org/wiki/Planetenweg). Hier kann man die

Vorstellungen über die Verhältnisse der Entfernungen durch „Abwandern" vertiefen.

In Bielefeld z. B. haben 2003 Schülerinnen und Schüler einer Realschule einen solchen Planetenweg selbst entworfen, der bei ihrer Schule beginnt und dann auf einen Wanderweg (einem ehemaligen Bahndamm) entlang geht. An der jeweils zugehörigen Entfernung wurde ein Schild mit Daten über den jeweiligen Planeten errichtet (Abb. 3).

Das **Sonnensystem** hört aber mit dem Planeten Neptun nicht auf, sondern reicht noch sehr viel weiter in den Weltraum.

Anschließend an Neptun befindet sich der sog. *Kuipergürtel* mit einer Entfernung zur Sonne von 4500 Mio. km bis 7500 Mio. km. In ihm kreisen Zwergplaneten wie Pluto (der seit 2006 nicht mehr als Planet angesehen wird – seine Entfernung zur Sonne ist etwa 5900 Mio. km) und Eris (mit Entfernung zur Sonne zwischen 5700 Mio. km und 14.500 Mio. km). Auch Kometen sowie sonstige Gesteins-, Staub- und Eiskörper befinden sich in diesem Gürtel.

Die nächste Sphäre mit ca. 13 Mrd. bis 18 Mrd. km Entfernung von der Sonne heißt *Heliosphäre,* weil in ihr der Sonnenwind (ein Partikelstrom aus elektrisch geladenen Teilchen – ein sogenanntes Plasma, das aus Protonen, Elektronen und Alphateilchen besteht) und dessen mitgeführte Magnetfelder stark wirksam sind. Das Ende dieser Sphäre

Abb. 3 Ein von Schülerinnen und Schülern entworfener Planetenweg

("Heliopause" genannt) wurde lange Zeit als Ende des Sonnensystems angesehen. Die Raumsonde Voyager 1 (gestartet im September 1977) hat vor wenigen Jahren diese Sphäre verlassen und man sprach „vom Verlassen des Sonnensystems". Es endet hier zwar der Licht- und Magnetfeldeinfluss der Sonne, doch die Gravitationskraft der Sonne reicht weit darüber hinaus. Heute kennt man Zwergplaneten und Kometen, die mit ihrer großen Achse noch sehr viel weiter in den Weltraum reichen. Der 2003 entdeckte Asteroid Sedna hat eine Bahn, die zwar auch 11.400 Mio. km an die Sonne heranreicht, aber 133.800 Mio. km als größte Entfernung von der Sonne hat.

Im Jahr 1950 stellte der Astronom Oort aufgrund von Beobachtungen über Kometen die Theorie auf, dass sich Kometen und Asteroiden in noch sehr viel weiterer Entfernung von der Sonne bewegen. Obgleich sich die dortigen Objekte nicht direkt beobachten lassen, ist diese Theorie heutzutage weitgehend anerkannt. In der heute sog. *Oortsche Wolke* werden Milliarden eisiger Körper vermutet. Die Oortsche Wolke liegt aber nicht in der Ekliptik (der „Ebene" der Planeten) wie alle Planeten, Zwergplaneten und der Kuipergürtel, sondern wird als Kugelschale um die Sonne angesehen mit einem Radius, der das Ende des Kuipergürtels mitumfasst (ca. 7 Mrd. km) und bis *ca. 15 Bill. km* reicht. Neben dem Asteroiden Sedna, der eine Bahnumlaufzeit von ca. 10.000 Jahren hat, ist u. a. der Komet Hale-Bopp (mit ca. 136 Mio. km als kleinster Entfernung und 55,7 Mrd. km als größter Entfernung zur Sonne) bekannt. Der bislang bekannte Komet mit der größten Entfernung von der Sonne (genannt „Großer Johannesburger Komet" oder „Großer Komet von 1910") kommt zwar der Sonne sogar auf ca. 20 Mio. km nahe, aber er entfernt sich nach ca. 2 Mio. Jahre auf 7,7 Bill. km.

Zusammenfassung der Entfernungen von der Sonne für die äußeren Sphären:

Kuipergürtel	4,5 Mrd. bis 7,5 Mrd. km
Heliospäre	28 Mio. bis 18 Mrd. km
Ooertsche Wolke	7 Mrd. bis 15 Bill. km

Zur Entwicklung von Vorstellungen über die Größenverhältnisse empfiehlt es sich zunächst einmal ein maßstabgetreues Bild einiger Stützdaten bis Ende der Heliosphäre zu erstellen. Soll das Ende der Heliosphäre (18 Mrd. km) auf ein Blatt DIN-A4 (mit rund 16 cm Breite) passen, so kommt man wie folgt zu einem Maßstab: 16 cm ≅ 17,6 Mrd. km = 17.600 Mrd. m = 1760 Bill. cm; d. h. man kommt zu einem *Maßstab von 1:110 Bill.* Bei diesem Maßstab ergibt sich für die Entfernung zur Sonne beispielsweise Folgendes: Erde 1½ mm, Jupiter 7 mm, Neptun 41 mm, Ende des Kuipergürtels 68 mm, Ende der Heliospäre 164 mm. Damit erhält man zumindest einen ersten optischen Eindruck der Verhältnisse (Abb. 4).

Eine maßstabgetreue Darstellung des gesamten Sonnensystems bis zum Ende der Oortschen Wolke ist auf einem Blatt Papier bzw. einer Buchseite bzw. einer Internetseite nicht möglich, da schon das Ende der Heliosphäre ungefähr ein Tausendstel (genauer: 833tel) vom Ende der Oortschen Wolke ist. Bezogen auf unsere 16 cm würde das dann nur rund 2 mm ergeben und alle geringeren Entfernungen könnten nicht mehr gezeichnet werden. Nehmen wir unseren obigen Maßstab von 1:110 Billionen und gehen mit unserem Blatt auf den Schulhof oder den Sportplatz, so wäre das Ende der Oortschen Wolke nach etwa 136 m erreicht.

Nehmen wir einen Wanderweg (wie oben den Planetenweg) als Grundlage, so können wir etwa mit einem *Maßstab von 1:2 Bill.* arbeiten. Dann erhalten wir für die Entfernung zur Folgendes: Erde 7½ cm, Jupiter 39 cm, Neptun 2¼ m, und Ende des Kuipergürtels 3¾ m Ende der Heliosphäre 9 m; Ende der Oortschen Wolke 7,5 km.

Ergänzend kann man dann die Zahlverhältnisse dieser Stützgrößen ermitteln, wie z. B.

Ende der Oortschen Wolke:Ende der Heliospäre = 883

Ende des Kuipergürtels:Bahnradius des Neptun = 1,67.

Auch die Berechnung der Zeitdauer, für die ein Lichtstrahl für die jeweiligen Entfernungen benötigt, ist eine mögliche Vertiefung (vgl. dazu die folgenden Ausführungen).

3   Neue Längeneinheiten

Damit man nicht immer mit sehr großen Zahlen arbeiten muss, verwenden Astronomen für diese Entfernungen oft auch eine besondere neue Längeneinheit, die sog. „Astronomische Einheit" (abgekürzt „AE"). Sie ist festgelegt als die Entfernung der Erde von der Sonne, d. h. *1 AE = 149.597.870 km.*

Abb. 4 Entfernungen von Stützgrößen im Sonnensystem im Maßstab 1:110 Bill.

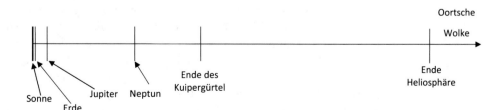

Erde	Jupiter	Neptun	Ende Kuipergürtel	Ende Heliosphäre	Ende Oortsche Wolke
0,15 Mrd. km	0,78 Mrd. km	4,5 Mrd. km	7,5 Mrd. km	20 Mrd. km	15 000 Mrd. km
1 AE	5,2 AE	30,1 AE	50 AE	120 AE	100 000 AE
8,3 Lichtmin.	43,2 Lichtmin.	4,1 Lichtstund.	6,9 Lichtstunden	18,5 Lichtstunden	1,6 Lichtjahre

Eine sehr gute Vertiefung der Entfernungsverhältnisse im Sonnensystem ist die Umrechnung der Planetenentfernungen zur Sonne und die anderen genannten Entfernungen in die Längeneinheit AE. Auf eine Stelle nach dem Komma gerundet ergibt sich dabei etwa:

Merkur 0,4 AE; Venus 0,7 AE; Erde 1,0 AE; Mars 1,5 AE; Jupiter 5,2 AE; Saturn 9,6 AE; Uranus 19,3 AE; Neptun 30,1 AE; Kuipergürtel 30 bis 50 AE (darin Pluto ca. 40 AE und Eris 38 bis 97 AE); Heliosphäre 87 AE bis 120 AE; Oortsche Wolke ca. 27 bis 100.000 AE (darin Sedna 76 bis 894 AE und Hale-Bopp 0,9 bis 372 AE).

Eine andere im Weltraum verwendete Längeneinheit ist festgelegt über die Entfernung, die das Licht in einem julianischen Jahr (365,25 Tage) zurücklegt. Mit der Lichtgeschwindigkeit von 299.792.458 m/s ergibt sich die Einheit „Lichtjahr" zu *1 Lj = 9.460.730.472.580,8 km ≈ 9,46 Bill. km.*

Unterteilungen davon sind die Lichtminute mit 1 Lm = 17.987.547,5 km ≈ 18 Mio. km und die Lichtstunde mit 1 Lh = 1.079.252.849 km ≈ 1 Mrd. km und der Lichttag mit 1 Ld = 25.902.068.371 km ≈ 25,9 Mrd. km.

Die bisher benutzten astronomischen Entfernungen kann man nun in den drei Längeneinheiten km (bzw. m), AE und Lj (bzw. Ld, Lh, Lm) darstellen, eine gute Übung zu Umrechnungen. Auf dem Computer könnte man auch ein Programm dazu erstellen. In der folgenden Tabelle sind beispielhaft ein paar unserer obigen Entfernungen in den genannten Einheiten dargestellt (Abb. 5).

4   Unsere Milchstraße

Im Folgenden seien zunächst für einen ersten Eindruck ein paar Sterne unserer Milchstraße (Galaxie) beschrieben.

Der unserer Sonne am nächsten gelegene Stern ist **Proxima Centauri** (proxima = nächstgelegen, centauri = im Sternbild Centaurus am Südhimmel). Seine Entfernung zur Sonne (und wegen der Nähe von Erde und Sonne damit auch seine Entfernung zur Erde) beträgt 40 Bill. km (4,24 Lichtjahre). Proxima Centauri ist eine Sonne, die etwa ein Achtel kleiner als unsere Sonne ist. Er umkreist die Sterne Alpha Centauri A und Alpha Centauri B in einer Entfernung von zwischen 790 Mrd. km (0,08 Lichtjahre) und 1,9 Bill. km (0,2 Lichtjahre).

Ein anderer bekannter nahe gelegener Stern ist der **Sirius A**. Er ist sehr hell (der hellste Fixstern) und befindet sich im Sternbild „Großer Hund". Er ist mehr als zweimal so groß wie unsere Sonne. Seine Entfernung zu unserer Sonne beträgt 81 Bill. km (8,6 Lichtjahre). Er hat einen kleinen weißen Stern als Begleiter, genannt Sirius B.

Der zweithellste Fixstern am Himmel ist **Canopus** im Sternbild „Kiel des Schiffes". Er steht aber wie Proxima Centauri so weit südlich, dass er von Mitteleuropa aus nicht zu sehen ist. Seine Entfernung zu unserer Sonne ist ca. 2,9 Billiarden km (310 Lichtjahre).

Etwas weiter entfernte bekannte Sterne sind der **Polarstern** mit 4 Billiarden km (~430 Lichtjahre) Entfernung, **Antares** im Sternbild Skorpion mit 5,7 Billiarden km (~600 Lichtjahre) Entfernung, der rote Riese (ca. 20 Sonnenmassen) **Beteigeuze** im Sternbild Orion mit 6 Billiarden km (~640 Lichtjahre), der rote Überriese (größte bekannte Sonne mit ca. 35 Sonnenmassen) **Canis Majoris** mit 37 Billiarden km (~3900 Lichtjahre) und die **Supernova von 1604,** die zunächst so hell wie Mars und etwas später sogar heller als Jupiter bei uns strahlte, ab Ende 1605 aber nicht mehr sichtbar bzw. nur noch als Nebel erkennbar war. Ihre Entfernung zu uns beträgt ca. 190 Billiarden km (20.000 Lichtjahre).

Zusammenfassung (Entfernungen zur Erde):

Proxima Centauri	40 Billionen km (4,24 Lichtjahre)
Sirius	81 Billionen km (8,6 Lichtjahre)
Canopus	2,9 Billiarden km (310 Lichtjahre)
Polarstern	4 Billiarden km (430 Lichtjahre)
Antares	5,7 Billiarden km (600 Lichtjahre)
Beteigeuze	6 Billiarden km (640 Lichtjahre)
Canis Majoris	37 Billiarden km (3900 Lichtjahre)
Supernova	190 Billiarden km (20.000 Lichtjahre)

Eine maßgetreue Darstellung aller hier genannten Entfernungen stellt eine gewisse Schwierigkeit dar. Wählt man z. B. für ein Lichtjahr ½ mm, so entspricht die Entfernung der Sonne zu Proxima Centauri rund 2 mm, zu Sirius 4 mm, zu Canopis 15½ cm, zum Polarstern 22½ cm, zu Antares 30 cm, zu Beteigeuze rund 32 cm, zu Canis Mojaris 1,95 m und zur Supernova 10 m. Ohne die letzten beiden würde gerade noch ein DIN-A3-Blatt reichen. Mit dem Maßstab von 1 mm ≅ 1 Lj (d. h. die oben genannten Längen müssen verdoppelt werden) könnte man auf der Tafel auch noch Canis Majoris lokalisieren. Mit der Super Nova (und noch weiter entfernten Sternen in unserer Milchstraße) kann man entweder die Entfernungen zu nahen Sternen nicht mehr genau darstellen oder die Entfernungen der entfernteren nur mit Zahlen angeben. Auf jeden Fall sind aber Versuche zu maßstabsgetreuen Darstellungen gut geeignet zum Erkennen der sehr großen Unterschiede. Mit einem anderen Maßstab (etwa mit zehnmal so großen Strecken auf dem Sportplatz oder dem Bürgersteig vor der Schule) kann die Vorstellung vertieft werden. Auch das Bewusstmachen der Verhältnisse der Zeiten, die das Licht jeweils braucht, bietet eine gute Vertiefung.

Unsere Milchstraße (Galaxie) enthält etwa 300 Mrd. Sterne (Sonnen) unterschiedlichster Typen, von denen in einer klaren Nacht (und ohne Beleuchtungen in der Nähe) allerdings nur ca. 6000 Sterne mit bloßem Auge erkennbar sind.

Die Milchstraße hat die Form einer Balkenspirale mit einem abgeplatteten balkenförmigen Zentrum, von dem sechs spiralförmige Arme ausgehen. Der Balken ist rund 140 Billiarden km (~15.000 Lichtjahre) lang. Das Zentrum der Milchstraße befindet sich im Sternbild Schütze, kann aber mit optischen Geräten von der Erde aus nicht beobachtet werden, da sich dazwischen dunkle Staubwolken von interstellarer Materie befinden.

Unser *Sonnensystem* befindet sich in einem Spiralarm und ist ca. *240 bis 260 Billiarden km (25.000 bis 28.000 Lichtjahre)* vom Zentrum der Milchstraße entfernt.

Der *Durchmesser der Milchstraße* beträgt rund *1 Trillion km (~110.000 Lichtjahre)*. Im Innern des Zentrums unserer Milchstraße befindet sich ein schwarzes Loch, um das sich die gesamte Milchstraße dreht; eine Umdrehung dauert ca. 230 Mio. Jahre („galaktisches Jahr" genannt).

Bei einer maßstabsgetreuen Darstellung der gesamten Milchstraße treten die oben genannten Probleme noch verstärkt auf. Es ist – wie in manchen Darstellungen in Büchern oder im Internet – lediglich möglich ein Bild vom Balken und den Armen sowie der ungefähren Position der Sonne zu skizzieren.

5   Das gesamte Universum

Im gesamten Universum befinden sich noch sehr viele weitere Galaxien.

Die mit bloßem Auge sichtbare Galaxie außerhalb unserer Milchstraße ist die *Andromedagalaxie*. Als „Nebel" am Sternenhimmel wurde sie schon um 1000 n. Chr. von einem persischen Astronomen entdeckt. Simon Marius hat sie 1612 mit einem Teleskop beobachtet und dabei festgestellt, dass der „Nebel" nicht in einzelne Sterne aufgelöst werden konnte. Seitdem ist auch die Bezeichnung Andromedanebel üblich. Anfang des 20. Jahrhunderts konnten dann mit leistungsstarken Teleskopen Einzelsterne festgestellt werden und es wurde klar, dass es sich nicht um Objekte unserer Milchstraße handelt. Der Andromedanebel ist von

unserer Sonne rund 23,7 Trill. km (2,5 Mio. Lichtjahre) entfernt.

Zwei Zwerggalaxien, die man auf der Südhalbkugel als schwache Lichtpunkte ebenfalls mit bloßem Auge erkennen kann und die schon in der Antike beobachtet wurden, sind die *große und die kleine Magellansche Wolke.* Die große Magellansche Wolke ist von uns rund 1,5 Trill. km (163.000 Lichtjahre) entfernt und die kleine Magellansche Wolke 1,9 Trill. km (200.000 Lichtjahre).

Unserer Milchstraße am nächsten liegt die *Canis-Major-Galaxie.* Ihre Entfernung zum Zentrum der Milchstraße beträgt rund 0,4 Trill. km (42.000 Lichtjahre). Ihre Entfernung zu unserem Sonnensystem ist noch geringer, nämlich rund 235 Billiarden km (~25.000 Lichtjahre). Sie liegt damit für uns näher als das Zentrum unserer Milchstraße.

In der „Umgebung" (im Sinne von Entfernungen im Universum) unserer Milchstraße hat man außer den bisher genannten Galaxien/Wolken noch weitere 20 bis 30 kleinere Galaxien gefunden. Sie bilden zusammen einen Galaxienhaufen, die sogenannte „Lokale Gruppe" mit einem Durchmesser von ca. *65 Trill. km (~7 Mio. Lichtjahre)*. Die Entfernung für die von unserer Sonne am weitesten entfernte Zwerggalaxie der lokalen Gruppe (Sextansgalaxie), beträgt ca. 41 Trill. km (~4,4 Mio. Lichtjahre).

Zusammenfassung (Entfernungen zu unserem Sonnensystem):

Canis-Major-Galaxie	400 Billiarden km (42.000 Lichtjahre)
Große Maggellansche Wolke	1,5 Trillionen km (163.000 Lichtjahre)
Kleine Magellansche Wolke	1,9 Trillionen km (200.000 Lichtjahre)
Andromedanebel	23,7 Trillionen km (2.500.000 Lichtjahre)
Sextansgalaxie	41 Trillionen km (4.400.000 Lichtjahre)

Außerhalb der Lokalen Gruppe findet sich zunächst einmal sehr viel leerer Weltraum. Dann gibt es aber immer wieder Galaxien, die sich in einem Galaxienhaufen (einer Gruppe) näher beieinander befinden. Etwa 100 bis 200 solcher Galaxienhaufen bilden zusammen einen **Superhaufen.** Solche Superhaufen haben einen *Durchmesser von etwa 1900 Trill. km (~200 Mio. Lichtjahre)*. Der Superhaufen, zu dem unsere Milchstraße gehört, heißt Virgo-Superhaufen nach seinem Zentrum, dem Virgo-Galaxienhaufen, der aus ca. 2000 Galaxien besteht. Dieser ist ca. *615 Trill. km (~65 Mio. Lichtjahre)* von uns entfernt.

Erwähnt seien noch die sehr weit entfernt liegenden **Quasare** (quasi-stellar radio source), die eine sehr hohe Energie in nicht-sichtbaren Wellenbereichen ausstrahlen. Sie sind vermutlich sehr große schwarze Löcher. Der nächstgelegene Quasar ist ungefähr *19 Trilliarden km (~2 Mrd. Lichtjahre)* von uns entfernt.

Nach theoretischen Überlegungen hat die **am weitesten von uns entfernte Galaxie** (Abell) eine Entfernung von ca. *100 Trilliarden km (~13 Mrd. Lichtjahre).*

Außer der Strukturierung von Galaxien in enger zusammenhängenden Haufen und Superhaufen hat man noch aus Superhaufen bestehende sogenannte fadenförmige **Filiamente**, die riesige, blasenartige, praktisch galaxienfreie Hohlräume umspannen, festgestellt.

Man nimmt an, dass das Universum eine wabenförmige Grobstruktur hat und endlich ist. Nach gängiger Theorie ist das Universum vor rund 13,8 Mrd. Jahre im „punktförmigen" Urknall entstanden und hat sich immer mehr ausgedehnt.

Der *Durchmesser des Universums* wird heute auf *700 Trilliarden km (~78 Mrd. Lichtjahre)* angenommen.

Für die **Darstellung der für das Universum genannten Entfernungen** gibt es offensichtlich Probleme, denn diese schwanken ja zwischen 25.000 Lichtjahre (Entfernung der Canis-Major-Galaxie) und 130 Mrd. Lichtjahre (Entfernung der Abel-Galaxie) bzw. 780 Mrd. Lichtjahre (Durchmesser des Universums). Es ist damit klar, dass eine maßstabsgetreue Darstellung nicht möglich ist.

Als ersten Eindruck kann man aber die großen Unterschiede festhalten. Diese lassen sich noch vertiefen durch das Berechnen bestimmter Verhältnisse wie etwa:

- Entfernung Erde-Sonne:Radius des Sonnensystems (Sonne bis Ende der Oortschen Wolke) = 0,000015 Lj:1,6 Lj ≈ 1:1 Mio.
- Radius des Sonnensystems:Entfernung der Sonne vom Zentrum der Milchstraße = 1,6 Lj:27.000 Lj ≈ 1:17.000.
- Entfernung Erde-Sonne:Entfernung der entferntesten Galaxie = 0,000015 Lj:130 Mrd. Lj ≈ 1:8,7 Billiarden.

Eine weitere Möglichkeit, um von den hier beschriebenen astronomischen Größen und ihren Verhältnissen eine bessere Vorstellung zu bekommen, wird von den Autoren Philip und Phylis Morrison in ihrem Buch „ZEHN[HOCH] – Dimensionen zwischen Quarks und Galaxien" sowie einem zugehörigen Video von Ch. und R. Eames (vgl. deutsche

Fassung im Programm von Spektrum Akademischer Verlag 1992: https://www.youtube.com/watch?v=fJ3e4Egs_sM) präsentiert. Alle Längendimensionen werden als 10er-Potenzen bezogen auf die Einheitslänge 1 m dargestellt. Hier hieße das etwa (Abb. 6):

- Radius der Erde $\approx 6,3 \cdot 10^6$ m.
- Radius der Sonne $\approx 7,0 \cdot 10^8$ m.
- Entfernung Erde-Mond $\approx 3,9 \cdot 10^8$ m.
- Entfernung Erde-Sonne $\approx 1,5 \cdot 10^{11}$ m.
- Entfernung Erde-Neptun $\approx 4,5 \cdot 10^{12}$ m.
- Radius d. Sonnensystems $\approx 1,6 \cdot 10^{16}$ m.
- Entfernung Sirius $\approx 8 \cdot 10^{16}$ m.
- Entfernung Polarstern $\approx 4 \cdot 10^{18}$ m.
- Entfernung Beteigeuze im Sternbild Orion $\approx 6 \cdot 10^{18}$ m.
- Entfernung Zentrum der Milchstraße $\approx 2,5 \cdot 10^{20}$ m.
- Entfernung Canis Majoris $\approx 3,7 \cdot 10^{22}$ m
- Entfernung Andromedagalaxie $\approx 2,4 \cdot 10^{22}$ m.
- Entfernung des Zentrums des Virgo-Sperhaufens $\approx 6,2 \cdot 10^{23}$ m.
- Entfernung des nächst gelegenen Quasars $\approx 1,9 \cdot 10^{25}$ m.
- Entfernung der am weitesten entfernten Galaxie $\approx 1,0 \cdot 10^{26}$ m.
- Durchmesser des Universums $\approx 7 \cdot 10^{26}$ m.

6   Namen großer Zahlen und Präfixe für Größeneinheiten

Zur Erläuterung und Vertiefung der oben benutzten Zahlennamen (wie Millionen, Milliarden, Billionen, etc.) seien hier die Namen großer natürlicher Zahlen und die Präfixe für Größeneinheiten (wie Kilo, Mega, etc.) genannt.

Wichtig dabei ist zu erwähnen, dass vielfach im deutschen und im angelsächsischen Sprachgebrauch die Wörter unterschiedliche Bedeutung haben, was oft bei Übersetzungen zu Fehlern führt.

Die offiziellen Zahlennamen sind die folgenden:
10^3 kennen wir unter dem Namen *Tausend*
10^6 kennen wir unter dem Namen *Million*

Abb. 6 Entfernungen im Universum im logarithmischen Maßstab

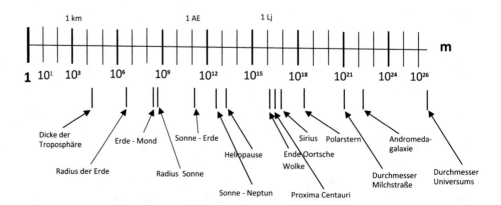

10^9 heißt *Milliarde* (im englisch-sprachigem Raum *Billion*)

10^{12} heißt *Billion* (im englisch-sprachigen Raum *Trillion*)

10^{15} heißt *Billiarde* (im englisch-sprachigen Raum *Quadrillion*)

10^{18} heißt *Trillion* (im englisch-sprachigen Raum *Quinquillion*)

10^{21} heißt *Trilliarde* (im englisch-sprachigen Raum *Sextillion*)

10^{24} heißt *Quadrillion* (im englisch-sprachigen Raum Septillion)

10^{27} heißt *Quadrilliarde* (im englisch-sprachigen Raum *Oktillion*)

usw. im Deutschen jeweils 10^3 mehr:

Quiquillion, Quinquilliarde, Sextillion, Sextilliarde, Oktillion, Oktilliarde, Nonillion, Nonilliarde, Decillion, Decilliarde, Undecillion, Undecilliarde, Duodecillion, Duodecillarde, Tredecillion, Tredilliarde, ... (mit den lateinischen Päfixen) bis 10^{600} als *Zentillion.*

Mit den lateinischen Präfixen könnte man dann noch bis 10^{6000} (als „*Millemillion*" gehen, das ist aber nicht üblich. Unter Schülern taucht auch der Begriff „*Fantastmillion*" auf. Er ist aber nicht klar definiert.

Bei Größen, wie den Längen, werden einige Vielfache mit 10er-Potenzen durch Präfixe vor der Einheit gekennzeichnet. Bekannt sind etwa 1 km $= 10^3$ m oder 1 kg $= 10^3$ g oder 1 Kilobyte $= 10^3$ Byte und 1 Megabyte $= 10^6$ Byte. Die festgelegten Präfixe für 10er-Potenzen mit positiven Zahlen sind folgende:

Deka (da)	$= 10^1$ (Zehn)
Hekto (h)	$= 10^2$ (Hundert)
Kilo (k)	$= 10^3$ (Tausend)
Mega (M)	$= 10^6$ (Million)
Giga (G)	$= 10^9$ (Milliarde/engl. Billion)
Tera (T)	$= 10^{12}$ (Billion/engl. Trillion)
Peta (P)	$= 10^{15}$ (Billiarde/engl. Quadrillion)
Exa (E)	$= 10^{18}$ (Trillion/engl. Quinquillion)
Zetta (Z)	$= 10^{21}$ (Trilliarde/engl. Sextillion)
Yotta (Y)	$= 10^{24}$ (Quadrillion/engl. Septillion)

7   Skizze einer beispielhaften Unterrichtseinheit

Die genannten Themen eignen sich größtenteils sehr gut für das 5. Schuljahr, wo ja der Zahlenraum über Million hinaus erweitert wird und üblicherweise unter den Schülerinnen und Schülern starkes Interesse an „groß – riesig" besteht. Alle Maßstabsberechnungen können von den Schülerinnen und Schülern selbst durchgeführt werden, wobei (nach anfänglichen Trial-and-Error-Versuchen) man den Maßstab abhängig von den jeweiligen Entfernungen und der gewünschten Größe der Darstellung zuerst ermitteln

sollte. Lediglich die Darstellung im logarithmischen Maßstab muss von der Lehrkraft vorgegeben werden. Auch in den folgenden Schuljahren ist das Thema, insbesondere für kurze Zwischenblöcke, gut geeignet und regt zu Maßstabsrechnungen, Erprobung verschiedener Darstellungen und vertieften Recherchen an.

Erster Unterrichtsblock

Einstieg: Der Astronaut Alexander Gerst befindet sich im Sommer 2018 auf der Raumstation ISS. Wie weit ist er eigentlich von der Erdoberfläche entfernt? Es heißt, die ISS befindet sich in einer Höhe von 400 km. Ist das noch in der Atmosphäre der Erde?

Auftrag an die Schülerinnen und Schüler: Sich nach dem Erdradius, die verschiedenen Schichten der Atmosphäre und ihren Entfernungen von der Erdoberfläche sowie nach den Bahnen von künstlichen Satelliten zu erkundigen und davon eine Tabelle zu erstellen. Sofern nicht schon durch einige Schülerinnen oder Schüler die Entfernung des „natürlichen Satelliten", des Mondes, genannt wurde, sollte zu einem späteren Zeitpunkt diese mit ins Spiel gebracht werden. Eine Diskussion der Geschichte der Satelliten und der heutigen Probleme von Weltraummüll könnten mögliche Vertiefungen des Themas sein.

Vorstellungen von den Längenverhältnissen entwickeln: Schülerinnen und Schüler sollen diskutieren, wie man sich die verschiedenen Entfernungen und deren Verhältnisse besser vorstellen kann. Dabei sollten Berechnungen von Verhältnissen, der Längen untereinander und auch zum Erdradius auftreten. Ebenso sollten Versuche zu maßstabsgetreuen Zeichnungen (auf einem Blatt Papier, an der Tafel und/oder auf dem Fußboden bzw. dem Schulhof) wie oben erwähnt in Eigenarbeit der Schülerinnen und Schüler durchgeführt werden. Andere Möglichkeiten könnten ebenfalls diskutiert werden. Bei der Berücksichtigung der Entfernung des Mondes müssen dann erneute Wege von maßstabsgetreuen Darstellungen erörtert werden.

Zweiter Unterrichtsblock

Einstieg: Bis zum Mond sind Menschen vor 50 Jahren schon gekommen. Heute wird eine Reise von Menschen zum Mars diskutiert. Außerdem gibt es seit 40 Jahren auch Satelliten, die noch viel weiter unterwegs sind. Wir nehmen das zum Anlass, uns mit den Größenverhältnissen im Sonnensystem zu beschäftigen.

Auftrag an die Schülerinnen und Schüler: Besorgen von Daten über die Sonne, die Planeten und weitere Objekte des Sonnensystems.

Vorstellungen von Längenverhältnissen entwickeln: Wie schon im ersten Unterrichtsblock werden Tabellen erstellt, Umrechnungen mit Maßeinheiten vorgenommen,

Verhältnisse berechnet und verschiedene maßstabsgetreue Darstellungen (ähnlich wie oben erwähnt) entwickelt. Nimmt man die Geschwindigkeit von rund 60.000 km/h, mit der sich die Voyager-Sonde von uns entfernt, als „theoretisches" Beispiel einer Wanderung von der Sonne zu den Planetenbahnen, so kann man damit die Vorstellungen noch vertiefen. Um Erfahrungen mit den Durchmessern von Sonne/Planeten und deren Entfernungen zu machen, wird ein Maßstab entwickelt, bei dem Planeten als kleine Kugeln auftreten und die maßstabsgetreuen Entfernungen auf einem freien Feld verwirklicht werden. Danach werden verschiedene Planetenwege, wie man sie im Internet findet, erörtert. Als Ergänzung und Vertiefung werden zum Schluss des Unterrichtsblocks die Längeneinheiten „Astronomische Einheit" und „Lichtjahr" eingeführt und Umrechnungen vorgenommen.

Dritter Unterrichtsblock

Einstieg: Angeregt durch die Erörterung der Entfernungen im Sonnensystem und Diskussionen in der Öffentlichkeit über Reisen zu anderen Sternen bzw. der Suche nach Kontakten mit anderen intelligenten Wesen in entfernten Sonnensystemen sollen nun Entfernungen, die über unser Sonnensystem hinausgehen, erörtert werden.

Auftrag an die Schülerinnen und Schüler: Diskussion von Weltraumreisen in der Zukunft und Zeiten, die das Licht bzw. ein Radiosignal zu ausgewählten Sternen benötigt. Zusammenstellen von Daten über unsere Milchstraße und entferntere Galaxien.

Vorstellungen von Längenverhältnissen entwickeln: Versuche von maßstabsgetreuen Darstellungen und deren Grenzen werden diskutiert (vgl. oben). Es werden daher Tabellen geordnet nach der Größe der Entfernungen mit verschiedenen Maßeinheiten (km, AE, Lj und m mit Zehnerpotenzen) erstellt. Außerdem werden die Verhältnisse unter den Längen der Tabelle berechnet. Schließlich wird das Video „ZEHN^{HOCH}" zweimal angeschaut, einmal zum Gewinnen eines ersten Eindrucks und zum zweiten Mal mit dem Auftrag, sich markante Zahlen und Daten zu notieren, die anschließend gemeinsam diskutiert werden.

8 Schlussbemerkung

Die Ausführungen hier sollen Anregung für die Beschäftigung mit diesem Thema bieten. Vertiefungen zu einzelnen Themen, insbesondere zu Sternen und Galaxien, kann man in vielen Büchern zur Astronomie und im Internet (etwa unter den Stichwörtern „Sonnensystem", „Milchstraße", „Galaxien", „Universum") finden. Eine Literaturliste dazu wird deshalb hier nicht genannt. Es wird aber empfohlen (sowohl für die Lehrenden als auch die Lernenden), wenigstens ein paar vertiefte Recherchen durchzuführen, um einen Eindruck von der Breite des Themas zu erhalten.

Literatur

Morrison, P., Morrison, P.: ZEHN^{HOCH} – Dimensionen zwischen Quarks und Galaxien. Spektrum Akademischer, Heidelberg (2002) (Erstveröffentlichung 1983)

Modellieren mit MathCityMap

Praxisbezogene Beispiele zum Modellieren am realen Objekt

Iwan Gurjanow, Simone Jablonski, Matthias Ludwig und
Joerg Zender

Zusammenfassung

Mathematisches Modellieren gewinnt an großer
Bedeutung im Mathematikunterricht. Die Umsetzung im
authentischen und realitätsbezogenen Kontext erscheint
jedoch aus verschiedenen Gründen schwer umsetzbar und
so bleibt das Modellieren oft ein theoretisches Vorgehen
im Klassenzimmer. Ebenso mangelt es teilweise an Aufgaben, die den Einstieg in das Modellieren erleichtern
und durch Schwerpunktsetzungen einzelne Schritte des
Modellierungskreislaufs betonen. Das vorliegende Kapitel greift die Idee der authentischen, einstiegsgerechten
Modellierungsaufgaben auf und stellt in diesem Kontext
das Projekt MathCityMap vor. Mit diesem wird Mathematik außer Haus durch mathematische Wanderpfade
(Mathtrails) in einer modernen, technologiebasierten
Variante möglich. Nach einer theoretischen Zusammenfassung in die Mathtrail-Idee und einer Einführung in das
MathCityMap-Projekt werden zahlreiche Aufgabenbeispiele aus der Praxis präsentiert, mit deren Hilfe sich verschiedene Schwerpunkte aus dem Modellierungskreislauf
setzen und realisieren lassen. Dabei wird insbesondere
das Vereinfachen, Strukturieren und Mathematisieren
durch Wahl eines geeigneten mathematischen Modells
betont. Ein abschließendes Fazit macht den gewinn-
bringenden Bezug und Transfer von Realität und Mathematik deutlich, sodass sich mithilfe von MathCityMap
zentrale Ideen des mathematischen Modellierens außerhalb des Klassenzimmers realisieren lassen.

I. Gurjanow (✉) · S. Jablonski · M. Ludwig · J. Zender
IDMI, Goethe-Universität, Frankfurt, Deutschland
E-Mail: gurjanow@math.uni-frankfurt.de

S. Jablonski
E-Mail: jablonski@math.uni-frankfurt.de

M. Ludwig
E-Mail: ludwig@math.uni-frankfurt.de

J. Zender
E-Mail: zender@math.uni-frankfurt.de

1 Theoretische Einführung

Spätestens durch die Forderung nach Kompetenzorientierung
und Realitätsbezug hat das Modellieren verstärkt Einzug in
den Mathematikunterricht gefunden (z. B. Borromeo Ferri
et al. 2013). Modellieren meint dabei die Bearbeitung von
authentischen Aufgaben, unter anderem durch Übersetzen
und Transferieren zwischen realen Kontexten und mathematischen Modellen (Greefrath et al. 2013). Folgt man der
Definition von Vos (2015), so ist die Authentizität einer Aufgabe dann gegeben, wenn sie einerseits aus dem echten,
außerschulischen Leben („out-of-school origin") entstammt
und nicht für den schulischen Kontext kreiert wird, und
andererseits einen nachprüfbaren Aufgabenkontext („certi-
fication") hat (Vos 2015, S. 108). Dennoch zeigt sich, dass
Modellierungsaufgaben im Mathematikunterricht oftmals
ausschließlich im Klassenraum mithilfe von Bild und/oder
Text bearbeitet werden und Fragestellungen zu authentischen
Objekten an den schulischen Kontext angepasst werden. Die
Authentizität nach Vos (2015) im Sinne eines nachprüfbaren
Aufgabenkontexts kann demnach nicht gewährleistet werden.

Aus der Problematik, authentische Modellierungsaufgaben in den Mathematikunterricht zu integrieren, geht ein
aktueller Trend hervor, Mathematik außer Haus (outdoor
mathematics) zu betreiben. Eine Variante hierbei sind die
mathematischen Wanderpfade (z. B. Buchholtz und Armbrust
2018). Diese Wanderpfade existieren im englischen Sprach-
raum unter dem Namen Math(ematics) Trails und wurden schon in den frühen 80er Jahren angelegt (Lumb 1980;
Blane und Clarke 1984). Dabei stand noch nicht die Idee des
Modellierens im Vordergrund. So berichtet Blane (1989) auf
der ICMI Konferenz zur Popularisierung von Mathematik
über Mathtrails, deren Aufgaben noch stark den damaligen
Schulbüchern entlehnt sind. Die Idee der Mathtrails hat sich
in den folgenden dreißig Jahren in vielen Ländern verbreitet
und Mathtrails haben sich in verschiedene inhaltliche und
didaktische Richtungen weiterentwickelt. Im Jahr 2012 star-
tete das MathCityMap-Projekt an der Goethe-Universität in
Frankfurt, das die Mathtrail-Idee aufgreift und unter anderem

in den Kontext von Modellierungsaufgaben rückt (Ludwig et al. 2013).

Die Idee hinter Mathtrails ist eine mathematische Wanderung, auf der Interessierte zu Objekten und Gebäuden geleitet werden, an denen man Mathematik betreiben kann. Dabei zeigt eine Mathtrail-Karte die Orte, an denen es spannende mathematische Probleme zu entdecken, lösen und besprechen gibt. Zudem ist kennzeichnend, dass die Aufgaben des mathematischen Rundgangs nur vor Ort durch aktive mathematische Handlungen, z. B. durch Messungen oder Zählen, gelöst werden können (Ludwig et al. 2013). Es handelt sich demnach um Aufgaben, die aus dem realen Leben stammen und auch in diesem außerschulischen Kontext am realen Objekt bearbeitet, gelöst und überprüft werden – nach Vos (2015) kann also von authentischen Aufgaben gesprochen werden.

Weitere Charakteristika, die sich mathematische Wanderpfade zugutehalten können, ist die Verbindung von Mathematik mit Emotionen, Interesse und einer persönlichen Bedeutsamkeit für die Schülerinnen und Schüler – Aspekte, die nachweislich positiv mit Leistung korrelieren (z. B. Götz 2004; Tulis 2010). Ebenso wirkt sich beim Bearbeiten von Mathtrails die eigene körperliche Aktivität positiv auf das kognitive Lernen aus, was im Sinne der „embodied mathematics" als wichtige Basis für das Erfassen mathematischer Konzepte verstanden wird (z. B. Tall 2013).

Die Verbindung der genannten Aspekte geht im Beispiel des MathCityMap-Projekts mit der Nutzung von mobilen Technologien einher. Daten des Statistischen Bundesamts zeigen, dass die Internetnutzung auf Smartphones zwischen 2013 und 2017 um nahezu 100 % angestiegen ist, sodass 2017 60 % aller Internetnutzungen über Smartphones liefen (Statistisches Bundesamt 2017). Insbesondere in der Zielgruppe der 16- bis 24-Jährigen nutzen 99 % regelmäßig das Internet, wodurch die Relevanz dieser Technologien im alltäglichen Leben von Schülerinnen und Schülern deutlich wird. Zudem sollen moderne Technologien dazu genutzt werden, die Umsetzung der MathTrail-Idee zu vereinfachen und den Einsatz im schulischen Setting gewinnbringend zu ermöglichen. Wie dies im Detail realisiert werden kann, möchten wir nun im folgenden Abschnitt durch Vorstellung des MathCityMap-Projekts genauer betrachten.

2   Das MathCityMap-Projekt

Das MathCityMap-Projekt verfolgt das Ziel eine zentrale, weltweite Plattform für die systematische Erstellung und Verwaltung von Aufgaben und Mathtrails bereitzustellen. Das System enthält eine Reihe von Werkzeugen, die den Prozess des Anlegens eines Mathtrails vereinfacht und teilweise automatisiert, wodurch der Nutzer die gewonnene Zeit nutzen kann, um sich auf das Wesentliche zu konzentrieren:

Das Entwickeln von authentischen Modellierungsaufgaben, mit deren Hilfe Anwendungsbezüge von Mathematik in der eigenen Umwelt erlebt werden können. Das Projekt besteht aus zwei technischen Teilen, die jeweils für unterschiedliche Nutzergruppen interessant sind. Das Webportal (www. mathcitymap.eu) richtet sich an Autorinnen und Autoren, wohingegen die MathCityMap-App für Smartphones für das Ablaufen von Mathtrails konzipiert und optimiert wurde.

Mit dem Webportal (zur Ansicht siehe Abb. 1) kann die Lehrkraft Aufgaben anlegen und zu Mathtrails zusammenstellen. Das Portal erlaubt es dabei, die Aufgaben an bestimmten Orten per GPS-Koordinaten anzulegen, ein Foto vom Objekt der Fragestellung hochzuladen und verschiedene Antwortformate zu verwenden. Zusätzlich müssen zu jeder Aufgabe gestufte Hilfestellungen sowie die Musterlösung zur Verfügung gestellt werden (siehe Abb. 2). Hierdurch erfährt die Aufgabe eine Art der Differenzierung, denn jede Schülerin bzw. jeder Schüler kann aktiv entscheiden wie viele Hilfestellungen sie bzw. er benötigt, um die Aufgabe selbstständig bearbeiten zu können.

Das Webportal ermöglicht Autorinnen und Autoren weiterhin eigene Aufgaben mit öffentlichen Aufgaben anderer Nutzerinnen und Nutzer in einem Trail zu verbinden. Zudem gibt es die Möglichkeit, den sogenannten Aufgaben-Wizard zu verwenden, der eine Vielzahl von bewährten Aufgabenvorlagen zu vielfältigen Themen der Mathematik (zum Beispiel Kombinatorik, Volumen und Steigung) enthält und somit den Prozess der Aufgabenerstellung – wie von Zauberhand – beschleunigt. Um eine hohe Qualität und Relevanz der öffentlich einsehbaren Aufgaben zu gewährleisten, durchlaufen zur Publikation eingereichte Aufgaben zunächst einen manuellen Reviewprozess. In diesem wird von Experten überprüft, ob die Aufgaben ausgewählte und festgelegte technische und inhaltliche Kriterien erfüllen. Hierzu gehören beispielsweise die angesprochene Präsenz und Aktivität bei der Aufgabenlösung. Nach Überprüfung der Kriterien wird ein kurzes Feedback zum Zustand der Aufgabe gesendet, welches gegebenenfalls als Grundlage einer Überarbeitung der Aufgabe dient.

Die im Webportal erstellten Mathtrails können durch nur einen Klick als PDF-Version heruntergeladen und unverzüglich als Papierversion genutzt werden. Dabei übernimmt das System jegliche Formatierungen und stellt außerdem automatisch einen passenden Kartenausschnitt mit Markierungen der Aufgabenorte bereit (siehe Abb. 3). Das mühevolle Zusammenfügen und gestalten des Mathtrail-Guides entfällt. Darüber hinaus gibt es eine spezielle PDF-Version für Begleitpersonen, die neben den Aufgaben auch Hinweise und die Musterlösung enthält.

Über die App (zur Ansicht siehe Abb. 4) kann ein Mathtrail zudem auf das Smartphone geladen werden. Ist der Download eines Trails abgeschlossen, wird keine weitere

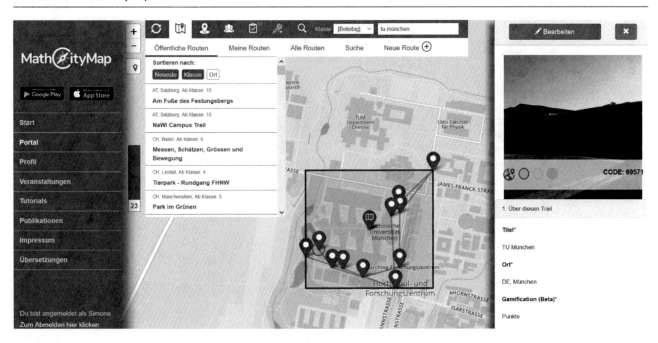

Abb. 1 Ansicht eines Mathtrails im Webportal

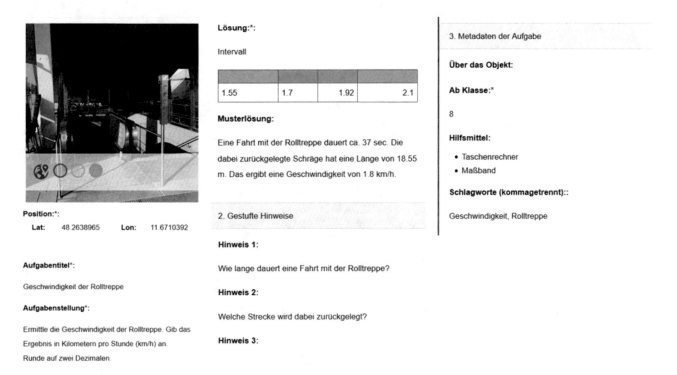

Abb. 2 Die vollständigen Daten einer Aufgabe im Webportal

Internetverbindung mehr benötigt. Die App ergänzt die Mathtrail-Idee um ein gestuftes Hilfesystem, um Gamification-Elemente, wie Punkte und Leaderboards, sowie um ein automatisiertes Feedback zu eingegebenen Lösungen. Je nach Aufgabenstellung sind verschiedene Antwortformate möglich. So kann sich der Autor bzw. die Autorin zwischen einer exakten Zahl, den richtigen Kästchen bei einer Multiple-Choice-Aufgabe, GPS-Koordinaten oder Lösungsintervallen entscheiden. Letztere sind aus der Perspektive von Modellierungsaufgaben besonders interessant. Hierbei wird – basierend auf den erhobenen Messwerten, Abweichungen und einer Fehlerrechnung – ein grünes

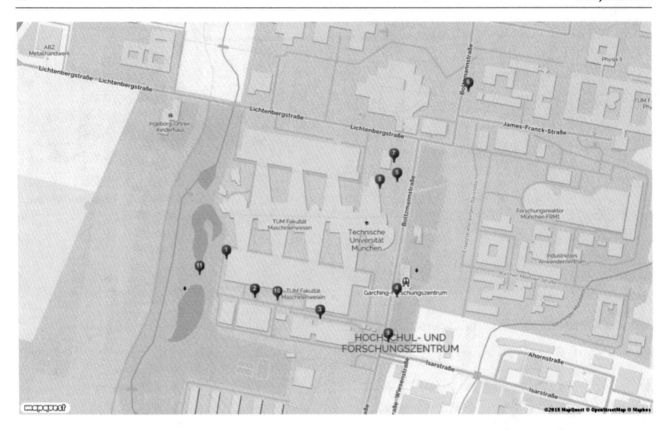

Abb. 3 Ausschnitt aus der automatisch generierten Mathtrail-Karte

Abb. 4 Ansicht der MathCityMap-App (links: Übersicht eines Trails, mittig: Ansicht einer Aufgabe, rechts: Feedback zur eingegebenen Lösung)

Intervall für sehr gute Lösungen, ein gelbes Intervall für akzeptable Lösungen und ein rotes Intervall für nicht mehr akzeptierte Lösungen definiert. In welchem Bereich eine Aufgabe gelöst wurde, wird unmittelbar über die App rückgemeldet und entsprechend auf der Übersichtskarte in Abb. 4 (links) farblich markiert. Fällt die Lösung in ein rotes Intervall, gibt es die Möglichkeit eine erneute Eingabe zu tätigen, beispielsweise nach Korrektur der Rechnung mithilfe von Hinweisen. Graue Pins symbolisieren Aufgaben, die zunächst übersprungen wurden und zu einem späteren Zeitpunkt noch gelöst werden können.

Eine automatisierte Rückmeldung und Modellierungsaufgaben stehen zunächst in einem starken Spannungsverhältnis. Zwei Gegebenheiten sind hierfür maßgeblich verantwortlich. Zum einen gibt es in realen Situationen beim Messen nie die eine exakte Lösung. Insbesondere bei unregelmäßig geformten Objekten, bei denen die Masse bestimmt werden soll, wie beispielsweise bei Gesteinsformationen, sind Messabweichungen zu erwarten. Zum anderen ist es möglich, dass verschiedene Modelle für eine Aufgabe als geeignet erscheinen und verwendet werden. Als Folge ergeben sich unterschiedliche Lösungen, die für das jeweilige Modell richtig sind. Um dieses Spannungsverhältnis aufzulösen, ist es notwendig, dass die automatische Rückmeldung auf einem Intervall beruht, das beide oben genannten Faktoren adäquat antizipiert. Sind die Abweichungen zwischen den Modellen zu groß, so sollte die Eignung der Aufgabe für das MathCityMap-System infrage gestellt werden, da für Nutzerinnen und Nutzer das Feedback auf einem Intervall basiert, dass willkürlich festgelegt erscheint. Das Lösungsintervall ist aber natürlich bei der Erstellung bewusst gewählt worden und hängt von der Expertise und den Modellierungsfähigkeiten des Aufgabenerstellers ab.

Im Folgenden möchten wir nun diese Technologie aufgreifen und die Möglichkeiten des Modellierens mit MathCityMap anhand ausgewählter Aufgabenbeispiele genauer betrachten.

3 Mathematisches Modellieren mit MathCityMap

Die Bearbeitung von Aufgaben eines Mathtrails ermöglicht das komplette Durchlaufen des Modellierungskreislaufs, hier beispielhaft dargestellt am siebenschrittigen Modellierungskreislauf nach Blum und Leiss (vgl. Abb. 5).

Wir verstehen dabei Modellieren als die Fähigkeit, relevante Fragestellungen aus der Umwelt zu erarbeiten, diese in die Mathematik zu übertragen, dort zu bearbeiten und abschließend anhand der gegebenen realen Situation zu validieren und zu interpretieren. Des Weiteren geht es im Rahmen einer Modellierungstätigkeit auch darum, aus verschiedenen Modellen wählen zu können und diese zu bewerten (Blum et al. 2007). Insbesondere der Aspekt, dass verschiedene Modelle gewählt werden können, um ein reales Problem zu bearbeiten, wird durch MathCityMap-Aufgaben betont. An dieser Stelle sei angemerkt, dass es sich bei MathCityMap-Aufgaben hauptsächlich um Fragestellungen handelt, die sich insbesondere dafür eignen, einen Einstieg in das Modellieren zu ermöglichen und dementsprechend von komplexen und umfangreichen Modellierungsaufgaben (wie sie beispielsweise bei Kaiser oder Bracke zu finden sind) abzugrenzen sind. Alleine schon der Umstand, dass ein Mathtrail aus in der Regel zehn verschiedenen Aufgaben zusammengestellt wird und jede Aufgabe in einem Zeitrahmen bis 15 min erarbeitet werden sollte, macht deutlich, dass MathCityMap-Aufgaben nicht jeden einzelnen Modellierungsschritt in seiner vollen Komplexität erfordern können. Wir möchten uns daher im Folgenden mit einzelnen Schritten im Modellierungskreislauf auseinandersetzen und hierfür geeignete Beispiele aus dem MathCityMap-Projekt vorstellen. Diese Vorstellung erfolgt exemplarisch und schwerpunktmäßig, das heißt es werden einzelne Schritte herausgestellt, die besonders betont werden. Selbstverständlich kann das vollständige Lösen der Beispielaufgaben weitere Schritte aus dem Modellierungskreislauf erfordern.

Abb. 5 Modellierungskreislauf nach Blum und Leiss (2005). (Nachbildung von Simone Jablonski)

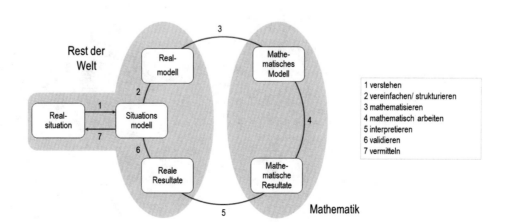

3.1 Vereinfachen, Strukturieren und Mathematisieren

Wie bereits angeklungen lässt sich bei den meisten Math-CityMap-Aufgaben eine inhaltliche Schwerpunktsetzung bezüglich des Vereinfachens und Mathematisierens der realen Situation in ein adäquates mathematisches Modell erkennen, was im siebenschrittigen Modellierungskreislauf nach Blum und Leiss den Schritten 2 und 3 entspricht. Beim Vereinfachen werden wichtige von unwichtigen Informationen, die aus der Realsituation entnommen werden, getrennt. Beim Mathematisieren folgt die Übersetzung der vereinfachten Realsituation in mathematische Modelle (Greefrath et al. 2013). Anhand von Beispielaufgabe 1 (siehe Abb. 6) soll dies verdeutlicht werden.

Beispielaufgabe 1: Bestimme die Masse des Steins. Ein 1 cm³ wiegt 2,6 g. Gib das Ergebnis in kg an
Was die Aufgabe zunächst von einer komplexen Modellierungsaufgabe unterscheidet, ist der Sachverhalt, dass die Dichte des Steins vorgegeben ist. Diese Daten könnte man die Schülerinnen und Schüler eigenständig recherchieren lassen. Allerdings ist das während eines Mathtrails mit MathCityMap aus zwei Gründen nicht ratsam. Erstens handelt es sich um eine „outdoor" Aktivität. Die Recherche setzt aber den Zugang zu Internet oder Fachliteratur voraus. Selbst bei flächendeckendem W-LAN verbliebe das Problem für die Schülerinnen und Schüler, dass sie als Laien die Gesteinsart bestimmen müssten. Der zweite Grund basiert auf der technischen Realisierung der

Validierung. MathCityMap lässt zwar das Lösungsintervall zu, dieses sollte aber nicht beliebig groß gewählt werden, um eine adäquate Rückmeldung über Modellbildung und Rechnung geben zu können. Die bereits berücksichtigte Variation der Modelle würde durch die zusätzliche Variation der Dichten überstrapaziert werden. Aus didaktischer und modellierungstechnischer Sicht ist die Vorgabe der Dichte an dieser Stelle unproblematisch, da sie weder einem mathematischen Modell vorweggreift, noch die Wahl des Modells beeinflusst. Das mathematisch Wesentliche der Aufgabe ist die Bestimmung des Volumens. Die Reduktion der Aufgabenstellung auf das Volumen zulasten der Dichte wäre aus didaktischer Sicht dennoch ungünstig, da die Frage nach dem Gewicht intuitiv naheliegt. Dies ist die relevante, lebensnahe und vor allem authentische Frage.

Betrachtet man nun die Modellierungstätigkeiten bei dieser Aufgabe, werden die Aspekte Vereinfachen, Strukturieren und Mathematisieren an zwei Stellen besonders deutlich. Zum einen ist die Aufgabe auf verschiedene Arten lösbar, sodass grundsätzlich verschiedene mathematische Modelle zur Lösung eines Problems infrage kommen. Hier könnte der Stein durch diverse geometrische Körper beschrieben werden, zum Beispiel mithilfe eines Quaders, eines Zylinders, eines Prismas oder eines Ellipsoiden. Zum anderen wird deutlich, dass keines der beschriebenen Modelle perfekt auf den abgebildeten Stein passt. Outdoor mathematics im Sinne von MathCityMap erfordert demnach zwangsläufig die Vereinfachung von realen Objekten und somit das Absehen von kleineren Abweichungen zum

Abb. 6 Wie viel wiegt der Stein am Strand von Camps Bay, Kapstadt?

echten mathematisch geometrischen Körper, die es neben-bei bemerkt sowieso nicht in der Realität gibt.

Die Wahl des mathematischen Modells beeinflusst anschließend das weitere mathematische Vorgehen. Wird ein Quader als Modell angenommen, so müssen Länge, Höhe und Breite ermittelt werden. Bei Annäherung durch einen Ellipsoiden hingegen benötigt man für sein Volumen die Länge der Halbachsen, wobei anzunehmen ist, dass die Volumenformel eines Quaders unter Schülerinnen und Schülern einen deutlich höheren Bekanntheitsgrad haben wird, als die Formel für das Ellipsoidenvolumen. Die Wahl eines mathematischen Modells ist demnach nicht nur mit der optimalen Passform getan, sondern erfordert weitere Überlegungen bezüglich der eigenen mathematischen Möglichkeiten.

Konkret kann man beim Stein folgende Messungen vornehmen: Länge über alles 112 cm, Breite über alles 78 cm, Höhe über alles 56 cm. Es ist zu beachten, dass es gerade bei einem solchen Objekt auch immer zu Abweichungen der Messergebnisse um wenige Zentimeter kommen kann. Dieser Umstand kann gewinnbringend im Unterricht thematisiert werden, sodass den Schülerinnen und Schülern bewusst wird, dass es die eine richtige Lösung beim Modellieren gar nicht geben kann. Gleichzeitig wird aber auch klar, dass sich solche Abweichungen in einem gewissen Rahmen bewegen und somit trotzdem nicht jede beliebige Lösung richtig bzw. genau genug ist.

Im Folgenden wird in Tab. 1 das Volumen des Steins durch verschiedene Modelle angenähert, ohne dass diese Aufstellung den Anspruch erhebt, vollständig zu sein. An den Ergebnissen wird deutlich, wie unterschiedlich diese ausfallen in Abhängigkeit vom gewählten Modell. So wird die Gleichwertigkeit der einzelnen Schritte des Modellierungskreislaufs aus Abb. 5 beim Durchlaufen hervorgehoben. Ein gutes Modell zu wählen (Schritt 3) ist ebenso wichtig, wie dieses Modell dann auch anwenden und berechnen zu können (Schritt 4).

Bei der Aufgabenerstellung muss nun mithilfe von Lösungsintervallen entschieden werden, welche Modelle für das Objekt als zulässig bzw. genau genug angenommen werden können. Dieses Lösungsintervall könnte Lösungen von 650 kg bis 1400 kg akzeptieren, womit eine gewisse

Bandbreite an naheliegenden Modellen abgedeckt wird. Zusätzlich könnte sich der sehr gute Lösungsbereich auf Werte von 900 kg bis 1100 kg beschränken.

Was im Dreidimensionalen mit geometrischen Körpern funktioniert, lässt sich auch im Zweidimensionalen mit ebenen Flächen realisieren. Eine Beispielaufgabe ist die in Abb. 7.

Beispielaufgabe 2: Wie groß ist die rote Fläche, auf der die Tischtennisplatte steht? Gib das Ergebnis in m² an

Auch an dieser Stelle sind verschiedene Modelle zur Beschreibung der Fläche möglich und auch angemessen. Ein erster Ansatz ist es, die Fläche in ihrer Gesamtheit zu beschreiben, beispielsweise durch Zerlegung in Polygonflächen (siehe Abb. 8), durch geschicktes Abzählen der roten Steine, die die Fläche auslegen, oder durch Rückgriff auf die klassischen Steckbriefaufgaben, bei denen der Rand der roten Fläche durch einen Graphen einer abschnittsweise definierten Funktion beschrieben wird und die Fläche dann durch Integration der Funktion bestimmt wird. Dabei klingt auch ein wichtiges Thema für das Modellieren im Unterricht an: Wie weit darf/sollte/muss man vereinfachen? Hierbei wird erneut ausführlich der Schritt 2 aus dem Modellierungskreis aus Abb. 5 angesprochen: das Vereinfachen und Strukturieren um zu einem Realmodell zu gelangen, das die Situation und Möglichkeiten bestmöglich wiedergibt.

Was diese Aufgabe ebenfalls auszeichnet, ist der Lösungsansatz über das Abzählen der roten Steine, die alle gleichgroß sind und deren Flächeninhalt als Rechteck bereits von niedrigen Jahrgangsstufen berechnet werden kann. Hier schließt sich die Frage an, wie mit den Randsteinen umzugehen ist. Je nach Bruchkante kann mit halben und ganzen Steinen gerechnet werden, wobei zu kleine Stücke weggelassen werden, oder vereinfacht wird jeder angebrochene Stein zur Hälfte gerechnet (in Anlehnung an den Satz von Pick für Gitterpolygone).

Bisher konnte gezeigt werden, dass die Lösung einer MathCityMap-Aufgaben auf theoretischer und technischer Ebene verschiedene mathematische Modelle zulässt. Im Rahmen von empirischen Untersuchungen und der Analyse von Schülerlösungen konnte zudem festgestellt werden, dass die Schülerinnen und Schüler unterschiedlicher Gruppen

Tab. 1 Berechnungen mit verschiedenen Modellen

Realmodell und mathematisches Modell	Mathematisches Ergebnis	Reales Ergebnis
Einschließender Quader mit a = 112 cm, b = 78 cm und c = 56 cm	489.216 cm³	1271 kg
Großer Zylinder mit r = 39 cm und h = 112 cm	535.176 cm³	1391 kg
Mittlerer Zylinder mit r = 33,5 cm (39 + 29)/2 und h = 112 cm	394.873 cm³	1027 kg
Zylinder mit Oval als Grundfläche	384.229 cm³	999 kg
Ellipsoid	256.153 cm³	666 kg

Abb. 7 Wie groß ist die rote
Fläche?

Abb. 8 Lösungsskizze zur
Aufgabe „Rote Fläche" aus
Abb. 7

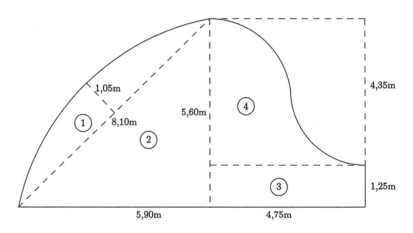

tatsächlich auf verschiedene Modelle beim Lösen von Math-CityMap Aufgaben zurückgreifen. Dies möchten wir anhand von Beispielaufgabe 3 verdeutlichen (siehe Abb. 9).

Beispielaufgabe 3: Bestimme das maximale Fassungsvermögen dieses Körpers. Gib das Ergebnis in Litern an
Bei dieser Figur, die ziemlich exakt durch einen Kegelstumpf beschrieben werden kann, konnten unter Schülerinnen und Schülern einer neunten Klasse drei verschiedene Ansätze beobachtet werden. Dies lässt sich vermutlich auf den Sachverhalt zurückführen, dass die Formel für das Volumen eines Kegelstumpfs – ähnlich wie beim Ellipsoid in Beispielaufgabe 1 – nicht jeder Gruppe geläufig bzw. präsent ist. Neben dem Nichtlösen der Aufgabe wurden die folgenden Modellierungen durchgeführt (siehe Abb. 10).

Dabei betont jede Lösung ein anderes mathematisches Modell und die Schülerinnen und Schüler damit auf unterschiedliche Arten mathematisch gearbeitet haben.

Die erste Lösungsvariante (Abb. 10, links) nähert das Ergebnis über den Mittelwert aus dem Volumen eines Zylinders mit dem großen Radius (R) und einem Zylinder mit dem kleinen Radius (r), also:

$$V = \frac{R^2 + r^2}{2} \cdot h \cdot \pi$$

Die zweite Lösungsmöglichkeit (Abb. 10, mittig) nähert das Ergebnis durch einen mittleren Zylinder an. Dafür nehmen sie als Radius den Mittelwert aus kleinem (r) und großem Radius (R) an, sodass sich folgendes mathematisches Modell ergibt:

Abb. 9 Welches Fassungsvermögen hat der Körper?

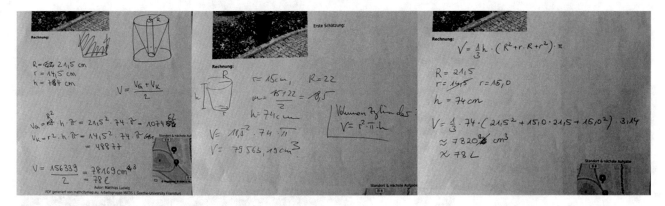

Abb. 10 Schülerlösungen unter Nutzung verschiedener Modelle im Vergleich

$$V = \left(\frac{R+r}{2}\right)^2 \cdot h \cdot \pi$$

Die dritte Schülerlösung (Abb. 10, rechts) basiert auf der Kenntnis der Formel des Volumens eines Kegelstumpfes mit:

$$V = \frac{R^2 + Rr + r^2}{3} \cdot h \cdot \pi$$

Besonders interessant erscheint hier, dass sich die realen Ergebnisse aller drei Ansätze kaum unterscheiden, im Gegensatz zu den verschiedenen Ergebnissen bei Beispielaufgabe 1. Einerseits lässt sich dies durch die wohl sorgfältig erhobenen Messwerte aller drei Schülergruppen

begründen, zum anderen unterscheidet sich die Form des hier abgebildeten Kegelstumpfes nicht so stark von einem exakten Zylinder, sodass die verwendeten Modelle nur zu geringen Abweichungen führen.

3.2 Validieren

Geben die Schülerinnen und Schüler ihre Lösung in die MathCityMap-App ein, erfolgt eine Rückmeldung seitens der App. Liegt die Lösung im grünen Intervall, bekommen die Schülerinnen und Schüler die Nachricht „Gut gemacht", eine Lösung im orangenen Bereich wird durch „Deine Lösung ist nicht exakt, aber noch in Ordnung" belohnt, wohingegen eine Lösung im roten Bereich mit der Meldung „Leider falsch. Versuch es noch mal." abgelehnt wird (siehe auch Abschn. 2). Natürlich ersetzt so eine einfache Rückmeldung über eine richtige oder falsche Lösung nicht die Auseinandersetzung mit den Lösungsideen im Unterricht. Die Rückmeldung über ein falsches Ergebnis erzeugt in jedem Fall eine Dissonanz, da sich Schülerinnen und Schüler oftmals sicher sind, alles richtig gerechnet zu haben, es sei denn Sie haben einfach geraten. Durch die Rückmeldung der App kann bei den Schülerinnen und Schülern der Validierungsprozess angestoßen werden: das Nachdenken über die eigene Lösung und die Einordnung der eigenen Lösung. Die erzeugte Dissonanz kann produktiv im Unterricht für eine Diskussion über das verwendete Modell und erhobene Messwerte genutzt werden. Dass die Lösung überhaupt überprüft werden kann, liegt daran, dass diese vorher im Webportal so angelegt wurde. Dabei ist es wichtig, dass diese Lösung bzw. Lösungen vorher mehrfach geprüft wurde und auf Expertenerfahrung basiert. Am besten entstehen Lösungsintervalle, indem die möglichen Modelle mitsamt Messtoleranzen durchgerechnet werden, wie es zum Beispiel auch Tab. 1 zeigt. Dabei sollte immer auch eine zweite Person die Lösungen bestimmen, damit Fehler bestmöglich ausgeschlossen werden.

Beispielaufgabe 4: An der abgebildeten Figur sollen die viereckigen Platten komplett neu gestrichen werden. Bestimme den Flächeninhalt der zu streichenden Fläche. Gib das Ergebnis in m² an. Runde auf eine Nachkommastelle

Ein konkretes Beispiel für die oben angeführte Dissonanz ist die Beispielaufgabe 4 aus Abb. 11. So konnten mehrere Gruppen von Schülerinnen und Schülern bei der Lösung dieser Aufgabe beobachtet werden, die ein angemessenes Modell wählten, die Messdaten korrekt erhoben haben, aber trotzdem ein falsches Ergebnis erhielten. Ausschlaggebend war, dass die Außenseiten des Kunstwerks in Metern gemessen wurden, die Dicke aber passend zur Figur in Zentimetern. Aufgrund von Unachtsamkeit bei der Rechnung verwendeten die Schülerinnen und Schüler die Größen in den verschiedenen Maßeinheiten. So betrug die Oberfläche am Ende der Rechnung oftmals über 60 m² statt der realistischen 6,4 m², die eigentlich zu erwarten wären. Das falsche Ergebnis wurde unreflektiert in die App eingegeben, mit dem Erstaunen, dass es von der App als falsch bezeichnet wurde, obwohl die Daten korrekt erhoben und doch korrekt gerechnet wurde. Daraus lässt sich auch eine Thematisierung für den Unterricht gewinnen, denn das völlig unmögliche Ergebnis von mehr als 60 m²

Abb. 11 Bestimme die Oberfläche der geometrischen Figur

löst vielfach keinerlei Unbehagen aus. Die Schülerinnen und Schüler validieren an dieser Stelle ihr Ergebnis nicht. Erst die automatische Rückmeldung der App führt dazu, dass sie auf die Unstimmigkeit ihres Ergebnisses hingewiesen werden und die Fehlersuche kann beginnen.

Interessant dabei ist, dass das Abschätzen von Größen eine Fähigkeit ist, die nach Erkenntnissen der Hirnforschung an einer ganz anderen Stelle im Gehirn lokalisiert ist, als die Fähigkeit des Rechnens (Dehaene et al. 1999). Wer also gut mit Zahlen rechnen kann, muss nicht zwangsläufig auch gut darin sein, Größen abzuschätzen, und umgekehrt. Das heißt durch das Validieren von Ergebnissen von Modellierungsaufgaben und unserem speziellen Fall MathCityMap-Aufgaben leistet man einen Beitrag zur Entwicklung der Größenabschätzung.

4 Fazit

Die Auflistung verschiedener Mathtrail-Aufgaben macht deutlich: Das vorgestellte System MathCityMap ist dazu geeignet, an realen Objekten authentische Modellierungsaufgaben zu bearbeiten. Dabei liegt der Fokus der Aufgaben des MathCityMap auf dem Vereinfachen, Strukturieren und Mathematisieren. Auch der kognitive Prozess des Validierens kann durch das automatisch generierte Feedback der App angestoßen werden. Somit lassen sich wichtige Teilkompetenzen des Modellierens abbilden, thematisieren und trainieren.

Dadurch, dass das mathematische Modellieren nach draußen verlagert wird und die Arbeit am realen, authentischen Objekt stattfindet, wird die Übersetzung und Verbindung von Mathematik und dem Rest der Welt in besonderem Maße betont. Insbesondere durch die Betonung des Mathematisierens eignen sich die MathCityMap-Aufgaben gewinnbringend als Einstiegsaufgaben in die Modellierung. Die Aufgaben und dabei entstandenen Lösungen aus MathCityMap können und sollen Anlass für die weitere Beschäftigung mit Modellierungen im Mathematikunterricht bieten, sodass durch regelmäßigen Einsatz das mathematische Auge und Modellierungskompetenzen geschult und gefördert werden können.

Literatur

Blane, D.: Mathematics trails. ICMI Papers on The Popularization of Mathematics, Leeds University, England (1989)

Blane, D., Clarke, D.: A mathematics trail around the city of Melbourne. Monash Mathematics Education Center, Monash University, Melbourne (1984)

Blum, W., Leiss, D.: How do students and teachers deal with mathematical modelling problems? The example "Sugarloaf". In: ICTMA 12 proceedings, S. 222–231 (2005)

Blum, W., Galbraith, P.L., Henn, H.-W., Niss, M.: Modelling and applications in mathematics education: The 14th ICMI study. Springer, New York (2007)

Borromeo Ferri, R., Greefrath, G., Kaiser, G.: Einführung: Mathematisches Modellieren Lehrern und Lernen in Schule und Hochschule. Mathematisches Modellieren für Schule und Hochschule, S. 1–8. Springer Spektrum, Wiesbaden (2013)

Buchholtz, N., Armbrust, A.: Ein mathematischer Stadtspaziergang zum Satz des Pythagoras als außerschulische Lernumgebung im Mathematikunterricht. In: Schukajlow, S., Blum, W. (Hrsg.) Evaluierte Lernumgebungen zum Modellieren, S. 143–163. Springer Fachmedien, Wiesbaden (2018)

Dehaene, S., Spelke, E., Pinel, P., Stanescu, R., Tsivkin, S.: Sources of mathematical thinking: behavioral and brain-imaging evidence. Science **284**(5416), 970–974 (1999)

Götz, T.: Emotionales Erleben und selbstreguliertes Lernen bei Schülern im Fach Mathematik. Utz, München (2004)

Greefrath, G., Kaiser, G., Blum, W., Borromeo Ferri, R.: Mathematisches Modellieren – eine Einführung in theoretische und didaktische Hintergründe. Mathematisches Modellieren für Schule und Hochschule, S. 11–38. Springer Spektrum, Wiesbaden (2013)

Ludwig, M., Jesberg, J., Weiß, David: MathCityMap – eine faszinierende Belebung der Idee mathematischer Wanderpfade. Praxis der Mathematik **53**, 14–19 (2013)

Lumb, D.: Mathematics trails in Newcastle. Mathematics in School **9**(2), 5 (1980)

Statistisches Bundesamt: Anzahl der Nutzer des mobilen Internets in Deutschland in den Jahren 2013 und 2014 sowie eine Prognose bis 2019. https://de.statista.com/statistik/daten/studie/180578/umfrage/anzahl-der-nutzer-des-mobilen-internets-in-deutschland-seit-2005/ (2017). Zugegriffen: 27. März 2018

Tall, D.: Using technology to support an embodied approach to learning concepts in mathematics. In: Carcalho, L.M., Guimaraes, L.C. (Hrsg.) História e Tecnologia no Ensino da Matemática, Bd. 1, S. 1–28. IME-UERJ, Brasil (2013)

Tulis, M.: Individualisierung im Fach Mathematik: effekte auf Leistung und Emotionen. In: Hesse, F.W. (Hrsg.) Wissensprozesse und digitale Medien, Bd. 17. LOGOS, Berlin (2010)

Vos, P.: Authenticity in extra-curricular mathematics activities: researching authenticity as a social construct. In: Stillmann, G.A., Blum, W., Bembiengut, M.S. (Hrsg.) Mathematical modelling in education research and practice, S. 105–113. Springer, Heidelberg (2015)

Wie viel kostet es, das Garagentor zu streichen?

Andreas Kuch

Zusammenfassung

Das Streichen eines Garagentors und die Frage nach den damit verbundenen Kosten stellt eine reale Problemstellung dar. Diese authentische Fragestellung eignet sich für eine Umsetzung in unterschiedlichen Klassenstufen der Sekundarstufe I. Für den Lösungsprozess dieser Problemstellung müssen die Lernenden unterschiedliche mathematische Inhalte anwenden und miteinander vernetzen, wofür unterschiedliche Fähigkeiten und Kenntnisse erforderlich sind. Die inhaltliche Umsetzung wird in diesem Artikel anhand eines erprobten realitätsbezogenen differenzierten Unterrichtsbeispiels mit Lösungen von Lernenden aufgezeigt.

1 Einleitung

Ein Garagentor kann als Teil der Fassade betrachtet werden und spielt somit in der Gesamtoptik eines Hauses oder sonstigen Gebäudes eine Rolle. Es kann zwischen diversen Farben und Materialien eine Auswahl getroffen werden (vgl. www. wohnnet.at/bauen/rohbau/garagentore-material-7761466). Die Fläche eines Garagentors kann somit aus unterschiedlichsten Materialien wie beispielsweise Stahl, Kunststoff, Aluminium oder aber auch aus Holz bestehen. Neben dem ästhetischen Aspekt, sind auch die Robustheit, Stabilität, Witterungsbeständigkeit oder die Wärmedämmung Bestandteile einer Kaufentscheidung (vgl. www.garage-und-carport. de/garagentor/material/). Für welches Material sich letztendlich entschieden wird, hängt u. a. von den individuellen Vorstellungen, der Kostenabwägung oder der Örtlichkeit ab.

Befürworter eines Garagentors aus Massivholz führen Begriffe wie „natürlich" und „warm" an, wenn es darum geht, ein Holzgaragentor zu charakterisieren (vgl. www. wohnnet.at/bauen/rohbau/garagentore-material-7761466). Des Weiteren zeichnet sich Holz durch seine hohe Wärmedämmfähigkeit, Widerstandsfähigkeit und Robustheit aus (vgl. www.garage-und-carport.de/garagentor/material/ garagentore-aus-holz/). Da es sich bei Massivholz um ein lebendes Material handelt, ist im Vergleich zu Kunststoff oder Metall eine aufwendigere Pflege notwendig, wenn das Garagentor langfristig erhalten bleiben soll (vgl. www. wohnnet.at/bauen/rohbau/garagentore-material-7761466). In diesem Kontext wird Holz auch als ein arbeitendes Material bezeichnet. So zieht es sich bei Kälte zusammen, dehnt sich bei Wärme aus und wird durch Luftfeuchtigkeit beeinträchtigt (vgl. www.garage-und-carport.de/garagentor/material/garagentore-aus-holz/). Aufgrund der Witterung wird von Fachleuten eine regelmäßige Behandlung des Garagentors mit einer Holzlasur alle 3 bis 4 Jahre empfohlen (vgl. www. wohnnet.at/bauen/rohbau/garagentore-material-7761466).

2 Problemstellung und Rahmenbedingungen

Bei der in der Einleitung beschriebenen Notwendigkeit der Pflege setzt die in diesem Artikel behandelte Problemstellung an. So geht es darum, dass das abgebildete Holzgaragentor (Abb. 1 und 2) abermals braun gestrichen werden muss. Hierzu müssen bei den Schülerinnen und Schülern verschiedene mathematische Fähigkeiten und Kenntnisse vorhanden sein, welche für den Lösungsprozess dieser Aufgabe notwendig sind.

Die Intention beider Arbeitsblätter ist identisch, jedoch unterscheiden sie sich im Grad der Öffnung der Aufgabenstellung, wodurch eine Differenzierung stattfindet. So geht es bei beiden darum, wie hoch die Kosten für die benötigte Holzlasur sind. Allerdings besteht beim Informationsumfang ein Unterschied. Das erste Arbeitsblatt beinhaltet bereits alle notwendigen Informationen (u. a. Preis- und Literangaben der Holzlasur), wobei beim zweiten

A. Kuch (✉)
Kirnbachschule Niefern (GWRS), Bischwiese 4, 75223 Niefern, Deutschland
E-Mail: Kuch@mail.de

© Springer Fachmedien Wiesbaden GmbH, ein Teil von Springer Nature 2019
I. Grafenhofer und J. Maaß (Hrsg.), *Neue Materialien für einen realitätsbezogenen Mathematikunterricht 6*, Realitätsbezüge im Mathematikunterricht, https://doi.org/10.1007/978-3-658-24297-8_10

Garagentor

Das Holzgaragentor muss nach dem Abschleifen
wieder braun gestrichen werden.
Wie viel kostet die dafür benötigte Holzlasur?

Dauerhafter Langzeitschutz	Holzlasur (braun)
	1 l **3,95 €** 2,5 l **8,95 €** 5 l **16,95 €**

	- wetterbeständig, für außen,
	  wasserabweisend, UV-beständig
	  und feuchtigkeitsregulierend
	- 5 l reichen für ca. 80 m²

Abb. 1 Arbeitsblatt 1 (Holzlasurkosten Garagentor)

Arbeitsblatt für eine mögliche Lösung eine Recherche (beispielsweise Internet und/oder Werbeprospekte) bzgl. des
Holzlasurpreises durchgeführt werden muss.

Die aufgezeigte realitätsbezogene Aufgabenstellung
(Abb. 1 und 2) wurde in einer 9. Klasse der Werkrealschule
innerhalb zwei zusammenhängender Unterrichtsstunden
(90 min) durchgeführt. Das Leistungsniveau der Klasse ist als
heterogen anzusehen. Die Aufgaben wurden in Kleingruppen
(je 3 Lernende) bearbeitet. Grundsätzlich beschäftigten sich
die leistungsschwächeren Gruppen mit dem ersten Arbeitsblatt (Abb. 1) und die leistungsstärkeren mit dem zweiten
Arbeitsblatt (Abb. 2), wobei es auch für beide Arbeitsblätter
gemischte Gruppen bzgl. des Leistungsniveaus gab. Die
Kleingruppen, welche das zweite Arbeitsblatt bearbeitet
haben, verfügten für die Recherche des Holzlasurpreises über
einen Internetzugang. Für die Bearbeitung dieser facetten-
reichen Problemstellung sind Fähigkeiten und Kenntnisse
wie das Schätzen, Flächenberechnungen, die Berechnung
des Preises im Kontext der Flächenangabe sowie das schluss-
folgernde Denken notwendig.

Garagentor

Das Holzgaragentor muss nach dem Abschleifen
wieder braun gestrichen werden.

Wie viel kostet die dafür benötigte Holzlasur?

Abb. 2 Arbeitsblatt 2 (Holzlasurkosten Garagentor mit
Internetrecherche und/oder Werbeprospekten)

Nach der lehrergesteuerten Gruppenbildungsphase
begannen die Schülerinnen und Schüler mit der Bearbeitung
der Aufgabenstellung. Über die gesamte Erarbeitungszeit
wurde seitens der Lehrkraft das Prinzip der minimalen Hilfe
angewandt. Am Ende der Bearbeitung wurden einzelne
Gruppenergebnisse (gleiche Anzahl Arbeitsblatt 1 und 2) im
Plenum präsentiert und diskutiert.

3   Möglicher Lösungsprozess mit didaktischem Hintergrund

Zu Beginn des Bearbeitungsprozesses muss die Aufgabenstellung (Abb. 1 und 2) richtig verstanden und das weitere
Vorgehen geplant werden. Dies ist bei einer produktiven
Aufgabe wie dieser notwendig, da sie „komplexer als die
üblichen, meist auf eine Lösung und einen Lösungsweg
zugeschnittenen Aufgaben […]" (Herget et al. 2008, S. 3)
ist. Danach ist es erforderlich, dass die Lernenden die zu
streichende Garagentorfläche *schätzen*. Bei der Bearbeitung
bestimmter Problemstellungen wie der vorliegenden,
ist das Schätzen eine wichtige Kompetenz. So kann sie
„Kontrollvorgänge initiieren und den Alltags- bzw.

Realitätsbezug herstellen." (Greefrath 2007, S. 48). Schätzen ist eine Möglichkeit, Näherungswerte zu bestimmen. Durch das Schätzen kann zum Ergebnis gelangt werden, indem ein gedanklicher Vergleich mit bekannten Größen, dem Stützpunktwissen, durchgeführt wird. An dieser Stelle ist beispielsweise die Schrittlänge, die Körpergröße oder die Türhöhe zu erwähnen. Diese Beispiele verdeutlichen, dass das Schätzen besonders für den Aufbau realistischer Größenvorstellungen wichtig ist (vgl. Krauthausen und Scherer 2007, S. 101). Für das Schätzen sind somit sehr gute und vernetzte mentale Vorstellungen des Zahlenraums, in welchem sich der Schätzer sicher bewegen kann, und ein grundlegendes mathematisch abrufbares Wissen (wie beispielsweise das Einmaleins) erforderlich (vgl. Peter-Koop 1999, S. 409). So geht es nun darum, anhand der Schätzwerte des Fahrrads die Fläche des Garagentors zu berechnen. Hierfür haben die Schülerinnen und Schüler die Möglichkeit, zwischen dem *direkten mentalen Vergleich* und dem *indirekten mentalen Vergleich* zu wählen (vgl. Franke und Ruwisch 2010, S. 254).

Beim *direkten mentalen Vergleich* kann die Länge des Fahrrads geschätzt werden, indem es beispielsweise mit der Länge eines Tretrollers verglichen wird, von dem der Lernende weiß, dass dieser ca. einen Meter lang ist. Die Höhe des Fahrrads kann entsprechend geschätzt werden, was zu einer Höhe von ca. einem Meter führt.

Der *indirekte mentale Vergleich* liegt vor, wenn der Lernende die Länge des Fahrrads mental mit seinem Körper, wie beispielsweise mit der Schrittlänge, ausmisst. So entspricht eine Schrittlänge einem Meter und für die Fahrradlänge müssen zwei Schritte gemacht werden. Somit ist das Fahrrad zwei Meter lang. Analog verhält es sich mit der Höhe, was auf eine Fahrradhöhe von ca. einem Meter schließen lässt. „Während der direkte Vergleich mit der gedanklichen Ermittlung des Unterschieds ein additives Denken erfordert, wird beim indirekten Vergleichen der Gegenstand mittels eines Stützpunktes mehrfach ausgemessen, somit ein multiplikativer Zusammenhang hergestellt und evtl. sogar eine Vereinfachung vorgenommen" (Franke und Ruwisch 2010, S. 254).

Im anschließenden Lösungsprozess geht es nun darum, auf die Fläche des Garagentors anhand der Schätzwerte des Fahrrads zu gelangen. Folglich können die Schülerinnen und Schüler die Länge und Höhe des Garagentors u. a. mit einem direkten mentalen Vergleich mittels des Fahrrads erschließen. So entspricht die Länge des Garagentors ungefähr zwei Längen des Fahrrads und die Garagenhöhe entspricht in etwa zwei Fahrradhöhen. Somit ergibt sich eine Länge des Garagentors von ca. 4 m und eine Höhe von ca. 2 m.

Beim Schätzen der Garagentorfläche handelt es sich um eine *komplexe Schätzaufgabe,* da nicht nur ein gedanklicher Vergleich bzgl. der Länge des Fahrrads durchgeführt werden muss. Die Lernenden müssen auch die Schätzwerte des Fahrrads mit der Fläche des Garagentors in Verbindung setzen und mehrere Teilschritte des Modellierungsprozesses durchführen und koordinieren. Der Aufgabentypus komplexe Schätzaufgabe basiert auf mindestens zwei Größen (vgl. Greefrath 2007, S. 52). Eine *einfache Schätzaufgabe* wäre zum Beispiel, wenn nur nach der Länge des Fahrrads gefragt werden würde. Bei einfachen Schätzaufgaben wird nämlich nur eine Größe gesucht (vgl. Greefrath 2007, S. 52).

Nachdem die Schülerinnen und Schüler zur Länge und Breite des Garagentors gelangt sind, müssen sie nun im nächsten Lösungsschritt die Garagentorfläche berechnen. Da es sich beim Garagentor um eine rechteckige Fläche handelt, muss die Garagentorfläche mit der Formel der *Flächenberechnung* eines Rechteckes ($A = a \cdot b$) ermittelt werden. So ergibt sich anhand der Berechnung mit den Schätzwerten eine zu streichende Fläche von 8 m^2.

An dieser Stelle des Lösungsprozesses finden nun zwei weitere unterschiedliche Vorgehensweisen entsprechend der differenzierten Arbeitsblätter statt. Im Folgenden wird zuerst auf das Arbeitsblatt ohne Recherche *(a)* eingegangen und im Anschluss daran auf das Lösungsschema mit Recherche *(b)*.

a) Anhand der ermittelten Garagentorfläche von 8 m^2 müssen die Lernenden sich für eine auf der Produktwerbung preislich ausgewiesene Holzlasur entscheiden. Auf der Produktbeschreibung ist fixiert, dass 5 l braune Holzlasur für eine Außenfläche von ca. 80 m^2 benötigt werden. In einem weiteren Bearbeitungsschritt kann nun über einen *Dreisatz* die notwendige Menge an Holzlasur für die 8 m^2 Garagentorfläche berechnet werden. Dies würde zu einer Menge von 0,5 l brauner Holzlasur führen. Im letzten Lösungsschritt müssen sich die Schülerinnen und Schüler schlussfolgernd für die 1 l Holzlasur für 3,95 € entscheiden, damit das kostengünstigste *Angebot ausgewählt* wird.

b) Bei dieser Lösungsvariante müssen die Schülerinnen und Schüler eine *Internetrecherche* durchführen, um auf die Kosten der braunen Holzlasur für die ermittelte Garagentorfläche von 8 m^2 zu kommen. Hier gilt es Angebote von verschiedenen Anbietern in Bezug auf die zu streichende Außenfläche miteinander zu *vergleichen* (u. a. Preis, Menge, Marke und Qualität), ggf. Qualitätskritiken zu recherchieren und sich schließlich nach einer Kosten-Nutzen-Analyse für ein Angebot zu *entscheiden.*

4   Reflexion Schülerlösungen

Die gestellte Problemstellung eignet sich für Schülerinnen und Schüler der Sekundarstufe I, sobald die relevanten mathematischen Inhalte entsprechend dem Curriculum (wie beispielsweise Flächenberechnung und Dreisatz) behandelt

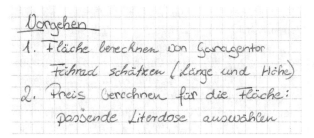

Abb. 3 Planung Vorgehen (Arbeitsblatt 1)

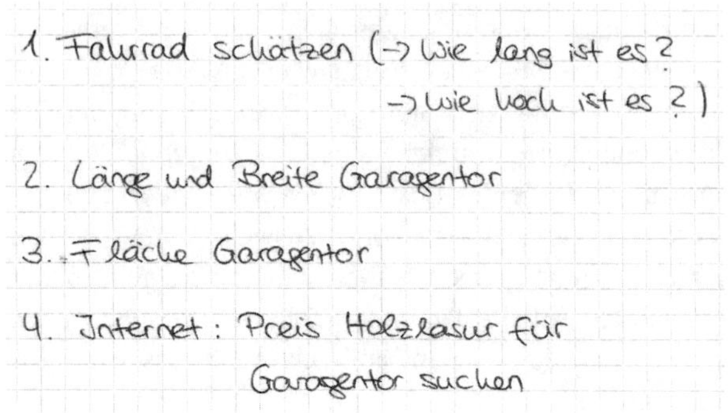

1. Fahrrad schätzen (→ Wie lang ist es?
   → Wie hoch ist es?)

2. Länge und Breite Garagentor

3. Fläche Garagentor

4. Internet: Preis Holzlasur für
   Garagentor suchen

Abb. 4 Planung Vorgehen (Arbeitsblatt 2)

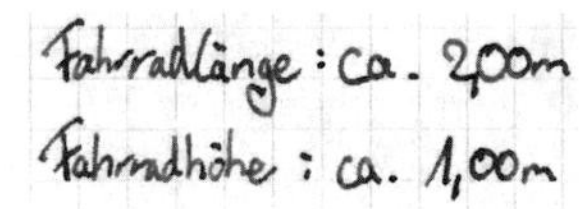

Fahrradlänge: ca. 2,00 m
Fahrradhöhe: ca. 1,00 m

Abb. 5 Schätzwerte Fahrrad (I)

Fahrradlänge ungefähr 1,70 m
Fahrradhöhe ungefähr 1,00 m

Abb. 6 Schätzwerte Fahrrad (II)

Abb. 7 Maße Garagentor

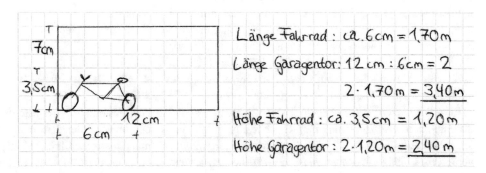

worden sind. Somit muss diese Aufgabenstellung nicht erst gegen Ende der Sekundarstufe I durchgeführt werden. Bei den Schülerlösungen zeigten sich entsprechend dem individuellen Leistungsniveau unterschiedliche Vorgehensweisen als auch Unterschiede im Zusammenhang mit der mathematischen Auseinandersetzung. Aufgrund der Gruppenzusammenstellung seitens der Lehrkraft haben sich die vorzufindenden Niveauunterschiede in den einzelnen Phasen des Bearbeitungsprozesses, von der Planungsphase über die Erarbeitungsphase bis hin zur Vorbereitungsphase für die Präsentation, gut ergänzt. Des Weiteren konnten nach der abschließenden Präsentation der Ergebnisse, die unterschiedlichen Vorgehensweisen und insbesondere die Schätzstrategien diskutiert werden. Zudem wurden weiterführende Fragen seitens der Lernenden vorgebracht. Die Gruppenarbeit ist ihrer Intention eines eigenverantwortlichen und kooperativen Lern- bzw. Bearbeitungsprozesses in jeglicher Hinsicht gerecht geworden.

Im Folgenden werden zu den beiden Aufgabenstellungen einige Lösungen der Schülerinnen und Schüler näher betrachtet.

4.1 Lösung Aufgabenblätter

Planungsphase Bei den Lerngruppen konnte gleich zu Beginn ein wesentlicher Unterschied beobachtet werden. Zwar haben alle Gruppen das beabsichtigte Ziel, also die Klärung der Kostenfrage in den Fokus gestellt, aber die Herangehensweise war unterschiedlich geprägt, was auch in der weiteren Bearbeitung deutlich wurde. Einzelne Gruppen haben sofort angefangen, Länge und Höhe des Fahrrads zu schätzen. Die Gruppen, die ihr Vorgehen in Schritten geplant und schriftlich fixiert hatten, arbeiteten im weiteren Bearbeitungsprozess strukturierter und zielorientierter (Abb. 3 und 4).

Innerhalb dieser Gruppen waren die Intentionen ihres Vorgehens größtenteils gleich, aber auch hier waren Unterschiede im Grad der Detailliertheit der schriftlichen Fixierung vorzufinden. Dieser Grad der Detailliertheit hatte aber weder negative noch positive Auswirkungen auf den logisch vollzogenen Lösungsprozess.

Erarbeitungsphase Beim Schätzen des Fahrrads waren unterschiedliche Längen und Höhen anzutreffen (Abb. 5 und 6), was im weiteren Verlauf folglich unterschiedliche Berechnungen nach sich zog. Bei der Präsentation der Ergebnisse wurden die unterschiedlichen Schätzstrategien bzgl. des Fahrrads sehr deutlich.

Die Unterrichtssequenz, in welcher die Maße für die Garagentorfläche über das Fahrrad geschätzt bzw. berechnet wurden, stellte die Lernenden größtenteils vor keine großen Hürden. Hier waren unterschiedliche Vorgehensweisen zu beobachten. Einige Gruppen lösten beispielsweise diesen Lösungsschritt über ein weiteres Schätzen, andere Gruppen berechneten diese Fläche, indem sie die Schätzwerte des Fahrrads mit Daten aus durchgeführten Messungen auf dem Arbeitsblatt in Zusammenhang setzten (Abb. 7). An dieser Stelle ist anzumerken, dass bei einigen leistungsschwächeren Lernenden das Schätzen aufgrund fehlender Größenvorstellungen zu fragwürdigen Schätzwerten (bspw. Fahrradlänge 4,00 m und Fahrradhöhe 2,50 m) führte und es dadurch für diese Aufgabe zu unrealistischen Garagentormaßen kam. Diese Schätzwerte wurden im weiteren Verlauf entsprechend modifiziert.

Beim Herstellen des Zusammenhangs zwischen der Garagentorfläche und der benötigten Holzlasur anhand der Literangabe kam es bei den Gruppen zu regen Diskussionen bzgl. der Vorgehensweise (Abb. 8).

Die Gruppen, welche das zweite Arbeitsblatt bearbeiteten, mussten im Vergleich zu den Gruppen, die das erste Arbeitsblatt zur Bearbeitung hatten, noch passende Angebote einholen und miteinander vergleichen. Diese Gruppen verglichen Preise von verschiedenen Anbietern miteinander. Einzelne Gruppen entschieden sich jeweils für das günstigere Angebot, wobei es auch Lerngruppen gab, die vor der Entscheidung dem Qualitätskriterium nachgegangen sind. Die Kleingruppen, die mit dem Arbeitsblatt

Abb. 8 Dreisatz (benötigte Lasurmenge)

Abb. 9 Lasurkosten

1 vertraut waren, wählten entsprechend ihrer Berechnungen die passende Eimergröße im letzten Lösungsschritt aus (Abb. 9).

Präsentation Innerhalb der Präsentationen wurden neben den unterschiedlichen Planungsansätzen der Vorgehensweise, den unterschiedlichen Schätzstrategien und Ergebnissen, auch weitere Fragestellungen und Meinungen aufgeworfen, die rege diskutiert wurden. So gab es zum Beispiel Gruppen, die das Arbeitsblatt 1 bearbeiteten, welche äußerten, dass sie (entgegen der eigentlichen Lösung) lieber den 2,5 l – Eimer nehmen würden, da eventuell wegen der mangelnden Lasuraufnahme das Holz zweimal gestrichen werden müsste und daher der 1 l – Eimer nicht reichen könnte. Innerhalb der Gruppen, welche das Arbeitsblatt 2 zur Bearbeitung hatten, sind u. a. folgende inhaltliche Fragen im Zusammenhang Preis – Qualität aufgetreten und diskutiert worden: Sind teure Lasurangebote qualitativ besser als günstigere? Wenn eine Lasur teurer ist, dafür aber langlebiger im Vergleich zu günstigeren Lasuren, macht es dann nicht aufgrund des Kostenvorteils Sinn, in eine preislich höhere Lasur zu investieren? Zahlt man bei teuren Lasuren nur den bekannten Markennamen und sind daher günstigere Angebote qualitativ genauso gut oder sogar besser?

5 Schlussbemerkung und Ausblick

Die Problemstellung der Garagentor-Aufgabe eignet sich für Lernende der Sekundarstufe I, wenn es darum geht, unterschiedliche mathematische Fähigkeiten und Kenntnisse miteinander zu vernetzen. Innerhalb von Modellierungskreisläufen kommt der Ermittlung von Näherungswerten, insbesondere der Kompetenz des Schätzens, eine wichtige Aufgabe zuteil. Anhand dieser Aufgabenstellung kann das Schätzen gefördert und methodisch auf unterschiedlichste Weise eingesetzt werden. Insbesondere in Gruppenarbeiten können Schätzergebnisse, wie z. B. die Fahrradlänge, miteinander verglichen werden. Des Weiteren kann in diesem Zusammenhang auch über Schätzstrategien diskutiert werden. Ebenso ist es möglich, anhand neuer Erkenntnisse neue Schätzungen durchzuführen. Zudem können innerhalb dieser Aufgabe

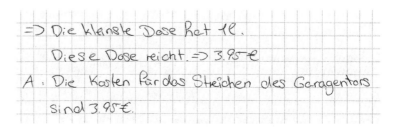

auf der Basis von eigenen Schätzwerten weiterführende Berechnungen (wie Flächeninhalt und Dreisatz) angestrengt und damit auch unterschiedlichste mathematische Fähigkeiten und Kenntnisse inhaltlich miteinander in Verbindung gesetzt werden. Weitere produktive Aufgabenstellungen für den Unterricht lassen sich beispielsweise in Herget et al. (2008) finden.

Die aufgezeigte Problemstellung verdeutlicht, dass die Genauigkeit des Schätzens und Messens Auswirkungen auf die Realität hat. So erfahren die Lernenden, dass von der Genauigkeit ihrer mathematischen Ergebnisse der Kauf der benötigten Lasurmenge abhängt und diese somit auch Auswirkungen auf die Kostenfrage nach sich zieht. Ungenaue Schätz- und Messergebnisse können somit dazu führen, dass zum einen zu wenig Lasur für die zu streichende Fläche gekauft wird, zum anderen aber auch, dass im Verhältnis zu viel Lasur übrig bleibt, was unnötige Kosten verursacht.

Besonders durch das Präsentieren der Schülerergebnisse werden die unterschiedlichsten Möglichkeiten der Herangehensweisen und Niveaus aufgezeigt. Zudem bieten die Präsentationen auch Raum, um z. B. (Schätz-) Ergebnisse, Schätzstrategien oder weiterführende Fragen zu thematisieren.

Die Lehrkraft kann durch die differenzierte Aufgabenstellung die Schülerinnen und Schüler gezielt nach ihrem Leistungsstand in Gruppen einteilen. Sie bekommt anhand der Bearbeitung und Präsentation der Problemstellung eine Rückmeldung über den Leistungs- und Kompetenzstand der Lernenden. Im weiteren Unterricht können bei Bedarf entsprechende Maßnahmen ergriffen werden, um beispielsweise das Schätzen oder das Vernetzen von Daten zu fördern.

Literatur

Franke, M., Ruwisch, S.: Didaktik des Sachrechnens in der Grundschule. Spektrum Akademischer, Heidelberg (2010)

Greefrath, G.: Modellieren lernen mit offenen realitätsnahen Aufgaben. Aulis, Köln (2007)

Herget, W., Jahnke, T., Kroll, W.: Produktive Aufgaben für den Mathematikunterricht in der Sekundarstufe I. Cornelsen, Berlin (2008)

Krauthausen, G., Scherer, P.: Einführung in die Mathematikdidaktik. Spektrum Akademischer, München (2007)

Peter-Koop, A.: Schätzen und Überschlagen beim Sachrechnen in der Grundschule. In: Neubrand, M. (Hrsg.) Beiträge zum Mathematikunterricht 1999. Vorträge auf der 33. Tagung für Didaktik der Mathematik vom 1. bis 5. März 1999 in Bern, S. 409–412. Franzbecker, Hildesheim (1999)

http://www.garage-und-carport.de/garagentor/material/. Zugegriffen: 03.02.2019

http://www.garage-und-carport.de/garagentor/material/garagentore-aus-holz/. Zugegriffen: 03.02.2019

http://www.wohnnet.at/bauen/rohbau/garagentore-material-7761466. (Autorin: Veronika Kober, Datum: 16.12.2015). Zugegriffen: 03.02.2019

Der Beuteflug des Habichts und das Nest des Sperbers

Einfache Modelle für einen realitätsbezogenen Mathematikunterricht

Jürgen Maaß und Stefan Götz

Zusammenfassung

Ein Sperber ist ein kleiner Greifvogel, der auch seinerseits gejagt wird – z. B. vom Habicht. Besonders tragisch aus der Sicht einer Sperberfamilie ist die Situation, wenn ein Habicht während der Zeit, in der schon geschlüpfte junge Sperber im Nest sitzen und von den Eltern gefüttert werden, das Nest findet und alle Jungen tötet. Weshalb schlagen wir vor, sich mit dieser Thematik im Mathematikunterricht zu beschäftigen? Wir gehen davon aus, dass Schülerinnen und Schüler, die im selbstbestimmten Projektunterricht ihr mathematisches Wissen einsetzen und erweitern, um einen kleinen Ausschnitt aus dem Geschehen der belebten Natur zu modellieren bzw. zu simulieren und so besser zu verstehen, nicht nur etwas über Greifvögel lernen, sondern auch ihre mathematischen Kompetenzen erweitern. Das mit dem Gelingen eines solchen Projektes verbundene Erfolgserlebnis kann zudem zur Motivation für den weiteren Mathematikunterricht erheblich beitragen.

1 Vorbemerkung

Dieser Beitrag ist aus der Kooperation zweier Mathematikdidaktiker und eines Biologen entstanden. **Helmut Steiner,** ein Biologe aus Linz hat den beiden Autoren die Resultate seiner jahrzehntelangen Feldforschungen in der Gegend südlich von Linz zur Verfügung gestellt und sie bei der Modellierung beraten. Entstanden ist so ein etwas untypisches Projekt: Aus der Feldforschung ist ziemlich

gut bekannt, mit welcher Wahrscheinlichkeit ein Habicht ein Sperbernest findet, wenn es in einer bestimmten Entfernung von seinem eigenen Nest gebaut wird. Wir starten nun unsere Modellierungen mit dem Ziel, solche Modelle zu finden, die das reale Geschehen erklären. Da offenbar nicht jede Schulklasse das Glück hat, einen forschenden Biologen zurate ziehen zu können, haben wir neben den in diesem Beitrag verwendeten Daten auch hilfreiche Fachliteratur zitiert.

2 Einstieg

Das Thema ermöglicht einen emotionalen Einstieg, etwa durch Videos von Sperber und Habicht (vgl. auch Mebs und Schmidt 2006). Auf YouTube haben wir als Beispiele etwas Nettes über brütende Sperber[1] und etwas weniger Nettes über einen jagenden Habicht gesehen[2]. Viele weitere Filme dieser Art stehen zur Auswahl. Der Habicht ist deutlich größer und stärker als der Sperber; er tritt deshalb hier als Jäger auf. Wir schlagen vor, irgendwann im Verlauf des Projektes, spätestens jedoch in der Abschlussbesprechung mit einer Kollegin bzw. einem Kollegen aus der Biologie über das Thema Jäger/Beute/Wirkgefüge der evolutionären Gegenspieler etc. zu diskutieren, um einen Schritt zu einem besseren Gesamtverständnis der Natur zu ermöglichen. Damit ist einem fächerübergreifenden Projekt Tür und Tor geöffnet.

Projektbeginn: Am Anfang eines Projektes sollte die Einigung auf ein Ziel und die ersten Schritte eines zielgerichteten Vorgehens stehen. Selbstverständlich und wie immer in der Schule bewegt sich die Zielauswahl in einem

J. Maaß (✉)
Institut für Didaktik der Mathematik, Universität Linz, Linz, Österreich
E-Mail: juergen.maasz@jku.at

S. Götz
Fakultät für Mathematik, Universität Wien, Wien, Österreich
E-Mail: stefan.goetz@univie.ac.at

---

[1]https://www.youtube.com/watch?v=k7WMsWq26ek, Zugriff am 08.03.2018.

[2]https://www.youtube.com/watch?v=kzyeWQM65iM, Zugriff am 08.03.2018.

© Springer Fachmedien Wiesbaden GmbH, ein Teil von Springer Nature 2019
I. Grafenhofer und J. Maaß (Hrsg.), *Neue Materialien für einen realitätsbezogenen Mathematikunterricht 6,*
Realitätsbezüge im Mathematikunterricht, https://doi.org/10.1007/978-3-658-24297-8_11

von der Institution Schule, den Lehrplänen etc. gesetzten Rahmen. Fächerübergreifende Projekte sind ausdrückliche Forderung des Lehrplanes und dienen mehr als üblicher Mathematikunterricht der Erreichung allgemeiner Lehrziele wie Selbstständigkeit, Erziehung zum/r mündigen Bürger/in etc.:

Heranwachsende sollen mit dem für das Leben in der Gesellschaft notwendigen Wissen und den entsprechenden Fertigkeiten so ausgestattet werden, dass sie im Sinne von allgemein gebildeten (konstruktiven, engagierten und reflektierenden) Bürgerinnen und Bürgern Mathematik als sinnvolles und brauchbares Instrument ihrer unmittelbaren Lebenswelt erkennen bzw. einsetzen können. In diesem Sinne sollen sie durch den Mathematikunterricht zur Kommunikation mit Expertinnen und Experten und der Allgemeinheit befähigt werden. (AHS Oberstufen-Lehrplan Mathematik, RIS 2018, S. 198)

Und weiter:

Viele Naturphänomene lassen sich mithilfe der Mathematik adäquat beschreiben und damit auch verstehen. Die Mathematik stellt eine Fülle von Methoden zur Verfügung, mit denen Probleme bearbeitbar werden. (Ebd.)

Wir setzen das als bekannt voraus und gehen hier nicht näher darauf ein (vgl. dazu z. B. Maaß 2015). In diesem Rahmen könnte das Ziel sein, mithilfe mathematischer Modelle und Simulationen zu Ergebnissen zu kommen, die die Informationen aus der biologischen Forschung erklären können.

Ein erstes Etappenziel könnte sein, die aus der Biologie mitgebrachte Information zu verstehen, nach der ein Sperbernest in etwa 3 km Entfernung vom Habichtnest mit einer Wahrscheinlichkeit von etwa 20 % gefunden und geplündert wird. Mit anderen Worten: In etwa 80 % der Fälle, in der ein Sperbernest etwa 3 km vom nächsten Habichtnest entfernt ist, gelingt nach den Ergebnissen der biologischen Forschung eine erfolgreiche Aufzucht der jungen Sperber.

Wir fassen die Informationen aus der Biologie zusammen: Drei Faktoren sind für den Bruterfolg der Sperber hauptsächlich verantwortlich. Zunächst müssen die Sperber-Eltern für ihre Jungen genügend Nahrung finden. Dann soll kein anderer Nesträuber (Marder, Uhu, …) erfolgreich sein. Das setzen wir im Folgenden voraus. Für einen Bruterfolg oder aus der anderen Perspektive eines möglichen Jagderfolgs eines Habichts sind zwei Faktoren entscheidend:

1. **Wie gut haben die Sperber ihr Nest versteckt?** Im Modell werden wir vereinfachend einen Finde-Radius annehmen. Es gilt dann die Annahme: Wenn der Habicht innerhalb des Kreises um das Sperbernest gelangt, der durch diesen Radius bestimmt wird, findet er das Nest und tötet die jungen Sperber. In der Natur (im Wald) ist dieser Erfolgsbereich für den Habicht kein exakter Kreis, sondern stattdessen ein Bereich, der durch die Position und den Wuchs von Bäumen und Büschen bestimmt wird.

2. **Die Distanz von Habichtnest und Sperbernest.** Ein Habicht fliegt von seinem Nest aus (wenn er seinerseits junge Habichte ernähren will – andernfalls hat er keinen so fixen Ausgangspunkt und eine Modellierung wird für uns viel schwerer) pro Tag maximal 10 km weit. Ein Sperbernest in mehr als 5 km Entfernung vom Sperbernest ist also – statistisch – sicher.

Der folgende **erste Versuch einer Modellierung** geht also von realen Werten (vorhandenen Forschungsergebnissen) aus und versucht, ein Modell mit passenden Parametern so zu finden, dass diese Werte im Modell wiedergefunden werden. In gewissem Sinn ist das also eine Umkehraufgabe.

3   Ein erstes Modell

Für den Start des ersten Modellierungsansatzes vereinfachen wir sehr: Wir setzen den Habicht in den Ursprung eines Koordinatensystems, den Sperber auf die x-Achse in angemessener Entfernung a (in Metern) und betrachten den Winkel α zwischen den beiden Tangenten an den Kreis mit dem Finde- oder „Sichtbarkeits"-Radius b Meter um das Nest des Sperberpärchens. Abb. 1 veranschaulicht schematisch die Situation, wobei ein realitätsnäherer Winkel α viel kleiner ist.

Für die in Abb. 1 eingestellten Werte ergibt sich gerundet eine (geometrische) Wahrscheinlichkeit p von $\frac{25}{360} = 0{,}07$.

Nehmen wir ein paar realitätsnahe Zahlen, um einen solchen Winkel α auszurechnen. Die Entfernung der beiden Nester soll 3 km betragen und der Finde-Radius 20 m. Wie groß ist dann der Winkel α?

Abb. 1 erinnert uns daran, wie wir im rechtwinkeligen Dreieck den Winkel $\frac{\alpha}{2}$ zwischen der x-Achse und der „oberen" Tangente ausrechnen können. Die Hypotenuse ist die Entfernung a zwischen beiden Nestern, sie ist also etwa 3 km (oder 3000 m) lang. Die Gegenkathete b ist der Radius des „Finde"-Kreises, sie ist also 20 m lang. Daraus gewinnen wir mit $\sin\frac{\alpha}{2} = \frac{20}{3000}$ den (sehr kleinen) Winkel $\alpha = 0{,}76°$ (gerundet).

Wenn wir – wiederum sehr vereinfachend – annehmen, dass der Habicht rein zufällig die Richtung auswählt, in der er losfliegt und dann immer geradeaus fliegt, besteht demnach eine (wiederum sehr kleine) Wahrscheinlichkeit von $\frac{0{,}76}{360} = 0{,}002111$ (gerundet) dafür, dass er in den Kreis gelangt, innerhalb dessen er das Sperbernest entdeckt.

Abb. 1 Geometrische Veranschaulichung des ersten Modells (fiktive Achsenskalierungen). (Erstellt mit © GeoGebra)

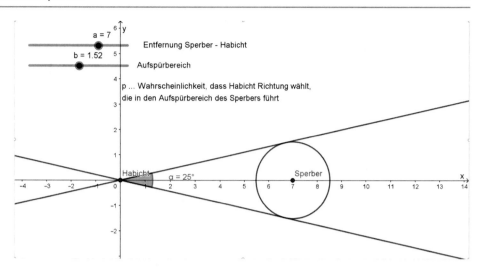

An dieser Stelle könnten nun Schülerinnen oder Schüler etwas zu vereinfacht so weiter rechnen: Wenn der Habicht in der Zeit, in der die jungen Sperber im Nest hocken, etwa 95-mal (0,002111 · 95 ist etwa 0,2) losfliegt, steigt die Wahrscheinlichkeit für einen Treffer auf 0,2 oder 20 %. Das entspricht der empirischen Beobachtung und klingt realistisch. Der Fehler dieser Rechenweise wird offensichtlich, wenn die Trefferwahrscheinlichkeit für den Fall berechnet wird, wenn der Habicht mehr als 500-mal losfliegen würde: dann wäre nach dieser Berechnung die Wahrscheinlichkeit größer als eins! Besser passt wie im Stochastikunterricht schon gelernt oder hier neu zu erarbeiten die folgende Rechnung mit der Gegenwahrscheinlichkeit. Für 95 Flüge ist $1 - (1 - 0,002111)^{95} = 0,18$ (gerundet). Frägt man anders herum nach der Anzahl n der Flüge (der Versuche des Habichts), um eine „Trefferwahrscheinlichkeit" von 0,2 zu erhalten, dann ergibt sich aus der Gleichung $1 - (1 - 0,002111)^n = 0,2$ die Lösung $n = 106$ (gerundet).

Erster Rückblick: Was lernen wir aus dem ersten Versuch? Für einen allerersten sehr vereinfachten Modellansatz haben wir kein schlechtes Ergebnis erhalten. Es scheint plausibel, dass ein Habicht in der Brutzeit von etwa 34 Tagen[3] um die 100 Jagdausflüge startet. Das wären rund drei pro Tag. Es ist aber nicht realistisch, dass er jedes Mal in eine zufällige Richtung startet und nichts dazu lernt. Tatsächlich legt er ein komplexes Jagdverhalten an den Tag. Wir erfahren aus der Biologie: Habichte jagen gerne an Erfolg versprechenden Orten, die sie sich merken. Dazu ist auch eine individuelle Kenntnis des Jagdreviers aufgrund der langjährigen

Ortstreue (das Nest wird immer wieder an derselben Stelle gebaut/genutzt) sehr wichtig. Begehrte Beute wie Drosseln und Fasane hält sich z. B. gerne an Waldrändern auf, Ringeltauben und Eichelhäher in teilweise dichten Waldteilen, Türken- und Haustauben sowie Elstern und Stare nahe bei Häusern, Enten an Gewässern, sowie Kiebitze auf Äckern. Nicht zuletzt: Wenn Habichte satt sind, jagen sie nicht mehr.

4 Ein nächster Modellierungsversuch

Nach dem ersten einfachen Modell müssen die Schüler und Schülerinnen – beraten von der Lehrperson – nun entscheiden, in welche Richtung sie ihren nächsten Modellierungsversuch starten. Wie der reale Habicht sollten sie dabei ihre bisherigen Erfahrungen, ihre Ziele und Möglichkeiten abwägen. Welche Information aus der Biologie soll zuerst bedacht werden?

Wir entscheiden uns für eine einfache Wahrheit als Ausgangspunkt: Wenn Habichte satt sind, jagen sie nicht mehr. Das übersetzen wir in eine Wahrscheinlichkeit des Jagderfolges. Nehmen wir an, ein Habicht hat bei jedem zweiten Flug einen Erfolg, bevor er das Sperbernest entdeckt. Das ist gut für die Sperber, denn wenn der Habicht z. B. eine Drossel (Beute B) fängt, dann kehrt er zu seinem Nest zurück und setzt seinen Jagdausflug nicht fort. Wir übersetzen nun die eben getroffene Annahme in die Wahrscheinlichkeit $P(B) = 0,5$, weiterhin steht $P(S) = 0,002111$ für die Wahrscheinlichkeit, dass der Habicht das Sperbernest aufspürt (Abschn. 3). Dann besteht noch die Möglichkeit, dass der Sperber bei seinem Jagdausflug erfolglos ist (nichts erbeutet, Ereignis N), dementsprechend ist dann $P(N) = 1 - 0,5 - 0,002111 = 0,498$ (gerundet). Als Modellverteilung wählen wir nun eine Multinomialverteilung, wir gehen also davon aus, dass pro Jagdausflug des Habichts *genau eines* der drei Ereignisse B, S oder N

---

[3]https://de.wikipedia.org/wiki/Sperber_(Art), Zugriff am 09.03.2018. Gemeint ist hier die Gelegebrütungszeit (also die Zeit, in der ein Gelege bebrütet wird, das ist von „Eier legen" bis „Junge schlüpfen"), dazu kommt ca. noch einmal dieselbe Jungzeit im Nest bis zum Flüggewerden. Wir könnten also auch mit knapp 70 Tagen rechnen.

Abb. 2 Zwei Sperberneste und ein Habicht (fiktive Achsenskalierungen). (Erstellt mit © GeoGebra)

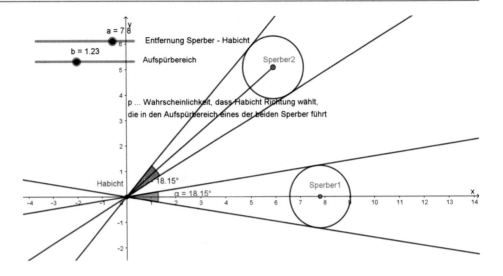

eintritt. Auch in diesem Modell ist das Sperbernest sehr sicher. Die folgenden Berechnungen geschehen alle mit einem Computeralgebrasystem (CAS).

Bei 100 Ausflügen des Habichts ist die Wahrscheinlichkeit, dass bei keinem einzigen das Sperbernest entdeckt wird, gleich $\sum_{k=0}^{100} \frac{100!}{k!(100-k)!} \cdot 0{,}5^k \cdot (0{,}5 - 0{,}002111)^{100-k} = 0{,}81$ (gerundet). Diesen Wert kennen wir im Prinzip aus Abschn. 3, er entspricht nach dem Binomischen Lehrsatz dem Ausdruck $(0{,}5 + 0{,}5 - 0{,}002111)^{100}$. Genau einmal wird es mit der Wahrscheinlichkeit $\sum_{k=0}^{99} \frac{100!}{1! \cdot k!(99-k)!} \cdot 0{,}5^k \cdot (0{,}5 - 0{,}002111)^{99-k} \cdot 0{,}002111 = 0{,}17$ (gerundet) entdeckt. Das würde ja zur Vernichtung der Sperberbrut reichen. Numerisch dazu passend ist die „Restwahrscheinlichkeit" in diesem Modell sehr klein, sie liegt knapp unter 2 %.

Anmerkung: Streng genommen müsste es bei dieser Modellierung bis zu 100 Sperbernester geben. Wir setzen ja bei jedem Flug eine positive Wahrscheinlichkeit voraus, ein solches zu finden. Die Wahrscheinlichkeit für den Habicht, mehr als ein Sperbernest zu finden, ist aber bei diesen Parametern der Multinomialverteilung sehr klein. Deswegen können wir diesen nicht realistischen Fall vernachlässigen.

Nehmen wir nun an, ein zweites Sperbernest befindet sich ebenfalls 3 km vom Habichtnest entfernt und ist so gelegen, dass es mit samt seinem zugehörigen „Finde"-Kreis mit einem Radius von 20 m außerhalb des ersten Aufspürbereiches liegt (Abb. 2). Die beiden relevanten Gebiete überlappen einander also nicht.

Die (geometrische) Aufspürwahrscheinlichkeit ist daher doppelt so groß wie bisher: $P(S) = 2 \cdot 0{,}002111 = 0{,}004222$. Dem entsprechend sinkt $P(N)$ auf 0,495778. Es ändert sich also nicht viel, möchte man meinen. Tatsächlich ist aber die Wahrscheinlichkeit, dass bei 100 Jagdausflügen *keines* der beiden Sperbernester entdeckt wird, nur mehr 65,5 %, indem wir $\sum_{k=0}^{100} \frac{100!}{k!(100-k)!} \cdot 0{,}5^k \cdot 0{,}495778^{100-k}$ auswerten und runden.

Mit Wahrscheinlichkeit 34,5 % wird also mindestens ein Sperbernest gefunden.

Die Wahrscheinlichkeit dafür, dass der Habicht *genau ein* Sperbernest aufspürt, liegt unter diesen Annahmen schon bei gerundeten 27,7 %. Dieses Ergebnis erhalten wir aus dem Ausdruck $\sum_{k=0}^{99} \frac{100!}{1! \cdot k!(99-k)!} \cdot 0{,}5^k \cdot (0{,}5 - 2 \cdot 0{,}002111)^{99-k} \cdot 0{,}004222$.

Das Ereignis, *beide* Nester zu erwischen ist ein bisschen diffiziler in diesem Modell zu bewerten: Der Ausdruck $\sum_{k=0}^{98} \frac{100!}{2! \cdot k!(98-k)!} \cdot 0{,}5^k \cdot (0{,}5 - 2 \cdot 0{,}002111)^{98-k} \cdot 0{,}004222^2$ der Multinomialverteilung ergibt 0,058 (gerundet). Zwei Treffer S kann aber auch heißen, zweimal dasselbe Nest zu berücksichtigen. Das ist noch nicht das, was uns jetzt interessiert. Es gibt die drei Möglichkeiten *zweimal Nest 1*, *zweimal Nest 2* und *einmal Nest 1 und einmal Nest 2* für das Ereignis $S = 2$. Ihre Wahrscheinlichkeiten verhalten sich wie 1:1:2. Also dividieren wir die berechnete Wahrscheinlichkeit von 0,058 durch zwei und landen bei 2,9 %.

Es bleibt eine Restwahrscheinlichkeit von 3,9 % für Fälle, die das Modell zwar berücksichtigt, nicht aber in den Kontext passen: mehr als zwei Sperbernester treffen oder eines mehrmals.

5   Dritter Versuch: Flugsimulation

Wir wählen für unseren dritten Anlauf eine etwas anspruchsvollere Modellierung, indem wir versuchen, einen Habichtflug vom Start weg mit zu vollziehen. Wir wählen deshalb den Ursprung als Standort des Habichtnests, lassen den Zufall über die Flugrichtung und die Flugdistanz entscheiden und schauen, wie nahe der Habicht dem Sperbernest kommt. Das ist für jeden Teil des Fluges viel auszurechnen – der Einsatz elektronischer Hilfsmittel ist hier sinnvoll bzw.

selbstverständlich. Welches Programm gewählt wird, hängt von der Situation in der jeweiligen Schulklasse ab. Wir haben zunächst eine Tabellenkalkulation genutzt. Für den Fall, dass eine Schulklasse ebenso entscheidet, ein kleiner Tipp: Achten Sie darauf, ob die trigonometrischen Funktionen als Argumente Winkel in Grad oder ein Bogenmaß erwarten und testen Sie die Funktion, die Zufallszahlen erzeugt.

Wir setzen den Habicht samt Nest in den Ursprung eines Koordinatensystems und den Sperber samt Nest auf den Punkt (3000;0), also 3 km entfernt auf der *x*-Achse.

Dann lassen wir den Zufall entscheiden, in welche Richtung der Habicht losfliegt und welche Flugstrecke(nlänge) – zwischen 100 und 1000 m – er fliegt. Sein erster Landungspunkt ist zugleich sein zweiter Startpunkt. Im *ersten Modell* entscheidet er (i. e. unser Modell mit Zufallsgenerator) jeweils beim Start neu, in welcher Richtung er wie weit fliegt. Das Ergebnis sieht dann so aus: Abb. 3, 4 und 5.

Nach einer Reihe von Versuchen mit der Tabellenkalkulation und jeweils neuen Zufallswerten wird deutlich,

was wir schon ahnten: Wenn der Habicht bei jedem Start neu „überlegt", in welche Richtung er fliegt, bleibt er insgesamt immer relativ nahe beim Nest. Auch bei unrealistisch großen Gesamtflugstrecken von 20 km oder mehr liegt die maximale Entfernung zum eigenen Nest meist unter 3 km. Mit anderen Worten: Dieser zufallsgesteuerte Habicht kommt wahrscheinlich *nie* zum Sperbernest.

Zweiter Rückblick: Die Freude darüber, dass es geglückt ist, einen Habicht zufällig mit einigen Zwischenstopps durch ein Koordinatensystem fliegen zu lassen, wird durch die in den Grafiken sichtbaren simulierten Flugrouten deutlich getrübt. Das sieht sehr unrealistisch aus. Auch mit sehr vielen Durchgängen wird der Habicht so nicht das Sperbernest finden. Von den empirischen 20 % Erfolgswahrscheinlichkeit bleibt er auf jeden Fall sehr weit entfernt. Es scheint uns irrelevant, ob seine Hoffnung auf einen Treffer in dieser Simulation gleich oder nahe Null ist. Wir müssen die Modellierung qualitativ verbessern!

Abb. 3 Flugroute 1

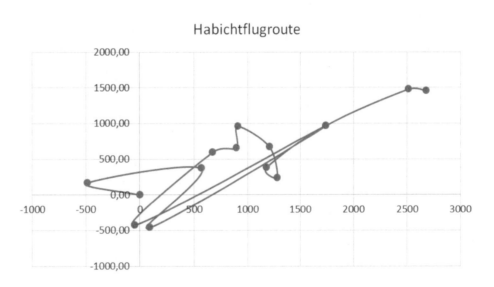

Abb. 4 Flugroute 2

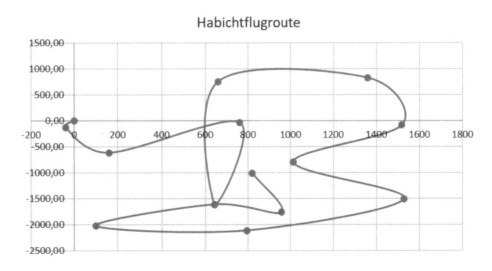

Abb. 5 Flugroute 3

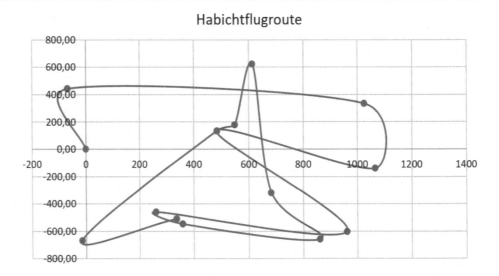

6   Neues Modell: Habicht mit Gedächtnis

Wir statten den Habicht mit einem Gedächtnis aus und modellieren so, dass er sich bei einem Zwischenstopp seine ursprüngliche Flugrichtung ungefähr (plus/minus maximal ε Grad) merkt. Der Wert ε kann zu Beginn frei gewählt werden. Das ist unser *zweites Modell*.

Nun schauen wir, was uns unser Modell zeigt. Wenn wir vorgeben, dass der erste Start des Habichts in Richtung Sperbernest (also längs der *x*-Achse) losfliegt, kommt er – je nach ε-Wert – mehr oder weniger nahe beim Nest

des Sperbers vorbei. Aber unsere Simulation meldet keinen Treffer: Abb. 6!

Anmerkung 1: An den *y*-Koordinaten der Grafik in Abb. 6 lässt sich ablesen, dass wir zur Erzeugung dieser Grafiken den Habicht fast geradeaus geschickt haben. Der gewählte ε-Wert für die mögliche Variation des Winkels bei weiteren Starts lag sehr nahe bei null. Die Entfernung von der *y*-Achse ist in Zahlen so klein, dass sie auf 0,00 gerundet wird. Die Grafik zieht diese kleinen Abweichungen so auseinander, dass der Abstand zur *y*-Achse scheinbar groß wird.

Abb. 6 Die erste gedächtnisgesteuerte Flugroute

Nummer	Liste der Startpunkte		Entfernung zum Sperbernest im Punkt (3000;0)	Gefunden?
1	0	0,00	3000,00	daneben
2	977,93	0,00	2022,07	daneben
3	1956,9	0,00	1043,15	daneben
4	2592,7	0,00	407,28	daneben
5	3366,8	0,00	366,85	daneben
6	3893,6	0,00	893,61	daneben
7	4087,1	0,00	1087,11	daneben
8	4212,6	0,00	1212,61	daneben
9	4443,4	0,00	1443,44	daneben
10	4932,1	0,00	1932,15	daneben

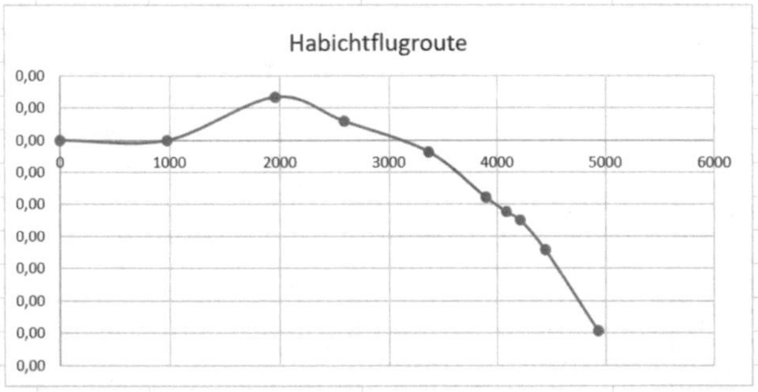

Anmerkung 2: Wenn wir den Startvektor $\begin{pmatrix} 1 \\ 0 \end{pmatrix}$ in Richtung der *x*-Achse wählen, dann kann der Folgevektor mit einer Drehmatrix um den Winkel ε bestimmt werden. Diese lautet entweder $\begin{pmatrix} \cos\varepsilon & -\sin\varepsilon \\ \sin\varepsilon & \cos\varepsilon \end{pmatrix}$ (Drehung gegen den Uhrzeigersinn) oder $\begin{pmatrix} \cos\varepsilon & \sin\varepsilon \\ -\sin\varepsilon & \cos\varepsilon \end{pmatrix}$ (im Uhrzeigersinn). Mit einem Zufallszahlengenerator wird nach jeder Teilflugstrecke ein Winkel ε_1 aus dem Intervall $[-\varepsilon, \varepsilon]$ berechnet und durch Multiplikation mit der Drehmatrix ein neuer Richtungsvektor definiert. Zum Beispiel ist $\begin{pmatrix} \cos\varepsilon_1 & -\sin\varepsilon_1 \\ \sin\varepsilon_1 & \cos\varepsilon_1 \end{pmatrix} \cdot \begin{pmatrix} 1 \\ 0 \end{pmatrix} = \begin{pmatrix} \cos\varepsilon_1 \\ \sin\varepsilon_1 \end{pmatrix}$.

Der minimale Abstand zum Sperbernest ist laut Tabelle in Abb. 6 etwa 366,85 m. Die Grafik zeigt aber, dass der Habicht in dieser Simulation fast genau über das Nest fliegt. Was ist passiert? Die Tabelle zeigt jene Punkte an, an denen der Habicht Pause macht. Die Tabellenkalkulation berechnet den Abstand dieser Punkte zum Sperbernest. Die Grafik zeigt die simulierte Flugroute. Es wird aber in diesem Modell nicht berechnet, wie die Abstände des Habichts zum Nest *während* des Fluges sind.

Selbstverständlich kann es in diesem Modell zufällig vorkommen, dass die geflogenen Distanzen sich gerade so addieren, dass der Habicht in der Nähe des Sperbernestes Pause macht. Dann zeigt die Simulation einen Treffer an: Abb. 7.

Dritter Rückblick: Das verbesserte Modell hatte einen Nutzen: Wir haben den Habicht nahe ans Sperbernest geführt, weil wir ihm ein Gedächtnis für die einmal gewählte Flugrichtung gewähren. Aber wir haben auch gesehen, dass wir immer noch zu weit von der Realität entfernt sind, indem wir den Habicht taub und blind fliegen lassen, also so tun, als würde er nur in den Pausen Beute wahrnehmen.

7   Augen und Ohren auf beim Flug!

Auf den ersten Blick scheint es schwierig, einen stets hellwachen Habicht zu simulieren. Bei genauerem Hinschauen auf die Bedingungen seines simulierten Jagdausfluges geht es jedoch viel einfacher als befürchtet. Wenn wir von „jedem" Punkt seines Fluges den Abstand zum Sperbernest berechnen müssten, wären das unendlich viele Punkte – und demnach ganz schön viel zu rechnen. Wir müssen deshalb vereinfachen und überlegen, dass ein Blick jede Sekunde oder so reicht und auf diese Weise die Anzahl der Punkte von Unendlich auf endlich viele reduzieren. In unserer Simulation geht es jedoch wesentlich einfacher, weil wir den Habicht zwischen je zwei Punkten auf einer Strecke fliegen lassen, also einem (kleinen) Teil einer Geraden. Obwohl eine Gerade unendlich viele Punkte hat, können wir mit etwas Geometrie relativ einfach ausrechnen, wie groß der Abstand eines Punktes (das Sperbernest als Punkt!) zu der Geraden ist.

Abb. 7 Eine zweite gedächtnisgesteuerte Flugroute

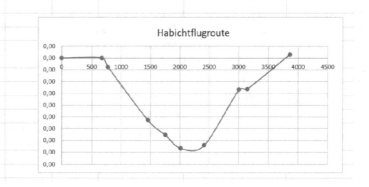

Nummer	Liste der Startpunkte		Entfernung zum Sperbernest im Punkt (3000;0)	Gefunden?
1	0	0,00	3000,00	daneben
2	672,16	0,00	2327,84	daneben
3	773,81	0,00	2226,19	daneben
4	1452,1	0,00	1547,90	daneben
5	1754,1	0,00	1245,94	daneben
6	2017,1	0,00	982,89	daneben
7	2414,8	0,00	585,16	daneben
8	3007,9	0,00	7,92	TREFFER
9	3144,8	0,00	144,82	daneben
10	3863,6	0,00	863,59	daneben

Die Gerade wiederum wird durch zwei aufeinanderfolgende Startpunkte des Habichts vollständig bestimmt.

Nehmen wir zwei einfache Fälle, um die Situation zu beschreiben. Im ersten Fall fliegt der Habicht zum Beispiel zwischen seinem fünften und sechsten Stopp parallel zur x-Achse (und oberhalb von ihr) in zehn Meter Abstand am Sperbernest vorbei. Er bewegt sich also eine Zeit lang auf der Geraden g mit $g(x) = 10$ für alle x aus $\mathbb{R}$. Offenbar kommt er dann für den x-Wert 3000 bis auf zehn Meter ans Sperbernest heran und wird es nach den Annahmen unserer Simulation entdecken.

Ein zweites Beispiel mit einer Geraden, die nicht parallel zur x-Achse verläuft, stellt zunächst an uns als Lehrende die Frage, in welcher Schulstufe wir dieses Beispiel behandeln wollen. Mit analytischer Geometrie in der Oberstufe haben wir die passenden Formeln schnell parat; mit den Mitteln der Unterstufe müssen wir ein wenig ausführlicher überlegen (lassen! Mit dieser Motivation können die Schüler und Schülerinnen vielleicht sogar selbst etwas Geometrie entwickeln, statt nur der Lehrkraft zu lauschen, die ihnen erklärt, wie es geht!), wie eine Gerade durch zwei Punkte bestimmt wird und der Abstand eines Punktes (des Sperbernestes) von dieser Geraden ausgerechnet werden kann. Die zentrale Idee ist, ein Lot vom Punkt auf die Gerade zu fällen und die Länge dieser Strecke auszurechnen. Das geht z. B., indem man sich ein Dreieck mit zwei Startpunkten und der Spitze im Nest des Sperbers vorstellt – und dann von diesem Dreieck die Höhe über der Strecke zwischen den beiden Startpunkten berechnet. Mit der Hesse'schen Normalform gelingt die Abstandsberechnung auf kompakte Weise. Wer schon weiß, wie sich diese in einer Tabellenkalkulation implementieren lässt, kann sie direkt nutzen.

Für den Fall, dass lineare Gleichungssysteme (zur Berechnung der Geradengleichungen) noch nicht mithilfe einer Tabellenkalkulation gelöst wurden, schlagen wir einen unkonventionellen Weg vor. Im Internet wird an vielen Stellen anschaulich erklärt, wie es geht[4]. Hier bietet sich die Verwendung der Nutzung von Matrizen in einer Tabellenkalkulation zur Lösung von linearen Gleichungssystemen als Black Box an.

Wir berichten hier zunächst als Ergebnis einiger Versuche mit immer neuen Zufallszahlen, dass die Simulation wie erwartet und erhofft zeigt, dass der Habicht bei vorgegebenem Startpunkt (0;0) und der Flugrichtung längs der x-Achse bei kleinen Abweichungen von der Ausgangsrichtung tatsächlich nahe am Sperbernest vorbeifliegt. Wird der Winkel zur vorherigen Flugrichtung nach jedem Startpunkt größer (innerhalb eines vorgegebenen Intervalls), kann sich das zufällig ausgleichen und der Habicht

findet dennoch das Sperbernest. Meistens jedoch fliegt er weit vorbei. In dieser Situation kann uns aber die gewählte Methode der Abstandsberechnung einen kleinen Streich spielen, wie Abb. 8 zeigt.

Für den vorgegebenen Startwinkel von 0 Grad (Achtung: In der Tabellenkalkulation ist das 90 Grad!) ist die erste Gerade natürlich die, auf der sich auch das Sperbernest befindet. *Aber* der Habicht fliegt nicht so weit. Sein erster Landepunkt ist 100 bis 1000 m vom Habichtnest entfernt, also 2900 bis 2000 m vom Sperbernest.

Das Beispiel in Abb. 8 zeigt sehr deutlich, was dann noch passieren kann. Die Gerade durch die Startpunkte 3 und 4 (in der rechten Spalte wird ihr Abstand zum Sperbernest ausgerechnet) geht knapp 10 m am Sperbernest vorbei, der Habicht ist aber noch 1636,64 m weit entfernt und ändert danach seine Flugrichtung so, dass er vorbeifliegt. Wir lernen daraus, dass wir *immer* die Ergebnisse der Berechnung interpretieren müssen. Wer meint, dass der Habicht zwischen seinem dritten und vierten Startpunkt in nur knapp 10 m Entfernung am Sperbernest vorbeifliegt, muss genauer hinschauen lernen. Wir könnten solche Fälle (eine Gerade durch zwei Startpunkte geht nahe am Sperbernest vorbei, die entsprechenden Startpunkte sind aber weit entfernt vom Ziel) mit einigen IF-Abfragen zur Lage der jeweiligen Startpunkte in Bezug auf das Sperbernest in der Tabellenkalkulation klären (damit reduzieren wir die Geraden auf die richtigen Strecken), uns scheint es aber sinnvoller, diesen Programmieraufwand in der Schule zu sparen und dafür den Denk- bzw. Interpretieraufwand etwas höher zu halten.

Vierter Rückblick: Durch die gelungene Modellierung des Habichts, der auch während des Fluges nach Beute Ausschau hält, können wir nun wieder auf die Ausgangsfrage nach der Wahrscheinlichkeit zurückkommen, mit der unser Simulationshabicht das Sperbernest findet. Unser Habicht fliegt in der Simulation also nicht einfach immer geradeaus, sondern macht wie in der Realität Zwischenstopps und ändert dann eventuell seine Richtung.

Wir haben unsere Flugsimulationen genutzt, um einen Eindruck von den auftretenden Trefferhäufigkeiten beim Flug mit Pausen, Etappenlängen zwischen 100 und 1000 m und verschiedenen Winkeln für die maximal erlaubte Abweichung von der Ausgangsrichtung zu gewinnen. Die erste Etappe folgt dabei immer der positiven x-Achse: Startwinkel 0 Grad (vgl. die Abb. 6, 7 und 8). Wir haben unseren Simulationshabicht jeweils dreimal 100 Mal für verschiedene maximal erlaubte Winkel starten lassen. So ist die Tab. 4 entstanden.

Das Ergebnis ist nicht verblüffend: Wenn der Habicht die generelle Flugrichtung nur unrealistisch wenig (ein Grad) ändern darf, ist die Wahrscheinlichkeit dafür deutlich höher, dass er das Sperbernest trifft als wenn er die Flugrichtung realitätsnäher (bis zu 20 Grad) variieren darf. Bei einem

---

[4] z. B. im YouTube Video: https://www.youtube.com/watch?v=NuwiKsnH8Ik, Zugriff am 28.03.2018.

Abb. 8 Was passiert hier?

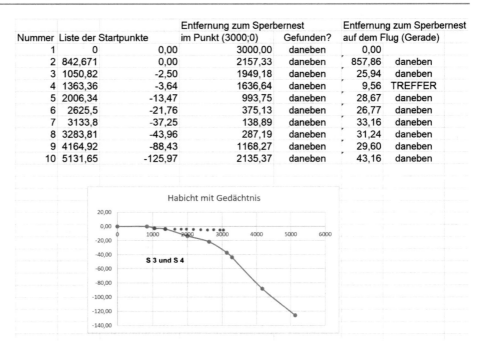

Nummer	Liste der Startpunkte		Entfernung zum Sperbernest im Punkt (3000;0)	Gefunden?	Entfernung zum Sperbernest auf dem Flug (Gerade)	
1	0	0,00	3000,00	daneben	0,00	
2	842,671	0,00	2157,33	daneben	857,86	daneben
3	1050,82	-2,50	1949,18	daneben	25,94	daneben
4	1363,36	-3,64	1636,64	daneben	9,56	TREFFER
5	2006,34	-13,47	993,75	daneben	28,67	daneben
6	2625,5	-21,76	375,13	daneben	26,77	daneben
7	3133,8	-37,25	138,89	daneben	33,16	daneben
8	3283,81	-43,96	287,19	daneben	31,24	daneben
9	4164,92	-88,43	1168,27	daneben	29,60	daneben
10	5131,65	-125,97	2135,37	daneben	43,16	daneben

größeren Winkel für Flugrichtungsänderungen gibt es allerdings immer noch eine gewisse Ausgleichsmöglichkeit für einen Treffer, weil er ja auch mit dem falschen Winkel (z. B. 17 Grad) wieder korrigieren kann und so nach einigen Richtungsänderungen dennoch zufällig über das Sperbernest fliegt.

Hier stellt nun eine ganz typische Frage für solche Projekte: Wie viel Mathematik stecken wir in den nächsten Schritt? Können wir das, was wir in der Simulation gesehen haben, einfach glauben (als Bestätigung unserer Hypothese werten) und sagen: „Das reicht für unsere Zwecke!"? Oder sollen wir eine Funktion finden, die in Abhängigkeit vom maximal zugelassenen Winkel für die Abweichung von der ursprünglichen Flugrichtung einen Grenzwinkel dafür anzeigt, dass die gesamte Abweichung im schlechtesten Fall höchstens 20 m beträgt? Nach einigen Abwägungen sind wir für diesen Beitrag zum Schluss gekommen, dass wir für die Schule vorschlagen, arbeitsteilig viele Versuche mit der vorhandenen Flugsimulation und einigen kleinen Winkeln durchzuführen, um aus der Summe der Beobachtungen gemeinsam Schlüsse zu ziehen.

8   Das Bernoullimodell

Falls ein Stück des Weges zu mehr Mathematik gegangen werden soll, könnte so ein Anfang aussehen. Wir schränken die Bewegung des Habichts wieder ein, auf einen Start exakt Richtung Sperbernest und eine Richtungsänderung von plus/minus exakt ε Grad nach jeder Zwischenlandung. Zudem soll er pro (neuerlichem) Start genau 620 m weit

fliegen. Dann ist er nach der fünften Etappe, also bei der sechsten Landung entweder nahe genug am Sperbernest vorbeigeflogen oder nicht, wenn er „gerade genug" geflogen ist.

Die erste Frage ist recht einfach zu stellen und mit etwas Geometrie zu beantworten: Für welchen maximalen Wert von ε spielen die Richtungsänderungen keine Rolle? Wir nehmen an, der Habicht entscheidet sich dafür, beim Start immer in eine Richtung (aus seiner Sicht nach links oder rechts) von der ursprünglichen Richtung im Winkel ε abzuweichen. Das ist also das worst case-Szenario. Dann wächst seine Distanz zur x-Achse nach der ersten Richtungsänderung auf $620 \cdot \sin \varepsilon$ Meter. Beim Start von seinem Nest aus fliegt er genau die x-Achse entlang. Dann bleiben noch vier Starts mit Richtungsentscheidungen zu berücksichtigen.

Die maximale Distanz zum Sperbernest, der Finde- oder „Sichtbarkeits"-Radius soll wie eingangs erwähnt 20 m um das Nest des Sperberpärchens betragen. Mit Abb. 9 (mit einem stark übertriebenem Winkel ε!) kommen wir daher auf die interessante Gleichung $620 \cdot \sin \varepsilon + 620 \cdot \sin 2\varepsilon + 620 \cdot \sin 3\varepsilon + 620 \sin 4\varepsilon = 20$. Sie lösen wir numerisch mittels eines CAS und erhalten gerundet 0,003 rad. (Das ist die betragsmäßig kleinste Lösung, die das CAS liefert.) Die maximal erlaubte Richtungsänderung ε darf also 0,18° nicht überschreiten. Sie ist so klein, dass sich die zurückgelegte Entfernung in x-Richtung (Abb. 9) praktisch nicht ändert: Die Summe $620 + 620 \cdot \sum_{k=1}^{4} \cos(k \cdot 0{,}003) = 3099{,}916$ (gerundet), ist also fast gleich $5 \cdot 620 = 3100\,m$.

Abb. 9 Der Habicht schweift ab

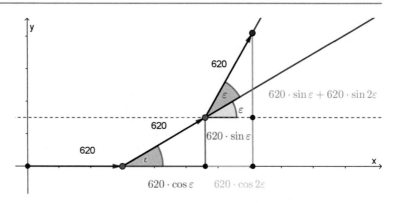

$620 \cdot \sin \varepsilon + 620 \cdot \sin 2\varepsilon$

$620 \cdot \sin \varepsilon$

$620 \cdot \cos \varepsilon$ $620 \cdot \cos 2\varepsilon$

Ließen wir eine Abweichung von $1°$ (0,017 rad gerundet) zu, dann wäre nach fünf Etappen die maximale Abweichung in y-Richtung fast 110 m (108,15 m gerundet). Abb. 10 zeigt den funktionalen Zusammenhang grafisch. Er ist für kleine Winkel (und nur die interessieren uns!) nahezu linear. Betrachtet wird die Funktion v mit

$$v(\varepsilon) = 620 \cdot \sum_{k=1}^{4} \sin(k \cdot \varepsilon).$$

Nun wird es etwas komplizierter. Der Habicht soll bei jedem Start frei entscheiden können, ob er seine Flugrichtung um ε Grad nach rechts oder links ändert. Dann können wir z. B. sagen: Wenn seine Entscheidung so ist, dass er beim ersten Startpunkt nach dem Nest nach links fliegt, dann nach rechts, dann wieder nach rechts und dann wieder nach links, hat er richtig entschieden und findet das Sperbernest. Wenn wir genauer werden wollen, müssen wir für die zunächst fixierte Länge l von 620 m (mit dieser Länge ist er nach fünf Etappen auf jeden Fall erfolgreich

oder nicht) und eine bestimmte Anzahl von Graden ε_i Richtungsänderung Fälle unterscheiden. Es könnte etwa der Kurs rechts, rechts, links, rechts bei ε_1 Grad erfolgreich sein. Oder ab ε_2 Grad ist der Kurs rechts, rechts, links, links nicht erfolgreich.

Von den fünf Teilstrecken á 620 m Länge ist die erste determiniert in Richtung der positiven x-Achse (Abb. 9). Für die übrigen vier wird mit Wahrscheinlichkeit 0,5 eine Abweichung ε nach links oder rechts vom Habicht gewählt: *Bernoullimodell.* Insgesamt gibt es daher $2^4 = 16$ gleichwahrscheinliche Möglichkeiten, wobei jeweils zwei symmetrisch zur x-Achse liegen, und zwar jene Paare, bei denen durch Tausch von links (l) und rechts (r) (oder umgekehrt) die eine Flugroute in die andere übergeht. Zum Beispiel ist *lllr* analog zu *rrrl* zu sehen.

Wir greifen nun exemplarisch den Fall *rrll* heraus, damit ist auch die Möglichkeit *llrr* erledigt. Abb. 11 zeigt eine schematische Skizze der Flugroute *ABCDEF*.

Abb. 10 Graph der Funktion v für kleine Winkel ε

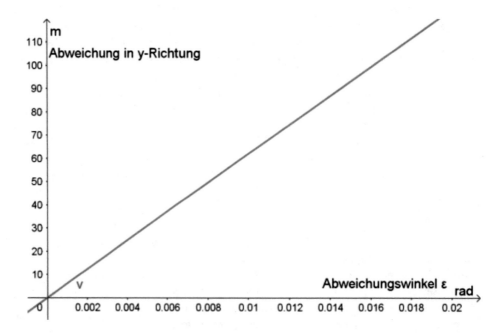

Abb. 11 Der Fall rechts – rechts – links – links. (Erstellt mit © GeoGebra)

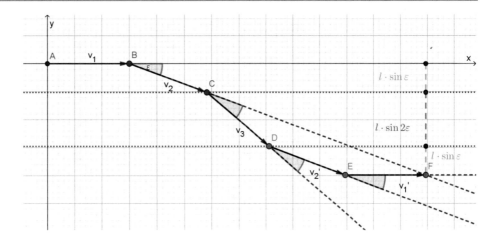

Tab. 1 Mögliche vertikale Abweichungen des Habichts im Bernoullimodell

Nummer	Verlauf	Länge der gesamten vertikalen Abweichung	Wahrscheinlichkeit
1	rllr bzw. lrrl	0	$\frac{2}{16}$
2	rlll bzw. lllr	$l \cdot \sin \varepsilon$	$\frac{2}{16}$
3	rlrl bzw. lrlr	$2l \cdot \sin \varepsilon$	$\frac{2}{16}$
4	rrll bzw. llrr rlrr bzw. lrll	$2l \cdot \sin \varepsilon + l \cdot \sin 2\varepsilon$	$\frac{4}{16}$
5	rrlr bzw. llrl	$2l \cdot (\sin \varepsilon + \sin 2\varepsilon)$	$\frac{2}{16}$
6	rrrl bzw. lllr	$l \cdot \sin \varepsilon + 2l \cdot \sin 2\varepsilon + l \cdot \sin 3\varepsilon$	$\frac{2}{16}$
7	rrrr bzw. llll	$l \cdot \sin \varepsilon + l \cdot \sin 2\varepsilon + l \cdot \sin 3\varepsilon + l \cdot \sin 4\varepsilon$	$\frac{2}{16}$

Die Vektoren $v_i^{(\cdot)}$ ($i = 1, 2, 3$) haben konstante Länge l und der Abweichungswinkel ε ändert sich ebenfalls nicht. Die daraus resultierenden vertikalen Abweichungen von der x-Achse sind in Abb. 11 eingezeichnet und ihre Längen sind ebendort angegeben. Insgesamt beträgt die vertikale Abweichung also in diesem Fall (und dem analogen) $2 \cdot l \cdot \sin \varepsilon + l \cdot \sin 2\varepsilon$. Die Wahrscheinlichkeit dafür beträgt $\frac{2}{16}$. Tab. 1 gibt eine Übersicht, die dort angegebenen vertikalen Abweichungen werden von oben nach unten immer größer.

Soll die gesamte vertikale Abweichung 20 m nicht überschreiten, dann sind folgende „Grenzwinkel" (in Grad) in Abhängigkeit von den unterschiedlichen Verläufen der Flüge (Tab. 1) gerade noch zulässig: $(2,3,4,5,6,7) = (1,85° | 0,92° | 0,46° | 0,31° | 0,23° | 0,18°)$. Diese (gerundeten) Winkel sind sehr klein und kaum realistisch. Es ist eben nicht leicht, aus 3 km Entfernung einen Kreis mit einem Radius von 20 m zu „treffen". Wählen wir zum Beispiel eine maximale Abweichung von $1°$, dann ist in diesem Modell die Wahrscheinlichkeit $\frac{2}{16} + \frac{2}{16} = \frac{4}{16} = \frac{1}{4} = 25\%$, dass der Habicht das Sperbernest trifft. Für $0,2°$ (das entspricht nahezu einem Geradeausflug) ergibt sich eine Wahrscheinlichkeit von $1 - \frac{2}{16} = \frac{14}{16} = \frac{7}{8} = 87,5\%$ für den Habicht bzw. gegen den Sperber.

9 Ein letztes Modell

Wir vereinen nun die Überlegungen von den Abschnitten 7. und 8. Abb. 12 zeigt eine GeoGebra-Simulation[5] (wieder als Blackbox) von **Andreas Lindner,** die für eine variabel einstellbare, aber dann *fixe* Etappenlänge l (in Abb. 12 sind das $s = 200$ m) und einem *maximalen* Ablenkwinkel ε (es können bei jeder Richtungsänderung also auch weniger sein, in Abb. 12 sind maximal $\alpha_{max} = 10°$ erlaubt) Flugrouten des Habichts berechnet.

Für den Fall, dass im Unterricht analog zu der bekannten Idee, den Würfel als Zufallsgenerator kennen zu lernen, indem in der Schulklasse oft gewürfelt wird und die Ergebnisse dokumentiert und ausgewertet werden, auch der Flug des Habichts oft simuliert werden soll, gibt es ein weiteres GeoGebra-Programm: Abb. 13[6]. Es dient zur Schätzung der Wahrscheinlichkeit für den Habicht, das Sperbernest zu treffen. Mehr als ein Treffer in der Simulation (bei zwanzig Versuchen) bedeutet natürlich im Kontext nicht, dass der Habicht hin und wieder mehrmals dasselbe Sperbernest anfliegt.

---

[5]https://www.geogebra.org/m/ADakBnUu, Zugriff am 27.03.2018.

[6]https://www.geogebra.org/m/ADakBnUu, Zugriff am 27.03.2018.

Abb. 12 Ein Habichtflug.
(Erstellt mit © GeoGebra)

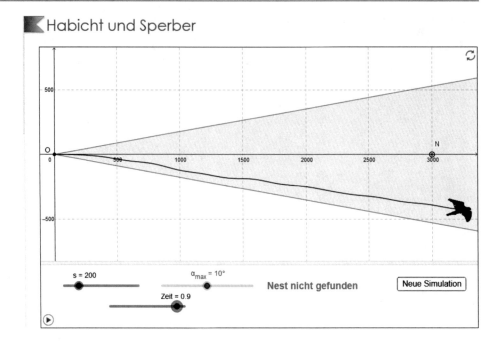

Abb. 13 Je zwanzig
Habichtflüge. (Erstellt mit ©
GeoGebra)

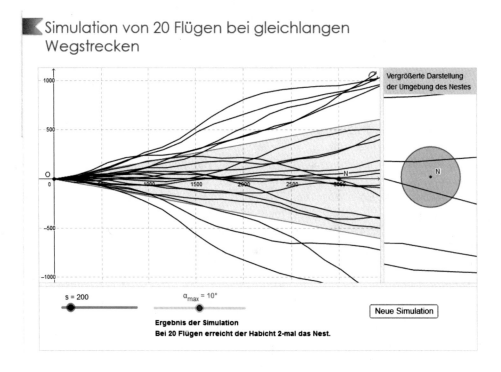

In Tab. 2 haben wir die Resultate von je zehn Simulationen á zwanzig Habichtflüge zusammengefasst. Betrachten wir die Ergebnisse dieser Simulationen, so können wir zusammenfassend feststellen, dass sie im Wesentlichen unseren Erwartungen entsprechen. Je größer der jeweils erlaubte maximale Winkel der Änderung der Flugrichtung ist, desto geringer ist die Trefferwahrscheinlichkeit. Längere Flugetappen hingegen erhöhen diese Wahrscheinlichkeit, dieser Effekt stellt sich aber als der geringere heraus.

Insgesamt sind relative Trefferhäufigkeiten von 0,02 bis 0,365 zu konstatieren (Tab. 2).

In Abb. 14[7] gibt es unten links keinen Schieberegler für die jeweils zurückgelegte Flugstrecke bis zum nächsten Landepunkt. Stattdessen wird wie bei unseren in den Abschnitten 6. und 7. verwendeten Modellen in einer

---

[7]https://www.geogebra.org/m/ADakBnUu, Zugriff am 27.03.2018.

Tab. 2 Resultate von 120 Simulationen (das entspricht 2400 Flügen) gemäß Abb. 13

s	α_{max}	Trefferanzahlen	Summe
200	10°	0 0 0 0 0 0 2 0 3 0	5
500	10°	0 0 1 1 2 0 0 1 1 0	6
740	10°	0 1 1 0 0 1 0 0 1 0	4
1000	10°	0 0 2 2 1 1 1 1 1 1	10
200	5°	0 0 0 0 1 0 1 1 2 2	7
500	5°	2 3 3 2 0 2 1 0 2 1	16
740	5°	2 0 2 2 3 0 3 0 2 1	15
1000	5°	3 1 1 2 2 1 4 2 0 1	17
200	1°	3 6 3 3 5 3 6 5 5 6	45
500	1°	3 12 9 7 3 8 8 5 7 5	67
740	1°	7 9 10 7 6 6 4 5 6 8	68
1000	1°	8 2 6 8 10 7 7 8 9 8	73

Abb. 14 Je zwanzig Habichtflüge mit zufälliger Etappenlänge. (Erstellt mit © GeoGebra)

Simulation von 20 Flügen mit unterschiedlichen Wegstrecken

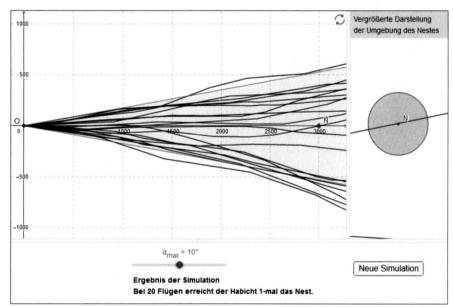

Tabellenkalkulation die Flugstrecke im Intervall von 100 bis 1000 m zufällig gewählt. Tab. 3 gibt die Simulationsergebnisse für verschiedene maximale Ablenkungswinkel an. Es zeigt sich eine gute Übereinstimmung mit den Resultaten von Tab. 4. Für $\alpha_{max} = 1°$ ist die relative

Tab. 4 Ein kleines Experiment

Maximale Abweichung	Versuch 1	Versuch 2	Versuch 3
1 Grad	34 von 100	40 von 100	35 von 100
5 Grad	5 von 100	8 von 100	7 von 100
10 Grad	3 von 100	4 von 100	6 von 100
20 Grad	1 von 100	2 von 100	0 von 100

Tab. 3 Resultate von 30 Simulationen (das entspricht 600 Flügen) gemäß Abb. 14

α_{max}	Trefferanzahlen	Summe
10°	1 0 1 0 0 0 0 3 1 0	6
5°	1 1 4 1 1 1 1 0 0 2	12
1°	8 8 6 4 7 6 8 6 9 7	69

Trefferhäufigkeit in Tab. 4 gerundet 0,36, in Tab. 3 0,345. Bei $\alpha_{max} = 5°$ konstatieren wir gar 0,07 (gerundet) versus 0,06 und schließlich sind für $\alpha_{max} = 10°$ 0,04 (gerundet) und 0,03 die entsprechenden Werte.

10   Fazit und Ausblick

Die Ausgangszielsetzung war, mit den vorhandenen bzw. im Rahmen eines Projektes hinzulernbaren Mitteln die aus der empirischen Forschung bekannte Wahrscheinlichkeit (besser: relative Häufigkeit) dafür, dass ein Habicht ein Sperbernest findet, besser verstehen bzw. simulieren zu können.

Im Wesentlichen haben wir herausgefunden, dass – wenn nur der Habicht als Täter infrage kommt – der Habicht gut 100 Mal fliegen muss, um das Nest in 3 km Entfernung mit Wahrscheinlichkeit 20 % zu finden und zu plündern. Wenn er auf dem Flug zum Sperbernest auch andere (einander ausschließende) Beutemöglichkeiten hat, kann dieses erste Ergebnis reproduziert und verallgemeinert werden.

In den hier vorgestellten Modellen haben sowohl stochastische als auch geometrische (und trigonometrische) Fragestellungen eine Rolle gespielt. Dabei haben wir Themen von der neunten bis zur elften Schulstufe angesprochen.

In Fortführung unserer Überlegungen könnten mehr Sperberneste oder mehr Habichte eine Rolle spielen. Auch der „Finde-Radius" kann variiert werden. Wie sich das Zusammenspiel von Räubern und Beute bei variablen „Erfolgs"-Wahrscheinlichkeiten in Hinblick auf die Populationszahlen auswirkt, wäre ein weiteres zu bearbeitendes Themenfeld, das wir schon zu Beginn angesprochen haben.

Zum Abschluss wagen wir eine Hypothese: Wenn wir für die Richtung, die er für den anschließenden Start wählt, einen Winkel wählen, der genügend wenig von der ursprünglichen Flugrichtung abweicht, kommen wir auf ähnliche (kleine) Trefferwahrscheinlichkeiten wie beim Geradeausflug in Richtung Sperbernest (vgl. Abschn. 3). Genauer: Wenn die erlaubten Winkel nach Pausen so klein sind, dass der Habicht nicht umkehren kann, bevor er drei Kilometer von seinem Nest entfernt ist, muss er nach einigen Pausen den 3 km Radius um sein Nest erreichen. An welchem Punkt er den Kreis schneidet (bei 1 Grad, 76 Grad, 246 Grad oder wo auch immer) ist zufällig bestimmt und daher gleich wahrscheinlich. Kein Punkt auf dem Kreis ist besonders ausgezeichnet. Also ist es wie bei unserem ersten Modell in Abschn. 3. mit den geraden Flügen so, dass er mit einer gewissen geringen Wahrscheinlichkeit den großen Kreis in dem Kreis mit 20 m Radius um das Sperbernest trifft. Wenn er keine Pause macht und vom seinem Nest weg immer längs einer Geraden fliegt, ist das also ein Spezialfall des Fluges mit Pausen.

Wir sehen keinen Weg, in der Schule einen mathematischen Beweis für die Vermutung zu erarbeiten, dass der Habicht mit Gedächtnis, der immer wieder eine Pause einlegt, und nur kleine Abweichungen von der vorherigen Richtung macht, etwa die gleichen Chancen hat, das

Sperbernest zu finden wie der Habicht, der von seinem Nest aus startet und 3 km geradeaus fliegt. Plausibel scheint uns die Annahme, weil wir vermuten, dass sich die kleinen Abweichungen beim Start im Laufe des Fluges mehr oder weniger ausgleichen, und so zu keiner gravierenden Richtungsänderung insgesamt führen.

11   Rückblickende Reflexion der Modellierung

Weil des übergreifende Lehrziel „Modellierungskompetenz" nicht nur durch *dabei sein* und *mitmachen* erreicht wird, schlagen wir vor, zum Abschluss des Projektes rückblickend und unter Bezug auf den „Detaillierten Modellierungskreislauf" (vgl. Abb. 2 im Beitrag „Einige Überlegungen zum Modellieren" von J. Maaß und I. Grafenhofer in diesem Buch) über die einzelnen Modellierungsschritte und ihren Anteil am Gesamten nachzudenken.

Ausgangspunkt war eine Information aus der Realität: Habichte sind eine Gefahr für Sperber, wenn ein Habicht ein Sperbernest findet, tötet er die Jungen. Diese Information soll das Interesse der Schulklasse wecken, sich auf eine nähere Beschäftigung mit der Thematik einzulassen.

Der Jagderfolg eines Habichts, genauer das Finden eines Sperbernestes, geschieht mit einer gewissen Wahrscheinlichkeit, die insbesondere von der Tarnung des Nestes und der Entfernung der beiden Nester (Habicht und Sperber) abhängt. Aus dieser Information entwickelt sich – hoffentlich! – der Wunsch der am Projekt beteiligten Menschen, der Schulklasse, die empirischen Daten durch mathematische Modellierung der Suchflüge des Habichts zu verstehen. Als Mittel zum Verständnis wurden im Text schrittweise immer neue, aber nicht selbstverständlich immer bessere mathematische Modellierungen gewählt, die den Kern der Arbeit bilden. Verbesserung entsteht durch die im unteren Teil der Abb. 15 angedeuteten wiederholten Prozesse der Modellierung und Modellkritik: Berechnung, Prüfung auf Fehler, Auswertung der Berechnung, Bezug zur Information aus der Biologie. Im Schaubild bewegten wir uns damit von oben, vom allgemeinen Zusammenhang, in den unteren Teil, die mathematische Arbeit: Abb. 15 zeigt noch einmal schlagwortartig die einzelnen Stationen unserer Modellierung im unteren Teil. Der obere Teil zeigt die Wechselwirkungen der Agierenden bzw. Involvierten mit der modellierten Realität.

Für ein erstes sehr einfaches Modell wurde aus der Fülle der Daten ein wenig geometrische Information genutzt, um für eine bestimmte Entfernung und einen ausgewählten Finde-Radius die Situation zu beschreiben und zu modellieren.

Die Interpretation der ersten Modellierung eröffnete verschiedene Wünsche und Wege zu verbesserten

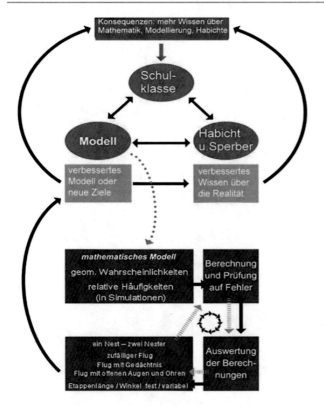

Abb. 15 Modellierungskreislauf als Reflexion: was haben wir alles gemacht?

weitergekommen sind, als wir beim kritischen Blick auf das erste Modell geahnt haben, und obwohl wir im Zuge des Projektes einiges hinzugelernt haben, bleiben Differenzen zwischen unseren Wünschen und unseren Möglichkeiten. Damit bewegen wir uns wieder in den oberen Teil des Schaubildes zum Modellieren: Unser Bemühen um mathematische Modellierung hat uns und unsere Sicht auf Aspekte der Realität verändert – nicht mehr, aber auch nicht weniger. Im Unterschied zu anderen Projekten hat dieses keine Auswirkungen auf die untersuchten Lebewesen, also auf Habichte und Spechte, die südlich von Linz oder anderswo leben, sondern auf uns bzw. – wiederum hoffentlich! – auf die Schülerinnen und Schüler, die im Zuge des Projektes gelernt haben, wie sie Informationen aus der Realität in ein mathematisches Modell fassen können, das dazu beiträgt, eben diese Realität besser zu verstehen. Die wesentliche Veränderung der Realität durch ein solches Projekt ist also die Veränderung der realen Schülerinnen und Schüler.

Acknowledgement Wir danken **Helmut Steiner** (Linz) für die biologische Beratung, **Andreas Lindner** (Linz) für die Erstellung der GeoGebra-Applets und **Simone Götz** (Wien) für die Adaptierung des Modellierungskreislaufes.

Modellierungen, die wiederum mehr Möglichkeiten und Wünsche ergaben. Das GeoGebra-Modell in Abb. 14 erfüllt deutlich mehr Wünsche als das Ausgangsmodell. Dennoch stoßen wir – wie in der Schule und im realen Leben üblich – an unsere Grenzen: Es fehlt an Zeit und mathematischen Möglichkeiten, um alle Wünsche zu erfüllen. Auch dies ist eine wichtige Erkenntnis: Obwohl wir mit unseren schulmathematischen Möglichkeiten ein ganzes Stück

Literatur

Maaß, J.: Modellieren in der Schule. Ein Lernbuch zu Theorie und Praxis des realitätsbezogenen Mathematikunterrichts. WTM, Münster (2015)

Mebs, T., Schmidt, D.: Die Greifvögel Europas, Nordafrikas und Vorderasiens: Biologie, Kennzeichen, Bestände. Franckh-Kosmos, Stuttgart (2006)

RIS: Gesamte Rechtsvorschrift für Lehrpläne – allgemeinbildende höhere Schulen. Fassung vom 06.03. https://bildung.bmbwf.gv.at/schulen/unterricht/lp/lp_ahs_oberstufe.html. (2018) Zugegriffen 8. März 2018

Farben und Farbmodelle – analytische Geometrie realitätsbezogen unterrichten

Uwe Schürmann

Zusammenfassung

Farbmodelle, wie sie bei Computern, Bildschirmen und Druckern zum Einsatz kommen, bieten die Möglichkeit, einen Großteil der Inhalte der analytischen Geometrie anschaulich und anwendungsbezogen zu unterrichten. Um dies zu belegen, werden im Folgenden die Farbmodelle RGB und CMY bzw. RGBA und CMYK kurz erläutert und gezeigt, wie mithilfe von Farben zentrale Begriffe der analytischen Geometrie in der gymnasialen Oberstufe wie etwa Vektor, lineare Abhängigkeit, Betrag, Basis und Erzeugendensystem motiviert und anschaulich fassbar gemacht werden können.

Der Aufbau des Artikels folgt dabei der Reihenfolge, in der die Inhalte im Unterricht behandelt werden. Zu den einzelnen Unterrichtseinheiten werden ausschließlich erprobte unterrichtspraktische Beispiele vorgestellt. Auf den möglichen (aber nicht notwendigen) Computereinsatz zum Kontext Farben wird an den entsprechenden Stellen eingegangen.

In der Computergrafik ist das RGB-Farbmodell weit verbreitet. In diesem Modell können alle Farben aus den Grundfarben Rot (R), Grün (G) und Blau (B) gemischt werden. Das Modell gehört zu den additiven Farbmodellen, d. h. je mehr Anteile der drei Grundfarben zugegeben werden, desto heller ist die so gemischte Farbe. Dadurch unterscheidet sich das Modell vom Mischen von Farben auf weißem Papier. Wenn auf einem Blatt Papier Farben gemischt werden, ist das Ergebnis in der Regel dunkler, als die verwendeten Grundfarben. Am einfachsten kann man sich das Mischen von Farben im RGB-Modell so vorstellen: Drei Taschenlampen leuchten jeweils in den Farben, Rot, Grün und Blau. Richtet man nun den Lichtschein der Taschenlampen auf eine dunkle Wand und überschneiden sich die Lichtkegel der Taschenlampen, so ist dort eine hellere Farbe zu sehen. Dort wo alle drei Lichtkegel übereinander liegen, sieht man die Farbe Weiß. Man nennt die Farben im RGB-Modell auch Lichtfarben (vgl. auch Henn und Filler 2015, S. 110).

Jede Farbe im RGB-Modell kann durch einen Vektor beschrieben werden. Die Koeffizienten des Vektors sind reelle Zahlen zwischen 0 und 1 einschließlich, wenn es sich beispielsweise um die Berechnung einer Computergrafik handelt, die noch nicht auf dem Bildschirm dargestellt wird, oder natürliche Zahlen zwischen 0 und 255 einschließlich, wenn es sich beispielsweise um ein einzelnes Pixel (Bildpunkt) eines Bildes handelt, das auf dem Monitor zu sehen ist. Es wird an dieser Stelle begrifflich zwischen dem RGB-Farbmodell und dazugehörigen RGB-Farbräumen unterschieden. Bei den Berechnungen zu Farben im Computer, die noch nicht dargestellt werden müssen, geht man vom Farbmodell aus. Das Farbmodell ist ein theoretisches Modell und umfasst alle in diesem Modell denkbaren Farben (Idealzustand). Bei der Darstellung auf einem Monitor geht es um die Menge der tatsächlich darstellbaren Farben (Realität). Ein handelsüblicher Monitor kann demnach mindestens 256 Rottöne × 256 Grüntöne × 256 Blautöne = 16777216 verschiedene Farben darstellen. Hierzu einige Beispiele für Farbvektoren:

Schwarz: $\vec{f_1} = \begin{pmatrix} 0 \\ 0 \\ 0 \end{pmatrix}$	Grau: $\vec{f_2} = \begin{pmatrix} 100 \\ 100 \\ 100 \end{pmatrix}$	Weiß: $\vec{f_3} = \begin{pmatrix} 255 \\ 255 \\ 255 \end{pmatrix}$
Rot: $\vec{f_4} = \begin{pmatrix} 255 \\ 0 \\ 0 \end{pmatrix}$	Grün: $\vec{f_5} = \begin{pmatrix} 0 \\ 255 \\ 0 \end{pmatrix}$	Blau: $\vec{f_6} = \begin{pmatrix} 0 \\ 0 \\ 255 \end{pmatrix}$
Zyan: $\vec{f_7} = \begin{pmatrix} 0 \\ 255 \\ 255 \end{pmatrix}$	Magenta: $\vec{f_8} = \begin{pmatrix} 255 \\ 0 \\ 255 \end{pmatrix}$	Gelb: $\vec{f_9} = \begin{pmatrix} 255 \\ 255 \\ 0 \end{pmatrix}$

U. Schürmann (✉)
Institut für Didaktik der Mathematik und der Informatik,
Westfälische Wilhelms-Universität Münster, Münster, Deutschland
E-Mail: schuermann.uwe@uni-muenster.de

© Springer Fachmedien Wiesbaden GmbH, ein Teil von Springer Nature 2019
I. Grafenhofer und J. Maaß (Hrsg.), *Neue Materialien für einen realitätsbezogenen Mathematikunterricht 6*,
Realitätsbezüge im Mathematikunterricht, https://doi.org/10.1007/978-3-658-24297-8_12

Anhand dieser ersten Einführung des RGB-Farbmodells lassen sich bereits interessante Aufgaben für den Unterricht herleiten.

Erstellen Sie Vektoren für folgende Farben:

a. ein heller Grauton,
b. die Farbe Beige,
c. die Farbe Moosgrün und
d. ein knalliges Pink.

Aufgabe 1 bietet sich an, um Schülerinnen und Schülern die Möglichkeit zu geben, sich auf experimentelle Weise mit dem Farbmodell vertraut zu machen. Die Aufgabe lässt sich im Unterricht durch weitere Arbeitsaufträge erweitern. Interessant ist dabei, dass die Aufgabe im Ergebnis offen ist, da ästhetische Aspekte und Unterschiede in der individuellen Wahrnehmung Berücksichtigung finden. Natürlich ist es ratsam, die Ergebnisse im Unterricht auch visuell zu überprüfen. Nur so erhält man ein „Gefühl" für das Farbmodell. Hierzu können Schülerinnen und Schüler beispielsweise Applikationen für Smartphones und Tablets nutzen. Diese lassen sich auf Vertriebsplattformen wie z. B. „Google Play" oder Apples „App Store" leicht finden. Um als Lehrperson mithilfe von Laptop und Beamer eine Farbe für alle Kursteilnehmerinnen und -teilnehmer sichtbar zu machen, sucht man einfach im Internet nach Anwendungen, bei denen man die Werte für Rot, Grün und Blau eingeben kann und die entsprechende Farbe angezeigt wird (Suchbegriffe z. B. rgb online mixer). Solche Anwendungen funktionieren entweder online oder können als kostenlose Programme heruntergeladen werden. Die Aufgabe kann im Unterricht leicht umgedreht werden, indem die Lehrperson mithilfe von Laptop und Beamer eine Farbe darstellt und Schülerinnen und Schüler den Farbvektor annähernd bestimmen.

Aufgabe 2 eignet sich, um im Unterricht die Addition von Vektoren, die skalare Multiplikation und allgemein Linearkombinationen einzuführen bzw. visuell zu deuten. Wenn die Koeffizienten natürliche Zahlen zwischen 0 und 255 sind, muss im Sinne des Kontextes das Ergebnis am Ende auf ganze Zahlen gerundet werden.

Mischen Sie die Farben mit den Farbvektoren im Verhältnis 3:2.

$$\vec{f_1} = \begin{pmatrix} 101 \\ 101 \\ 201 \end{pmatrix}; \vec{f_2} = \begin{pmatrix} 50 \\ 50 \\ 100 \end{pmatrix}$$

Lösung:

$$\frac{3}{5} \cdot \vec{f_1} + \frac{2}{5} \cdot \vec{f_2} = \frac{3}{5} \cdot \begin{pmatrix} 101 \\ 101 \\ 201 \end{pmatrix} + \frac{2}{5} \cdot \begin{pmatrix} 50 \\ 50 \\ 100 \end{pmatrix}$$

$$= \begin{pmatrix} 80,6 \\ 80,6 \\ 160,6 \end{pmatrix} \approx \begin{pmatrix} 81 \\ 81 \\ 160 \end{pmatrix}$$

1 Farben mischen: lineare Unabhängigkeit

Der Begriff der linearen Unabhängigkeit kann mithilfe von Farben interpretiert werden. Dazu werden Schülerinnen und Schüler zunächst mit dem Problem aus Aufgabe 3 konfrontiert (vgl. auch Strecker 2012). Den Schülerinnen und Schülern müssen dazu lediglich Linearkombinationen geläufig sein. Im Anschluss daran kann eine weitere Farbe vorgegeben werden, die nicht aus den in Aufgabe 3 genannten Farben gemischt werden kann. Es stellt sich nun die allgemeine Frage, welche Farben aus zwei gegebenen Farben gemischt werden können. Eine Antwort darauf liefert der Begriff der linearen Unabhängigkeit. Eine Farbe kann aus zwei gegebenen Farben gemischt werden, wenn ihr Farbvektor linear abhängig von den beiden Farbvektoren der gegebenen Farben ist.

Es lässt sich dann leicht veranschaulichen, dass mit drei linear unabhängigen Farbvektoren alle Farben des RGB-Farbmodells dargestellt werden können. Sind bereits zwei Farbvektoren voneinander abhängig, so unterscheiden sie sich nur in der Länge. Die Richtung der beiden Farbvektoren ist gleich. In einem solchen Fall spricht man im Sinne des Kontextes davon, dass die beiden Farben den gleichen Farbton haben. Sie unterscheiden sich jedoch in der Helligkeit.

Prüfen Sie, ob die Farbe $\vec{f_3}$ aus den Farben $\vec{f_1}$ und $\vec{f_2}$ gemischt werden kann.

$$\vec{f_1} = \begin{pmatrix} 15 \\ 8 \\ 4 \end{pmatrix}; \vec{f_2} = \begin{pmatrix} 10 \\ 4 \\ 8 \end{pmatrix}; \vec{f_3} = \begin{pmatrix} 200 \\ 100 \\ 80 \end{pmatrix}$$

Lösung:

$$10 \cdot \vec{f_1} + 5 \cdot \vec{f_2} = 10 \cdot \begin{pmatrix} 15 \\ 8 \\ 4 \end{pmatrix} + 5 \cdot \begin{pmatrix} 10 \\ 4 \\ 8 \end{pmatrix} = \begin{pmatrix} 200 \\ 100 \\ 80 \end{pmatrix}$$

Die Farbe $\vec{f_3}$ kann aus den Farben $\vec{f_1}$ und $\vec{f_2}$ gemischt werden.

Mit der Deutung des Begriffs der linearen Unabhängigkeit im RGB-Modell sind aus didaktischer Sicht Chancen aber auch Gefahren verbunden. In der eigenen unterrichtlichen

Praxis des Autors zeigte sich, dass Schülerinnen und Schüler durch diese Veranschaulichung zwar den Begriff lineare Unabhängigkeit nachhaltig erinnern, d. h. auch nach einer längeren Phase der Abwesenheit des Begriffs im Unterricht diesen rekonstruieren können. Allerdings wird von einigen Schülerinnen und Schülern der Begriff anscheinend auf das Mischen von Farben reduziert. Die Grenzen der Interpretation im Kontext waren diesen Schülerinnen und Schülern nicht bewusst. Diese Grenzen liegen zunächst darin, dass nur der dreidimensionale Fall betrachtet wird. Viel schwerer wiegt jedoch, dass für Farbvektoren lediglich positive und nach oben begrenzte Koeffizienten zulässig bzw. sinnvoll sind. In den Linearkombinationen, die die Mischung einer Farbe bedeuten, muss dies berücksichtigt werden.

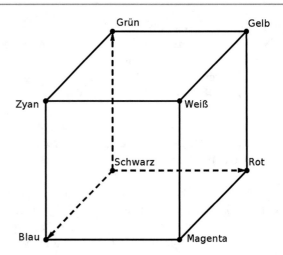

Abb. 1 Der RGB-Farbwürfel

2 RGB- und CMY(K)-Farbmodell: Basen und Erzeugendensysteme

Anders als beim RGB-Farbmodell handelt es sich beim CMY-Modell um ein subtraktives Farbmodell. Die Abkürzungen C, M und Y stehen dabei für die drei Farbanteile Zyan (cyan), Magenta (magenta) und Gelb (yellow). Die Farbe entsteht für den menschlichen Betrachter in diesem Modell dadurch, dass die drei genannten Farben auf weißem (!) Hintergrund mit unterschiedlichen Anteilen gemischt werden und diese dabei Farben aus dem Spektrum des weißen Lichts absorbieren. Was letztlich als Farbe wahrgenommen wird, ist das restliche Spektrum des Lichts, d. h. das reflektierte Licht. Zyan absorbiert Rot, Magenta absorbiert Grün, und Gelb absorbiert Blau. Somit ist jede einzelne der drei Farben die Komplementärfarbe zu Rot, Grün bzw. Blau. Hierdurch ergibt sich, dass in einem Farbwürfel angeordnet die Farben Rot, Grün und Blau aus dem RGB-Modell den Farben Zyan, Magenta und Gelb aus dem CMY-Modell jeweils diagonal gegenüberliegen (siehe Abb. 1, vgl. auch Nischwitz et al. 2007, S. 365).

Demnach ergibt sich (bei Koeffizienten zwischen 0 und 1 einschließlich) die einfache Umrechnung:

$$\begin{pmatrix} R \\ G \\ B \end{pmatrix} = \begin{pmatrix} 1 \\ 1 \\ 1 \end{pmatrix} - \begin{pmatrix} C \\ M \\ Y \end{pmatrix} \text{bzw.}$$

$$\begin{pmatrix} C \\ M \\ Y \end{pmatrix} = \begin{pmatrix} 1 \\ 1 \\ 1 \end{pmatrix} - \begin{pmatrix} R \\ G \\ B \end{pmatrix}$$

Das CMY-Modell wird vor allem im Druckwesen verwendet. Für den Computeranwender kommt es immer dann zum Einsatz, wenn ein Farbdrucker an den Computer angeschlossen ist. Dem Modell wird in der Regel eine weitere Farbe hinzugefügt. Man erhält so das CMYK-Farbmodell. K steht dabei für Key; dieser Key gibt den

Schwarzwert an. Öffnet man einen handelsüblichen Farbtintenstrahldrucker, so wird man tatsächlich die vier Farbpatronen Zyan, Magenta, Gelb und Schwarz vorfinden. Und im Druckwesen wird aufgrund des verwendeten CMYK-Modells vom Vier-Farben-Druck gesprochen (vgl. auch Henn und Filler 2015, S. 111).

Die Gründe dafür, Schwarz mit in das Modell einzubeziehen, sind naheliegend. Zum einen wird bei vielen Druckerzeugnissen die Farbe Schwarz[1] viel häufiger verwendet als andere. Man denke dabei an Texte, Tabellen und dergleichen. Das Drucken wird dadurch schneller und vor allem preisgünstiger. Des Weiteren wurde bei der Konzeption von zum CMYK-Farbmodell gehörenden Farbräumen zum Teil darauf verzichtet, dass tatsächlich die Farbe Schwarz entsteht, wenn alle drei Farben, Zyan, Magenta und Gelb mit vollem Wert übereinander gelegt werden. Es entsteht stattdessen eine Art dunkler Braunton. Diese Ungenauigkeit wurde zugunsten anderer gewünschter Eigenschaften der Farbräume in Kauf genommen, da sich die Ungenauigkeit mit der zusätzlichen Farbe Schwarz leicht korrigieren lässt.

Schülerinnen und Schülern kann die Begriffe Basis und Erzeugendensystem anhand der Unterscheidung zwischen dem RGB- und dem CMYK-Modell verdeutlicht werden. Dazu wird auf den ebenfalls im Kontext erläuterten Begriff der linearen Unabhängigkeit zurückgegriffen. In Prüfungssituationen wie Klausuren oder mündlichen Prüfungen bieten sich dann Fragen ähnlich zu denen in Aufgabe 4 an.

---

[1]Schwarz und Weiß werden häufig nicht zu den Farben im eigentlichen Sinne gezählt. In Kontext von Farbmodellen werden sie jedoch als Farben bezeichnet. In den Farbmodellen wird unterschieden zwischen bunten und unbunten Farben. Unbunte Farben sind all diejenigen, die keine Sättigung aufweisen. Somit sind Schwarz und Weiß und mithin alle Graustufen unbunte Farben.

a. Nennen Sie eine mathematische Definition der Begriffe Basis und Erzeugendensystem.
b. Interpretieren Sie beide Begriffe im Sachzusammenhang der Farbmodelle RGB und CMYK.

3 Eigenschaften von Farben: Betrag und Skalarprodukt

Der Vorteil einer mathematischen Beschreibung von Farben durch Vektoren liegt auch darin, dass Eigenschaften von Farben quantifiziert werden können. Im Unterricht könnte z. B. die Frage gestellt werden, wie hell eine Farbe ist. Diese Frage spielt immer dann eine Rolle, wenn bunte Bilder auf dem Computer in sogenannte Schwarz-Weiß-Bilder[2] umgewandelt werden sollen. Schülerinnen und Schüler erhalten also die Aufgabe, ein Verfahren zu entwickeln, mit dem einer bestimmten Farbe genau ein Grauwert zugewiesen werden kann. Tatsächlich handelt es sich dabei um eine im Ergebnis offene Aufgabe, da in Bildbearbeitungsprogrammen diverse Auswahlmöglichkeiten hinsichtlich der Berechnung von Grauwerten bestehen. So kann z. B. im Bildbearbeitungsprogramm GIMP[3] das arithmetische Mittel zwischen allen drei Koeffizienten des Vektors gebildet oder das arithmetische Mittel zwischen dem größten und dem kleinsten Koeffizienten eines Farbvektors berechnet werden. Ebenso wäre es denkbar, den Betrag eines Farbvektors zur Bestimmung von Grauwerten heranzuziehen.

Ein häufig verwendetes Verfahren zur Bestimmung von Grauwerten verfolgt jedoch einen anderen Ansatz. Da die Helligkeit (auch Leuchtkraft oder Luminanz genannt) der drei Primärfarben im RGB-Modell vom Menschen unterschiedlich wahrgenommen wird, erscheint es sinnvoll, bei der Bestimmung des Grauwerts nicht alle drei Koeffizienten eines Farbvektors gleich zu behandeln. Stattdessen bildet man aus dem Farbvektor und einem sogenannten Luminanzvektor das Skalarprodukt.

$$\vec{l}^t \cdot \vec{f} = \begin{pmatrix} 0{,}21 \\ 0{,}72 \\ 0{,}07 \end{pmatrix}^t \cdot \begin{pmatrix} r \\ g \\ b \end{pmatrix} = 0{,}21r + 0{,}72g + 0{,}07b$$

[2]Die Bezeichnung Schwarz-Weiß-Bild ist zwar sehr geläufig, jedoch nicht ganz korrekt. Ein solches Bild besteht eben nicht nur aus den Farben Schwarz und Weiß, sondern auch aus den vielen Graustufen dazwischen.

[3]Bei GIMP (www.gimp.org) handelt es sich um ein weitverbreitetes kostenloses und quelloffenes Bildbearbeitungsprogramm, das auf verschiedenen Betriebssystemen verwendet werden kann.

Grün wird also vom menschlichen Auge als am hellsten wahrgenommen, Blau ist die dunkelste der drei Primärfarben. Dies wird auch anhand der Koeffizienten des Luminanzvektors deutlich. Eine sinnvolle Aufgabe für den Unterricht besteht z. B. darin, prüfen zu lassen, ob verschiedene Farbvektoren einen ähnlichen oder gar gleichen Grauwert nach dieser Methode erhalten (siehe Aufgabe 5). Ein solcher Test ist z. B. notwendig, wenn man Grafiken für Dokumente und Internetseiten erstellt, die auf einem Schwarz-Weiß-Drucker ausgedruckt werden sollen. Dabei besteht die Gefahr, dass Farben bei zu nah aneinander liegenden Grauwerten auf einem Schwarz-Weiß-Ausdruck nicht mehr zu unterscheiden sind.

Bei der Erstellung von Grafiken für Internetseiten ist es wichtig, dass Farben in Grafiken deutlich unterschiedliche Grauwerte besitzen, da man die Grafiken ansonsten beim Ausdrucken nicht mehr erkennen kann.

Das Logo einer Firma besteht aus den folgenden Farben:

$$\vec{f_1} = \begin{pmatrix} 0 \\ 80 \\ 255 \end{pmatrix}; \vec{f_2} = \begin{pmatrix} 255 \\ 40 \\ 255 \end{pmatrix}; \vec{f_3} = \begin{pmatrix} 150 \\ 80 \\ 150 \end{pmatrix}$$

Berechnen und entscheiden Sie, ob sich das Logo für die Darstellung auf einer Internetseite eignet, sodass es auch im Schwarz-Weiß-Druck gut zu erkennen ist.

Lösung: Die Farben $\vec{f_2}$ und $\vec{f_3}$ haben sehr ähnliche Grautöne. Das Ergebnis kann man leicht überprüfen. Man erstellt mit GIMP ein Bild mit genau den genannten Farben und wählt dann unter „Farben >>> Entsättigen" die Möglichkeit „Leuchtkraft". Dann sieht man das Bild in Graustufen, die mithilfe des Luminanzvektors ermittelt worden sind.

4 Unterschied zwischen zwei Farben: Abstand und Winkel

Mit der Frage „Wie kann man den Unterschied zwischen zwei Farben messen?" kann im Unterricht der analytischen Geometrie ein echter Modellierungsanlass geschaffen werden. Die Frage könnte beispielsweise gemäß des Modellierungskreislaufs nach Blum und Leiß (2005, S. 19) auf folgende Weise bearbeitet werden:

Zunächst wird die Realsituation vorgegeben. In einem Bild sollen durch ein Bildbearbeitungsprogramm ähnliche Farben markiert werden. Damit dies möglich ist, müssen mathematische Kriterien benannt werden, anhand derer entschieden werden kann, wie ähnlich zwei Farben sind. Schülerinnen und Schüler formulieren in Gruppen Aspekte, die zur Unterscheidung zweier Farben herangezogen werden können, wie z. B. Helligkeit, Reinheit der Farben, Farbtöne, Unterschied zur Farbe Weiß oder Schwarz als Bezugsgröße oder – bereits mathematisch betrachtet – den Abstand (DeltaE[4]) zwischen zwei Punkten (Farborten) im RGB-Farbwürfel (vgl. auch Nischwitz et al. 2007, S. 351). Die Gruppen entdecken und wählen voraussichtlich nur einzelne der Aspekte und formulieren so unterschiedliche Realmodelle. Die Aspekte bzw. Realmodelle müssen anschließend mathematisiert werden. So führt beispielsweise der Unterschied zur Farbe Schwarz zum Betrag eines Vektors (im Zusammenhang mit Farbräumen auch Farbwert genannt), der Unterschied im Farbton hingegen zum Winkel zwischen zwei Vektoren. Die hierdurch entstandenen mathematischen Modelle lassen sich gut validieren und interpretieren, indem sie anhand konkreter Farben (unterstützt durch Computereinsatz) getestet werden. Die handlungsleitende Frage lautet dabei, ob das menschliche Auge die Unterschiede zwischen zwei Farben ähnlich bewertet, wie es das rechnerische Verfahren vermuten lässt.

Es handelt sich bei der soeben skizzierten Modellierung um ein authentisches Problem, da auch Bildbearbeitungsprogramme wie GIMP die Möglichkeit bieten, ähnliche Farben zu markieren, um beispielsweise alle in einem einzigen Arbeitsschritt zu verändern. Interessanterweise kann dabei der Benutzer zwischen verschiedenen Methoden zur Unterscheidung von Farben selbstständig wählen. So wird deutlich, dass es nicht die eine Methode zur Unterscheidung gibt und es sich somit um eine offene Aufgabe handelt. Will man stattdessen die Aufgabe nicht derart offen gestalten, kann wie in den Teilaufgaben von Aufgabe 6 gezielt auf einzelne der bereits genannten Aspekte eingegangen werden.

Aufgabe 6: Unterschied zwischen Farben

Gegeben sind die Farben f_1, f_2 und f_3 mit den Farbvektoren

$$\vec{f_1} = \begin{pmatrix} 120 \\ 30 \\ 150 \end{pmatrix}, \vec{f_2} = \begin{pmatrix} 90 \\ 23 \\ 110 \end{pmatrix} \text{ und } \vec{f_2} = \begin{pmatrix} 0 \\ 110 \\ 150 \end{pmatrix}.$$

---

[4]Um den empfundenen Abstand zwischen zwei Farben zu messen, gibt es verschiedene Methoden der Abstandsbestimmung. Diese Methoden werden in der Regel mit DeltaE, dE oder ΔE bezeichnet. Ein geläufiges Maß zur Abstandsbestimmung für Farben ist die aus der analytischen Geometrie bekannte Abstandsbestimmung über den Betrag eines Vektors. Für den Unterricht aus Gründen der didaktischen Reduktion ausreichend, ist diese Methode allerdings sehr fehlerbehaftet, da rechnerisch gleiche Abstände dennoch perzeptiv unterschiedlich wahrgenommen werden. Aus diesem Grund werden bei professionellen Anwendungen umfangreichere Methoden zur Abstandsbestimmung herangezogen (siehe auch Schultze 1975, S. 59 ff.).

Entscheiden Sie, welche zwei der drei Farben sich am stärksten ähneln, indem Sie ...

a. ... den Unterschied im Farbton berechnen und
b. den Abstand (DeltaE) zwischen den Farborten berechnen.

Lösung zu a: $(f_1; f_2) \approx 0{,}7°$; $(f_1; f_3) \approx 44{,}5°$; $(f_2; f_3) \approx 44{,}7°$

Lösung zu b: $|f_2 - f_1| \approx 50{,}4876$; $|f_3 - f_1| \approx 144{,}222$; $|f_3 - f_2| \approx 131{,}41157$

---

5   RGBA-Farbmodell: Vierdimensionale Vektorräume

Beim RGBA-Farbmodell handelt es sich um das um einen Kanal erweiterte RGB-Modell, wobei A nicht etwa für eine weitere Information bezüglich der Farbe oder der Helligkeit steht sondern für einen Alphawert, der Auskunft über die Deckkraft, oder umgekehrt die Transparenz gibt. Bilddateien kennen Transparenz, wenn sie in diesem Farbmodell arbeiten. Das Modell findet beispielsweise Anwendung in der Bildbearbeitung, wenn ein transparentes Objekt vor einem Hintergrund eingefügt werden soll. Bei der Erstellung dreidimensionaler Computergrafiken spielt das Modell ebenfalls eine tragende Rolle. So lassen sich z. B. Nebel oder durchsichtige Objekte wie Fensterscheiben darstellen, die einen Teil des Lichtes reflektieren.

Durch die Beschreibung von Farben mit Vektoren wird Schülerinnen und Schüler eine anschauliche Interpretation von Vektoren zugänglich gemacht. Durch das RGBA-Modell lernen sie eine sinnvolle Erweiterung dieser anschaulichen Interpretation kennen. Schülerinnen und Schüler erlernen an diesem Modell erstens, dass es Vektorräume gibt, die über den üblichen dreidimensionalen Anschauungsraum hinaus eine weitere Dimension besitzen (was zugegebenermaßen in didaktischer Hinsicht noch kein Novum darstellt), sie lernen zweitens eine sinnvolle Anwendung eines solchen Raumes kennen und sie arbeiten drittens mit einem Vektorraum, der sinnlich fassbar bleibt, obgleich er über den Anschauungsraum hinausgeht (dieser Umstand stellt für Schülerinnen und Schüler tatsächlich ein Novum dar; vierdimensionale Vektorräume sind in der Regel nicht sinnlich fassbar).[5]

---

[5]Dass sich der Vektorraumbegriff nicht in der einfachen Hinzunahme weiterer Dimensionen erschöpft, sondern viel umfassender ist, kann den Lernenden ebenso verdeutlicht werden: Sie lernen Matrizenräume als Vektorräume kennen, indem sie anhand der Vektorraumaxiome nachweisen, dass die Menge aller digitalen Fotos mit gleichen Abmessungen, d. h. alle m×n-Bildmatrizen wieder einen Vektorraum bilden, wenn Addition und Multiplikation mit einem Skalar sinnvoll definiert sind (vgl. auch Fischer 2014, S. 75).

Aufgaben zu diesem Modell könnten beinhalten, Anwendungsbeispiele im Bereich der Computergrafik und Bildbearbeitung zu benennen, eine sinnvolle Addition zu definieren und mit Dateiformaten, welche Transparenz beherrschen (z. B. PNG) in GIMP zu experimentieren. Des Weiteren kann eine Umrechnung in den bereits bekannten RGB-Raum erfolgen. Hierbei ist die Wahl des Hintergrunds zu beachten. Diese Umwandlung ist in der Realität immer dann erforderlich, wenn in Computerspielen der sogenannte Objektraum verlassen wird, und das Bild letztlich auf einem Bildschirm dargestellt werden soll. Für die Umrechnung gilt:

$$\vec{f}^* = a \cdot \vec{f_v} + (1-a) \cdot \vec{f_h} = a \cdot \begin{pmatrix} r_v \\ g_v \\ b_v \end{pmatrix} + (1-a) \cdot \begin{pmatrix} r_h \\ g_h \\ b_h \end{pmatrix}.$$

Wobei $\vec{f}^*$ für die anschließend sichtbare RGB-Farbe auf dem Bildschirm steht, $\vec{f_v}$ für die Vordergrundfarbe bestehend aus den drei Farbinformationen r, g und b des Farbvektors im RGBA-Modell, $\vec{f_h}$ für die Hintergrundfarbe im RGB-Modell und a der Alphawert des Farbvektors im RGBA-Modell ist.

Aufgabe 7: Farben vor einem Hintergrund einfügen

Vor einem weißen Hintergrund mit hundertprozentiger Deckkraft soll ein teilweise transparentes Bild eingefügt werden.

Berechnen Sie, welche Farbe auf dem Bildschirm zu sehen ist, wenn folgende transparente Farben im Vordergrund stehen. Gehen Sie dafür davon aus, dass die Koeffizienten der Farbvektoren für die Werte von RGBA stehen und zwischen 0 und 1 liegen.

$$\vec{f_1} = \begin{pmatrix} 0{,}4 \\ 0{,}1 \\ 0{,}6 \\ 0{,}5 \end{pmatrix}; \vec{f_2} = \begin{pmatrix} 0{,}3 \\ 0{,}1 \\ 0{,}4 \\ 1 \end{pmatrix}; \vec{f_3} = \begin{pmatrix} 0{,}3 \\ 0{,}8 \\ 0{,}6 \\ 0{,}2 \end{pmatrix}$$

Lösung:

$$\vec{f_1}^* = \begin{pmatrix} 0{,}7 \\ 0{,}55 \\ 0{,}8 \end{pmatrix}; \vec{f_2}^* = \begin{pmatrix} 0{,}3 \\ 0{,}1 \\ 0{,}4 \end{pmatrix}; \vec{f_3}^* = \begin{pmatrix} 0{,}86 \\ 0{,}96 \\ 0{,}92 \end{pmatrix}$$

6   Ausblick

Wie gezeigt wurde, lassen sich viele, jedoch nicht alle für den Unterricht relevanten Konzepte der analytischen Geometrie motivieren. Während die Begriffe Ortsvektor, Richtungsvektor, Länge, Abstand, Winkel, Skalarprodukt, und sogar Basis und Erzeugendensystem sinnvoll anschaulich gefüllt werden können, gerät der Ansatz an seine Grenzen, wenn es darum geht, Geraden und Ebenen zu thematisieren. Im Kontext beschreiben Ursprungsgeraden

einen Farbton. Ebenen durch den Ursprung beschreiben alle Farben, die aus zwei gegebenen Farben gemischt werden können. Geraden und Ebenen, die nicht durch den Ursprung verlaufen, können im Kontext gedeutet aus ästhetischen Gründen zwar durchaus reizvoll sein, spielen in realen Anwendungen jedoch kaum eine Rolle und sollten aus Sicht des Autors auch nicht durch etwaige eingekleidete Aufgaben künstlich dem Kontext hinzugefügt werden. Stattdessen empfiehlt es sich, derartige Lage- und Schnittprobleme z. B. im Anwendungskontext Computergrafik und Computerspiele zu thematisieren, da sie dort tatsächlich relevant sind. In den Arbeiten von Schürmann (2014b) und Müller und Schürmann (2014) finden sich hierzu zahlreiche Erläuterungen und konkrete praktische Unterrichtsbeispiele.

Will man im Unterricht der analytischen Geometrie auch Matrizen behandeln, so bietet der Kontext auch hierfür Gelegenheit. Denkbar ist das Erstellen einer Basistransformationsmatrix, um zwischen den Modellen RGB und CMY umzurechnen. Ästhetisch ansprechender ist es jedoch, die Farben eines Bildes mithilfe von Abbildungsmatrizen zu verändern. Eine ausführliche Darstellung dieses Vorhabens findet sich im Artikel „Abbildungsmatrizen im Kontext von Farbtransformationen" (Schümann 2014a). Dort wird eine Unterrichtseinheit vorgestellt, in der Schülerinnen und Schüler konkrete Probleme aus der Bildbearbeitung mithilfe von Abbildungsmatrizen bewältigen und so eigene Bilder bearbeiten. Benötigt werden dazu lediglich Computer und Beamer; tiefergehende Computerkenntnisse werden nicht vorausgesetzt.

Zur Bearbeitung von Bilddateien werden in der Regel auch stochastische Verfahren herangezogen, die der Umgebung eines Pixels, einem Bildsegment oder Eigenschaften einer gesamten Bilddatei Rechnung tragen. Aus Gründen der didaktischen Reduktion kann hierauf im Rahmen einer Reihe zur analytischen Geometrie nicht oder nur sehr begrenzt eingegangen werden. Allerdings können solche Verfahren für den Unterricht nutzbar gemacht werden, sobald das Thema Stochastik unterrichtet wird. Umfangreiche Anregungen bis hin zu konkreten Aufgaben zu Bildbearbeitungen, bei denen die Umgebungen einzelner Pixel (auch in stochastischer Hinsicht) berücksichtigt werden, thematisiert Oldenburg (2006).

Der Kontext Farben – das sollte nun deutlich geworden sein – bietet vielfältige Gelegenheiten, um Inhalte der analytischen Geometrie realitätsnah und anwendungsorientiert zu unterrichten. Bei den hier vorgestellten Aufgaben wurde darauf Wert gelegt, den Einsatz von farbigen Bildern auf Computern oder Farbkopien möglichst gering zu halten. Dies geschah mit der Absicht, die Hürden für die Umsetzung des Unterrichtsvorhabens möglichst gering zu halten. Naheliegend ist es jedoch, das Vorhaben im Unterricht auch durch visuelle Darstellungen zu unterstützen. Bilddateien und weitere Materialien sendet der Autor auf Nachfrage gerne zu (schuermann.uwe@uni-muenster.de).

Glossar zum Kontext Farben

Abstand zwischen zwei Farborten (DeltaE) Betrag eines Vektors

Cyan, Magenta, Yellow, Key Erzeugendensystem eines dreidimensionalen Vektorraums

Farbort Punkt im Farbwürfel

Farbton im RGB-Farbmodell Strecke beginnend im Ursprung

Farbvektor im RGB-Farbmodell Vektor mit Koeffizienten zwischen 0 und 1 oder ganzzahligen Koeffizienten zwischen 0 und 255

Farbwürfel im RGB-Farbmodell Würfel im ersten Oktanten des xyz-Koordinatensystems mit Eckpunkt (0|0|0) mit Seitenlänge 1 bzw. 255

Helligkeit (Leuchtkraft, Luminanz) eines Farbvektors im RGB-Farbmodell Skalarprodukt zwischen Farbvektor und dem Luminanzvektor $\vec{l}^t = (0,210,720,07)$

Mischung von Farben im RGB-Farbmodell Linearkombination $(a_1 \vec{v_1} + \ldots + a_n \vec{v_n})$ mit den Einschränkungen für Koeffizienten von Farbvektoren; Lineare (Un-)Abhängigkeit

Rot, Grün, Blau oder Cyan, Magenta, Yellow Basisvektoren bzw. Basis in einem dreidimensionalen Vektorraum

Rot, Grün, Blau, Alpha Basisvektoren bzw. Basis in einem vierdimensionalen Vektorraum

Unterschied im Farbton im RGB-Farbmodell Winkel zwischen zwei Farbvektoren

Literatur

Blum, W., Leiß, D.: Modellieren im Unterricht mit der Tanken-Aufgabe. Math. lehren **128**, 18–21 (2005)

Fischer, G: Lineare Algebra. Eine Einführung für Studienanfänger, 18. Aufl. Springer Spectrum, Wiesbaden (2014)

Henn, H.-W., Andreas, F.: Didaktik der Analytischen Geometrie und Linearen Algebra. Algebraisch verstehen – Geometrisch veranschaulichen und Anwenden. Springer, Berlin (2015)

Müller, J.H., Schürmann, U.: 3D-Grafik in der Schule mit Computeralgebra. Computeralgebra-Rundbrief **55**, 19–21 (2014)

Nischwitz, A., Fischer, M., Haberäcker, P.: Computergrafik und Bildverarbeitung. Vieweg, Wiesbaden (2007)

Oldenburg, R.: Die Mathematik der Bildverarbeitung. In: Meyer, J, Reinhard, O. (Hrsg.) Materialien für einen Realitätsbezogenen Mathematikunterricht, ISTRON, Bd. 9, S. 23–37. Franzbecker, Hildesheim (2006)

Schultze, W.: Farbenlehre und Farbmessung. Eine kurze Einführung. Springer, Heidelberg (1975)

Schürmann, U.: Abbildungsmatritzen im Kontext von Farbtransformationen. PM – Praxis der Mathematik in der Schule **56**(55), 43–47 (2014a)

Schürmann, U.: 3D-Computerspiele und Analytische Geometrie. In Maaß, J., Siller, H. (Hrsg.) Neue Materialien für einen realitätsbezogenen Mathematikunterricht 2, ISTRON-Schriftenreihe, S. 115–130. Springer, Wiesbaden (2014b)

Strecker, K.: Kann man aus Lila und Grasgrün Terrakotta mischen? Lineare Unabhängigkeit von Vektoren am Beispiel von Farbmischungen. MNU **65**(7), 395–398 (2012)

Heuristische Strategien – ein zentrales Instrument beim Betreuen von Schülerinnen und Schülern, die komplexe Modellierungsaufgaben bearbeiten

Peter Stender

Zusammenfassung

Für Schülerinnen und Schüler, die an komplexen Modellierungsproblemen arbeiten, ist die Unterstützung durch eine Lehrperson unabdingbar, auch und gerade, wenn die Schülerinnen und Schüler so selbstständig wie möglich arbeiten sollen. Die Realisierung dieser Unterstützung stellt hohe Anforderungen an die Lehrperson. Auf Basis der im Modellierungsprozess auftretenden heuristischen Strategien ist es möglich, Lehrerinterventionen zu formulieren, die den Schülerinnen und Schülern strategisch Hilfen geben, ihnen also den weiteren Weg weisen ohne die einzelnen Schritte vorzugeben.

Hier wird am Beispiel einer komplexen Modellierungsfragestellung, die mehrfach erfolgreich in Modellierungsprojekten eingesetzt wurde, beschrieben, wo heuristische Strategien bei der Bearbeitung der Fragestellung auftreten und wie diese Strategien für strategische Interventionen genutzt werden können.

1 Einleitung

Die Behandlung von Modellierungsfragestellungen im Mathematikunterricht ist in den Bildungsplänen aller Schulstufen vorgesehen. Modellierungsfragestellungen können eine hohe Komplexität aufweisen, auch wenn zur Bearbeitung Mittelstufenmathematik ausreicht, wie die folgenden Fragestellungen zeigen:

- Gartenbewässerung: Wie sollten Turbinenversenkregner in einem Garten optimal platziert werden? (Bracke 2004).

- Rettungshubschrauber: Wie sollten die Basisstationen von Rettungshubschraubern in einem Skigebiet optimal platziert werden? (Ortlieb 2009).
- Bushaltestelle: Wie weit sollten Bushaltestellen voneinander entfernt eingerichtet werden? (Stender 2016, 2018b).
- Ampel versus Kreisverkehr (unten dargestellt): Bei welche Form der der Kreuzungsgestaltung kann mehr Autoverkehr abgewickelt werden, bei einer Ampelschaltung oder bei einem Kreisverkehr?

Solche Fragestellungen können gut in Modellierungsprojekten verwendet werden (Stender 2018a), also in mehrtägigen Projekttagen, in denen Schülerinnen und Schüler so eine Fragestellung unter Betreuung aber möglichst eigenständig bearbeiten. Die Betreuung stellt dabei hohe Anforderungen an die Lehrperson. Kommen Schülerinnen und Schüler in Situationen, in denen sie nicht wissen, wie sie weiterarbeiten sollen, sind Interventionen gefragt, die helfen, die Hürde zu überwinden aber gleichzeitig nicht die eigentliche Lösung des Problems mitliefern. Solche Interventionen sollten im Sinne von Zech (1996) strategische Interventionen sein, die auf Basis von heuristischen Strategien (Stender 2017) formuliert werden können. Dazu muss zunächst der eigene Lösungsprozess reflektiert werden, um die Strategien im eigenen Handeln explizit zu machen. Dieser Prozess wird hier an dem Beispiel „Ampel versus Kreisverkehr" dargestellt. Dazu wird zunächst eine Liste heuristischer Strategien erläutert. Diese Liste geht in einigen Punkten über das hinaus, was bei „Ampel versus Kreisverkehr" relevant ist, da die Liste auch Strategien enthält, die bei der Bearbeitung anderer Fragestellungen auftreten.

Das Entwickeln von strategischen Interventionen auf Grundlage von heuristischen Strategien ist für jedes neue Modellierungsproblem wieder eine anspruchsvolle Herausforderung. Es muss für jede Fragestellung neu der eigene Lösungsweg realisiert und unter der Perspektive der heuristischen Strategien reflektiert werden, um die möglichen

P. Stender (✉)
Hamburg, Deutschland
E-Mail: Peter.Stender@hamburg.de

© Springer Fachmedien Wiesbaden GmbH, ein Teil von Springer Nature 2019
I. Grafenhofer und J. Maaß (Hrsg.), *Neue Materialien für einen realitätsbezogenen Mathematikunterricht 6*,
Realitätsbezüge im Mathematikunterricht, https://doi.org/10.1007/978-3-658-24297-8_13

Handlungsbarrieren zu antizipieren und daraus strategische Interventionen zu formulieren. Das hier vorgelegte Beispiel kann daher nur als Vorlage für diesen Prozess dienen, nicht als Liste von Interventionen, die in unverändert auch für andere Modellierungsprobleme verwendet werden kann.

2 Problemlösen, Modellieren und strategische Interventionen

Heuristische Strategien wurden bereits von Pólya (2010)[1] als Teil der mathematischen Methoden in die Lehre der Mathematik eingeführt. Heurismen spielen zunächst im Wesentlichen beim mathematischen Problemlösen und Beweisen eine Rolle. In der Kognitionspsychologie (z. B. Dörner 1976) wurde das Konzept aufgegriffen und auch für Denkprozesse außerhalb der Mathematik verwendet. Dabei wird der Begriff „Heuristische Strategie" auf Grundlage des Begriffs „Problem" definiert, sodass dieser zunächst geklärt werden muss.

Was ein Problem ist, ist einfach zu definieren: Ein Individuum steht einem Problem gegenüber, wenn es sich in einem inneren oder äußeren Zustand befindet, den es aus irgendwelchen Gründen nicht für wünschenswert hält, aber im Moment nicht über die Mittel verfügt, um den unerwünschten Zustand in den wünschenswerten Zielzustand zu überführen (Dörner 1976, S. 10).

Dörner betont, dass das Auftreten einer *Handlungsbarriere* zentral für die Einordnung einer Fragestellung als Problem ist:

Ein Problem ist gekennzeichnet durch drei Komponenten:

1. *Unerwünschter Anfangszustand s.*
2. *Erwünschter Endzustand s.*
3. *Barriere, die die Transformation von s in s im Moment verhindert (Dörner 1976, S. 10).*

Tritt bei einer Fragestellung also keine Handlungsbarriere auf, so ist diese kein Problem, auch wenn die Beantwortung der Frage sehr aufwendig ist, also beispielsweise die händische Durchführung eines längeren Algorithmus. Dörner verwendet zur Abgrenzung solcher Fragestellungen von *Problemen* die Bezeichnung *Aufgabe*, wobei in der Lehre besser wäre, von Routineaufgabe zu sprechen, da im Schulkontext der Terminus „Aufgabe" für alle Fragestellungen verwendet wird, mit denen Schülerinnen und Schüler konfrontiert werden.

Wir grenzen Probleme von Aufgaben ab. Aufgaben sind geistige Anforderungen, für deren Bewältigung Methoden bekannt sind. Die Division von 134 durch 7 ist für die

meisten wohl kein Problem, sondern eine Aufgabe, da dafür eine Lösungsmethode bekannt ist. Aufgaben erfordern nur reproduktives Denken, beim Problemlösen muss etwas Neues geschaffen werden (Dörner 1976, S. 10).

Die Frage, ob die Methode für die Bewältigung der Fragestellung bekannt ist, hängt natürlich nicht nur von der Fragestellung ab, sondern auch von der Person, die mit der Fragestellung konfrontiert ist:

Was für ein Individuum ein Problem und was eine Aufgabe ist, hängt von der Vorerfahrung ab. Für den Chemiker ist die Herstellung von Ammoniak aus Luft kein Problem, sondern eine Aufgabe. Für den Laien im Bereich der Chemie ist die Ammoniaksynthese ein äußerst schwieriges Problem. Bei einer Aufgabe fehlt von den drei oben aufgezählten Komponenten der Problemsituation die dritte, nämlich die Barriere (Dörner 1976, S. 10).

Auf Basis dieser Begriffsklärung definiert Dörner (1976, S. 27): *Heuristische Strategien sind Verfahren, mit deren Hilfe Lösungen für Probleme gefunden werden können (Heurismen = Findeverfahren).*

Dabei können natürlich heuristische Strategien keine Rezepte sein, mit denen man sicher gewisse Probleme lösen kann, dann würde es sich ja nicht um ein Problem handeln, sondern im Sinne von Dörner um eine Aufgabe.

In der Mathematikdidaktik wird von Problemlösen überwiegend in innermathematischen Kontexten gesprochen, während beim Modellieren Fragestellungen mit Realitätsbezug behandelt werden. Diese beiden Möglichkeiten der Unterscheidung von Fragestellungen führen zu vier Fällen, die in Tabelle dargestellt sind (vergl. Stender 2016) (Tab. 1).

Im Rahmen der Mathematik sind heuristische Strategien die Denkprozesse, mit denen man entscheidet, was man als nächsten Schritt tut:

- Soll ich versuchen eine Gleichung aufzustellen und zu lösen?
- Soll ich eine Funktion formulieren und diese untersuchen?
- Soll ich eine geometrische Zeichnung anfertigen?

Solche Fragen muss man sich stellen, wenn man mehrschrittige Arbeitsprozesse vor sich hat, für die man noch nicht über ein vollständiges Handlungskonzept verfügt. Für die selbstständige Nutzung von Mathematik sind diese Strategien also essenziell, denn außerhalb von Schule wird man kaum mit der Fragestellung konfrontiert „Löse diese quadratische Gleichung!", sondern mit Situationen, in denen vollkommen unklar ist, welche mathematischen Verfahren sinnvoll angewendet werden können.

Bereits Zech (1996) gibt heuristische Strategien als Beispiel dafür an, wie man strategische Hilfen findet. Zech entwickelte ein fünfstufiges Interventionsmodell für die Betreuung von Problemlöseprozessen basierend auf dem Konzept der minimalen Hilfe von Aebli:

---

[1]Die erste Auflage von *„How to solve it. A new aspect of mathematical methods"* erschien in englischer Sprache 1945.

Tab. 1 Problemlösen und Modellieren

	Fragestellung mit Realitätsbezug	Fragestellung ohne Realitätsbezug
Fragestellung ohne Handlungsbarriere: Aufgabe	Modellierungsaufgabe	Innermathematische Aufgabe
Fragestellung mit Handlungsbarriere: Problem	Modellierungsproblem	Innermathematisches Problem

Bei alledem gilt das Grundprinzip, dass der Lehrer dem selbstständigen Nachdenken der Schüler solange seinen Lauf lässt, als sie auf dem Wege der Lösung des Problems weiterkommen. Aber auch wenn sie Hilfe brauchen, interveniert er nicht sofort auf massive Weise Aebli (1983, S. 200).

Zech beschreibt die folgenden fünf Stufen, die im Sinne von Aebli nacheinander eingesetzt werden, aber nur dann, wenn die vorangehende Stufe erkennbar keine Wirkung gezeigt hat:

- *Motivationshilfe.* Dies sind rein aufmunternde und ermutigende Äußerungen wie: „Ihr schafft das!"
- *Rückmeldehilfe.* Auch diese Form der Hilfe dient der Motivation, nimmt jedoch Bezug auf die konkrete bisherige Arbeit: „Ihr seid auf dem richtigen Weg!"
- *Strategische Hilfe* sollen die Schülerinnen und Schüler, die vor einer Handlungsbarriere stehen, dazu befähigen, weitere sinnvolle Arbeitsschritte zu vollziehen, ohne inhaltliche Informationen über das Vorgehen zu geben: „Macht euch eine Zeichnung!"
- *Inhaltlich strategische Hilfe.* Diese Hilfen enthalten auch im Wesentlichen strategische Elemente, ergänzen diese jedoch um inhaltliche Aspekte: „Zeichnet die gegebenen Funktionen in ein Koordinatensystem!" Hier ebenso wie bei der strategischen Hilfe soll die Zeichnung selbst nicht die Lösung des Problems sein, sondern mithilfe der Zeichnung soll erschlossen werden, welches die nächsten Arbeitsschritte sind.
- *Inhaltliche Hilfe.* Hier werden den Schülerinnen und Schülern die nächsten Arbeitsschritte sehr genau dargestellt oder sogar einzelne Rechnungen erklärt: „Für die Beantwortung der Frage benötigt ihr die Schnittpunkte der Funktionen. Setzt die Funktionsterme gleich und löst dann diese Gleichungen!"

Sieht man von den motivationsorientierten Hilfen ab, sind die strategischen Hilfen diejenigen, die den Schülerinnen und Schülern in der weiteren Arbeit die größtmögliche Selbstständigkeit abverlangt. Daher sollten in Problemlöseprozessen diese Hilfen immer zunächst eingesetzt werden, was jedoch auch erfahrenen Lehrkräften häufig nicht leichtfällt, wie eine Studie von Leiss (2007) gezeigt hat. Dies kann dadurch erklärt werden, dass Lehrpersonen zwar regelmäßig die nächsten konkreten Arbeitsschritte klar vor Augen haben, sodass sie diese explizit benennen können, aber die dahinterstehenden Strategien selbst eher intuitiv und implizit anwenden. Für die strategische Hilfe müssen die eigenen Intuitionen also explizit gemacht werden, wofür in konkreten Unterrichtssituationen in der Regel nicht genug Muße vorhanden ist, da es sich um einen schwierigen Prozess der Selbstreflexion handelt.

Komplexe realitätsnahe Modellierungsfragestellungen sind für Schülerinnen und Schüler offensichtlich Probleme im Sinne von Dörner, daher treffen die hier dargestellten Eigenschaften von Problemen auf solche Fragestellungen zu und die Unterstützungen sollten auf Basis des Interventionsschemas von Zech erfolgen. Das unten analysierte Modellierungsproblem wurde bereits mehrfach in Modellierungstagen eingesetzt, in denen Schülerinnen und Schüler aus Jahrgang 9 über drei Tage in einem Unterrichtsprojekt an einem einzelnen Modellierungsproblem in Gruppenarbeit arbeiten und am Ende ihre Ergebnisse präsentieren (Stender 2016). Solche Modellierungsprozesse werden sinnvollerweise mithilfe eines Modellierungskreislaufs beschrieben. Hier wird der in Abb. 1 dargestellte Kreislauf verwendet.

Die Schülerinnen und Schüler werden mit einer offenen realitätsnahen Situation konfrontiert und müssen zunächst die Situation verstehen und für die Lösung der Fragestellung relevante Aspekte identifizieren. Im ersten Anlauf sollten nur einzelne dieser Aspekte verwendet werden, die Situation also deutlich vereinfacht werden (reales Modell), damit die Übersetzung in die Mathematik gelingen kann. Nach dem Bearbeiten des so entstandenen mathematischen Problems muss das Ergebnis vor dem Hintergrund der realen Situation und des realen Modells interpretiert werden. Nun können nach und nach weitere Aspekte in das reale Modell integriert werden und gegebenenfalls adäquater umgesetzt werden.

Dieser Prozess selbst ist für Schülerinnen und Schüler bereits ein Problem und muss durch Interventionen unterstützt werden. Dabei ist die Verwendung des Modellierungskreislaufes zur Unterstützung der Schülerinnen und Schüler zentral, da die einzelnen Schritte des Modellierungskreislaufes als strategische Interventionen genutzt werden können: „Ihr müsst zu Beginn ganz stark vereinfachen!", „Was bedeutet das Ergebnis in der Realität", „Welche Aspekte der Realität sind hier überhaupt wichtig?"

Diese Interventionen stellen wichtige Hilfen für die selbstständige Arbeit der Schülerinnen und Schüler dar, oft ist jedoch erforderlich, weitere Hinweise zu geben, die aber möglichst auch noch strategischer Natur sein sollten. Dies gelingt mithilfe der heuristischen Strategien, die im Folgenden dargestellt werden.

Abb. 1 Modellierungskreislauf.
(Kaiser und Stender 2015)

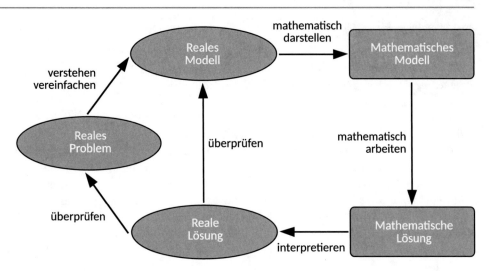

3 Heuristische Strategien

Eine grundlegende Sammlung heuristischer Strategien wurde von Pólya (2010) beschrieben. Basierend auf der Definition von Dörner (1976) kann man diese Liste um weitere Strategien ergänzen, die beispielsweise auf Grundlage der fundamentalen Ideen der Mathematik (Schweiger 1992) formuliert wurden. Betrachtet man Fundamentale Ideen wie beispielsweise „Iteration" unter der Perspektive mathematischen Handelns, so können Strategien formuliert werden wie „Nutze Iteration, wende also einen Verfahren wiederholt an, um zu einer immer besseren Lösung zu gelangen." Fundamentale Ideen können so zusammen mit geeigneten Prädikaten als heuristischen Strategien formuliert werden.

So entstand eine Liste von 19 heuristischen Strategien, die zur besseren Übersichtlichkeit in Gruppen zusammengefasst wurden. Die hier verwendete Gruppierung ist nicht zwangsläufig und andere sinnvolle Strukturierungen sind denkbar.

- Material organisieren/verstehen des Problems
  - Unterschiedliche Repräsentationen nutzen,
  - Systematisches Probieren,
  - Simulationen nutzen,
  - Diskretisieren;
- Effektives Nutzen des Arbeitsgedächtnisses
  - Superzeichen bilden,
  - Symmetrie nutzen,
  - Zerlege dein Problem in Teilprobleme;
- Think Big
  - Vergrößere den Suchraum,
  - Nutze Verallgemeinerungen;
- Vorhandenes Nutzen
  - Führe Neues auf Bekanntes zurück,
  - Analogien nutzen,

- Superpositionsverfahren kombiniere Teillösungen zur Gesamtlösung,
  - Probleme auf Algorithmen zurückführen;
- Funktionales
  - Betrachte Grenzfälle oder Spezialfälle,
  - Zum Optimieren muss man variieren
  - Iteration und Rekursion;
- Arbeitsorganisation
  - Rückwärts arbeiten und Vorwärts arbeiten,
  - Dranbleiben und Aufhören – jeweils zum richtigen Zeitpunkt.

3.1 Material organisieren/Verstehen des Problems

Dies ist immer der erste Arbeitsschritt beim Problemlösen, wie schon bei Pólya (2010) in der wichtigen Liste im Klappentext deutlich wird. „Organisieren des Materials" wurde von Kießwetter (1985) als Beschreibung dieser ersten Phase des Problemlösens eingeführt. Dabei wird der Ausdruck „Material" sehr weit gefasst und meint alle in Bezug auf das Problem zur Verfügung stehenden Informationen. Diese müssen geeignet dargestellt und analysiert werden, was in den folgenden Unterpunkten expliziert wird. Zu diesem Arbeitsschritt gehört beim Modellieren die Exploration der realen Situation also das Verstehen der Situation, das Sammeln und Ordnen möglicher Einflussfaktoren und die Entscheidung über die (zunächst) zu berücksichtigenden Einflussfaktoren.

Unterschiedliche Repräsentationen nutzen
Häufig können Sachverhalte in verschiedener Weise dargestellt werden. In der Schulmathematik wird beispielsweise eine Funktion mithilfe eines Terms hingeschrieben,

mithilfe eines Funktionsgraphen visualisiert oder es wird eine Wertetabelle aufgestellt. Daneben sollten Schülerinnen und Schüler in der Lage sein, den qualitativen Verlauf der Funktion verbal zu beschreiben und vielleicht sogar ein einschlägiges Beispiel angeben können, das mithilfe einer gegebenen Funktion beschrieben werden könnte. Damit hat man drei bis fünf verschiedenen Repräsentationen, die alle in unterschiedlichen Situationen ihren Nutzen haben. Damit ergeben sich neun bis 25 mögliche Repräsentationswechsel zwischen diesen Darstellungen (vergl. z. B. Stender 2014), die für die Auswahl einer günstigen Repräsentation der Situation beherrscht werden müssen. Beim Modellieren tritt dies beispielsweise bei der Fragestellung „Ist die Punktevergabe bei den Bundesjugendspielen in der Leichtathletik gerecht?" auf. Die Punktevergaben liegen als Wertetabellen und als parameterabhängige Funktionsterme vor, Vergleiche sind jedoch besser mithilfe von Graphen anzustellen. Weitere Beispiele hierzu wie auch zu anderen Strategien werden unten bei der Analyse der Fragestellung „Ampel versus Kreisverkehr" beschrieben.

Systematisches Probieren

Lösungen zu Aufgaben durch Probieren zu finden war lange Zeit in der Schule auf wenige Ausnahmen beschränkt, wie das Raten einer Nullstelle eines Polynoms dritten Grades. Bei klassischen Schulbuchaufgaben sollten die Schülerinnen und Schüler aus dem vorangegangenen Unterricht ja einen Lösungsweg kennen und diesen dann üben. Systematisches Probieren ist dagegen gerade dann eine Herangehensweise für die erst Exploration einer Situation, wenn man nicht weiß, was zu tun ist, also vor einem Problem und nicht vor einer Routineaufgabe steht. Beim Suchen von Beweisen beispielsweise in der Universitätsmathematik ist diese Strategie häufig unverzichtbar, ebenso wie beim Modellieren, wenn man noch kein vollständiges fertiges mathematisches Modell hat, sondern dies erst (er)finden muss.

Systematisches Probieren kann in unterschiedlicher Weise geschehen, die Wertetabelle zu einem Funktionsterm aufzustellen ist hier ein Aspekt aber auch die Wahl von Parametern in einer Situation, wie sie auch bei den Bundesjugendspielen auftreten. In beiden Fällen wird man zunächst willkürlich beginnen und dann systematisch weiterarbeiten. Bei der Wertetabelle beginnt man oft mit einem eher zufälligen Intervall und großer Schrittweite und verfeinert dann systematisch dort, wo interessante Dinge geschehen. Bei den Parametern trifft man zunächst irgendeine Wahl und variiert diese dann mit zunehmender Systematik um wichtige Konstellationen zu beschreiben.

Simulationen nutzen

Simulationen sind systematisches Probieren im großen Stil, häufig mithilfe von Computern. Sie erlauben das Explorieren von komplexen Situationen, in denen einzelne Beispielrechnungen wenig aussagen. Ein sehr bekanntes Beispiel für eine Simulation, die nicht computergestützt ist, ist das Brettspiel „Ökolopoly" (Vester 1980), in dem die Entwicklung von Staaten in einfacher Weise durchgespielt werden kann, dabei jedoch schon eine nur schwer erfassbare Komplexität erreicht. Ein eigentlich kontinuierlicher Sachverhalt wird in der Regel im Rahmen der Simulation diskretisiert.

Diskretisieren

Als Diskretisierung bezeichnet man den Übergang von einer kontinuierlichen Situation in eine diskrete Darstellung mit dem Ziel die kontinuierliche Situation mit endlich vielen Rechenschritten zu behandeln. Auch hier ist die Wertetabelle zu einer Funktion ein einfaches Beispiel, aber auch die Entwicklung des Riemann-Integrals über diskrete Unter- und Obersummen.

Das Ziel, eine kontinuierliche Situation mit diskretem Zugang zu erfassen kann dabei dann auf zwei prinzipiell verschiedenen Weisen realisiert werden: die Arbeit bleibt diskret und man macht die Zerlegung der kontinuierlichen Situation so fein, dass kein relevanter Fehler auftritt, also beim Funktionsplot auf Basis einer Wertetabelle so fein, das dar Funktionsgraph als Polygonzug keine Ecken mehr aufweist. Die Alternative ist es, nach einigen Arbeitsschritten die Diskretisierung rückgängig zu machen, wie man das beim Riemann-Integral durch die Grenzwertbildung realisiert. Für diesen Übergang vom Diskreten zum Kontinuierlichen gibt es leider kein einschlägiges Wort, man müsste den Ausdruck „kontinuierlichisieren" erfinden.

3.2 Effektives Nutzen des Arbeitsgedächtnisses

Miller (1956) beschreibt, dass im menschlichen Arbeitsgedächtnis zwischen fünf und neun gedankliche Gegenstände gleichzeitig gehalten und verarbeitet werden können. Diesen Sachverhalt kann man leicht in einem kleinen Experiment selbst erleben: man deckt eine kleine zufällig erzeugte Anzahl von gleichartigen Gegenständen auf und versucht die Anzahl auf einen Blick zu bestimmen. Bei kleinen Zahlen (bis zu 7 ± 2) gelingt dies ohne zu Zählen. Bei größeren Anzahlen als der individuellen Schranke beginnt man zu zählen oder „geschickt" zu zählen, indem man die Gesamtmenge in Gruppen zerlegt, deren Anzahlen man wieder direkt sehen kann. Dieses Bilden von Gruppen nennt Miller „chunking" (engl. bündeln) und dieses chunking erlaubt es, mehr gedankliche Gegenstände im Arbeitsgedächtnis zu verarbeiten, indem man beispielsweise sieben chunks aus je sieben Gegenständen denkt.

Superzeichen bilden

Kießwetter (1983) hat das Konzept des „chunking" in die Fachdidaktik der Mathematik eingeführt und dargestellt, wie dies beim Lösen von Problemen hilfreich ist. Kießwetter verwendet dabei statt der Bezeichnung „chunk" den Ausdruck „Superzeichen." In der Mathematik werden neue Objekte in der Regel mit einem Buchstaben bezeichnet, zum Beispiel $\mathbb{N}$ für die Menge der natürlichen Zahlen. Der Ausdruck „Superzeichen" bedeutet dementsprechend „Zeichen, das für mehrere Zeichen steht." Im Rahmen der Mathematik geht das Konzept des Superzeichens über das des chunks hinaus, weil durch die Bezeichnung mit einem Namen (hier $\mathbb{N}$) auch ein neues mathematisches Objekt entsteht. Dies ist beim chunking nicht immer der Fall, da beim chunking teilweise auch in einer nicht strukturbildenden Weise gruppiert wird.

Das Konzept der Superzeichen ist in der Mathematik allgegenwärtig (Menge, Äquivalenzklasse, Zahlenpaar, Bruch [als chunk von Zähler und Nenner], Vektoren, usw.). Beim Problemlösen geht es oft um das sinnvolle Bilden von neuen Superzeichen aber auch um das Auffalten des Superzeichens im richtigen Moment, also darum, wieder die Einzelteile in den Blick zu nehmen. Beim Bruchrechnen wird dies deutlich, wenn man den Bruch zum einen als *eine* Zahl ansieht, dann aber wieder Zähler und Nenner beim Rechnen getrennt betrachtet, also den Bruch als *zwei* Zahlen behandelt. Der Wechsel zwischen dem Superzeichen und seinen Bestandteilen ist in der Regel auch ein Repräsentationswechsel.

Symmetrie nutzen

Pólya (2010) beschreibt die Bedeutung dieser Strategie ausführlich: „Versuche symmetrisch zu behandeln, was symmetrisch ist, und zerstöre nicht mutwillig natürliche Symmetrie." Er begründet diese Aufforderung folgendermaßen:

Wenn eine Aufgabe in irgendeiner Hinsicht symmetrisch ist, können wir aus der Beachtung der untereinander vertauschbaren Teile Nutzen ziehen, und oft wird es sich lohnen, diese Teile, die dieselbe Rolle spielen, in derselben Weise zu behandeln (ebda.),

Die Bedeutung der Symmetrie ist für Pólya also nicht die wichtige ästhetische Komponente, die Symmetrie oft beispielsweise in der Kunst von Escher aufweist, sondern der Nutzen für den Problemlöseprozess. Die Idee „Wenn ich die richtigen Teile eines symmetrischen Objektes und dessen Symmetrieeigenschaften kenne, kenne ich das ganze Objekt" bedeutet ja, dass deutlich weniger Information verarbeitet werden muss, als wenn man die Symmetrie nicht ausnutzen würde.

Im Modellierungsprozess spielt Symmetrie eine noch bedeutendere Rolle, da bei der Kreation des realen Modells Annahmen getroffen werden können, mit denen Symmetrie hergestellt wird. Die reale Situation soll vereinfacht werden

und ein wichtiger Ansatz dazu ist, die Situation (zunächst) so symmetrisch wie möglich zu gestalten. Untersucht man beispielsweise den Abstand von Bushaltestellen, so ist es sinnvoll, zunächst die Buslinie als gerade Linie mit äquidistanten Bushaltestellen zu betrachten, also eine translationssymmetrische Situation. Für Schülerinnen und Schüler ist dies nicht selbstverständlich.

Zerlege dein Problem in Teilprobleme

Diese Strategie ist im Modellierungsprozess schon tief verankert in dem Ansatz, den Modellierungskreislauf mehrfach zu durchlaufen: zunächst wird eine stark vereinfachte Situation untersucht und dann werden nach und nach zusätzliche Aspekte der Realität hinzugefügt. Für Schülerinnen und Schüler ist dieses Vorgehen aus dem Mathematikunterricht oft wenig vertraut, weil bei der Bearbeitung von Routineaufgaben das gesamte Löschungsschema bereits vorliegt und nicht zunächst Teilschritte bearbeitet werden müssen. Dies tritt jedoch auf, wenn mehrschrittige Problemstellungen zu bewältigen sind: dann muss zunächst ein Schritt realisiert werden und erst danach der nächste. Dies stellt erfahrungsgemäß Schülerinnen und Schüler oft vor eine große Herausforderung, sodass das Zerlegen eines Problems im Modellierungsprozess eine wichtige Erfahrung ist.

3.3   Think Big

Beim Lösen von Problemen ist es zuweilen hilfreich, nicht in zu engen Bereichen zu denken, sondern Ideen zu verfolgen, die nach dem ersten Anschein einen fälschlicherweise angenommenen Rahmen für die möglichen Lösungen sprengen.

Vergrößere den Suchraum

Dörner (1976) hat das folgende Beispiel für das notwendige Vergrößern des Suchraumes präsentiert: Neun Punkte werden in einem drei mal drei Schema präsentiert mit der Aufgabe, diese neuen Punkte mit einem Streckenzug aus vier Teilstrecken in einem Zug zu verbinden. Die Lösung misslingt, solange man versucht, mit den Linien im Rahmen einer virtuellen Box zu bleiben, die die neuen Punkte umgibt. Erst wenn man diese Box verlässt, gelingt die Lösung (Abb. 2).

Auch beim Modellieren kann es sinnvoll sein, nach unüblichen Lösungen zu suchen. Bei der Fragestellung „Kleidergrößen", bei der auf Grundlage von Messdaten von Körpermaßen von Menschen Maße für Bekleidungsgrößen kreiert werden sollen, gelingt es immer wieder einzelnen Gruppen, aus dem Schema „XS,S,M,L,XL" auszubrechen und verschiedene Größentabellen für „dünne, normale, dicke" zu kreieren. Auch wenn dies bei Anzuggrößen durchaus üblich ist, stellt dies für Schülerinnen und

Abb. 2 Neun Punkte Problem.
(Dörner 1976)

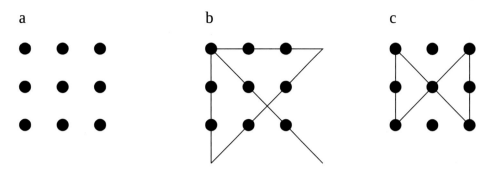

Schüler aus Jahrgang neun ein deutliches Ausbrechen aus ihrem Erfahrungshorizont dar, das zu einem verfeinerten Modell führt.

Nutze Verallgemeinerungen

Situationen, die allgemeiner sind und in dem Sinne mehr unterschiedliche Fälle umfassen, werden regelhaft als komplexer, abstrakter und damit schwieriger wahrgenommen. Dies ist aber nicht immer der Fall. Verallgemeinern heißt ja auch, von konkreten Besonderheiten abzusehen und damit diese Besonderheiten nicht mehr beachten zu müssen. In diesem Sinne ist Abstraktion oft auch eine Vereinfachung.

Dies tritt in Modellierungsprozessen oft auf: vor die Aufgabe gestellt, den optimalen Abstand von Bushaltestellen zu ermitteln, den ein Verkehrsverbund bei der Planung seiner Buslinien zugrunde legen sollte, untersuchen Schülerinnen und Schüler oft sehr genau existierende Busnetze und resignieren dann nach einiger Zeit vor der Fülle der zu verarbeitenden Informationen. Aber wie sieht die *allgemeine* Buslinie ohne Besonderheiten aus? Hier kann für die Verallgemeinerung eine Buslinie gewählt werden, die hochgradig symmetrisch ist und zunächst alle konkreten Besonderheiten außer Acht lässt. Dann ist sie einer Analyse auch in Jahrgang neun zugänglich.

3.4   Vorhandenes Nutzen

Die Mathematik ist eine hierarchisch aufgebaute Wissenschaft, in der das Neue auf dem bereits Vorhandenen aufbaut und dieses nutzt. Im Mathematikstudium wird dies par excellence realisiert, durch die fortlaufende Verwendung von bereits bewiesenen Sätzen und bekannten Definitionen. Dieses Prinzip ist jedoch auch in Modellierungsprozessen oft hilfreich und kann so auch Schülerinnen und Schülern nahegebracht werden, denen der Umgang mit formalen Systemen nicht so leichtfällt.

Führe Neues auf Bekanntes zurück

Dies ist auch in der Schulmathematik weit verbreitet, wenn beispielsweise der Kosinus Satz mithilfe der Definitionen von Sinus und Kosinus am rechtwinkligen Dreieck und dem Satz des Pythagoras hergeleitet wird. Aber auch in Modellierungsprozessen können bereits erzielte Ergebnisse oft sinnvoll weiterverwendet werden. Wieder ist bereits das Arbeiten im Modellierungskreislauf paradigmatisch: die ersten Durchläufe im Modellierungsprozess führen bei komplexen Fragestellungen in der Regel noch nicht zu sinnvollen Ergebnissen. In den weiteren Durchläufen können jedoch die erzielten Einsichten und Zwischenergebnisse sinnvoll verwertet werden. „Das haben wir doch vorhin schon gelöst!" kürzt dann in Folge das Arbeiten deutlich ab.

Analogien nutzen

Analogie durchzieht unser ganzes Denken, unsere Alltagssprache und unsere trivialen Schlüsse ebenso wie künstlerische Ausdrucksweisen und höchste mathematische Leistungen. Analogie wird auf verschiedenem Niveau gebraucht. Man verwendet oft vage, mehrdeutige, unvollständige oder unvollständig geklärte Analogien, aber Analogie kann auch die hohe Stufe mathematischer Genauigkeit erreichen. Alle Arten von Analogie können bei der Entdeckung einer Lösung eine Rolle spielen, und so sollen wir keine davon Vernachlässigen (Pólya 2010, S. 52–53).

Diese weite Beschreibung von Pólya legt bereits nahe, dass Analogien auch beim Modellieren hilfreich sein können. Für das Nutzen von Analogien muss man natürlich bereits ein Repertoire haben, das analog verwendet werden kann. Für Modellierungsprozesse bedeutet dies, dass Analogiebetrachtungen eher nicht bei den ersten Modellierungsaktivitäten zu erwarten sind, sondern dann, wenn ähnliche Fragestellungen in der Vergangenheit bereits behandelt wurden. So sind beispielsweise bei Modellierungsproblemen aus dem Verkehrsbereich bestimmte Prozesse wiederkehrend und können dann analog behandelt werden.

Superpositionsverfahren – kombiniere Teillösungen zur Gesamtlösung

Im strengen Sinne der Mathematik und der Physik heißt Superposition das Zusammensetzen von speziellen Lösungen zu einer Gesamtlösung mittels Linearkombination. Dies tritt in allen Vektorraumstrukturen auf. Verallgemeinert man dieses Prinzip und beschränkt sich nicht auf *lineares* Kombinieren, so bildet es die notwendige Ergänzung zu „Zerlege dein Problem in Teilprobleme" – was zerlegt wurde, muss auch wieder zusammengesetzt werden.

Bei der Bearbeitung von komplexen Modellierungsproblemen verlieren Schülerinnen und Schüler zuweilen den Überblick über den eigenen Arbeitsprozess und verlieren sich in einzelnen Teilproblemen. Die dann entstandenen Ergebnisse zu ordnen und zu kombinieren ist dann ein Arbeitsschritt, der teilweise besonders angeregt werden muss.

Probleme auf Algorithmen zurückführen

In den folgenden Zitaten verwendet Engel ersichtlich den Ausdruck „Problem" eher aus der Sicht innermathematischer Fragestellungen, dies ist also etwas spezieller als die oben von Dörner gegebene Definition.

Die Haupttätigkeit des Menschen ist das systematische Lösen von Problemen. Ein Problem wird in zwei Schritten erledigt. Zuerst konstruiert man eine genau definierte Folge von Anweisungen zur Lösung des Problems. Dies ist eine interessante und geistreiche Tätigkeit. Dann kommt die Ausführung der Anweisung. In der Regel ist dies eine zeitraubende, langweilige Arbeit, die man dem Rechner überlässt (Engel 1977).

Ein Algorithmus ist eine genau definiert Folge von Anweisungen zur Lösung eines Problems oder zur Steuerung eines Prozesses. Der Begriff Algorithmus überlappt sich stark mit den Begriffen Rezept, Prozess, Methode, Rechenverfahren (Engel 1975).

Ein Algorithmus selbst kann keine Probleme lösen, sondern ist ein Lösungsverfahren für eine Klasse von Fragestellungen, die durch den Algorithmus zu Routineaufgaben werden – arbeitet man entlang des Algorithmus, weiß man immer, was zu tun ist. Es gibt keine Barriere.

Beim Problemlösen spielt der Algorithmus selbst also nicht die Rolle einer heuristischen Strategie. Die auftretende heuristische Strategie lautet: Formuliere dein Problem dergestalt um, dass Du einen Algorithmus nutzen kannst. Bei einer unübersichtlichen Ansammlung von unterschiedlichen Gleichungen, die beim Aufstellen eines mathematischen Modells zusammengekommen sind, ist es sinnvoll, diese Gleichungen so umzuformen, dass man ein lineares Gleichungssystem erhält, das dann mit dem Gauß-Algorithmus gelöst werden kann. Dies kann händisch geschehen oder – was bei größeren Gleichungssystemen ratsam ist – durch Verwendung eines geeigneten Computerprogramms, z. B. eines Computeralgebrasystems.

Ein zweiter Aspekt ist das Erzeugen eines Algorithmus als Lösung eines Problems (der interessante, geistreiche Teil): Algorithmen sind gute Antworten, da dann eine ganze Problemklasse gelöst wurde. Dies tritt beispielsweise in einem Modellierungsproblem auf, in dem Turbinenversenkregner in einem Garten sinnvoll (da dauerhaft) positioniert

werden sollen (Bracke 2004). Hier geht es nicht um einen speziellen Garten, sondern um darum ein Verfahren anzugeben, wie die Turbinenversenkregner systematisch sinnvoll positioniert werden.

Das Erzeugen von Algorithmen ist einer der Aspekte der Mathematik, der es später erlaubt, Neues auf Bekanntes (den Algorithmus) zurückzuführen.

3.5 Funktionales

In Modellierungsfragestellungen treten vielfach funktionale Zusammenhänge auf, die zur Beschreibung der Situation verwendet werden und in Hinblick auf die reale Situation analysiert werden. Bei der Arbeit mit funktionalen Zusammenhängen treten die folgenden spezifischen heuristischen Strategien auf, die sowohl in Modellierungsprozessen zum Einsatz kommen als auch in innermathematischen Zusammenhängen.

Betrachte Grenzfälle oder Spezialfälle

Diese Strategie ist in vielen Zusammenhängen der Mathematik wirkmächtig und wird in der Schule auch vielfach eingesetzt. Bei den klassischen Optimierungsaufgaben der Oberstufe dient beispielsweise die Betrachtungen von Spezialfällen als Begründung für die Existenz eines Optimums: Eine Konservendose mit vorgegebenen Volumen ($850 \mathrm{~cm}^3$) hat einen sehr großen Materialverbrauch, wenn sie sehr flach mit geringer Höhe (1 cm) ist. Ebenso ist der Materialverbrauch beim Dosenradius 1 cm sehr groß, weil die Dose dann sehr hoch ist. Dazwischen sollte es eine optimale Situation geben.

Die gleiche Argumentation tritt bei der Frage nach dem optimalen Abstand von Bushaltestellen auf: zu Fuß unterwegs zur Bushaltestelle wünscht man sich, dass der Bus alle 50 m hält. Sitzt man erst im Bus, wünscht man sich möglichst wenige Stopps also große Abstände zwischen den Bushaltestellen.

Bei der Analyse des Punktesystems der Bundesjugendspiele treten in den Formeln Spezialfälle auf, z. B. die Leistung, bei der gerade null Punkte erreicht werden. Diese Spezialfälle können sehr gut zum Verständnis der Formeln betrachtet werden.

Das Betrachten von Grenzfällen und Spezialfällen kann auch als eine Form von besonders geschicktem systematischen Probieren aufgefasst werden. Durch breiteres Probieren könnte man auch ohne dieses besondere Geschick zu den wichtigen Spezialfällen kommen und so die relevanten Einsichten gewinnen.

Zum Optimieren muss man variieren

Viele Modellierungsfragestellungen enthalten Optimierungsaspekte, von der Konservendose bis zur Bushaltestelle.

Mathematisch geschulte Personen kennen unterschiedliche Zugänge zu Extremstellen. Im Grunde wird dabei unabhängig vom konkreten Verfahren immer über die Grundmenge (oder eine sinnvollen Teilmenge) eine funktional abhängige Größe betrachtet und aus allen Elementen der betrachteten Menge dasjenige mit dem optimalen Funktionswert gesucht. Das heißt, man muss die Zielgröße bei Variation der Elemente der Grundmenge betrachten.

Dies ist Schülerinnen und Schülern oft nicht bewusst. Der Umgang mit dem Ausdruck „optimal" in der Alltagssprache ist ein anderer. Dazu kommt, dass für den eben beschriebenen Optimierungsprozess ein ausgeprägtes funktionales Denken bereits vorhanden sein muss, was von vielen Schülerinnen und Schülern aber oft erst sehr spät erreicht wird.

Sollen Schülerinnen und Schüler also Modellierungsprobleme wie „Abstand von Bushaltestellen" bearbeiten, muss diese Strategie von den Betreuungspersonen in sinnvoller Weise an die Schülerinnen und Schüler herangetragen werden.

Iteration und Rekursion

Iterative und rekursive Verfahren sind in der Mathematik fest verankert, beginnend bei Näherungsverfahren für Wurzeln (Heron-Verfahren) oder Nullstellen (Newton-Verfahren) bis hin zu aktuellen numerischen Verfahren zum Lösen von Differenzialgleichungen (Finite-Elemente-Methode).

Für Schülerinnen und Schüler sind iterative Verfahren oft nicht naheliegend, da sie in der Schulmathematik nicht sehr breit verankert sind und Näherungslösungen in der Schule oft nur unbewusst (nämlich als Taschenrechnerergebnisse) verwendet werden.

Die Beschreibung zeitabhängiger Prozesse in Modellierungsfragestellungen kann nach einer Diskretisierung mit iterativen Verfahren geschehen, beispielsweise bei der Untersuchung von Populationsdynamiken, die diskretisiert auf Differenzengleichungen führen. Dies kann dann mit einfachen Mitteln wie beispielsweise einer Tabellenkalkulation simuliert werden.

3.6   Arbeitsorganisation

Wenn Schülerinnen und Schüler komplexe Modellierungsprobleme in Unterrichtsprojekten behandeln und dabei unterschiedliche Ansätze verwenden, muss der Arbeitsablauf selbst immer wieder kritisch hinterfragt werden und gegebenenfalls neu strukturiert werden. Auch hierbei ist die Unterstützung durch Lehrpersonen unverzichtbar.

Hier werden zwei Strategien betrachtet, die bei Problemlöseprozessen immer wieder eine Rolle spielen.

Rückwärts arbeiten und Vorwärts arbeiten

Vorwärts arbeiten vom Gegebenen zum Gesuchten ist das klassische Vorgehen beim Bearbeiten von Routineaufgaben, wie Schülerinnen und Schüler es regelhaft im Mathematikunterricht erleben. Bei Problemen, bei den das Ziel bekannt ist, aber der Weg zum Ziel die gesuchte Lösung darstellt (Dörner (1976) nennt dies „Interpolationsprobleme", in der Mathematik sind Beweisprobleme von diesem Typ) bietet es sich an, auch vom Gesuchten zum Gegebenen rückwärts zu arbeiten. In konkreten Problemlöseprozessen wechselt man dann zwischen Vorwärtsarbeiten und Rückwärtsarbeiten ab, bis die beiden Prozesse irgendwo in der Mitte zusammentreffen. Lehrpersonen sollten in geeigneten Situationen dementsprechend das Rückwärtsarbeiten oder den Wechsel der Arbeitsrichtung anregen.

Eine spezielle Form von Rückwärtsarbeiten ist sehr weit verbreitet, ohne dass dabei immer bewusst ist, dass es sich um Rückwärtsarbeiten handelt: Bezeichnet man in einer Textaufgabe die Variable mit x, und beginnt dann mit diesem x Rechnungen hinzuschreiben, so tut man so, als kenne man das Ergebnis bereits (nämlich x). Jedes Aufstellen von Gleichungen in Rahmen von Textaufgaben oder Modellierungsprozessen beginnt implizit mit dem Ergebnis und entwickelt daraus die Gleichung. Dabei steht das x für viele verschiedene mögliche Zahlen und ist also auch ein Superzeichen. Dieser Prozess ist für Schülerinnen und Schüler oft nicht einfach zu verstehen und sollte daher gut transparent gemacht werden.

Dranbleiben und Aufhören – jeweils zum richtigen Zeitpunkt

Dies stellt das Grunddilemma eines jeden komplexen Problemlöseprozesses dar: um zum Ziel zu kommen muss man durchhalten, schwierige Phasen überwinden und darf nicht aufgeben. Es sei denn, man ist auf einem Irrweg, was man aber nicht wissen kann. Ist man auf einem Irrweg lautet die Maxime: wähle einen anderen Ansatz. Hier brauchen Schülerinnen und Schüler den Rat einer Lehrperson im Modellierungsprozess: lohnt es, weiter zu machen oder sollte man lieber etwas anderes probieren. Dabei sollten Irrwege nicht vorschnell beendet werden, da diese oft produktiv sind. Sind sie jedoch nur noch frustrierend muss ein anderer Ansatz gewählt werden. Diese Ambivalenz von Durchhalten und Umentscheiden sollten die Schülerinnen und Schüler bei der Bearbeitung von Modellierungsproblemen so kennen lernen, dass sie im Laufe der Zeit die entsprechenden Entscheidungen immer selbstständiger treffen können.

4 Ampel versus Kreisverkehr – Heuristische Strategien als Interventionen beim Bearbeiten von Modellierungsproblemen

Die hier analysierte Fragestellung ist bereits mehrfach in Modellierungstagen in Hamburger Schulen eingesetzt worden und dabei von Schülerinnen und Schülern aus Jahrgang neun bearbeitet worden (Stender 2016): „Bei welcher Gestaltung einer Kreuzung (Kreisverkehr oder Ampelschaltung) können mehr Fahrzeuge die Kreuzung passieren?"

Hier wird ein idealisierter Lösungsverlauf dargestellt, der teilweise auf beobachteten Lösungsverläufen von Schülerinnen und Schülern beruht (Stender et al. 2017), teilweise auf einer eigenen Beispiellösung, die bei der Ausbildung von Tutoren verwendet wurde.

Zu den einzelnen Arbeitsschritten werden jeweils die heuristischen Strategien genannt und kursiv dargestellt, die bei einem erfahrenen Modellierer/Modelliererin zu der Entscheidung führen, diesen Arbeitsschritt zu realisieren und es werden strategische Interventionen formuliert, mit denen Schülerinnen und Schüler dazu angeregt werden sollen, vergleichbar vorzugehen, wenn dies nicht aus eigenem Antrieb geschieht.

4.1 Material organisieren

Zunächst muss die Situation exploriert werden und mögliche Einflussfaktoren müssen gesammelt werden. Möglicherweise relevante Aspekte sind unter anderen:

- Wie viele Straßen treffen an dem Verkehrsknoten zusammen?
- Wie viele Fahrzeuge kommen aus den verschiedenen Richtungen?
- Zielrichtungen der Fahrzeuge: wollen diese geradeaus durch den Knoten fahren oder abbiegen?
- Fahrzeugparameter: wie schnell fahren die Fahrzeuge durch den Knoten bzw. wie schnell fahren sie an, wie groß sind die Fahrzeuge, mit wie viel Abstand fahren sie…?
- Wie groß ist der Knoten bzw. wie eng sind die Kurven?
- Wie viele Fahrspuren haben die einzelnen Straßen?
- Wie sind die Fußgängerüberwege realisiert?
- Wie geschieht das Ein- und Ausfahren der Fahrzeuge im Kreisverkehr?
- Ist für den Durchfluss durch den Verkehrsknoten die Situation *im Knoten* selbst, also die Fahrt über die Kreuzung bzw. durch den Kreisverkehr, ausschlaggebend oder die Situation vor dem Knoten, also die Anfahrtprozesse an der Ampel bzw. dem Kreisverkehr relevant – oder eine Kombination von beiden?

Die zugrunde liegende heuristische Strategie dieser Exploration der realen Situation ist das *Organisieren von Material*. „Versucht zunächst, alle möglichen Aspekte zu finden, die für die Fragestellung relevant sein könnten!" ist ein Impuls für die Schülerinnen und Schüler. Häufig realisieren diese das selbstständig, teilweise beginnen sie jedoch mit konkreteren Arbeitsschritten, ohne dass diese begründet und vorbereitet sind. In Pólyas Formulierung: *„Mache dir einen Plan!"*

Hat man eine Liste möglicher Aspekte, muss eine Auswahl für diejenigen Aspekte getroffen werden, die im ersten Modellierungsdurchgang berücksichtigt werden sollen. Diese sollte möglichst klein sein, da im Sinne des Modellierungskreislaufes zunächst so stark wie möglich vereinfacht werden sollte. „Wähle für den ersten Durchlauf durch den Modellierungskreislauf nur die unbedingt notwendigen Voraussetzungen aus!" „Mache für die *Vereinfachung* die Situation so *symmetrisch* wie möglich!" Dies führt zu einem realen Modell mit folgenden Annahmen:

1. Es wird eine Kreuzung betrachtet, bei der vier Straßen aufeinandertreffen.
2. Aus allen Richtungen kommen gleich viele Fahrzeuge und die Fahrzeuge fahren mit gleicher Verteilung in die drei möglichen Richtungen.
3. Es gibt jeweils nur eine Spur, also keine Abbiegespuren. Zur Vereinfachung ist an der Ampel immer nur eine Fahrtrichtung grün.
4. Es treffen immer (mindestens) so viele Fahrzeuge am Knoten ein, wie über diesen gerade noch abgewickelt werden können.
5. Fußgänger treten zunächst nicht auf.

Der zweite Punkt stellt *Symmetrie* her: alle vier Straßen werden sowohl in Bezug auf den Zufluss als auch auf den Abfluss der Fahrzeuge gleichbehandelt. „Zur Vereinfachung der Situation mache sie zunächst so *symmetrisch* wie möglich!" lautet die entsprechende Lehrerintervention, die in den meisten Fällen erforderlich ist. Schülerinnen und Schüler wissen aus ihrer Erfahrung, dass bei realen Kreuzungen diese Symmetrie meist nicht auftritt und versuchen ihre Annahmen „realistisch" zu gestalten. Für die ersten Schritte im Modellierungsprozess ist dieses jedoch keineswegs hilfreich.

Im dritten Punkt wird angenommen, dass immer nur eine Fahrtrichtung grün ist, eine Situation, die man in der Realität selten antrifft. Betrachtet man jedoch die Abläufe an einer Kreuzung mit Ampeln, so stellt man fest, dass man mindestens vier verschiedene Ampelphasen benötigt, wenn man mit überschneidungsfreiem Abläufen plant. Die Überschneidungsfreiheit ist jedoch bei einer vollsymmetrischen Situation sinnvoll, denn sich kreuzender Verkehr würde sich gegenseitig behindern und die notwendigerweise symmetrische Abwicklung des Verkehrs verhindern. Diese Annahme ist also letztlich schon das Ergebnis des ersten Durchlaufs durch den Modellierungskreislauf und kann angeregt werden, indem bei der Ampelsituation die möglichen Verkehrsflüsse aufgezeichnet werden sollen. Dies bedeutet die Auswahl einer *sinnvollen Repräsentation* und dann, das *systematische Probieren* aller möglichen Verkehrsabläufe. „Wenn einzelne Verkehrswege sich kreuzen, ist dieser Verkehr gegenüber den anderen benachteiligt: dies widerspricht der *Symmetrie*annahme!" könnte ein Impuls sein, um im ersten Ansatz überschneidungsfrei zu planen und dementsprechend vier Ampelphasen zu verwenden, bei denen jeweils nur eine grün zeigt. Dies führt dazu, dass man nur den Verkehr aus einer Richtung planen muss, da ja alle anderen Richtungen identisch ablaufen.

Der vierte Punkt ist für Schülerinnen und Schüler überhaupt nicht selbstverständlich: die Frage, wie viele Fahrzeuge mit einem Verkehrsknoten abgewickelt werden können, kann natürlich nur heißen, wie viele Fahrzeuge *maximal* durch den Knoten fahren können. Modelliert man mit zu wenigen Fahrzeugen, so kann man diese maximale Anzahl nicht ermitteln. Hier muss ein *Grenzfall* betrachtet werden! „Wenn nur fünf Fahrzeuge pro Stunde kommen, schafft das sicherlich jede Kreuzung – wie viele müssen es sein, damit die Frage beantwortet werden kann, ob Ampel oder Kreisverkehr besser ist?" könnte dazu führen, dass die Antwort lauten muss. „genug!" Auch Fortgeschrittene machen diesen Schritt nicht immer von selbst, wie ein Video im Internet zeigt, bei in der Serie „Mythbusters" ein Kreisverkehr mit dem in Nordamerika weit verbreitetem „Four way stop" experimentell verglichen wird und man gut erkennen kann, dass beim Kreisverkehr nicht genügend Fahrzeuge involviert waren, um die maximale Auslastung zu ermitteln (Mythbusters 2013).

Die Punkte eins und fünf sind klassische *Vereinfachungen*, da vier sich treffende Straßen die kleinste übliche Situation ist. Die Auswirkung von Fußgängern kann am Besten in einem späteren Durchlauf durch den Modellierungskreislauf im Sinne des *Superpositionsprinzips* geklärt werden.

Die Parameter für die Fahrzeuge und die Kurvenradien beim Abbiegen und im Kreisverkehr werden sinnvollerweise auf Grundlage einer Recherche festgelegt. Hier ist *Recherche* im Internet möglich oder ein Besuch von konkreten Kreuzungen, die mit Ampeln oder als Kreisverkehr gestaltet sind. Solche kleinen Exkursionen machen hier viel Sinn, wenn die Schülerinnen und Schüler noch keinen Führerschein haben und daher die Verkehrssituation bisher nicht aus der Sicht eines Fahrzeuglenkers erlebt haben.

4.2   Erste Modelle

Bei dieser Fragestellung müssen die Schülerinnen und Schüler zwei Situationen *vergleichen*, was allen Beteiligten offensichtlich ist und oft zu der sinnvollen Absprache führt, dass einige Kleingruppen die Ampelsituation betrachten, andere den Kreisverkehr. Dafür müssen die oben gemachten Annahmen aber bereits getroffen sein, damit beide Situationen unter den gleichen Voraussetzungen betrachtet werden. Dieser Aspekt des Vergleichens, der aus Sicht der heuristischen Strategien nicht selbstverständlich ist, stellte in den beobachteten Fällen bisher noch nie ein Problem dar: formal handelt es sich hier um eine Optimierung auf einer zweielementigen Grundmenge, es müssen dementsprechend beide Fälle untersucht und verglichen werden. Für $n = 2$ ist dies Schülerinnen und Schülern offensichtlich unmittelbar einsichtig, sodass das Konzept „*Zum Optimieren muss man variieren*" nicht explizit angeregt werden muss.

Bei der Untersuchung der Knoten ist noch eine Entscheidung zu treffen: sind die Prozesse im Knoten oder vor dem Knoten relevant. Viele Schülerinnen und Schüler tendieren zu der Fahrtzeit auf der Kreuzung, während ein erfahrener Autofahrer vielleicht eher die Einschätzung hat, dass der Prozess in der Autoschlange vor dem Knoten relevanter ist. Die Modellierungsprozesse sind in beiden Fällen ähnlich und die Ergebnisse differieren kaum, sodass beide Ansätze gewürdigt werden können.

Das Ziel ist es zu berechnen, wie viele Autos in einer bestimmten Zeit den Knoten passieren können. Dazu ist es erforderlich zu berechnen, wie schnell ein einzelnes Auto die Kreuzung passiert. Dieser *Repräsentationswechsel* wird von Schülerinnen und Schülern in der Regel selbstständig vollzogen, die Rechnungen selbst stellen jedoch schon im Ansatz eine hohe Hürde dar. Benötigt werden die Formeln für eine Bewegung mit konstanter Geschwindigkeit $v = \frac{s}{r}$ und die für die gleichmäßig beschleunigte Bewegung $v = a \cdot t$ sowie $s = \frac{1}{2} a \cdot t^2$. Hier hilft der Hinweis, mithilfe einer Formelsammlung *Bekanntes zu nutzen*. Als Zielgeschwindigkeit wird $v = 50 \frac{km}{h}$ als die im Stadtverkehr übliche Geschwindigkeit gewählt, für die Beschleunigung für ein Auto findet man im Rahmen einer Internetrecherche Werte bei $a = 2 \frac{m}{s}$. Für die Verwendung der Formeln muss die Geschwindigkeitseinheit in $\frac{m}{s}$ umgerechnet werden, was oft erhebliche Probleme bereitet. Auch wenn einzelne Schülerinnen oder Schüler den Umrechnungsfaktor 3,6 erinnern, wissen sie nicht, welche der Einheiten mit 3,6 multipliziert werden muss, um die andere zu erhalten. Dann bleibt der Versuch, die Umrechnung *in einem Schritt* zu realisieren, vertrauensvolles Raten. Den Ansatz, erst die Längeneinheit und dann die Zeiteinheit umzurechnen, also die *Zerlegung des Problems in zwei Teilprobleme,* wird oft aus eigenem Antrieb nicht verfolgt (vergl. Stender 2016). Diesen Impuls muss dann eine Lehrperson geben. Im Rahmen des oben gesagten muss hierbei ein Superzeichen aufgefaltet werden: bei Geschwindigkeiten besteht eine *Ein*heit eben aus *zwei* Einheiten.

4.3   Die Ampel

Wird der Anfahrtprozess der Autos an einer auf grün schaltenden Ampel durchgerechnet um zu bestimmen, wie viele Autos in der Grünphase über die Kreuzung fahren können, muss zunächst das erste Auto losfahren (und die Rechnung dazu realisiert werden), nach kurzer Wartezeit das zweite und so fort. Hierbei treten immer wieder die gleichen Rechnungen auf, die dementsprechend nur ein Mal durchgeführt werden müssen. Diese Rechnung kann durch einen *Repräsentationswechsel* verbunden mit einer *Superzeichenbildung* vereinfacht werden: man nimmt an, dass die Autos in einem derartigen Abstand stehen, dass sie alle gleichzeitig anfahren können, man also die Autoschlange als Ganzes *(Superzeichen)* durchrechnen kann. Die Wartezeit zum Anfahren wird dabei *übersetzt (Repräsentationswechsel)* in den zusätzlichen Abstand zum voranfahrenden Fahrzeug, der in der Realität nicht auftritt. Dann muss man nur noch ermitteln, wie weit das erste Fahrzeug während der Grünphase kommt und durch den Abstand zweier Fahrzeuge (inklusive Fahrzeuglänge) teilen, um die Anzahl der Fahrzeuge zu bestimmen, die in einer Grünphase die Kreuzung überqueren können.

Sind einzelne Schülerinnen oder Schüler in der Lage, mit einer Tabellenkalkulation zu arbeiten, so kann die Rechnung in einem Tabellenblatt realisiert werden. Dies hat den Vorteil, dass man sie *verallgemeinern* kann, indem man die Werte für die Parameter in einzelne Zellen einträgt und die Rechnungen dann mit den Zelladressen durchführt. Dann kann man später durch *systematisches Probieren* den Einfluss der Parameter auf das Ergebnis erkunden und so die Qualität der ermittelten Ergebnisse einschätzen. Dies führt zu wertvollen Erfahrungen im funktionalen Denken und zu der Einsicht, dass die Verwendung von Parametern anstatt konkreter Werte, also einer *Verallgemeinerung,* zu weiteren Erkenntnissen führen kann.

4.4   Kreisverkehr

Die Prozesse im Kreisverkehr sind komplex. Ist der Knoten im Bereich der maximalen Auslastung, wird der Kreisverkehr selbst voller Fahrzeuge sein *(Grenzfall).* Will ein Fahrzeug von einer Straße (Straßenname: Rot) in einen vollen Kreisverkehr einfahren, gelingt das nur, wenn ein anderes Fahrzeug in die Straße Rot aus dem Kreisverkehr herausfährt und so eine Lücke entsteht. Die Chance in den Kreisverkehr hineinzufahren hängt also von den Zielen der Fahrzeuge ab, die bereits darin sind. Ist das Fahrzeug dann in dem Kreisel, fährt es ein, zwei oder drei Straßen weiter wieder hinaus, beeinflusst also dann die Zufahrtmöglichkeiten an den anderen Straßen. Wie sich diese Wechselwirkung über einen längeren Zeitraum auf Wartezeiten an den Zufahrtstraßen auswirkt, ist mit einer einfachen *Simulation* klärbar. Da Schülerinnen und Schüler kaum selbstständig auf die Idee so einer Simulation kommen und diese auch noch zum Bewahren des Überblicks geschickt gestaltet werden muss, wird hierfür Material vorbereitet und zum geeigneten Zeitpunkt an die Gruppen ausgegeben.

Die *Simulation* geschieht in Form eines Brettspiels wie in Abb. 3 dargestellt. Die Fahrzeuge werden durch farbige Papierstücke dargestellt, sodass rote Autos als Ziel die rote Straße haben, blaue Autos als Ziel die blaue Straße etc.... Nun werden an jeder Straße beispielsweise 21 Autos (oder mehr) aufgestellt, wobei in der roten Straße dann sieben blaue, sieben orange und sieben grüne Autos in zufälliger Reihenfolge stehen, in den anderen Straßen analog. Dies spiegelt die gemachten Symmetrieannahmen wieder. Die Verwendung dieser *Repräsentation* mit Farben ermöglicht es überhaupt, die Simulation sinnvoll durchzuführen. Diese *Repräsentationsform* ist das Ergebnis längerer Arbeit bei der Entwicklung dieser Fragestellung, kann also von den Schülerinnen und Schülern nicht als selbständiges Ergebnis erwartet werden.

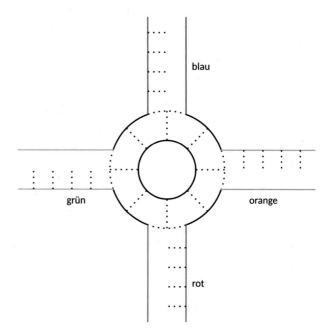

Abb. 3 Simulation Kreisverkehr

Ein Spielzug besteht nun aus drei Schritten, wobei zu Beginn einzelne Schritte noch nicht auftreten bis die Felder im Kreisverkehr alle besetzt sind.

1. Die Fahrzeuge, die schon in dem Feld vor der gewünschten Ausfahrt stehen, fahren heraus.
2. Alle Fahrzeuge im Kreisverkehr ziehen ein Feld weiter.
3. Dort wo Lücken durch herausgefahrene Autos im Kreisverkehr sind, fährt das vorn stehende Fahrzeug der jeweiligen Autoschlange in den Kreisverkehr ein und alle anderen Fahrzeuge der Autoschlange rücken nach.

Spielt man die Simulation mit den angegeben Werten durch, benötigt man etwa 40 Spielzüge, um alle Autoschlangen abzubauen. Pro Spielzug ist die Wahrscheinlichkeit in den Kreisel einzufahren damit 50 %. Die *Simulation* selbst nutzt die Strategie der Diskretisierung, da Fahrzeuge in der Realität kontinuierlich durch den Kreisel fahren, und der *Iteration*. Da diese Aspekte in dem Material verankert ist, müssen sie nicht zusätzlich an die Schülerinnen und Schüler herangetragen werden, die Interpretation der Ergebnisse ist aber dadurch nicht immer selbstverständlich: durch die Simulation entsteht die Information, dass in zwei Spielzügen durchschnittlich ein Fahrzeug aus jeder Straße in den Kreisverkehr einfährt, für die Frage nach dem Verkehrsdurchfluss in der Realität muss die Zeiteinheit „Spielzug" jedoch noch in eine reale Zeit übersetzt werden. Hierfür wird die Fahrtzeit im Kreisverkehr mit denselben Mitteln berechnet, wie sie bei der Ampel eingesetzt werden, die Rechnung gelingt also *analog*.

4.5 Vergleich

Als letzter Arbeitsschritt müssen noch die Ergebnisse für Ampel und Kreisverkehr verglichen werden. Löst man das Problem für verschiedene Parameterkonstellationen, ergibt sich, dass einige Parameterkonstellationen den einen Kreuzungstyp bevorzugt, andere Konstellationen den anderen. Zumindest bei dieser symmetrischen Situation sind also beide Varianten etwa gleich gut und die Entscheidung für die Form wird daher in der Realität oft von anderen Aspekten beeinflusst, wie dem Wunsch nach einem verkehrsberuhigenden Aspekt. In den dreitägigen Modellierungstagen, in denen diese Fragestellung eingesetzt wurde, reichte die Zeit für weitere Betrachtungen wie z. B. nicht symmetrischer Kreuzungen oder mehrspuriger Varianten nicht aus.

5 Ausblick und Fazit

Das beschriebene Modellierungsproblem zeigt, wie die heuristischen Strategien im Modellierungsprozess wirksam werden und zur Formulierungen von Hilfen für Schülerinnen und Schüler genutzt werden können. Dabei werden in diesem Beispiel nicht alle beschrieben heuristischen Strategen genutzt, in anderen Fragestellungen treten jedoch andere Kombinationen auf (z. B. Stender 2018b).

Sollen Schülerinnen und Schüler komplexe Modellierungsprobleme möglichst selbstständig bearbeiten, ist trotz des Zieles der Selbstständigkeit immer die Unterstützungen Lehrerinnen oder Lehrern erforderlich (Stender und Kaiser 2015). Es gibt immer Situationen im Lösungsprozess, in dem Schülerinnen und Schüler ganz selbstständig nicht mehr weiterkommen, sonst müssten sie ja nichts mehr lernen. Für diese Lehrerhilfen ist es am sinnvollsten strategische Interventionen zu verwenden, damit die Schülerinnen und Schüler noch möglichst viele Arbeitsschritte selbst realisieren. Die Formulierung solcher strategischen Interventionen ist eine anspruchsvolle Aufgabe, die auch erfahrenen Lehrerinnen und Lehrern sehr schwerfällt. Untersuchungen (Leiss 2007) haben gezeigt, dass auch sehr erfahrene Lehrkräfte dazu neigen sofort inhaltlich zu helfen und dabei Schülerinnen und Schüler Arbeitsprozesse abnehmen, die eigentlich zu wichtigen Lernprozessen führen könnten.

Strategische Interventionen sollten also im Vorfeld der Modellierungsaktivität vorbereitet werden. Dazu ist es sinnvoll, wenn die Lehrperson das Modellierungsproblem selbstständig bearbeitet, möglichst ohne die Verwendung einer Musterlösung. Der Arbeitsprozess inklusive der Irrwege sollte dabei gut dokumentiert werden, da einige Irrwege sehr instruktiv sind. Solche Irrwege sollten später bei der Betreuung von Schülerinnen und Schülern nicht vorzeitig unterbrochen werden – dies geschieht zuweilen, wenn man sich an einer elegant aufgeschriebenen Musterlösung orientiert. In der Dokumentation des eigenen Lösungsweges identifiziert man dann die heuristischen Strategien, die man selbst angewendet hat. In der Regel nutzt man diese Strategien unbewusst und instinktiv – das ist für den Lösungsprozess effektiv, schnell und sinnvoll. Für die Lehre müssen die verwendeten Strategien jedoch bewusst und explizit gemacht werden, damit man die Strategien zum Erklären und Helfen einsetzen kann. Dann können auf Grundlage dieser gefundenen heuristischen Strategien die korrespondierenden strategischen Interventionen einfach formuliert werden.

Die heuristischen Strategien wurden von Pólya im Rahmen des mathematischen Problemlösens formuliert, so überrascht es nicht, dass das beschriebene Vorgehen zur Formulierung strategischer Interventionen nicht auf Modellierungsprozesse beschränkt ist, sondern für alle Arten mathematischen Problemlösens geeignet ist. Neu ist eher, dass die heuristischen Strategien auch beim Modellieren Anwendung finden. Dies zeigt, dass bei der Bearbeitung komplexer Modellierungsprobleme die gleichen Denkstrategien gelernt werden können, wie bei der Bearbeitung anderer mathematischer Probleme, nur mit geringerem Aufwand im Bereich des formalen Operierens in der Mathematik. Daher ist die Bearbeitung von komplexen Modellierungsproblemen in der Schule für das Lernen mathematischen Denkens sehr fruchtbar, diese Aktivitäten und ihre Betreuung müssen jedoch gründlich vorbereitet werden, wenn die Schülerinnen und Schüler einerseits möglichst selbstständig arbeiten sollen, andererseits zu Ergebnissen kommen sollen, die vor dem kritischen Blick der Schülerinnen und Schüler selbst Bestand haben und als sinnvoll und sachgerecht angesehen werden.

Literatur

Aebli, H.: Zwölf Grundformen des Lehrens. Eine allgemeine Didaktik auf psychologischer Grundlage, 1. Aufl. Stuttgart: Klett-Cotta (1983)

Bracke, M.: Optimale Gartenbewässerung – Mathematische Modellierung an den Schnittstellen zwischen Industrie, Schule und Universität. Mitt. Mathematischen Ges. Hamburg **23**(1), 29–48 (2004)

Dörner, D.: Problemlösen als Informationsverarbeitung. Kohlhammer-Standards Psychologie Studientext, 1. Aufl. Kohlhammer, Stuttgart (1976)

Engel, A.: Computerorientierte Mathematik. Der Mathematikunterricht **21**(2), 5–8 (1975)

Engel, A.: Elementarmathematik vom algorithmischen Standpunkt, 1. Aufl. Klett (Klett Studienbücher: Mathematik), Stuttgart (1977)

Kaiser, G., Stender, P.: Die Kompetenz mathematisch Modellieren. In: Blum, W., Drüke-Noe, C., Vogel, S., Roppelt, R. (Hrsg.) Bildungsstandards aktuell: Mathematik in der Sekundarstufe II, S. 95–106. Schroedel (Bildungsstandards aktuell), Braunschweig (2015)

Kießwetter, K.: Modellierung von Problemlöseprozessen. Voraussetzung und Hilfe für tiefergreifende didaktische Überlegungen. Der Mathematikunterricht **29**(3), 71–101 (1983)

Kießwetter, K.: Die Förderung von mathematisch besonders begabten und interessierten Schülern – ein bislang vernachlässigtes sonderpädagogisches Problem. Mit Informationen über das Hamburger Modell. Mathematischer und Naturwissenschaftlicher Unterr. **38**(5), 300–306 (1985)

Leiss, D.: „Hilf mir es selbst zu tun": Lehrerinterventionen beim mathematischen Modellieren. Univ., Dissertation – Kassel, 2007. Texte zur mathematischen Forschung und Lehre. Franzbecker, Hildesheim (2007)

Miller, G.A.: The magical number seven, plus or minus two: Some limits on our capacity for processing information. Psychol. Rev. **63**, 81–97 (1956)

Mythbusters. http://www.wimp.com/testroundabout/Video (2013)

Ortlieb, C.P.: Mathematische Modellierung: Eine Einführung in zwölf Fallstudien (1. Aufl.). Studium. Vieweg+Teubner, Wiesbaden (2009)

Pólya, G.: Schule des Denkens. Vom Lösen mathematischer Probleme, 4. Aufl. Francke (Sammlung Dalp), Tübingen (2010)

Schweiger, F.: Fundamentale Ideen. Eine geistesgeschichtliche Studie zur Mathematikdidaktik. J. Math.-Didaktik **13**, 199–214 (1992)

Stender, P.: Funktionales Denken – Ein Weg dorthin. In: Siller, S., Maaß, J. (Hrsg.) Neue Materialien für einen realitätsbezogenen Mathematikunterricht, Bd. 2. Springer Spektrum, Wiesbaden (2014)

Stender, P.: Wirkungsvolle Lehrerinterventionsformen bei komplexen Modellierungsaufgaben. Springer, Wiesbaden (2016)

Stender, P.: The use of heuristic strategies in modelling activities. ZDM Math. Educ., 1–12 (2018a). https://doi.org/10.1007/s11858-017-0901-5

Stender, P.: Lehrerinterventionen bei der Betreuung von Modellierungsfragestellungen auf Basis von heuristischen Strategie. In: Borromeo-Ferri, R., Blum, W. (Hrsg.) Lehrerkompetenzen zum Unterrichten mathematischer Modellierung – Konzepte und Transfer. Springer, Wiesbaden (2018b)

Stender, P., Kaiser, G. Scaffolding in complex modelling situations. ZDM Math. Educ. **47**(7), 1255–1267 (2015). https://doi.org/10.1007/s11858-015-0741-0

Stender, P., Krosanke, N., Kaiser, G.: Scaffolding Complex Modelling Processes – An In-depth Study. In: Stillman, G., Blum, W., Kaiser, G. (Hrsg.) Mathematical modelling and applications: Crossing and researching boundaries in mathematics education, S. 467–478. Springer International Publishing, Cham (2017)

Vester, F.: Ökolopoly. Ein kybernetisches Umweltspiel. Ravensburg, Maier (1980)

Zech, F.: Grundkurs Mathematikdidaktik: Theoretische und praktische Anleitungen für das Lehren und Lernen von Mathematik, 8., völlig neu bearb. Aufl. Beltz, Weinheim (1996)

Die Reise der Gummibärchen im Postpaket vom Realmodell zum mathematischen Modell

Denise van der Velden und Katja Eilerts

Zusammenfassung

Dieser Beitrag zeigt anhand der anschaulichen Modellierungsaufgabe „Wie viele Gummibärchen passen maximal in das Postpaket der Größe S?", welche vielfältigen Möglichkeiten es gibt, aus einem Realmodell ein mathematisches Modell zu bilden. Das Postpaket ist ein Quader mit aufgedruckten Maßen. Aber wie ist das mit den Gummibärchen? Sind das auch Quader? Wird ein Gummibärchen alleine oder vielleicht mit mehreren anderen zusammen betrachtet? Bauch an Bauch? Bauch an Rücken? Und wie wird das Paket mit Gummibärchen gefüllt? Einfach hineinschütten? Oder systematisch anordnen? Bei welchem Modell passen mehr in das Paket? Diesen Fragen müssen sich Schülerinnen und Schüler zur Beantwortung des Modellierungsproblems stellen, um ein für ihr Realmodell passendes mathematisches Modell zu entwickeln. Dadurch lernen die Kinder mit ansprechendem Anschauungsmaterial einige wesentlichen Schritte des Modellierungskreislaufes nach Blum und Leiß (Math. lehren **128**, 18–21, 2005) kennen, nämlich das Bilden des Realmodells mit Überführung in das mathematische Modell.

1 Gummibärchen als Motivationshilfe

„Mit Lebensmitteln spielt man nicht." Diesen Appell kennen Schülerinnen und Schüler von Erwachsenen. Dennoch „spielen" Jungen und Mädchen – vielleicht gerade weil es verboten ist – gerne mit Lebensmitteln. Gummibärchen bieten dazu vielfältige Möglichkeiten und faszinieren Kinder von klein auf. Warum dann nicht auch mit Gummibärchen modellieren und sich damit auf „reale" Probleme der Schülerinnen und Schüler einlassen?

Dazu fallen Kindern viele wunderbare Ideen ein: Gummibärchen können ihre Form verändern. Gummibärchen können sortiert werden. Oder: Wie viele Gummibärchen sind eigentlich in einer Tüte? Und: Wie viele Gummibärchen passen in einen Karton, der die Form eines Quaders[1] hat? (Abb. 1).

Diese Fragestellung ist in einer 5. Klasse entstanden, deren Aufgabe eigentlich darin bestand herauszufinden, wie viele Packungen Gummibärchen in ein vorgegebenes Paket passen. Die Frage nach der Packungsanzahl erwies sich jedoch als unpraktisch und zu komplex für eine Modellierung durch eine Klasse der Jahrgangsstufe 5. Eine Gummibärchenpackung bedeckt ungefähr Zweidrittel der Grundfläche. Bruchrechnung mit Rechenoperatoren ist aber im 5. Schuljahr noch kein Lerninhalt. In einer Diskussionsrunde stellten die Lernenden fest, dass es effektiver ist direkt die Anzahl der Gummibärchen zu berechnen.

Die Aufgabe wurde daher zur weiteren Verwendung in 5. und 6. Klassen[2] abgewandelt. Die Fragestellung nach der maximalen Anzahl an Gummibärchen ist für die Überführung vom Realmodell hin zum mathematischen Modell essenziell, da diese einzeln bzw. in „Kleingruppen" ihre Form so verändern, dass sie einem mathematischen Körper entsprechen. Das Postpaket hingegen wird von den Schülerinnen und Schülern direkt als Quader betrachtet. Der Aspekt der Formveränderung ist zudem das besondere

D. van der Velden (✉) · K. Eilerts
Institut für Erziehungswissenschaften, Humboldt-Universität zu Berlin, Berlin, Deutschland
E-Mail: denise.van.der.velden@hu-berlin.de

K. Eilerts
E-Mail: katja.eilerts@hu-berlin.de

---

[1]Es wurde das zweitkleinste Postpaket gewählt, da für die Unterrichtsdurchführung jede Gruppe ein eigenes Postpaket benötigt, dass auch von der Größe tatsächlich gleich groß ist. Dies ist bei dem Postpaket der Größe S gegeben. Und es ist für jeden Lehrer/jede Lehrerin zugänglich. Das Postpaket der Größe XS ist mit 3,5 cm nicht hochgenug, um die enormen Unterschiede in den Realmodellen für die Schülerinnen und Schüler herauszustellen.

[2]Es handelt sich bei der Untersuchung um verschiedene Gymnasial- und Gesamtschulklassen.

© Springer Fachmedien Wiesbaden GmbH, ein Teil von Springer Nature 2019
I. Grafenhofer und J. Maaß (Hrsg.), *Neue Materialien für einen realitätsbezogenen Mathematikunterricht 6*, Realitätsbezüge im Mathematikunterricht, https://doi.org/10.1007/978-3-658-24297-8_14

Abb. 1 Postpaket mit
Gummibärchen

an Gummibärchen im Vergleich zu verpackten Lebens-mitteln wie beispielsweise einem Schokoriegel (der für Schülerinnen und Schüler im Übrigen auch direkt als Qua-der identifiziert wird). Die Aufgabenstellung möglichst viele quaderförmige Schokoriegel oder kleine Gummibär-chen-Tüten in ein quaderförmiges Postpaket zu packen, eignet sich aufgrund der geringeren Komplexität nicht für eine bewusste Modellierung. Gummibärchen werden erst durch Kneten, Drücken oder Ziehen zu einem Quader approximiert. Der Quader ist damit das bewusst gebildete mathematische Modell.

Es zeigte sich in allen Klassen, dass die Aufgabe für die Schülerinnen und Schüler sehr motivierend und spannend ist. Bei dieser Fragestellung handelt es sich um ein für Kin-der dieser Altersklasse ansprechendes Problem, weil in der Regel alle gerne Gummibärchen essen (obwohl sie nicht gesund sind) und mit dessen Formen „experimentieren". Die Aufgabe ist schülernah, da den Mädchen und Jungen entgegen der Vorschrift der Erwachsenen „mit Essen spielt man nicht" genau dies ermöglicht wird. Es bereitet den Kindern keine Sorgen, die Gummibärchen für Unterrichts-zwecke zu verändern und anschließend zu verzehren. Im Gegenteil, die praktische Erfahrung mit der vorliegenden Aufgabe zeigt, dass es die Motivation deutlich erhöht, wenn bereits zu Beginn feststeht, dass am Ende des Unter-richts die Gummibärchen gegessen werden dürfen – aber eben nicht während der Lösungsfindung. Dennoch ist es aus hygienischen Gründen ratsam, dass sich die Schülerin-nen und Schüler vor dem Anfassen der Gummibärchen die Hände waschen.

Die Aufgabe ist zudem noch lebensrelevant, weil sie sich mit dem Problem des effizienten Einpackens beschäftigt, das den Kindern regelmäßig in ihrem Alltag begegnet. Warum passen vor dem Urlaub noch alle Kleidungsstücke in den Koffer und am Ende nicht mehr? Wie lege ich die Kleidung in den Schrank? Oder wie packe ich meine Schul-tasche, damit ich alle Bücher, Hefte, meine Essensdose und das Getränk, aber auch weitere Hilfsmittel für die Schule hineinbekomme? Da die Gummibärchen immer gleich groß sind, handelt es sich somit um eine Vereinfachung des Prob-lems „optimal packen".

Neben der Motivation und der Schülernähe führt das Arbeiten mithilfe einiger Gummibärchen dazu, dass das Realmodell enaktiv erstellt werden kann. Gleichzeitig bie-tet diese Aufgabe einen ikonischen sowie symbolischen Lösungsweg, sodass alle drei Handlungsebenen des E-I-S-Prinzips (enaktiv – ikonisch – symbolisch) nach Bruner (vgl. 1980) angesprochen werden und damit jede Schülerin/jeder Schüler auf ihrem/seinem Leistungsniveau agieren kann.

2   Unterscheidung zwischen Realmodell und mathematischem Modell

Der didaktische Schwerpunkt dieser Aufgabe liegt auf der Unterscheidung zwischen Realmodell und mathematischem Modell. Dies ist im Modellierungskreislauf von Blum und Leiß (2005, S. 19) ein wichtiger Prozessschritt. Das sogenannte „Mathematisieren" ist der erste Verbindungs-schritt zwischen der Realität und der Mathematik.

In vielen Modellierungsaufgaben durchlaufen die Schülerinnen und Schüler den Modellierungsprozess nicht linear (Borromeo-Ferri 2011, S. 152). Das ist insbesondere bei Aufgaben mit mehreren Annahmen zum Bilden des Realmodells verstärkt zu finden. „Handlungstheoretisch bedeutet die Konstruktion eines Realmodells die Auswahl von Handlungsstrukturen, die im nächsten Schritt mathematisiert werden." (Schukajlow 2010, S. 79). Das Realmodell ist also schon so weit vereinfacht, strukturiert und schematisiert, dass es direkt mit mathematischen Mitteln erfasst werden kann (Siller 2008, S. 17). Das bedeutet, dass die Lernenden bereits beim Bilden ihres Realmodells miteinplanen, dass sie dies später berechnen werden. Ihr Realmodell wird dadurch planvoll mathematisiert. Dieser wichtige Schritt im Modellierungsprozess gilt als Bindeglied zwischen Realmodell und mathematischem Modell (Schukajlow 2010, S. 79), sofern das Bilden eines mathematischen Modells in der Aufgabe überhaupt möglich ist.

Henn und Maaß (2003, S. 2) definieren ein mathematisches Modell als eine „vereinfachende, nur gewisse, hinreichend objektivierbare Teilaspekte berücksichtigende Darstellung der Realität, auf die mathematische Methoden angewandt werden können, um mathematische Resultate zu erhalten." Hier wird also die Definition eines allgemeinen Modells (vgl. Ebenhöh 1990, S. 6) verwendet, jedoch um mathematische Notationen erweitert und ergänzt. Dadurch wird aber nicht deutlich genug herausgestellt, dass ein mathematisches Modell etwas Anderes ist als ein Realmodell, auf das Mathematik angewandt wird. Lediglich in der Definition von Davis und Hersh (1986, S. 77) ist diesbezüglich ein Unterschied erkennbar:

> Ein mathematisches Modell ist jede vollständige und konsistente Menge von mathematischen Strukturen, die darauf ausgelegt ist, einem anderen Gebilde, nämlich seinem Prototyp, zu entsprechen. Dieser Prototyp kann ein physikalisches, biologisches, soziales, psychologisches oder konzeptionelles Gebilde sein.

Mit Blick auf den Begriff „mathematisches Modell" und in Abgrenzung zum Realmodell (sonst müssten diese beiden Modelle im Modellierungskreislauf nicht als getrennte Schritte dargestellt werden) ist zu betonen, dass die mathematische Sprache zur Beschreibung eines Prototyps verwendet werden muss. Schließlich treffen die Begriffe „Modell" und „Mathematik" aufeinander und werden zu einem Begriff vereint. Ein mathematisches Modell im Sinne eines Prototyps ist also ein mittels mathematischer Konstrukte erzeugtes, vereinfachtes Abbild zur Beschreibung eines Ausschnittes der zu untersuchenden realen Situation. Im Vergleich zum Realmodell enthält das mathematische Modell somit nicht nur die Vereinfachung der Realität (die ja bereits im Realmodell vorgenommen wurde), sondern zusätzlich auch eine mathematische Vereinfachung des Realmodells.

Hierbei ist zu beachten, dass die mathematische Modellbildung und ihr Resultat nicht eindeutig von der Situation, sondern von den Zielen (also der Fragestellung bzw. deren Beantwortung) (vor-)bestimmt sind (Siller 2008, S. 17). Es ergeben sich also grundsätzlich mehrere Modelle zum gleichen Ausgangsproblem.

2.1 Verschiedene Modelle der Gummibärchen-Postpaket-Aufgabe

Es fällt vielen Schülerinnen und Schülern schwer bewusst zwischen dem Realmodell und ihrem mathematischen Modell zu trennen (Greefrath 2010, S. 14). Bei der vorliegenden Gummibärchen-Postpaket-Modellierungsaufgabe ist ein bewusstes Bilden des mathematischen Modells möglich und damit für Schülerinnen und Schüler auch als Lernziel förderbar.

Zum Bilden des Realmodells müssen die Schülerinnen und Schüler als Vereinfachung der Situation überlegen, ob die Gummibärchen in das Postpaket z. B. hineingeschüttet, hineingelegt oder gestellt werden sollen (weitere Möglichkeiten vgl. Abschn. 2.2, 2.3, 2.4 und 2.5). Und wenn sie hineingelegt werden sollen, ist wiederum zu entscheiden, ob sie auf dem Rücken aufeinandergelegt werden oder ob sie mit der nicht geradlinigen Vorderseite aneinandergedrückt werden. Somit sind verschiedene Annahmen zur Vereinfachung der realen Situation zu treffen und es gibt vielfältige Möglichkeiten das Realmodell zu bilden.

Durch die bewusste Entscheidung des Aufgabenlösers/ der Aufgabenlöserin für die mathematische Volumenberechnung entsteht zudem ein mathematisches Modell. Je nach Realmodell wird die Kubatur des Pakets und/oder der Gummibärchen approximiert. Das Postpaket entspricht offensichtlich relativ genau einem Quader, aber welcher mathematisch geometrischen Form entsprechen Gummibärchen? Es gibt keine mathematische Form, denen sie genau entsprechen, also muss eine möglichst ähnliche mathematische Form angenähert werden. Dadurch entsteht ein bewusst gebildetes mathematisches Modell. Beispielsweise können zwei Gummibärchen mit der Vorderseite zu einem quaderähnlichen Gebilde zusammengesetzt werden. Oder ein Gummibärchen wird so plattgedrückt, dass auch eine quaderähnliche Form entsteht. Zur Vereinfachung werden dann die Maße dieses so entstandenen Quaders gemessen und mit den Werten innermathematisch weitergerechnet.

Die Gummibärchen-Postpaket-Modellierungsaufgabe zeigt deshalb exemplarisch, dass zur Erstellung eines mathematischen Modells aus dem zuvor gebildeten Realmodell mathematische Konstrukte zur Modellerstellung genutzt werden. Sie bietet Raum für viele verschiedene Realmodelle und auch für unterschiedliche mathematische Modelle. Einige Modelle, die häufig von Schülerinnen und Schülern gewählt wurden, werden hier exemplarisch dargestellt.

2.2 Realmodell 1: Gummibärchen in das Postpaket hineinlegen und zählen

Bei diesem Realmodell werden die Gummibärchen in **gleicher Richtung im Postpaket angeordnet** (vgl. Abb. 2). Wichtig ist die gleiche Richtung, da sonst eine falsche Mengenangabe berechnet wird. Als mathematisches Modell wird das Ausfüllen eines Quaders durch eine bekannte Größe, hier Gummibärchen gewählt. Diese Methode gleicht dem Erlernen der Volumeneinheit, wobei ein Kubikdezimeter-Würfel mit Kubikzentimeter-Würfel ausgelegt wird. Bei diesem Modell benötigen die Schüler und Schülerinnen keine Maße des Postpaketes und auch kein Lineal, da sie das Postpaket mit den Gummibärchen auslegen. Vereinfacht (und mathematisch nicht ganz korrekt) ausgedrückt lautet die verwendete Maßeinheit also „Gummibärchen".

Es gibt verschiedene Möglichkeiten die Gummibärchen in das Postpaket zu legen, also gibt es auch unterschiedliche Realmodelle. Exemplarisch werden hier vier dargestellt.

Realmodell 1a
Die Gummibärchen werden dicht nebeneinander in das Postpaket gelegt (vgl. Abb. 2). Das führt bei dieser Anordnung zu der Rechnung: $21 \cdot 10 \cdot 8 = 1680$. Es passen also 1680 Gummibärchen in das Postpaket.

Realmodell 1b
Alternativ können die Gummibärchen natürlich auch **gedreht angeordnet** werden (Abb. 3).

Es ergibt sich die Rechnung: $15 \cdot 10 \cdot 12 = 1800$. Dadurch verändert sich die Gesamtanzahl um 120 Stück. Das entspricht ungefähr einer Packung Gummibärchen.

Realmodell 1c
Eine weitere Variante ist das **Auslegen der kompletten unteren Schicht** im Postpaket mit Gummibärchen. Allerdings wird diese Variante in der Regel nicht als Realmodell umgesetzt, da die Schülerinnen und Schüler nicht so viele Gummibärchen bekommen, um die gesamte untere Schicht auszulegen. Das wären 189 Stück. Nach der unteren Schicht und dem Nachzählen, müsste die Anzahl der Gummibärchen mit der Höhe (10 Gummibärchen) multipliziert werden. Anhand der Rechnung: $189 \cdot 10 = 1890$ ergeben sich also 1890 Gummibärchen, und damit noch einmal 90 Gummibärchen mehr als bei der Variante Realmodell 1b und 210 Gummibärchen mehr als beim Realmodell 1a.

Realmodell 1d
Die Variante **Hinstellen der Gummibärchen** wird von den Schülergruppen, die dies ausprobieren, meist wieder verworfen, weil die Gummibärchen zu schnell umfallen. Nebeneinander können auf der schmalen Seite 15 Gummibärchen stehen, auf der langen Seite des Postpaketes 25 Stück und übereinander 4 oder durch plattdrücken auch 5 Gummibärchen. Als Rechnung ergibt sich: $15 \cdot 25 \cdot 4 = 1500$ oder $15 \cdot 25 \cdot 5 = 1875$. Hier wird bereits deutlich, dass alleine

Abb. 2 Realmodell Gummibärchen im Postpaket platziert

Abb. 3 Realmodell 1b
Gummibärchen gedreht platziert
im Postpaket

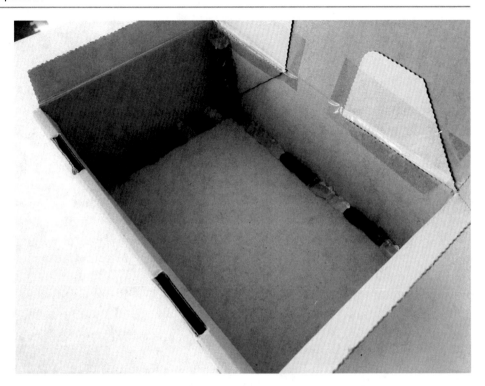

durch plattdrücken eines Gummibärchens die Gesamtanzahl um 375 Stück erhöht wird.

Dieses Realmodell (wie ebenfalls auch bei den Realmodellen 1a–1c) kann zudem rechnerisch gelöst werden, und zwar als Modellrechnung in Gummibärcheneinheiten. Dabei bestimmen die Schülerinnen und Schüler anhand der Innenmaße des Postpakets und der Maße des Gummibärchens, wie viele Gummibärchen übereinandergestapelt bzw. nebeneinandergestellt werden können. Es werden hier wie im nachfolgenden Realmodell 2 die Maße des Gummibärchens und des Postpaketes benötigt. Es wird also nicht mehr gezählt.

Für die Maße des Postpakets gibt es auf dem Paket eine Angabe, nämlich: $25 \times 17,5 \times 10$ cm. Allerdings bleiben dann noch die Fragen, ob das die Innenmaße oder die Außenmaße des Paketes sind und welche Maße die Schülerinnen und Schüler zur Lösung dieser Aufgabe benötigen. Für das Auslegen werden die Innenmaße benötigt. Diese müssen gemessen werden, da auf dem Postpaket die Außenmaße stehen. Das ist für das Versenden der Pakete wichtig, da über die Außenmaße u. a. auch der Versandpreis bestimmt wird. Beim Messen entstehen i. d. R. durch Messungenauigkeiten unterschiedliche Zahlen. Diese Zahlen sind zudem meist keine ganzen Zahlen. Da die Schülerinnen und Schüler im 5. Schuljahr ohne Taschenrechner rechnen und noch keine Dezimalzahlen verwenden, neigen sie dazu, möglichst einfache Werte zu bestimmen, um nicht in die kleinste Einheit Millimeter umwandeln zu müssen. Den Kindern ist nämlich in der Regel sehr bewusst, dass das Umrechnen zeitintensiv und fehlerträchtig ist. So zeigt sich,

dass die Schülerinnen und Schüler bereits die mathematische Problemlösung bei der Aufstellung des Realmodells mitdenken (Abb. 4).

Eine mögliche Rechnung zur Bestimmung der Anzahl der Gummibärchen ist demnach: 10 cm:2 cm = 5. Es können somit fünf Gummibärchen übereinandergestapelt werden. Mit gleichem Verfahren wird dann berechnet, wie viele Gummibärchen nebeneinandergestellt werden können: 17,5 cm:1 cm = 17, 5 sowie 24,5 cm:0,5 cm = 49. Also passen $5 \cdot 17 \cdot 49 = 4165$ Gummibärchen in das Postpaket. Deutlich mehr als bei den vorherigen Realmodellen 1a bis 1c, aber zudem noch wesentlich mehr als bei der Auslege und Zählmethode zum selben Realmodell. Dies hat etwas mit den Maßen des Gummibärchens zu tun. Diese unterliegen einer sehr großen Messungenauigkeit (vgl. auch Abschn. 2.3 und 2.4).

2.3 Realmodell 2: Das Gummibärchen als einzelner Quader

Das Gummibärchen und auch das Postpaket werden als Quader angenommen, somit wird das Realmodell hier ebenfalls direkt mit mathematischem Blick aufgestellt. Dazu werden die Innenmaße des Quaders gemessen: $10 \text{ cm} \cdot 17 \text{ cm} \cdot 24,5 \text{ cm} = 4165 \text{ cm}^3$. Wie oben ausgeführt, entsprechen die Innenmaße nicht den Maßen, die auf dem Postpaket angegeben sind. Dann wird ein Gummibärchen gemessen und gleichzeitig als Quader approximiert: $2 \text{ cm} \cdot 1 \text{ cm} \cdot 0,5 \text{ cm} = 1 \text{ cm}^3$. Hierzu wurde das Gummi-

Abb. 4 Gummibärchen
vermessen

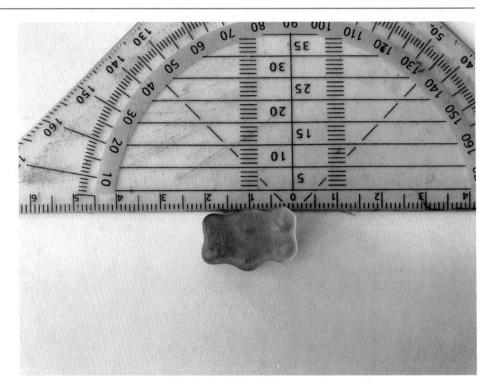

bärchen zu einem Quader „plattgedrückt" – mathematisch ausgedrückt – approximiert.

Für die Gesamtanzahl ergibt sich somit folgende Rechnung: $3956{,}75 \text{ cm}^3{:}1 \text{ cm}^3 = 3956{,}75$. Demnach passen also ungefähr 3956 Gummibärchen in das Postpaket der Größe S, da kein Dreiviertel Gummibärchen hineingelegt werden kann.

Bei dieser Variante variieren die Maße des Gummibärchens sehr stark (vgl. Abb. 5) und damit dann auch die Anzahl der Gesamtgummibärchen. Hinzu kommt, dass die Schülerinnen und Schüler vielfach die Außenmaße des Postpakets verwendet haben, wie in diesen beiden Gruppenlösungen (vgl. Abb. 5 und 6).

2.4 Realmodell 3: Zwei Gummibärchen ergeben ein Quader

Es werden zwei Gummibärchen mit den beiden Vorderseiten so aneinandergesetzt, dass in etwa ein Quader entsteht (vgl. Abb. 7). Diese beiden Gummibärchen werden wie das Postpaket vermessen. Es passen bei dieser Lösung ungefähr 5833 Gummibärchen in das Postpaket. Allerdings bei Betrachtung der Außenmaße und sehr geringen Maße eines doppelten Gummibärchens.

Bei der Verwendung der Innenmaße ergibt sich folgende Rechnung: $V = 10 \text{ cm} \cdot 17 \text{ cm} \cdot 24{,}5 \text{ cm} = 4165 \text{ cm}^3$. Das doppelte Gummibärchen ineinander gesetzt (dichter

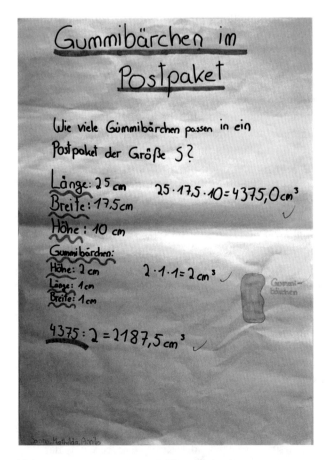

Abb. 5 Schülerlösung 1 Gummibärchen als Quader

Abb. 6 Gruppenlösung 2
Gummibärchen als Quader

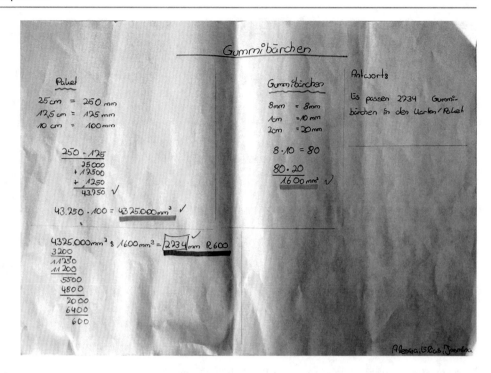

Abb. 7 Schülerlösung mit zwei
Gummibärchen als ein Quader

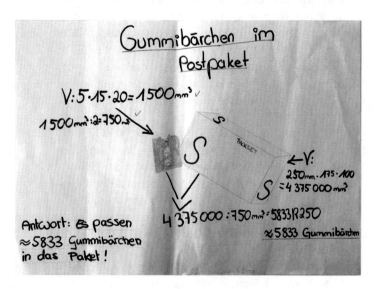

als bei der Abb. 7 dargestellt) ist 1,6 cm dick, 2,2 cm hoch und 1 cm breit. Also hat das von den Schülerinnen und Schülern benannte „Gummipärchen" ein Volumen von $16\,\text{mm} \cdot 22\,\text{mm} \cdot 10\,\text{mm} = 3520\,\text{mm}^3$. Nach der Umwandlung des Postpaketvolumens in mm^3 ergibt sich $4165000\,\text{mm}^3 : 3520\,\text{mm}^3 = 1183\,\text{Rest}\,840$. Es passen ungefähr 1183 Gummipärchen in das Postpaket, also 2366 Gummibärchen. Das sind aufgrund anderer Maße wie die Schülerinnen und Schüler in Abb. 7 über 3000 Gummibärchen weniger.

2.5 Realmodell 4: Gummibärchen versetzt aufeinanderlegen

Bei dieser Variante des Realmodells wird eine Reihe Gummibärchen in das Postpaket gelegt. Danach wird die nächste Reihe der Gummibärchen mit den Vorderseiten (wie beim vorherigen Realmodell 3) aneinandergelegt, allerdings versetzt (also „auf Lücke") angeordnet (vgl. Abb. 8).

In die lange Seite des Pakets passen auf die untere Ebene 12 Gummibärchen. Die versetzte Reihe darüber enthält

Abb. 8 Gummibärchen versetzt
aufeinander gestapelt

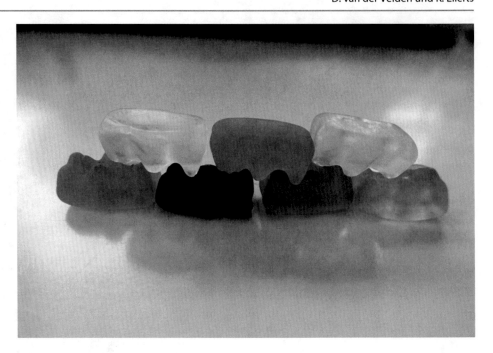

dann nur 10 Gummibärchen, da wie auf der Abb. 8 erkennbar am Rand immer noch Platz für ein halbes Gummibärchen wäre, dieser aber nicht ausgefüllt werden kann, da es keine halben Gummibärchen geben darf. Es ergeben sich so zehn Reihen übereinander, je fünf Reihen mit 12 Gummibärchen und je fünf Reihen mit nur 10 Gummibärchen. Nebeneinander passen in das Postpaket 15 Stück.

Als Rechnung ergibt sich folgender Term: $(12 \cdot 5 + 10 \cdot 5) \cdot 15 = 1650$. Es passen somit 1650 Gummibärchen in das Postpaket. Auch hier ist wie im Realmodell 1 (vgl. Abschn. 2.2) die gleiche Blickrichtung der Gummibärchen zu beachten. Und bei Veränderung der Blickrichtung ergeben sich auch noch weitere strukturähnliche Modelle. Die Gesamtanzahl bleibt aber immer weit unter der Menge an Gummibärchen von Realmodell 1d mit rechnerischer Lösung.

Wenn die Gummibärchen wie in den Realmodellen 1a–1d und wie im Realmodell 4 in das Postpaket gelegt werden, dann passen deutlich weniger hinein als bei den beiden anderen Realmodellen. Bei den Realmodellen 2 und 3 werden die Gummibärchen direkt als Quader approximiert. In der Variante des Realmodells 2 passen mit 3956 die meisten Gummibärchen in das Postpaket der Größe S. Tatsächlich passen beim unsystematischen Hineinschütten und Zählen (im Sinne einer Überprüfung) 2879 Gummibärchen hinein. Dieses Ergebnis ist ebenfalls nur eine mögliche Lösung, da hierbei die Gummibärchen auch noch zusammengedrückt werden könnten, um mehr Gummibärchen in das Postpaket zu bekommen.

Zusammenfassend lässt sich somit sagen, dass verschiedene Realmodelle unterschiedliche Gummibärchenmengen bedeuten, die aber bei richtiger mathematischer Berechnung auch zu korrekten Gesamtanzahlen führen. Alle hier vorgestellten Realmodelle wurden offensichtlich von den Schülerinnen und Schüler immer direkt mit Blick auf die mathematische Seite des Modellierungskreislaufes erstellt. Das ist auch nicht verwunderlich, da es sich um eine Problemstellung im Mathematikunterricht handelt.

3 Unterrichtsablauf der Modellierungsaufgabe „Wie viele Gummibärchen passen in das Postpaket der Größe S?"

Dieser Abschnitt stellt den Unterrichtsverlauf der Gummibärchen-Postpakt-Modellierungsaufgabe innerhalb einer Doppelstunde dar (vgl. Tab. 1). Zunächst wird der motivierende Einstieg in die Aufgabe erläutert. Danach folgt der Ablauf der Gruppenarbeitsphasen. Modellierungsaufgaben werden meistens in Gruppen gelöst, da sich die Schülerinnen und Schüler so gegenseitig insbesondere beim Bilden des Realmodells und mathematischen Modells unterstützen können (Blum 2007, S. 9). Nach dem Modellierungskreislauf von Blum und Leiß (2005, S. 19) ist der siebte Schritt „Darstellen/Erklären" ein wichtiger Teil des Modellierens. Deshalb wird bei der Unterrichtsstunde zur Bearbeitung der Gummibärchen-Postpaket-Aufgabe auch ein großer Teil der Unterrichtszeit für die Präsentation der verschiedenen Modelle und deren Lösungen verwendet (vgl. Abschn. 3.3). Darauf aufbauend folgt dann die Validierung, die bei Blum und Leiß (2005) der sechste Prozessschritt ist. Gerade für jüngere Schülerinnen und Schülern ist es wichtig sie zum Validieren anzuleiten,

Tab. 1 Verlaufsplan der Doppelstunde

Phase	Unterrichtsschritt	Unterrichtsmethode	Material/Medien
Einstieg	Das Postpaket und einige Gummibärchen werden gezeigt	Stummer Impuls, Unterrichtsgespräch	Gummibärchen und Postpaket
Problematisierung	Die Frage „Wie viele Gummibärchen passen in das Postpaket der Größe S?" wird an der Tafel festgehalten Die Geschichte „Die Reise der Gummibärchen im Postpaket" wird vorgelesen Die Schülerinnen und Schüler (SuS) schätzen die Gesamtanzahl. L. schreibt die Werte auf die Tafel	Vorlesen der Geschichte Meldekette	Tafel, AB mit Geschichte
Erarbeitung 1	Jedes Kind notiert einen möglichen Lösungsansatz	Einzelarbeit	
Erarbeitung 2	Die SuS lösen gemeinsam das Problem. Die Lösungen werden für die Präsentation übersichtlich notiert und die Darbietung vorbereitet	Gruppenarbeit	Postpakete, Gummibärchen, (Plakate)
Präsentation	Die Gruppen präsentieren ihre Lösungen	Schülerpräsentation	Dokumentenkamera/Beamer oder Tafel, Plakate, Magnete, Postpaket, Gummibärchen
Diskussion	Die Gruppenlösungen werden miteinander verglichen, ggf. korrigiert und diskutiert	Unterrichtsgespräch	Dokumentenkamera/Beamer oder Tafel, Plakate, Magnete, Postpakete, Gummibärchen
Validierung	Die Gruppen überarbeiten ihre Modelle	Gruppenarbeit	Postpakete, Gummibärchen
Sicherung	Abschließend folgt ein Ergebnisvergleich Die maximal richtige Gesamtanzahl wird zum Schluss mit den Schätzungen der SuS verglichen	Unterrichtsgespräch	Tafel

da sie diesen Schritt meist nicht von alleine durchführen (Riebel, 2010, S. 106).

Zur Präsentation der verschiedenen Schülergruppen-Modelle bieten sich idealerweise (wenn vorhanden) die neuen Medien an. Eine Dokumentenkamera, Apple-TV oder ähnliches stellen per Beamer die Realmodelle der einzelnen Gruppen „realistisch" und gut erkennbar dar. Das spart Unterrichtszeit, da so nur noch die Rechnung notiert werden muss. Selbst diese kann ohne Plakaterstellung vom Schülerheft abgefilmt werden.

3.1 Einstieg in die Modellierungsaufgabe

Der Lehrer bzw. die Lehrerin zeigt ein Postpaket der Größe S und einige Gummibärchen. Die Mädchen und Jungen werden dadurch angeregt sich zu überlegen, welche mathematische Aufgabe sie mithilfe dieses Materials lösen sollen. Es folgt eine Ideensammlung im Plenum in Form einer Meldekette. Sollte die Frage „Wie viele Gummibärchen passen in das Postpaket der Größe S maximal hinein?" von einem Schüler/einer Schülerin genannt worden sein, ist dies positiv hervorzuheben.

Ein Kind liest die Geschichte „Die Reise der Gummibärchen im Postpaket" vor:

Die Klasse 5b möchte sich für die Gastfreundschaft während ihrer Teilnahme am Sportturnier in Duisburg bedanken. Dazu möchten sie den Kindern des 5. Jahrgangs sowie deren Lehrerinnen und Lehrern des Duisburgers-Gymnasiums ganz viele Gummibärchen schenken. Eine Gummibärchenpackung finden sie viel zu wenig, deswegen wollen sie ein Postpaket mit einzelnen Gummibärchen füllen. Aber wie viele Gummibärchen reisen dann in ihrem Postpaket der Größe S nach Duisburg mit?

Als erste Arbeitsphase denkt jeder Schüler/jede Schülerin alleine, also in Einzelarbeit, über diese Frage und eine mögliche Lösungsidee nach. Dazu bekommen die Lernenden noch kein Material. Diese Phase dient dazu, dass sich auch wirklich jeder Schüler/jede Schülerin mit dem Problem auseinandersetzt. Es geht dabei um Ideen zur Bildung des Realmodells. Bekämen die Lernenden bereits jetzt schon das Paket und die Gummibärchen, würden sie zu schnell anfangen zu rechnen und somit nicht zwischen Realmodell und mathematischen Modell unterscheiden. Gleichzeitig kann der Lehrer/die Lehrerin in dieser Zeit die Gruppen leistungsheterogen einteilen (z. B. mit farbigen Gummibärchen). Wichtig ist, dass diese Phase nur einige Minuten dauert, damit die Mädchen und Jungen dann in den Gruppen ihre Ideen am Material, also dem Postpaket und einigen Gummibärchen, ausprobieren und diskutieren können.

3.2   Ablauf der Gruppenarbeitsphase

Während der Gruppenarbeitsphase arbeiten die Mädchen und Jungen gemeinsam an der Modellierungsaufgabe. Sie tauschen zunächst ihre Ansätze für das Realmodell aus. Dies betont den besonderen Stellenwert des Realmodells beim Lösen von Modellierungsaufgaben. Es muss deshalb vorher deutlich gemacht werden, dass es bei dem Austausch zunächst um die Ideen der einzelnen Schülerinnen und Schüler geht. Danach sollen sich die Mädchen und Jungen auf ein Realmodell einigen, dass sie dann mathematisieren, also zu einem mathematischen Modell umwandeln. Erst nach der Erstellung des mathematischen Modells wird gerechnet.

3.3   Präsentationsphase zur Verdeutlichung des Unterschieds zwischen einem Realmodell und einem mathematischen Modell

Um den Mädchen und Jungen zum Abschluss der Aufgabe den Unterschied zwischen einem Realmodell und einem mathematischen Modell bewusst zu machen, sollte dieser Aspekt auch in der Präsentationsphase deutlich herausgestellt werden. Der Lehrer/die Lehrerin teilt deshalb zu Beginn der Präsentation der Klasse mit, dass sie beim Zuhören darauf achten sollen, was das Realmodell und

was das mathematische Modell der verschiedenen Gruppen ist. Zudem hat dieser Arbeitsauftrag auch den positiven Effekt, dass die anderen Schüler und Schülerinnen zuhören und damit auch die Modelle der Gruppen bewusst wahrnehmen. So ziehen sie diese Modelle vielleicht sogar zur Überarbeitung ihres eigenen Modells in der späteren Validierungsphase hinzu.

Am Ende der Gruppenpräsentationen werden die Realmodelle und deren mathematischen Modelle noch einmal im Plenum gesammelt. Ähnliche Realmodelle werden zusammengefasst (wie hier im Abschn. 2) und die dazu gehörigen mathematischen Modelle verdeutlicht. Dabei werden zudem fehlerhafte Realmodelle angesprochen – wie zum Beispiel die Verwendung der Außenmaße vom Postpaket (vgl. Abb. 2). Gleiches gilt für Fehler im mathematischen Modell, die aber in der Regel immer mit Rechenfehlern zu erklären sind. Messungenauigkeiten werden diskutiert.

Die Abb. 9 zeigt exemplarisch eine fehlerhafte Anordnung der Gummibärchen und damit ein falsches Realmodell. Die Gummibärchen sind nicht in der gleichen Richtung angeordnet und zudem noch Außen am Postpaket platziert worden.

Außerdem ist es hier zentral die korrekten Realmodelle und die dennoch unterschiedlichen Gesamtanzahlen der Gummibärchen (vgl. Abschn. 2) miteinander zu vergleichen. Woran liegt es, dass in dem einen Modell doppelt so viele Gummibärchen hineinpassen wie in das andere Realmodell, obwohl beide Realmodelle angemessen sind?

Abb. 9 Fehlerhafte Anordnung
der Gummibärchen

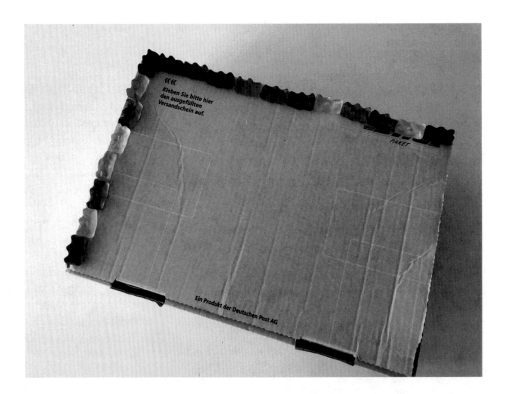

3.4 Validierung der Gruppenergebnisse

Modellierungsaufgaben sind Aufgaben, die am Ende des Lösungsprozesses idealerweise noch einmal überdacht und validiert werden sollen (u. a. Blum und Leiß, 2005; Greefrath, 2010). Aufgrund der vorhergegangenen Präsentation und Auswertung im Plenum sind die Schülerinnen und Schüler bei dieser Modellierungsaufgabe nun in der Lage, ihre fehlerhaften Lösungen noch einmal zu überdenken und zu verbessern. Die Gruppen durchlaufen somit erneut den Modellierungskreislauf.

Wenn Gruppen beim ersten Modellierungsversuch direkt alles richtig gelöst haben, sollen sie sich weitere Fragestellungen zu dem Kontext dieser Aufgabe überlegen. Die entstehenden Fragestellungen sind dann eine mögliche Erweiterung der Aufgabe und bieten sich möglicherweise als anschließende Hausaufgabe an.

Die überarbeiteten bzw. weiteren Gruppenlösungen werden nicht noch einmal im Plenum vorgestellt, sondern vom Lehrer/der Lehrerin kontrolliert. Am Ende folgt jedoch ein Ergebnisvergleich der bis dahin richtigen Schülerlösungen. Denn schließlich soll noch festgestellt werden, bei welchem Modell die meisten Gummibärchen in das Postpaket der Größe S passen. Zudem prägt sich bei den Kindern so ein, dass Modellierungsaufgaben viele richtige Lösungen aufweisen und dass diese Lösungen sich zum Teil deutlich voneinander unterscheiden.

4 Resümee und Ausblick

Die Gummibärchen reisen im Postpaket. Sie verändern ihre reale Form hin zu einem mathematischen Körper, dem Quader. Sie werden somit zu einem bewusst gebildeten mathematischen Modell. Mit diesem Modell berechnen die Schülerinnen und Schüler die Gesamtanzahl der Gummibärchen, die maximal in ein Postpaket der Größe S passen.

Die Mädchen und Jungen lernen mit dieser Aufgabe die Teilprozesse des Modellierens sehr anschaulich kennen. Dabei wird der Schwerpunkt auf die Unterscheidung zwischen Realmodell und mathematischen Modell gelegt. Diesen Unterschied erlernen die Schülerinnen und Schüler enaktiv, also durch aktives Handeln motiviert, und somit für Kinder effektiv nachvollziehbar. Beim Realmodell müssen sie die Problemsituation durch geeignete Anordnungen strukturieren sowie auf ihren wesentlichen Kern reduzieren. Nach der Bildung des Realmodells folgt das mathematische Modell, das insbesondere eine Approximation der Gummibärchen zu einem mathematischen Körper bedeutet, um dessen „Raumbedarf" im Paket zu bestimmen. Besonders in der Phase der Diskussion zeigen die verschiedenen Approximationen der Schülerinnen und Schüler eine effektive Wirkung bezogen auf das Validieren der eigenen

Modellbildungen, sodass in der Regel die erstellten Modelle überarbeitet werden und der Modellierungskreislauf erneut durchlaufen wird – so wie von Blum und Leiß (2005) postuliert.

Dieser Aufgabenkontext bietet nach der Bearbeitung und Validierung die Möglichkeit weiterer Fragestellungen im Bereich des Modellierens. Allerdings nicht mehr unter dem Focus der bewussten Trennung zwischen Realmodell und mathematischen Modell. Hierzu zählt die Frage: Wie viel kostet das Versenden eines vollgefüllten Postpaketes? Dazu müssen die Paketpreise ermittelt sowie das Gewicht bestimmt werden. Dieser „Forschungsauftrag" eignet sich ideal als Hausaufgabe, da zum einen die Preise online ermittelt werden können und zum anderen eine einfache Küchenwaage zur Bestimmung des Gummibärchengewichts ausreicht. Hierbei ist zu beachten, dass nicht ein Gummibärchen, sondern mehrere gewogen werden sollten. Möglicherweise kommt auch die Frage auf: Wie viele Gummibärchen-Packungen müssen wir kaufen, um das Paket zu füllen und wie viel kosten die Packungen zusammen? Schließlich gehört das auch zum Preis des gesamten Paketes, das versendet wird. Und müssen wir das Postpakte auch noch kaufen und zu dem vorherigen Preis ergänzen?

Mädchen und Jungen sind offen für Fragen zu dieser Thematik und finden immer noch weitere Aspekte, wenn sie die Chance dazu bekommen. Dadurch zeigt sich erneut, dass diese Problemstellung schülernah, motivierend und offen ist – also ein anregender Modellierungskontext für Schülerinnen und Schüler in den unteren Jahrgangsstufen der Sekundarstufe I.

Literatur

Blum, W.: Mathematisches Modellieren – zu schwer für Schüler und Lehrer? In: Beiträge zum Mathematikunterricht, S. 3–12 (2007)

Blum, W., Leiß, D.: Modellieren im Unterricht mit der „Tanken"-Aufgabe. Math. lehren **128**, 18–21 (2005)

Borromeo-Ferri, R.: Wege zur Innenwelt des mathematischen Modellierens. Kognitive Analysen zu Modellierungsprozessen im Mathematikunterricht. Vieweg+ Teubner, Wiesbaden (2011)

Bruner, J.S.: Der Prozeß der Erziehung (Sprache und Lernen, Bd. 4, 5. Aufl.). Pädagogischer Verlag, Berlin (1980)

Davis, P., Hersh, R.: Erfahrung Mathematik. Birkhäuser Verlag, Basel (1986)

Ebenhöh, W.: Mathematische Modellierung – Grundgedanken und Beispiele. Der Mathematikunterricht **36**(4), 5–15 (1990)

Greefrath, G.: Modellieren lernen mit offenen realitätsnahe Aufgaben, 3. Aufl. Aulis Verlag, Wuppertal (2010)

Henn, H.-W., Maaß, K.: Standardthemen im realitätsbezogenen Mathematikunterricht. In: Henn, H.-W., Maaß, K. (Hrsg.) Materialien für einen realitätsbezogenen Mathematikunterricht, Bd. 8, S. 1–5. Franzbecker, Hildesheim (2003)

Riebel, J.: Modellierungskompetenzen beim mathematischen Problemlösen – Inventarisierung von Modellierungsprozessen beim Lösen mathematischer Textaufgaben und Entwicklung eines diagnostischen Instrumentariums. Dissertation an der Universität Koblenz.

https://www.deutsche-digitale-bibliothek.de/binary/4JPA7NYEA-5CIHNW6LZY6ZLYKZBUFXTES/full/1.pdf (2010). Zugegriffen 11 Sept. 2017

Schukajlow, S.: Schüler-Schwierigkeiten und Schüler-Strategien beim Bearbeiten von Modellierungsaufgaben als Bausteine einer lernprozessorientierten Didaktik. Waxmann, Münster (2010)

Siller, H.-S.: Modellbilden – eine zentrale Leitidee der Mathematik. Schriften zur Didaktik der Mathematik und Informatik an der Universität Salzburg, Bd. 2. Shaker Verlag, Aachen (2008)

Wie viele Fahrzeuge stehen im Stau? – Eine Unterrichtsreihe zum Bilden von Realmodellen

Denise van der Velden

Zusammenfassung

Die Aufgabe „Wie viele Autos stehen in einem Stau?" gehört zu den „Klassikern" der Modellierung in Wissenschaft und Unterricht (bspw. Jahnke 1997; Peter-Koop 2003; Maaß 2005 oder Hinrichs 2008). In diesem Beitrag werden die bisherigen Einsätze dieser Aufgabe kritisch betrachtet und eingeordnet, um sie anschließend zu einer kleinen Unterrichtsreihe weiterzuentwickeln. Aufgrund der Vielzahl möglicher Varianten und Annahmen ist die Stauaufgabe prädestiniert für eine Unterrichtsreihe, die den Schülerinnen und Schülern direkt zu Beginn der Sekundarstufe I die Suche nach passenden Annahmen für ihr Realmodell stufenweise nahebringt. Dieser Beitrag enthält eine Unterrichtsreihe, die bereits in verschiedenen 5. Klassen erprobt und erfolgreich eingesetzt wurde. Abschließend wird zudem eine Erweiterung in höhere Jahrgangsstufen skizziert.

1 Einleitung

Stau gehört auf deutschen Autobahnen zu den alltäglichen Phänomenen: ihre jährliche Anzahl und durchschnittliche Länge steigt. Es gibt immer mehr Autos in Deutschland.

Außerdem sind mehr Menschen mit dem Auto unterwegs. Zur Urlaubszeit überlegen Eltern, wann die beste Abfahrtszeit ist, um möglichst „staufrei" zum Ziel zu gelangen. Nichtsdestotrotz kennen wohl alle Eltern die Kinderfragen: Wann sind wir (endlich) da? Wann ist der Stau zu Ende? Wann fahren wir wieder? Auch für Erwachsene ist Stau regelmäßig ein „Aufregerthema". So gehört die Forderung nach „weniger Stau" ebenso zum Standardrepertoire in Landtagswahlkämpfen wie die Forderung nach effizienteren Straßenbauarbeiten. In den letzten Jahren waren es zudem schadhafte Brücken sowie große Baumaßnahmen um zusätzliche Fahrsteifen neu zu schaffen, die zu vielen Staus geführt haben. Stau auf der Autobahn gehört also zum „Erfahrungsschatz" vieler Erwachsener und Kinder. Aus diesem Grund handelt es sich bei der Modellierungsaufgabe „Wie viele Fahrzeuge stehen in einem Stau?" sowohl um eine authentische als auch um eine für Lernende gut nachvollziehbare Problemsituation.

Die hier im Beitrag vorgestellte Unterrichtsreihe zur Einführung des Modellierens in der Sekundarstufe I ist für das 5. Schuljahr[1] konzipiert worden. In diesem Schuljahr werden viele Lerninhalte aus der Primarstufe wieder aufgegriffen, um die Schülerinnen und Schüler auf einen einheitlichen Stand zu bringen. Die deutschen Bildungsstandards (KMK 2005) sehen Modellieren bereits in der Primarstufe verpflichtend vor. Daher bietet es sich an eine Unterrichtsreihe zum (Wieder-)Einstieg in das Modellieren im 5. Schuljahr einzusetzen. Derzeit wird die prozessbezogene Kompetenz Modellieren aber fast gar nicht in den deutschen Grundschulen unterrichtet (Blum 2015).

Die Schülerinnen und Schüler lernen in dieser Unterrichtsreihe einen wesentlichen Aspekt des mathematischen Modellierens bei der Bearbeitung der verschiedenen Stau-Aufgaben kennen, das Bilden eines Realmodells.

Ich bedanke mich bei den Lehrkräften dieser Klassen, für die Bereitschaft die Unterrichtsreihe auszuprobieren und bei den Schülerinnen und Schüler die durch ihre Lösungen und Gedanken maßgeblich zur Entstehung dieser Unterrichtsreihe beigetragen haben. Weiterhin bedanke ich mich bei Prof. Dr. Katja Eilerts (HU Berlin) und Prof. Dr. Stanislaw Schukajlow (WHU Münster) für ihre hilfreichen Ideen und Anmerkungen zur Konzeption der Unterrichtsreihe.

D. van der Velden (✉)
Institut für Erziehungswissenschaften, Humboldt-Universität zu Berlin, Berlin, Deutschland
E-Mail: denise.van.der.velden@hu-berlin.de

[1]Die Unterrichtsreihe kann nach dem Erlernen der schriftlichen Division auch bereits in der Grundschule (im 4. Schuljahr) eingesetzt werden.

Dies ist der Schwerpunkt der Unterrichtsreihe. Besonders in den unteren Jahrgangsstufen der Sekundarstufe I bilden die Schülerinnen und Schüler ihre Modelle noch unbewusst (Greefrath 2010, S. 14). Um den Kindern bereits frühzeitig aufzuzeigen, welche vielfältigen Möglichkeiten es gibt ein Realmodell zu bilden, bietet sich diese komplexe Modellierungsaufgabe in Form einer Unterrichtsreihe an. Das Bilden des Realmodells ist beim Modellieren der erste wichtige Schritt, sodass dieser den Kindern anschaulich und vielfältig bewusstgemacht werden muss.

Die hier vorgestellte Unterrichtsreihe ist anhand von Schülerannahmen zum Bilden des Realmodells einer 5. Klasse entstanden und kontinuierlich in weiteren Klassen weiterentwickelt worden. Sie wurde in der vorliegenden Form bereits mehrfach lerneffektiv eingesetzt.

2   Die Stauaufgabe „revisited"

Die Stau-Problematik ist bereits häufig im Unterricht, gerne auch als Abituraufgabe, eingesetzt worden (Hinrichs 2008, S. 118 f.). Ebenfalls wurde sie in einigen wissenschaftlichen Arbeiten dargestellt.[2] So hat beispielsweise Peter-Koop (2003) diese Problemstellung in einer 4. Klasse einer Grundschule gestellt. Die Schülerinnen und Schüler haben sich mit Längenaddition und willkürlichem Multiplizieren einem Ergebnis genähert. Bemerkenswert ist, dass die Kinder reale Autos ausgemessen haben und aufgrund des fehlenden mathematischen Wissens über Durchschnittswerte verschiedene Autolängen addiert haben. Danach nahmen sie diese fünf gemessenen Autos unbewusst als Durchschnittslänge an. Allerdings haben alle Kinder dieser Grundschulklasse den Abstand zwischen den Fahrzeugen nicht berücksichtigt. Dies wird bei Peter-Koop (2003) nicht weiter thematisiert, was aber bezogen auf das tatsächliche Ergebnis einen unrealistischen Wert bedeutet bzw. ein unrealistisches Realmodell darstellt.

Maaß (2005) stellt ebenfalls ein realitätsfernes Modell für eine 8. Klasse auf. Sie berücksichtigt den Abstand zwischen den Fahrzeugen zwar, dieser ist aber mit 1,6 m zwischen zwei Autos als Durchschnittswert viel zu gering. In der Rechtsprechung haben sich für den Mindestabstand im Stau zwei Regeln etabliert. Die Fahrerinnen/Fahrer sollen entweder mindestens zwei Autolängen Abstand halten oder aber so zum Stehen kommen, dass die Hinterräder des vorausfahrenden Fahrzeugs zu erkennen sind. Wenn also nur 10 % der Fahrerinnen/Fahrer einen 10 m-Abstand einhält, müssen 90 % auf weniger als 1,2 m auffahren, damit

der durchschnittliche Abstand 1,6 m beträgt. Da es bei Modellierungsaufgaben um Aufgaben mit Bezug zur Realität geht (Blum 2007), müssen die angenommenen Werte, die dem Realmodell zugrunde liegen, auch realistisch sein. Es handelt sich besonders bei dem Abstand zwischen den Fahrzeugen um eine Größe, die schwer für die Schülerinnen und Schüler einzuschätzen ist. In der Unterrichtsreihe, die in diesem Aufsatz dargestellt wird, wird diese Größe thematisiert, an ähnlich großen Gegenständen demonstriert und somit den Lernenden ermöglicht, eine realistische Größeneinschätzung zu erfahren.

Jahnke (1997) diskutiert explizit ein Kriterium für den durchschnittlichen Abstand von zwei Autos, insbesondere mit Blick auf die Rangierfreiheit der Fahrzeuge. Es wurde ein Stau in einer Spielstraße simuliert und die dortigen Abstände gemessen. Demnach ist der durchschnittliche Abstand zwischen zwei Autos 2 m lang. Die Idee der Simulation ist sicherlich hilfreich, aber auch hier ist der Abstand im Vergleich zu den Autoabständen im Stau auf einer Autobahn immer noch nicht realistisch. Generell hat Jahnke (1997) bei seiner Aufgabendurchführung in mehreren Unterrichtsstunden bei allen Werten darauf geachtet, dass die Schülerinnen und Schüler diese durch eigene Messungen ermitteln. Dadurch haben die Schülerinnen und Schüler einer 7. Klasse gelernt selbstständig realistische Daten zu erheben. Es wurde aber nur ein Stau (33 km) an einem Feiertag (also ohne LKWs) gelöst. Somit ist das Potenzial der Aufgabe auch bei Jahnke (1997) trotz höherem Unterrichtszeitfenster nicht vollständig ausgeschöpft. Zudem lag der Fokus der Aufgabe von Jahnke auf der Anzahl der Menschen in den Autos und nicht auf der Anzahl der Fahrzeuge. Dies entspricht auch dem Fokus von Maaß (2005), welche die Frage stellte: „Wie viele Menschen stecken in einem 20 km langen Stau?"

In der hier vorgestellten Unterrichtsreihe zur Einführung des Modellierens zu Beginn der Sekundarstufe I bleibt der Fokus auf den PKWs bzw. den Fahrzeugen wie bei Peter-Koop (2003). Eine Erweiterung auf Menschen führt zu einer zusätzlichen Annahme beim Bilden des Realmodells und erhöht damit die Fehlerquote beim mathematischen Arbeiten. Diese Unterrichtsreihe ist für die Jahrgangsstufe 5 konzipiert und dort wird im Gegensatz zum 7. Schuljahr von Jahnke (1997) und zum 8. Schuljahr bei Maaß (2005) ohne Taschenrechner gearbeitet. Außerdem gibt es immer noch genügend weitere Annahmen, die die Schülerinnen und Schüler beim Aufstellen ihres Realmodells zur Lösung „Wie viele Fahrzeuge stehen in einem Stau?" treffen müssen. Durch diese Vielzahl der Annahmen wird den Lernenden im Laufe der Unterrichtsreihe bewusst, wie sehr durch Verändern der Annahmen die Anzahl der Fahrzeuge variiert. Hierzu zählt besonders die Veränderungen des Wochentages und damit die Erweiterung des Modells auf LKWs, was bisher in keinem wissenschaftlichen Beitrag berücksichtigt wurde.

---

[2]Hinrichs (2008) stellt lediglich die Lösung von Peter-Koop (2003) dar ohne neue Aspekte hinzuzunehmen. Deshalb werden in diesem Artikel nur die Aufsätze von Jahnke (1997); Peter-Koop (2003) und Maaß (2005) analysiert.

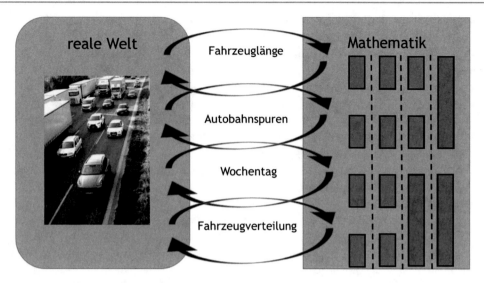

Abb. 1 Realmodellrückinterpretation der Stau-Aufgabe. (Eigene Darstellung)

Wenn der Focus jedoch wie bei allen Autoren immer nur auf die PKWs im Stau gelegt wird, also ohne LKWs, dann fehlt ein wesentlicher Aspekt der Realität, der aber besonders bei mehr als zweispurigen Autobahnen zu erheblichen Schülerproblemen führt. Es ist im Sinne von Blum (2015) wichtig, dass der Realitätsaspekt nicht unterschlagen wird, denn Schülerinnen und Schüler sind in der Lage LKWs mit in ihre Modellberechnung einzufügen. Schließlich gibt es in der Woche, wenn LKWs unterwegs sind, viel mehr Staus als an Sonn- und Feiertagen, wo grundsätzlich keine LKWs fahren dürfen.

3 Der besondere Stellenwert des Realmodellbildens

Blum und Leiss (2005) trennen in ihrem Modellierungskreislauf klar zwischen Realität und Mathematik. Borromeo-Ferri (2011) stellte jedoch in ihrer empirischen Untersuchung fest, dass Schülerinnen und Schüler besonders Aufgaben mit vielen Annahmen durch Realmodellrückinterpretationen lösen. Realmodellrückinterpretation bedeutet, dass die einzelnen gewonnenen mathematischen Zwischenergebnisse direkt in die reale Welt zurückinterpretiert werden, um danach schon wieder mathematisch weiterzuarbeiten (Borromeo-Ferri 2011).

Ein Realmodell ist eine „vereinfachende, nur gewisse, einigermaßen objektivierbare Teilaspekte berücksichtigende Darstellung der Realität" (Henn 2000, S. 10). Hierzu werden Informationen gesammelt und geordnet. Die reale Situation wird dem Ziel entsprechend vereinfacht oder vergrößert, eingeschränkt und schließlich strukturiert. Das Realmodell bereitet damit die nachfolgende mathematische Betrachtung vor (Siller 2008).

Für die Lösung der Stau-Modellierungsaufgaben bedeutet dies, dass die Schülerinnen und Schüler viele Annahmen treffen müssen, um ihr Realmodell aufzustellen. Sie rechnen mit diesen Annahmen weiter und beziehen die mathematischen Lösungen direkt zurück in die Realität („Realmodellrückinterpretation"). Die Realität ist aber schon vereinfacht worden, es handelt sich dabei also um das Zurückinterpretieren in das Realmodell (vgl. Abb. 1).

3.1 Das Realmodell in der Modellierungsaufgabe „Wie viele Autos stehen in einem Stau?"

Um diese offene Frage zu beantworten, fehlen den Schülerinnen und Schülern diverse Angaben. So ist es nicht verwunderlich, dass die erste Reaktion von Kindern, die es nicht gewohnt sind im Mathematikunterricht zu modellieren, ist: „Das kann man gar nicht lösen!" oder „Da fehlen die Zahlen!"[3] Und auch Eltern äußern sich ähnlich: „Das ist keine richtige Mathematikaufgabe!" oder „Das können die Kinder nicht lösen, da fehlen die Angaben!" Gerade wenn in der Primarstufe noch keine offene Modellierungsaufgabe gelöst wurde (Blum 2015), ist dieser Aufgabentyp für die Lernenden fremd und häufig auch beängstigend.

Bedeutet doch eine Vereinfachung und Strukturierung der realen Situation, dass die Schülerinnen und Schüler selbst realistische Werte zur Lösung der Aufgabe hinzuziehen müssen. Anhand der Unterrichtsreihe in diesem Aufsatz lernen die Kinder didaktisch aufbereitet, dass es

---

[3]Alle Kommentare zu dieser Aufgabe stammen aus den Unterrichtsklassen, die diese Unterrichtsreihe durchgeführt haben.

sinnvoll und möglich ist Größen für Aufgaben selbst festzulegen und somit auch eine solch offene Aufgabe zu lösen.

Die wesentlichen Größen zum Aufstellen des Realmodells bei der Stau-Aufgabe sind:

- die Staulänge,
- die Anzahl der Spuren der Autobahn,
- die Fahrzeugverteilung auf den Spuren (auch in
  Abhängigkeit von Wochentag, Spurverringerung oder
  Ausfahrtmöglichkeit),
- die PKW-Länge bzw. die LKW-Länge sowie ggf. noch
  die weiteren Fahrzeuglängen,
- der Abstand zwischen den Fahrzeugen.

Somit wird deutlich, dass das Realmodell bei dieser Aufgabe für Schülerinnen und Schüler der 5. Klasse umfassend
ist. Durch die Lösung mit Hilfe nur *eines* Realmodells
(meistens reduziert auf einen Sonntag) wie in den bisherigen Aufsätzen, wird deren Komplexität nicht deutlich. Wird diese Komplexität der Realmodellbildung in
den Fokus des Unterrichts gelegt, so erlernen die Kinder
die Nützlichkeit der vielfältigen Annahmen zum Bilden
ihres Realmodells kleinschrittig kennen. Das Bilden eines
Realmodells beim Lösen von Modellierungsaufgaben ist
der erste wichtige Schritt, da ohne eine Modellbildung
der komplexen Situation diese nicht mathematisiert werden kann (Siller 2008). Also müssen die Schülerinnen und
Schüler diesen Schritt auch kleinschrittig, idealerweise
anhand einer gleichen Problemstellung erlernen, um einen
dauerhaften Lernerfolg zu erzielen.

4 Eine Unterrichtsreihe zum Bilden verschiedener Realmodelle bei der Stau-Problematik

Die Unterrichtsreihe ist mit dem Ziel eines stufenweise
komplexer werdenden Realmodells entwickelt worden und
berücksichtigt dabei die möglichen Realmodellannahmen
der Schülerinnen und Schüler.

4.1 Aufbau der Unterrichtsreihe

Die Unterrichtsreihe beginnt mit der Aufgabe: „Wie viele
Autos stehen in einem 11 km langen Stau?" So können
alle Schülerinnen und Schüler überlegen, welche Fragen
sie sich zur Entwicklung des Realmodells stellen sollen.
Die bedeutendsten dieser Fragen[4] werden dann im weiteren

Verlauf der Unterrichtsreihe aufgegriffen. Die Komplexität
des Realmodells der einfachen Ausgangssituation „Sonntag, 2-spurige Autobahn" wird also durch Veränderungen
der Fragestellung schritt- und stufenweise immer weiter
erhöht. So wird jedem Lernenden bewusst, wie relevant die
Annahmen für die Erstellung eines Realmodells sind und
wie sehr sich dadurch auch das Ergebnis – also die Anzahl
der Fahrzeuge – verändert.

Aufbau der Unterrichtsreihe:

1. *Beginn der Sommerferien und wieder einmal stehen unzählige Fahrzeuge im Stau* – Modellierung zur
   Bestimmung der PKW-Anzahl im Stau
2. *Sonntags stehen nur PKWs im Stau* – Modellierung eines
   3-spurigen Urlaubsstaus
3. *Und was ist, wenn in der Woche noch die LKWs dazu
   kommen?* – Stau-Modellierungen an einem Werktag
4. *Stau durch eine Baustelle* – Stau-Modellierung bei Fahr-
   bahnreduzierung
5. *Stau am Autobahnkreuz* – Stau-Modellierung mit Ausfahrtmöglichkeiten

4.2 Die 1. Unterrichtseinheit: eine zweispurige Autobahn

Die Unterrichtsreihe beginnt mit einer nicht völlig offenen Aufgabe (vgl. Greefrath 2004), nämlich mit der Frage:
„Wie viele Autos stehen in einem 11 km langen Stau auf
der A33[5]?" Somit ist die Länge des Staus vorgegeben und
durch die bekannte Autobahn müssen die Spuren der Autobahn nicht mehr geschätzt, sondern können aus dem Alltagswissen abgeleitet werden. Alle anderen Werte sind in
der ersten Doppelstunde der Unterrichtsreihe jedoch nicht
vorgegeben, um den Schülerinnen und Schülern deutlich zu machen, wie viele unterschiedliche Aspekte das
Bilden ihres Realmodells beeinflussen. Sie werden damit
für die nachfolgenden Unterrichtsstunden sensibilisiert.
Zudem hat sich in allen Klassen gezeigt, dass sich die Kinder sehr schnell auf den Sonntag fixieren. Leistungsstarke
Schülergruppen denken oft zu Beginn über die Verteilung
der unterschiedlichen Fahrzeuge wie Kleintransporter, mit
Anhänger, Wohnmobile usw. nach. In der Regel vereinfachen die Gruppen dann jedoch ihr Realmodell, sodass
sie es auch mathematisch lösen können. Ein Realmodell

---

[4]All diese Aspekte haben Schülerinnen und Schüler der 5. Klassen,
mit denen diese Unterrichtsreihe getestet und verbessert wurde, ein-
gebracht.

[5]Es handelt sich um eine Autobahn, die in der Nähe der Schulen, in
denen diese Unterrichtsreihe durchgeführt wurde, verläuft. Dort verläuft sie zweispurig. Es ist grundsätzlich zu empfehlen eine Autobahn
aufzugreifen, die in der Nähe der eigenen Schule liegt. Diese Autobahn müsste den Schülerinnen und Schülern somit bekannt sein. So
entfällt das Schätzen der Autobahnspuren.

an einem anderen Wochentag oder mit einer Fahrzeugverteilung mit weiteren Fahrzeugen neben den PKWs ist in der ersten Unterrichtseinheit auch möglich, sodass es einen besonderen Stellenwert in der Auswertungsphase bekommt, wenn es denn mathematisch gelöst wurde. Es ermöglicht einen Ausblick in die weiteren Unterrichtsstunden.

Um eine möglichst hohe Motivation zu erzielen ist es sinnvoll einen passenden Staufunk abzuspielen (vgl. Jahnke 1997 oder Maaß 2005). Alternativ reicht aber auch die „einfache" Frage zum Einstieg in die Unterrichtsstunde: Wer stand in den (Sommer-) Ferien im Stau? Wichtig ist, dass die Schülerinnen und Schüler zu Beginn zunächst ihre Erfahrungen im Stau auflisten können und die Stunde somit ohne mathematischen Bezug beginnt. Das steigert die Motivation, da sich so auch Mädchen oder Jungen am Unterrichtsgespräch beteiligen, die sonst im Mathematikunterricht eher zurückhaltender agieren. Ein solcher Einstieg verdeutlicht zudem, dass die Realität bei dieser Aufgabe im Vordergrund steht und eben nicht die Mathematik wie oft sonst im Unterricht (Winter 1994).

Nach dem Erfahrungsaustausch, folgt der Fokus zurück auf eine Mathematikaufgabe durch die Frage nach der Anzahl der PKWs im Stau (wie oben bereits aufgeführt). Die Stau-Problematik soll also „doch" mathematisch betrachtet werden, schließlich befinden sich die Schülerinnen und Schüler im Mathematikunterricht. Hier ist den Lernenden, die in der Regel noch wenig bis keine Erfahrung mit dem mathematischen Modellieren gemacht haben, deutlich zu machen, wie wichtig es ist sich genau zu überlegen, welche Angaben ihnen fehlen, um diese Aufgabe zu lösen.

Diese fehlenden Angaben müssen am Ende der Unterrichtsstunde, also nach den Gruppenpräsentationen wieder miteinander verglichen werden. Sie bilden damit eine sinnvolle Überleitung zu den folgenden Unterrichtsstunden. Viele Schülerinnen und Schüler bedenken verschiedene komplexere Annahmen, verwerfen sie allerdings wieder, weil sie ihnen mathematisch nicht fassbar erscheinen. Im Laufe der Unterrichtsreihe zeigt sich dann, dass sie auch komplexere Realmodelle mathematisch lösen können.

4.3 Ablauf der ersten Unterrichtseinheit

Die erste Unterrichtseinheit der Unterrichtsreihe ist als Doppelstunde[6] angelegt. Zu Beginn folgt der zuvor beschriebene „nicht-mathematische" Einstieg in die Thematik Stau. Nachdem die Fragestellung „Wie viele PKWs stehen in einem 11 km langen Stau auf der A33?" bekannt ist, soll zunächst jeder Schüler/jede Schülerin für sich überlegen, welche Angaben ihm/ihr zur Lösung fehlen (Einzelarbeit). Dies ist wichtig, damit sich jedes Kind mit dem Problem der fehlenden Angaben und damit mit dem Erstellen des Realmodells beschäftigt (Schukajlow, S. et al. 2012). Erst danach folgt ein Austausch mit anderen Schülern oder Schülerinnen. Damit ist die Unterrichtsmethode kooperativ angelegt. Im Sinne der Methode Think-Pair-Share („Ich-Du-Wir") folgt ein Partneraustausch. Die Schülerinnen und Schüler teilen einem Partner ihre Ideen für mögliche Annahmen mit. Anschließend diskutieren die Kinder über die unterschiedlichen Annahmen und tragen diese danach in einer Kleingruppe zusammen. In der Gruppe müssen sich die Mädchen und Jungen nun auf ein gemeinsames Realmodell verständigen. Dabei ist es wichtig, dass der Lehrer/die Lehrerin weiß, was ein Realmodell ist. Die Schülerinnen und Schüler müssen diesen Begriff nicht kennen. Gerade bei Modellierungsanfängern würde der Fachbegriff zu diesem frühen Zeitpunkt nur zur Verwirrung führen (Maaß 2004).

Haben sich die Gruppen auf ein gemeinsames Realmodell geeinigt, werden die Annahmen aus dem Realmodell mathematisiert. Es entsteht wie oben beschrieben eine Realmodellrückinterpretation. Dies hat zum einen den Vorteil, dass die Gruppen bei Bedarf ihr Realmodell noch erweitern können (falls wichtige Annahmen wie z. B. der Abstand zwischen den Fahrzeugen fehlen). Außerdem verlieren sie während des Lösungsprozesses durch das Rückinterpretieren der mathematischen Lösung nie den Bezug zur Realität. So entsteht im Idealfall eine direkte Validierung der Zwischenergebnisse (vgl. Abb. 1).

Nach der Lösungsfindung und Einigung in den Gruppen folgt die Gruppenpräsentation[7]. Idealerweise strukturiert der Lehrer/die Lehrerin die Gruppenpräsentation nach ähnlichen Realmodellen. Die Strukturierung basiert auf gleichen Fahrzeugverteilungen, gleichen Fahrzeuglängen, Lösungen mit und ohne Abstand zwischen den Fahrzeugen oder auch Erweiterung der Fahrzeuge auf Kleintransporter, Anhänger oder Wohnmobile. Durch die Strukturierung nach den Realmodellen wird den Kindern relativ schnell bewusst, was passiert, wenn die Fahrzeuglängen verändert werden oder die Abstände zwischen den Autos vergrößert werden. Aussagen wie „Wenn ich den Abstand zwischen den Autos um 2 m vergrößere, dann verringert sich die Gesamtanzahl der Autos um ungefähr 400 Stück. Das sind

---

[6]Da es sich um Doppelstunden handelt, wird der Begriff Unterrichtseinheit verwendet. So bietet es auch die Möglichkeit diesen Unterrichtsinhalt auf mehrere Stunden aufzuteilen und ggf. auch drei Schulstunden zu nutzen. Zudem gibt es in vielen 5. Klassen keine Doppelstunden, deshalb wird auch eine Alternative zwecks Unterteilung in zwei Einzelstunden dargestellt.

[7]Hier ist es möglich an dieser Stelle den Unterricht zu unterbrechen und die Präsentation (ggf. auch die Plakaterstellung) auf die nächste Unterrichtsstunde zu verschieben. Wichtig ist dann, dass die Hausaufgabe, die nach der Doppelstunde folgen würde, bereits nach der ersten Stunde erfolgt.

ganz schön viele!" sind dadurch häufiger zu hören. Die Kinder lernen also die Sensitivität ihrer Annahmen, d. h. die Auswirkung einer Annahmenveränderung auf das Ergebnis kennen.

Primäre Ziele der Präsentationsphase sind zum einen das Bewusstmachen für die unterschiedlichen Realmodelle (trotz einiger gleicher Annahmen) und zum anderen die Bedeutung des Realmodells als solches. Hierbei hilft die Abb. 1. Sie stellt für Schülerinnen und Schüler anschaulich dar, dass sie bestimmte Aspekte vereinfachen müssen, damit sie die komplexe Situation „Stau" mathematisch bearbeiten können. Und sie macht gleichzeitig wie oben ausgeführt, deutlich, dass Veränderungen bei diesen Annahmen zu einem anderen Endergebnis führen.

Ausblickend sollte den Schülerinnen und Schülern verständlich gemacht werden, dass die Ausgangssituation in den nächsten Stunden stufenweise „komplizierter" und damit das Realmodell „realistischer" wird.

Schülerergebnisse aus der 1. Unterrichtseinheit

Nach dem anfänglichen skeptischen Einwenden einiger Schülerinnen und Schüler, die Aufgabe sei nicht lösbar, arbeiteten die Kinder motiviert. Die Mädchen und Jungen überlegten sich selbstständig, wie sie die Aufgabe so „einfach" gestalten können, dass sie diese mit ihrem bisherigen mathematischen Wissensstand lösen können. So sind fast alle auf den Wochentag Sonntag (zwei Gruppen auf den Wochentag Samstag) gekommen.

Die bedeutendste Schwierigkeit bestand darin, die Größen realistisch einzuschätzen. Die erste problematische

Größe war die Länge eines Autos, da Kinder die Autos nicht selbst fahren und auf der Rückbank Platz nehmen. Sie schauen in der Regel also seitlich aus dem Auto. Wenn die Kinder diese Größe nur schätzen, dann sind die meisten Autos durchschnittlich 2 m lang. 2 m ist häufig genau die Länge eines Schultisches an dem zwei Kinder im Klassenraum arbeiten. 2 m ist oft auch die mittlere Tafel im Klassenraum. Es hat sich gezeigt, dass die Schülerinnen und Schüler diese Fehlerfahrung machen müssen, um die wesentlichen Größen dieser Aufgabe realistisch einzuschätzen. Das Nachmessen können sie als Hausaufgabe durchführen, da in der Regel jede Familie ein Auto besitzt und wenn nicht, dann messen die Kinder ein fremdes Auto aus. So erleben viele Kinder, dass sie die Größe eines Autos unterschätzt haben. Natürlich ist die Aufgabe damit „falsch" gelöst worden, aber gerade bei Modellierungsaufgaben lernen die Schülerinnen und Schüler auch mit Fehlern produktiv umzugehen und damit die Aufgabe im Sinne des Kreislaufes nach Blum und Leiss (2005) noch einmal zu lösen. Genau diesen Aspekt des Validierens greift diese Unterrichtsreihe auf. Die Kinder lernen für die nächste Variante der Stau-Aufgabe, dass sie die Autolänge realistischer wählen müssen und beziehen sich dann auf ihre gemessenen Werte.

Der Aspekt des Validierens wurde bereits in der vorstrukturierten Präsentationsphase deutlich. Durch die Sortierung nach ähnlichen Realmodellen entstand ein direktes Validieren. Die Schülerinnen und Schüler beteiligten sich aktiv an der Verbesserung der Lösungen mit (vgl. Abb. 2).

Schließlich wird allen Lernenden beim Validieren auch bewusst, dass selbst bei mathematisch richtiger Rechnung

Abb. 2 Darstellung einer Schülergruppenlösung mit Anmerkungen. (Selbst fotografiert)

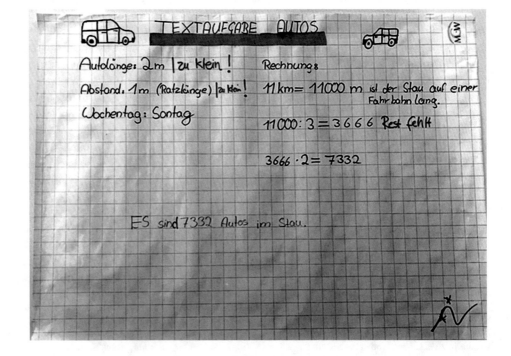

diese Modellierungsaufgabe noch nicht realistisch bzw. noch nicht vollumfänglich gelöst wurde und ein weiteres, verbessertes sowie verfeinertes Realmodell notwendig ist.

Die zweite problematische Größe ist der Abstand zwischen den Fahrzeugen. Es haben zwar weniger als 10 % diesen Abstand nicht berücksichtigt, allerdings war der Abstand bei den meisten Gruppen mit 1 m viel zu gering. Das hängt aber wiederum mit der fehlenden Größenvorstellung eines Autos ab.

Bilder als Hilfekarten müssen hier sehr bewusst gewählt werden, da die „echten" Abstände in einem Stau oft 10 m oder größer sind (wie in Abschn. 2 dargestellt). Das ist für die Kinder, aber auch für viele Lehrerinnen und Lehrer, unvorstellbar. Hier hilft eine Filmszene, z. B. Videos von einer Fahrt eines Einsatzfahrzeuges durch eine Rettungsgasse. Dabei erkennen die Kinder, dass zwischen den Autos immer mehr Platz als ein Auto ist. Und ein durchschnittliches Auto ist ca. 5 m lang. Also muss der Abstand zwischen zwei Fahrzeugen größer als 5 m sein. Nach der Statistik des Kraftfahrtbundesamtes ist der VW Golf der meist gefahrene PKW in Deutschland. Ein VW Golf ist zwischen 4,35 m und 4,58 m lang. Die weiteren viel gefahrenen Fahrzeuge auf deutschen Autobahnen wie der 3er BMW oder der Audi A4 sind noch länger als ein VW Golf. Deshalb ist die Annahme, dass ein durchschnittliches Auto im Stau 5 m lang ist sinnvoll (vgl. Tabelle des Kraftbundesamtes zum „Bestand an Kraftfahrzeugen und Kraftfahrzeuganhängern nach Zulassungsbezirken – 1. Januar jeden Jahres, FZ 1").

Sehr gute Schülerinnen und Schüler erkannten, dass der Abstand zwischen den Autos zudem von weiteren Faktoren abhängt. So ist bei einem Stau in einer „Stop-and-go-Situation" der Abstand oft deutlich größer als zwei Fahrzeuglängen. Auch wird von Fahrzeugen, die hinter LKWs zum Stehen kommen, oft ein größerer Abstand gewählt. Die Liste solcher Beispiele für längere oder auch kürzere Distanzen lässt sich fast beliebig erweitern.

4.4   Schülerhilfen während der Unterrichtsreihe

Wenn Schülerinnen und Schüler nicht mit dieser Aufgabe zurechtkommen, hilft es, ihnen die Autobahnspuren auf Papier zu zeichnen und darauf Spielzeugautos zu stellen (vgl. Abb. 3). So wird jeder/m bewusst, dass die Autos nicht „aneinander kleben" können. Die Fragestellung wird enaktiv lösbar. Gleichzeitig ist diese Darstellung auch schon eine Modelldarstellung und kann deshalb auch genutzt werden, um die Bedeutung eines Modells zu erläutern (Maaß 2005).

Fotos als Hilfekarten sind schnell im Internet zu finden, müssen aber gezielt ausgewählt werden. Die meisten Fotos von Staus zeigen sehr geringe Abstände zwischen den Fahrzeugen. Es handelt sich dabei um Bilder mit flachem Winkel, nicht um Satellitenaufnahmen. Dadurch verdecken die Autos den Zwischenraum. Die Größe des Abstandes zwischen den Fahrzeugen kann deshalb fehlinterpretiert werden.

Abb. 3 Illustration der Sachsituation im Modell. (Eigenes Foto)

Ein Video ist zu Beginn oft effektiver und auch diese lassen sich im Internet finden.

Allerdings helfen Fotos später, um den Schülerinnen und Schülern deutlich zu machen, dass auch ein Realmodell mit einer Autospur und einer LKW-Spur ebenfalls nicht realistisch ist. Aus diesem Grund gibt es in der Unterrichtsreihe auch die Aufgabenvariante im Autobahnkreuz, um zu verdeutlichen, dass nicht nur LKWs auf der rechten Spur fahren. Bei einer Ausfahrt werden auch immer Autos auf der rechten Spur fahren, zumindest „kurz vor der Abfahrt".

4.5 Hausaufgabe nach der ersten Unterrichtseinheit

Die Schülerinnen und Schüler sollen erst als Hausaufgabe, also nach dem ersten Bilden eines Realmodells, mindestens ein Auto ausmessen. Wer die Möglichkeit hat einen LKW oder ein anderes Fahrzeug, auszumessen, das auf einer Autobahn im Stau stehen könnte, soll dies ebenfalls tun. Alternativ können die Kinder die Längen im Internet recherchieren. Das hat in allen Klassen problemlos funktioniert. So wird durch selbstständige Recherche und eigenes Erleben der Kinder außerhalb des Unterrichts Zeit in der Schule gespart.

Gleichzeitig sollen die Mädchen und Jungen als Hausaufgabe ihre Gruppenlösung zu Hause vorstellen und die Anmerkungen der Eltern, Großeltern oder älteren Geschwister festhalten, um sie in den Unterricht einzubringen. Das führt zu Hause dazu, dass sich viele Familien über ihre gemeinsamen Erfahrungen im Stau austauschen. Ebenso werden die Erwachsenen auf den Aufgabentyp „Modellierungsaufgabe" aufmerksam gemacht. Häufig stehen Eltern diesem ihnen ungewohnten Aufgabentyp nicht immer positiv entgegen (vgl. Abschn. 3.1). Wichtig ist jedoch, dass sie überhaupt für diese insbesondere in den jüngeren Jahrgangsstufen meist immer noch „ungewohnten" Typ (Greefrath et al. 2013) sensibilisiert werden.

4.6 Zweispurige Autobahn – werktags

Die Maße der Fahrzeuge werden zu Unterrichtsbeginn gesammelt. Gleiches gilt für die Rückmeldungen der Angehörigen zur Aufgabenlösung der Kinder. Hier ist es möglich, dass die Variation der Stau-Aufgabe durch eine Erzählung von einem Werktag direkt von den Kindern hergeleitet wird. Da die Fragestellung immer noch auf die PKWs zielt, was aber nicht jedem Schüler/jeder Schülerin sofort auffällt, muss hier bei einem Realmodell wie beispielsweise „links = Autospur, rechts = LKW-Spur" nur die linke Spur berechnet werden.

Die Schülerinnen und Schüler sollen in Partnerarbeit ein Realmodell erstellen und dieses dann einzeln lösen. Nach der Erarbeitung vergleichen die beiden Kinder ihre Lösung. Einige Realmodelle werden an der Tafel nebeneinander gesammelt. Hier hat sich eine Tabelle als hilfreich erwiesen (vgl. Tab. 1).

Durch diese Tabelle sehen die Schülerinnen und Schüler direkt die unterschiedlichen Annahmen in ihren Realmodellen und die sich daraus ergebene PKW-Anzahl. In einer Klasse haben sich zwei Kinder bewusst die Werte nach dem Kriterium „leicht zu rechnen" überlegt und die Lehrperson gefragt, ob dieses Vorgehen zulässig sei.

Das Realmodell der Kinder sah folgendermaßen aus:

- Linke Spur: nur Autos, ein Auto ist durchschnittlich 4 m lang und der Abstand zwischen den Autos beträgt 6 m, also braucht ein Auto 10 m Platz.
- Rechte Spur: nur LKWs, ein LKW ist durchschnittlich 16 m lang und der Abstand zwischen den LKWs beträgt 4 m, also braucht ein LKW auch 20 m Platz.

Da in der gesamten Unterrichtsreihe immer das Ziel ist, ein realistisches Modell zu bilden, aber kein möglichst genaues Modell wie es Straßenbauplaner aufstellen würden, ist das Modell der beiden Kinder als sinnvoll und korrekt einzustufen. Sie haben realistische Größen und Vereinfachungen gewählt. Der Abstand zwischen LKWs im Stau ist auch in der Realität kleiner als jener zwischen Autos. Als Rechnung ergibt sich jeweils eine einfache Rechnung. Einfache Zahlen und kein Rest:

$$10.000\,m{:}10\,m = 1000\,\text{PKWs} \quad \text{sowie} \quad 10.000\,m{:}20\,m = 500\,\text{LKWs}$$

An einer solch markanten Unterrichtsstelle muss das Ziel des Aufstellens eines Realmodells geklärt werden. Über welche Variable optimieren die Schülerinnen und Schüler? Über die Variable Zeit, also eine möglichst kurze Bearbeitungszeit mit entsprechend einfachem Realmodell. Oder beispielsweise über die Variable Realitätsnähe, woraus ein deutlich komplexeres Realmodell folgt. Im ersten Fall haben die Kinder mit ihrem Modell sehr effektiv gearbeitet, im letzteren Fall nicht.

Tab. 1 Tabelle zum Sammeln verschiedener Realmodelle

Modell	Linke Spur	Rechte Spur	PKW-Länge	PKW-Abstand	Endlösung
Paar 1					
Paar 2					
Paar 3					

4.7 Dreispurigen Autobahn, sonntags mit 3 km Stau

Der Lehrer/die Lehrerin erzählt eine kurze Geschichte von einem Stau, in dem er/sie selbst gewesen ist.

Geschichte[8]:

„Ich war am Sonntag auf der Autobahn auf der A2 und stand im Stau. Da habe ich mich erst geärgert, dass ich keinen Stau-Funk gehört habe. Dann habe ich jedoch die Gelegenheit genutzt unsere durchschnittlichen Abstände mit den realen Abständen zu vergleichen. Zwischen den LKWs sind oft sehr geringe Abstände, zwischen den PKWs sind die Abstände jedoch im „Stop and go"-Stau meist noch größer als wir bislang gedacht haben."

In der Geschichte fehlt bewusst die Länge des Staus, da die Schülerinnen und Schüler diese erfragen sollen. Damit haben sie bereits gelernt, dass es Größen im Realmodell gibt, die sie sinnvoll schätzen müssen, dass es aber auch Größen gibt, die aufgrund der realen Situation vorgegeben sind, wie hier der Wochentag, nämlich Sonntag. Zudem ist durch die konkrete Autobahnangabe (regional ggf. mit Ortsangabe) die Zahl der Spuren vorgegeben. Sicherlich werden nicht alle Mädchen und Jungen wissen, dass es sich hier um eine dreispurige Autobahn handelt. Die Erfahrung aus dem bisherigem Einsatz dieser Unterrichtsreihe in der Praxis zeigt jedoch, dass bei einer nah gelegenen Autobahn viele Schülerinnen und Schüler die Spuranzahl kennen, sodass diese Vorgabe im Regelfall nicht durch die Lehrkraft erfolgen muss. Notfalls fragt ein Schüler/eine Schülerin nach dieser Angabe. Wenn kein Kind antworten kann, muss die Lehrkraft die Information beitragen. Wichtig ist dabei, dass die Aufgabe zwar schon enger gestellt ist als zu Beginn, aber dass viele für das Realmodell wichtige Annahmen von den Schülerinnen und Schülern herausgearbeitet werden. Andernfalls würde der offene Charakter dieser Modellierungsaufgabe entfallen.

Da es sich bei dieser Aufgabe im engeren Sinne nur um eine Wiederholungsaufgabe mit Erweiterung auf eine Spur und Veränderung der Staulänge auf 3 km handelt, wird diese Aufgabe komplett in Einzelarbeit gelöst. Die Lösungen dienen den Kindern und der Lehrkraft als Orientierung, wie weit das Lösungsprinzip der Stau-Modellierungsaufgabe verstanden wurde. Je nach Fortschritt im Unterrichtsverlauf bietet sich diese Aufgabe auch als Hausaufgabe an, wenn sie so weit besprochen wurde, dass allen Schülern und Schülerinnen bewusst ist, dass es sich um eine dreispurige Autobahn mit 3 km Stau an einem Sonntag handelt.

---

[8]Hier ist wieder eine nahegelegene Autobahn einzubauen.

4.8 Dreispurige Autobahn, werktags

Die Stau-Aufgabe wird in dieser Unterrichtseinheit durch die Frage „Wie viele Autos und LKWs stehen im Stau?" erweitert. Also wird dadurch die Rechnung schon umfangreicher. Es handelt sich zudem um eine dreispurige Autobahn, also eine ungerade Anzahl an Spuren. Erster Impuls ist oft ein sehr einfaches Modell: zwei Spuren Autos und eine Spur nur LKWs. Dieses Modell kommt in der Realität jedoch nicht häufig vor. Allerdings fühlen sich die Schülerinnen und Schüler bei diesem Realmodell sicher, da es den vorherigen Modellen ähnelt. Je nach Leistungsstand der Mädchen und Jungen ist dieses Modell zunächst anzuerkennen. Wichtig ist, dass durch Fotos, aber auch gezielte Unterrichtsgespräche den Kindern bewusstgemacht wird, dass auf der mittleren Spur nicht nur Autos, sondern auch LKWs fahren. Durch die Veränderung auf einen Werktag wird die Modellierungsaufgabe also deutlich komplexer für die Schülerinnen und Schüler.

Auf der linken Spur bleiben wie am Sonntag ausschließlich Autos, sodass dieser Wert nicht mehr errechnet werden muss, weil der Stau ebenfalls 3 km lang ist. Die meisten Schülerinnen und Schüler lassen auf der rechten Spur wie zuvor bei der zweispurigen Autobahn nur LKWs fahren. In diesem Fall sind die Größenwerte bekannt und somit auch einfach zu berechnen. Sobald auf der mittleren Spur verschiedene Fahrzeugarten fahren, wird die Rechnung vieler Schülerinnen und Schüler so kompliziert, dass sie diese Rechnung nicht ohne Hilfe lösen können bzw. sie verstehen zunächst nicht wie sie aus dem Realmodell überhaupt eine mathematische Rechnung aufstellen können.

Ein häufiges Realmodell für die mittlere Spur war: 8 Autos und 2 LKWs. Dieses Modell wurde den leistungsschwächeren Kindern anhand des Spielzeugautomodells veranschaulicht, sodass fast alle Kinder in der Lage waren, die Werte für dieses Realmodell aufzustellen. Sie haben dabei auch den Aspekt des noch größeren Abstandes miteinbezogen:

8 Autos und 2 LKWs $= 8 \cdot (5\,m + 15\,m) + 2 \cdot (16\,m + 9\,m) = 160\,m + 50\,m = 210\,m$.

210 m ist damit der „Platz" den acht Autos und zwei LKWs einnehmen. Dies konnten sich mit Hilfe und Erklärungen seitens der Lehrperson mehr als die Hälfte der Schülerinnen und Schüler vorstellen, damit zu rechnen fiel aber weiterhin vielen Kindern sehr schwer, da sich daraus zwei weitere Rechnungen ergeben: $3000\,m : 210\,m = 14\,R\,60\,m$.

Zum einen bedeutet die Zahl 14, dass $14 \cdot 8\,Autos = 112\,Autos$ und $14 \cdot 2\,LKWs = 28\,LKWs$ auf der mittleren Spur stehen. Zum anderen müssen die Kinder den Rest von 60 m noch entsprechend passend aufteilen, da sonst 60 m ohne Fahrzeug wären, was nicht realistisch wäre bei dem zuvor angenommenen Realmodell. Beispielsweise passen in die 60 m noch genau drei PKWs. Nur sehr leistungsstarke Schülerinnen und Schüler begründen, dass eine Länge von 60 m bei einer Staulänge von 3 km im Vergleich zu den weiteren Annahmen bezüglich Fahrzeugverteilung, Fahrzeuglängen und Abständen vernachlässigbar gering ist.

Es hat sich bei der größeren Komplexität des Realmodells durch die Erhöhung der Spuranzahl sowie durch die Veränderung des Wochentages gezeigt, dass die Stau-Modellierungsaufgabe je „realistischer" sie gestellt wird, immer schwieriger für Schülerinnen und Schüler zu lösen ist. Besonders bei leistungsschwächeren Schülerinnen und Schülern ist es im Regelfall nicht sinnvoll noch komplexere Problemsituationen wie Fahrbahnreduzierungen oder Ausfahrtmöglichkeiten zu thematisieren. In den Untersuchungsklassen hat sich bereits bei einer dreispurigen Autobahn an einem Werktag gezeigt, dass trotz guter und mehrmaliger Erklärungen der Schülerinnen und Schüler, aber auch der Lehrkraft die besonders leistungsschwachen Kinder die Rechnung nicht verstanden haben.

4.9   Erweiterung: Baustelle und Autobahnkreuz

Da es sich bei den untersuchten Klassen um Gymnasialklassen handelte, wurde die Unterrichtsreihe um verschiedene andere realistische Ausprägungen erweitert. Zudem ist die Erweiterung sinnvoll, um das Realmodell noch realistischer zu gestalten. Viele Staus auf deutschen Autobahnen entstehen durch Baustellen. Oft, weil eine Reduzierung der Anzahl an Fahrspuren erfolgt. Bei diesem Realmodell müssen die Schülerinnen und Schüler sich eine Verteilung der Fahrzeuge überlegen, wie aus einer dreispurigen Autobahn, eine zweispurige Autobahn wird. Gegebenenfalls ist es angebracht zwei Realmodelle zu bilden. Ein Realmodell mit „Stau dreispuriger Autobahn" und ein Realmodell „Stau in einer Baustelle mit zwei Spuren".

Zum Schluss der Unterrichtsreihe wird dann noch eine Stausituation an einem Autobahnkreuz, also mit Ausfahrtmöglichkeiten als reale Situation betrachtet. Hier könnte auch der Standstreifen mit in das Realmodell einbezogen werden, der oft befahren wird, aber eigentlich nicht als Fahrspur verwendet werden darf. Diese Realmodelle unterscheiden sich meist deutlich voneinander und sind deshalb erneut in einer Tabelle an der Tafel nebeneinander zu stellen.

Zur Lernkontrolle in den Untersuchungsklassen wurde eine ähnliche Stau-Situation wie in der Unterrichtsreihe – ein Werktag und vier Spuren ohne weitere Besonderheiten – in der Klassenarbeit abgeprüft. Dort zeigte sich deutlich, dass ohne weitere Hilfe nur ca. zwei Drittel der Kinder (68 %) die Modellierungsaufgabe lösen konnten. Rechenfehlerfrei (= volle Punktzahl) gelang dies nur 34 % der Schülerinnen

und Schüler. Bei der Benotung wurde für das „einfachste" Modell (zwei Spuren nur PKWs, eine Spur PKWs und LKWs gemischt, rechte Spur nur LKWs) bei richtigem Rechenweg die volle Punktzahl gegeben. Wer das Modell aber zum Beispiel durch Kleintransporter oder andere Fahrzeuge realitätsnäher aber auch komplizierter gestaltet hatte, konnte Zusatzpunkte erhalten.

5   Zusammenfassung und Ausblick

Durch die mehrmalige Aufgabenbearbeitung im Unterricht, eingebunden in die Hausaufgaben, aber auch als Aufgabe in der Klassenarbeit, wird die Relevanz einer Modellierungsaufgabe im Mathematikunterricht entscheidend hervorgehoben. Nach dieser Unterrichtsreihe ist den Klassen, die diese Reihe durchlaufen, bewusst, worauf es beim Lösen einer Modellierungsaufgabe ankommt und wie wichtig das Bilden eines Realmodells ist. Sie werden zudem für diesen nicht mehr neuen oder ungewohnten Aufgabentyp sensibilisiert. Gleiches gilt für die Eltern, die durch die Hausaufgabeneinbindung (und eventuell durch Mithilfe bei der Vorbereitung auf die Klassenarbeit) mitwirken. Sie können so davon überzeugt werden, dass Mathematikaufgaben nicht nur eine Lösung haben müssen (Blum 2007).

Diese Unterrichtsreihe stellt exemplarisch die Möglichkeit dar, das Bilden eines Realmodells anhand verschiedener Aspekte beispielhaft zu verändern und gleichzeitig den Lernenden zu zeigen, was ein Realmodell ist bzw. was eine Modellierungsaufgabe ausmacht. Dieser Aspekt ist für das Modellieren lernen sehr bedeutend, da ohne Realmodell keine mathematische Betrachtung der Problemsituation möglich ist.

Zudem bietet die Unterrichtsreihe die Möglichkeit zur Binnendifferenzierung. Leistungsstarke Schülerinnen und Schüler bilden komplexere Realmodelle als leistungsschwächere. Ein Vergleich nach jeder Teilaufgabe führt immer wieder dazu, dass beim nächsten Realmodell wesentliche Aspekte des Realmodellbildens von den leistungsstärkeren Mädchen und Jungen mitberücksichtigt werden. Ein Ergebnisvergleich motiviert aber auch die Schülergruppen mit einfacheren Realmodellen dieses beim nächsten Mal „realistischer", also komplexer aufzustellen.

Ausblickend kann diese Modellierungsreihe noch mit weiteren Fragestellungen ergänzt werden:

- Wie viele Menschen befinden sich im Stau?
- Wie viel Zeit „verlieren" die Menschen im Stau?
- Wie wirkt sich der Zeitverlust der LKW-Fahrer auf die Volkswirtschaft aus?

Diese fortführenden Fragen stellen zum einen die weiteren Aspekte, die Menschen mit dem Stau verbinden, dar. Zum anderen zeigen sie, welche Möglichkeiten diese Problemsituation noch bietet. Allerdings sind diese drei Fragen nicht für den Einstieg ins Modellieren zu Beginn der Sekundarstufe I geeignet, sondern in späteren Jahrgängen als erneutes Aufgreifen der bekannten Stau-Modellierungsproblematik gedacht.

Stau-Aufgaben im Schulalltag sind somit realistisch, vielfältig und jahrgangsübergreifend einzusetzen. Deshalb werden sie regelmäßig als Kontext im Abitur deutschlandweit verwendet. Beim Lösen der Abituraufgaben hilft den Lernenden die Erfahrung, die sie frühzeitig in dieser vorgestellten Unterrichtsreihe im Jahrgang 5 gemacht haben.

Literatur

Blum, W.: Mathematisches Modellieren – zu schwer für Schüler und Lehrer? Beiträge zum Mathematikunterricht **2007**, 3–12 (2007)

Blum, W.: Quality teaching of mathematical modelling: what do we know, what can we do? In Cho, S.J. (Hrsg.) The Proceedings of the 12th International Congress on Mathematical Education – Intellectual & Attitudinal Challenges, S. 73–96. (2015)

Blum, W., Leiss, D.: Modellieren im Unterricht mit der „Tanken"-Aufgabe. Mathematik lehren **128**, 18–21 (2005)

Borromeo-Ferri, R.: Wege zur Innenwelt des mathematischen Modellierens. Kognitive Analysen zu Modellierungsprozessen im Mathematikunterricht. Vieweg+Teubner Verlag, Wiesbaden (2011)

Greefrath, G.: Offene Aufgaben mit Realitätsbezug. Eine Übersicht mit Beispielen und erste Ergebnisse aus Fallstudien. Math. Didact. **27**(2), 16–38 (2004)

Greefrath, G.: Modellieren lernen mit offenen realitätsnahe Aufgaben, 3. Aufl. Aulis Verlag (2010)

Greefrath, G., Kaiser, G., Blum, W., Borromeo Ferri, R.: Mathematisches Modellieren – Eine Einführung in theoretische und didaktische Hintergründe. In: Borromeo Ferri, R., Greefrath, G., Kaiser, G. (Hrsg.) Mathematisches Modellieren für Schule und Hochschule. Theoretische und didaktische Hintergründe, S. 11–31. Springer Spektrum, Wiesbaden (2013)

Henn, H.-W.: Warum manchmal Katzen vom Himmel fallen im Mathematikunterricht der Sekundarstufe I… oder … von guten und schlechten Modellen. In: Hischer, H. (Hrsg.) Modellbildung, Computer und Mathematikunterricht, S. 9–17. Franzbecker, Hildesheim (2000)

Hinrichs, G.: Modellierung im Mathematikunterricht. Spektrum, Heidelberg (2008)

Jahnke, T.: Stunden im Stau – eine Modellrechnung. In: Blum, W., König, G., Schwehr S. (Hrsg.) Materialien für einen realitätsbezogenen Mathematikunterricht (Schriftenreihe der ISTRON-Gruppe), Bd. 4, S. 70–81. Franzbecker, Hildesheim (1997)

KMK: Bildungsstandards im Fach Mathematik für den Primarbereich (Jahrgangsstufe 4). Herausgegeben vom Sekretariat der Ständigen Konferenz der Kultusminister der Länder in der Bundesrepublik Deutschland. Luchterhand, Neuwied (2005)

Maaß, K.: Mathematisches Modellieren im Unterricht – Ergebnisse einer empirischen Studie. Verlag Franzbecker, Hildesheim (2004)

Maaß, K.: Stau – eine Aufgabe für alle Jahrgänge! PM Praxis der Mathematik **47**(3), 8–13 (2005)

Peter-Koop, A.: „Wie viele Autos stehen in einem 3-km-Stau?" Modellbildungsprozesse beim Bearbeiten von Fermi-Problemen in Kleingruppen. In: Ruwisch, S., Peter-Koop, A. (Hrsg.) Gute Aufgaben im Mathematikunterricht der Grundschule, S. 111–130. Mildenberger, Offenburg (2003)

Schukajlow, S., Leiss, D., Pekrun, R., Blum, W., Müller, M., Messner, R.: Teaching methods for modelling problems and students' task-specific enjoyment, value, interest and self-efficacy expectations. Educ. Stud. Math. **79**(2), 215–237 (2012)

Siller, H.-S.: Modellbilden – eine zentrale Leitidee der Mathematik. Schriften zur Didaktik der Mathematik und Informatik an der Universität Salzburg, Bd. 2. Shaker Verlag, Aachen (2008)

Winter, H.: Modelle als Konstrukte zwischen lebensweltlichen Situationen und arithmetischen Begriffen. Grundschule **26**(3), 10–13 (1994)

Förderung metakognitiver Modellierungskompetenzen

Katrin Vorhölter

Zusammenfassung

Die Bearbeitung mathematischer Modellierungsaufgaben ist komplex und daher eine Herausforderung für Schülerinnen und Schüler. Durch den Einsatz von Metakognition kann die erfolgreiche Bearbeitung unterstützt werden. Doch gelingt der Einsatz von Metakognition in der Regel nicht ohne Hilfe. Vielmehr bedarf es der Unterstützung von Lehrkräften, die für den Einsatz von Metakognition sensibilisiert sein müssen. Im Kapitel wird daher exemplarisch aufgezeigt, an welchen Stellen im Modellierungsprozess der Einsatz von Metakognition hilfreich ist. Ferner werden konkrete Maßnahmen aufgezeigt, mit deren Hilfe eine Lehrkraft die metakognitive Modellierungskompetenz ihrer Schülerinnen und Schüler fördern kann.

Das Bearbeiten von Modellierungsproblemen stellt Schülerinnen und Schüler oft vor große Schwierigkeiten: Von ihnen wird gefordert, selbst einen Lösungsansatz zu entwickeln, der mathematische Verfahren enthält, die nicht zwingend Inhalt der letzten Mathematikstunden waren. Sie sollen Annahmen treffen oder Werte recherchieren, entscheiden, welche Aspekte bedeutsam für die Entwicklung einer Lösung sind und Ergebnisse validieren. Schließlich sind die Modellierungsprobleme oft so angelegt, dass die Schülerinnen und Schüler kooperativ in Gruppen zusammenarbeiten und daher zumindest zeitweise ihre gemeinsame Arbeit koordinieren müssen. Für all diese Tätigkeiten sind metakognitives Wissen über spezifische Aufgabenanforderungen, die eigenen Fähigkeiten, hilfreiche Strategien sowie metakognitiven Strategien zur Orientierung, Planung, Überwachung, Regulation und Evaluation des

Bearbeitungsprozesses hilfreich. Metakognition erleichtert ihnen das Bearbeiten von Modellierungsproblemen und das Überwinden von Schwierigkeiten im Arbeitsprozess (Maaß 2004; Stillman 2004).

Im Folgenden wird zunächst anhand eines Beispiels dargestellt, wie Metakognition das Bearbeiten von Modellierungsproblemen unterstützen kann. Anschließend wird aufgezeigt, welche Faktoren den Einsatz von Metakognition beim Modellieren beeinflussen, bevor in einem dritten Schritt Möglichkeiten der Förderung metakognitiver Modellierungskompetenzen aufgezeigt werden.

1 Metakognitive Kompetenzen beim Bearbeiten eines Modellierungsproblems – ein Beispiel

Im Folgenden wird aufgezeigt werden, an welchen Stellen im Modellierungsprozess unterschiedliche Aspekte der Metakognition hilfreich oder sogar notwendig sind. Hierzu wird eine idealtypische Bearbeitung der Aufgabe „Uwe Seelers Fuß" (vgl. Abb. 1) dargestellt, in der es um die Überprüfung der in einer Tageszeitung aufgestellten Behauptung geht, der „echte" Fuß passe genau 3980 mal in die Skulptur. Hierzu stehen mehrere Lösungswege zur Verfügung, wobei alle bisher beobachteten Bearbeitungen aus einem Vergleich der beiden Volumina bestanden. Weitere Ausführungen finden sich in Vorhölter (2009) und Brand (2014). Bislang wurden in zahlreichen Durchführungen folgende Bearbeitungswege beobachtet:

- Die Volumina der beiden Füße (der „reale" und die Skulptur) können durch unterschiedliche Approximationen durch Standardkörper bestimmt und miteinander in Beziehung gesetzt werden (vgl. Abb. 2).
- Der Vergrößerungsfaktor kann durch Schätzen der Maße der Skulptur bzw. Abmessen eines realen Fußes bestimmt werden. Darauf aufbauend können die Schülerinnen und

K. Vorhölter (✉)
Fakultät für Erziehungswissenschaft, Universität Hamburg, Hamburg, Deutschland
E-Mail: katrin.vorhoelter@uni-hamburg.de

© Springer Fachmedien Wiesbaden GmbH, ein Teil von Springer Nature 2019
I. Grafenhofer und J. Maaß (Hrsg.), *Neue Materialien für einen realitätsbezogenen Mathematikunterricht 6*, Realitätsbezüge im Mathematikunterricht, https://doi.org/10.1007/978-3-658-24297-8_16

Abb. 1 Modellierungsaufgabe
„Der Fuß von Uwe Seeler"

Der Fuß von Uwe Seeler

Seit dem 24. August 2005 steht vor der Arena des HSV in Hamburg eine Nachbildung des rechten Fußes von Uwe Seeler aus Bronze.

Das Hamburger Abendblatt schrieb am 25. August 2005: „Genau 3980mal würde Uwe Seelers rechter Fuß in das überdimensionale Abbild seines rechten Fußes passen."

Kann das stimmen?
Uwe Seeler hat Schuhgröße 42.

Schüler bestimmen, ob die dritte Potenz dieses Faktors dem in dem Artikel angegebenen Wert entspricht (oder entsprechend andersherum: Stimmt der errechnete Vergrößerungsfaktor mit dem Wert überein, der sich aus der dritten Wurzel des angegebenen Wertes ergibt?).

- Ähnlich der obigen Überlegung kann das Volumen eines „realen" Fußes der angegebenen Größe beispielsweise durch die Menge an verdrängtem Wasser bestimmt werden und in einem 2. Schritt überlegt werden, wie groß die Skulptur sein müsste, wenn der angegebene Wert in dem Artikel stimmt.

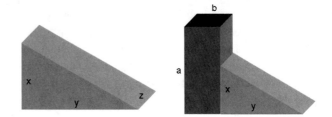

Abb. 2 Mögliche Unterteilungen der Skulptur in Standardkörper

Der Fokus in der folgenden Beschreibung liegt auf der Anwendung metakognitiven Wissens der bzw. metakognitiver Strategien durch die Schülerinnen und Schüler. Die Darstellung beruht auf der Beobachtung und Analyse von Arbeitsprozessen von Schülerinnen und Schüler bei der Bearbeitung dieser Aufgabe. Es wird davon ausgegangen, dass die Schülerinnen und Schüler diese in Kleingruppen bearbeiten.

Modellierungsaufgaben beinhalten Anforderungen, die einerseits typisch für diesen Aufgabentyp sind, andererseits aber den Schülerinnen und Schülern oft nicht unmittelbar bekannt oder bewusst sind. Diese spezifischen Charakteristika und die damit verbundenen Anforderungen an Schülerinnen und Schüler stellen einen Teil des *metakognitiven Wissens über diesen speziellen Aufgabentyp* dar. Hierbei handelt es sich um die Anforderungen, einen eigenen Ansatz zu entwickeln, Werte zu recherchieren oder sinnvoll zu schätzen, das Alltagswissen zu nutzen und ein einfaches und adäquates Modell zu entwickeln sowie auch das

Wissen darüber, das Ergebnisse interpretiert und auf ihre Gültigkeit und Aussagekraft hin überprüft werden müssen. Schließlich ist auch das Wissen darüber, dass das mehrmalige Durchlaufen des Modellierungsprozesses mit einer Optimierung des Modells Bestandteil des Bearbeitens des Modellierungsproblems ist, Teil des metakognitiven Wissens über Modellierungsprobleme. Diese Anforderungen im Vorfeld zu kennen ist für Schülerinnen und Schüler wichtig und sollte bereits vor der Bearbeitung bekannt sein, da auf diese Weise Schwierigkeiten vorweggenommen werden, die Schülerinnen und Schüler unnötig verunsichern. Konkret kann das bei der vorliegenden Aufgabe die Information sein, dass ein Fuß mit Schuhgröße 42 ausgemessen werden kann oder aber Längen eines solchen Fußes recherchiert werden können. Auch der Hinweis, dass das exakte Volumen eines solchen Fußes nicht genau berechnet werden kann, sondern möglichst genau approximiert werden sollte sowie der Umstand, dass sie dazu jegliche Verfahren verwenden dürfen, die sie kennen, gehört zu den Informationen, denen sich die Schülerinnen und Schüler bewusst sein müssen.

Darüber hinaus ist es hilfreich, wenn die Schülerinnen und Schüler sich über ihre eigenen Kompetenzen und bestenfalls auch die Stärken ihrer Mitschülerinnen und Mitschüler der Kleingruppe bewusst sind. Dieses Wissen fällt in den Bereich des *metakognitiven Wissens über Personen* und bewirkt, dass die Schülerinnen und Schüler im weiteren Arbeitsprozess ihre eigenen Stärken optimal einsetzen und etwaige Schwächen durch die Zusammenarbeit aufgefangen werden. Konkret bedeutet dies, dass einem Schüler beispielsweise eher das Ausmessen eines realen Fußes als Aufgabe übertragen wird, wobei er genau die Werte bestimmt, die ein anderer aufgrund des entwickelten Modells für die weitere Berechnung benötigt. Oder – im Fall der Bearbeitung mithilfe von Standardkörpern – die Berechnung der Volumina entsprechend des Wissens und der Fähigkeiten der Schülerinnen und Schüler aufgeteilt wird.

Weiterhin ist auch das Wissen über die Existenz von *Strategien,* wie auch über die Bedingungen, unter denen diese sinnvoll einzusetzen sind, Teil des *metakognitiven Wissens.* Dies beinhaltet beispielsweise das Kennen kognitiver und heuristischer Strategien. Eine der bereits des Öfteren beobachteten heuristischen Strategien bei dem vorliegenden Modellierungsproblem ist die Strategie des Rückwärtsarbeitens bzw. des kombinierten Vorwärts- und Rückwärtsarbeitens.

Metakognitive Kompetenz besteht jedoch nicht nur aus metakognitivem Wissen, sondern beinhaltet auch eine prozedurale Komponente, die als die Anwendung metakognitiver Strategien bezeichnet werden kann. Jedoch kann hier in der Regel nicht eine einzelne Strategie genannt werden, sondern es handelt sich eher um eine Verhaltensweise.

Metakognitive Strategien, die für die Bearbeitung des Problems sinnvoll sind, zielen zunächst einmal auf die *Orientierung:* Schülerinnen und Schüler sollten sich bewusstmachen, wie viel Zeit ihnen für die Bearbeitung des vorliegenden Problems zur Verfügung steht und ob und wenn ja welches Produkt sie am Ende dieser Zeit erstellt haben sollen (beispielsweise die Vorbereitung einer Präsentation der Aufgabenbearbeitung). Darüber hinaus sollten sie sich darüber bewusst sein, welches Material ihnen unmittelbar für die Bearbeitung des Modellierungsproblems zu Verfügung steht, also etwa die Aufgabenstellung, vielleicht aber auch eine Formelsammlung und ein Maßband.

Während die Orientierung noch individuell stattfinden kann, ist es für das weitere Vorgehen notwendig, dass die Schülerinnen und Schüler nicht nur sich selbst, sondern immer auch die Gruppe im Blick haben. So richten sich die metakognitiven Strategien für die *Planung des Lösungsprozesses* nicht nur darauf, dass einzelne Schülerinnen und Schülern sich überlegen, wie die Aufgabe bearbeitet werden kann, sondern dass die Gruppe einen gemeinsamen Plan erstellt. Nur so ist gewährleistet, dass alle Schülerinnen und Schüler gemeinsam an der Aufgabe arbeiten können. In diesen Bereich gehören Strategien, die dafür sorgen, dass alle dasselbe Aufgabenverständnis besitzen. Hierzu gehört aber auch, einen gemeinsamen Lösungsweg zu entwickeln, der – im Falle von Modellierungsproblemen – in der Regel nicht vollständig bis zu einer realen Lösung geht, aber dennoch Teilziele festlegt. Auf der Grundlage dieses Planens kann dann die Arbeit aufgeteilt werden, wofür ggf. das metakognitive Wissen über die Gruppenmitglieder, aber auch das über die Aufgabencharakteristika hilfreich ist. Für das vorliegende Modellierungsproblem bedeutet dies, dass die Schülerinnen und Schüler beispielsweise sich aufteilen und das Volumen des „realen" Fußes und das der Skulptur in zwei Untergruppen zeitgleich bestimmen. Hierfür ist es sinnvoll, wenn sie sich vorher geeinigt haben, auf welche Weise sie die Volumina bestimmen möchten, beispielsweise, in welche Standardkörper sie die Füße aufteilen möchten.

Ein weiterer Bereich betrifft die *Überwachung und* – falls notwendig – die *Regulation* des Arbeitsprozesses. Hierzu gehört es, auf die Zeit zu achten und die Ergebnisse aus Phasen, in denen getrennt gearbeitet wurde, zusammenzubringen. Insofern ist es hilfreich zu wissen, wie viel Arbeit nach Erreichen eines Teilziels noch vor der Gruppe liegt (nach der Bestimmung der Volumina müssen diese noch verglichen werden und es muss überprüft werden, ob die Lösung stimmen kann), und bei der Vorstellung der Einzelergebnisse kann es zur Überprüfung der mathematischen Korrektheit kommen. Typisches Problem für die vorliegende Aufgabe ist das Rechnen mit Einheiten, wobei das Volumen des realen Fußes in der Regel in cm^3 berechnet wird, das Volumen der Skulptur jedoch in m^3. Für den Fall, dass die Bearbeitung mithilfe des potenzierten Maßstabs erfolgt, geschieht es oft, dass die Schülerinnen und Schüler den Faktor mit zwei, nicht mit drei potenzieren. Die Kontrolle korrekter Rechnungen bildet jedoch nur einen kleinen Teil dieses Bereichs. Kontrolle bzw. Überwachung bedeutet auch, dass die Schülerinnen und Schüler sich nach dem Erreichen von Teilzielen fragen, ob dieses sie nun wirklich weitergeführt hat, oder ob sie von ihrem Lösungsweg abgewichen sind. Sollten sie feststellen, dass das erhaltene Ergebnis sie nicht weiterbringt, sollten sie überlegen, ob sie mithilfe des Ergebnisses einen anderen Lösungsweg einschlagen können, oder ob sie den Lösungsweg an sich noch einmal überdenken müssen. Weitere Strategien der Regulation wäre das Einholen von Hilfe unterschiedlicher Art, etwa die Verwendung einer Formelsammlung oder aber Hinzuziehen der Lehrkraft. Zum Bereich der Überwachung zählt aber auch darauf zu achten, dass alle Gruppenmitglieder mitarbeiten und dass denen, die einen Schritt nicht verstehen, dieser erläutert wird. Auch für diesen Bereich wird wieder deutlich, dass es nicht nur um das Verhalten einzelner geht, sondern dass jeder einzelne auch immer die

Gruppe im Blick haben sollte, nicht nur sich selbst, und auch die Ideen der anderen hinterfragen, Erläuterungen anbieten, aber auch einfordern sollte.

Auf diese Weise gelangen die Schülerinnen und Schüler zu einem Ergebnis, das (bei sinnvoller Schätzung bzw. Recherche der Werte) ergibt, dass das Volumen der Skulptur ca. 8000× größer ist als das des realen Fußes. Dieser Wert verwirrt die Schülerinnen und Schüler in der Regel und die Erfahrung zeigt, dass sie den Fehler zunächst in ihren eigenen Rechnungen suchen, dann erst überlegen, dass auch der Wert in der Zeitung falsch sein könnte. Dies führt automatisch zu einer Überprüfung des Lösungswegs, an dessen Ende bestenfalls die Erkenntnis steht, selbstständig Behauptungen überprüfen zu können und diese nicht einfach glauben zu müssen.

Nachdem die Schülerinnen und Schüler zu einem für sie zufriedenstellenden Ergebnis gekommen sind und sie ihr Ergebnis validiert haben, sollten die Schülerinnen und Schüler überlegen, an welchen Punkten der Bearbeitungsprozess optimiert werden könnte. Dieser Bereich wird der *Evaluation* zugeordnet, und die eingesetzten Strategien sollten sich sowohl auf die Gruppenarbeit, als auch auf die eingesetzten Strategien (kognitiver und metakognitiver Art) beziehen. Insbesondere sollten die Schülerinnen und Schüler darüber reflektieren, welche Probleme aufgetreten sind und wie diese gelöst wurde. Denn nur so kann ein Transfer zu anderen Problemlösesituationen stattfinden. Für die vorliegende Aufgabe bedeutet dies beispielsweise zu überdenken, ob eine Aufgabenteilung stattgefunden hat und ob diese Aufteilung hätte optimiert werden können. Eine weitere Frage wäre, inwieweit der Prozess zielorientiert verlaufen ist und ob eingesetzte Regulationsstrategien sinnvoll ausgewählt waren.

Wie bereits ausgeführt sind die dargestellten metakognitiven Aspekte hilfreich, teilweise sogar notwendig für die Bearbeitung von Modellierungsproblemen. So konnte Maaß (2004) herausstellen, dass Fehlvorstellen zu einzelnen Teilen eines Modellierungsprozesses als Teil metakognitiven Wissens über diesen Aufgabentyp zu Schwierigkeiten bei den entsprechenden Schritten führten. Beispielsweise führten Fehlvorstellungen über das Realmodell zu Problemen oder Schwächen beim Bilden des Realmodells und Schwächen beim Validieren traten in der Regel gemeinsam mit Fehlvorstellungen zum Validieren auf. Gleichzeitig waren bei einem überwiegenden Teil der Schülerinnen und Schüler mit herausragenden Modellierungskompetenzen auch herausragende Metakenntnisse rekonstruierbar.

Hinsichtlich des Nutzens metakognitiver Strategien konnte Stillman (2004) herausstellen, dass die Verwendung metakognitiver Strategien förderlich für die Überwindung von Schwierigkeiten ist, was ein reiches Repertoire an kognitiven wie metakognitiven Strategien voraussetzt. Daher

wird im Folgenden aufgezeigt, welche Faktoren den Einsatz von Metakognition beim Bearbeiten von Problemen beeinflussen, bevor danach Möglichkeiten der Förderung des Einsatzes aufgezeigt werden.

2 Den Einsatz von Metakognition beeinflussende Faktoren

Aus der obigen Darstellung wird direkt ersichtlich, dass der Einsatz von Metakognition beim Bearbeiten von Aufgaben kognitiv anspruchsvoll ist, da zusätzlich zu den Tätigkeiten, die primär für die Bearbeitung der Aufgabe notwendig sind, weitere hinzukommen. Daher wird der Einsatz von Metakognition von Faktoren beeinflusst, die dazu führen, dass Schülerinnen und Schüler, auch wenn sie über die notwendigen Fähigkeiten und Fertigkeiten und Wissen verfügen, diese nicht einsetzen. Eine Möglichkeit ist fehlende Motivation bzw. ein fehlendes Gespür dafür, dass der Einsatz von Metakognition hilfreich für die Bearbeitung der gestellten Aufgabe wäre. Eine solche Sensibilität ist Folge metakognitiver Erfahrung, die dazu führt, dass der Nutzen von Metakognition erkannt (oder eben nicht erkannt) wird (Sjuts 2003). Eine weitere Möglichkeit besteht darin, dass der Einsatz von Metakognition in der Regel nur dann sinnvoll ist, wenn die gestellte Aufgabe einen so genannten „mittleren Schwierigkeitsgrad" besitzt. Dieser ist subjektiv und damit von Person zu Person unterschiedlich. Wird eine Aufgabe als leicht empfunden, ist kein Einsatz von Metakognition notwendig. Wird sie als sehr schwer empfunden, so müsste laut Weinert (1984) der Einsatz von Metakognition eher zu einem Abbruch der Aufgabenbearbeitung führen, da diese als aussichtslos eingestuft würde. Wichtig bei diesem Aspekt ist, dass es sich um die subjektiv empfundene Aufgabenschwierigkeit handelt, die abhängig von den individuellen Kompetenzen der Schülerinnen und Schüler ist.

Schließlich kann nicht davon ausgegangen werden, dass Schülerinnen und Schüler, wenn sie eine Strategie erlernt haben, diese unmittelbar effektiv einsetzen können. Vielmehr wird davon ausgegangen, dass der Einsatz einer neu erworbenen metakognitiven Strategie so viel kognitive Kapazität erfordert, dass die Aufgabenbearbeitung selbst erschwert wird. Erst wenn diese Strategie zu einem gewissen Grad routiniert eingesetzt werde kann, kann sie unterstützend wirken. Daher ist die so genannte „Strategiereife" (Hasselhorn und Gold 2006) eine wichtige Voraussetzung für einen effizienten Einsatz metakognitiver Strategien. Da diese Zeit und Routine bedarf, muss der Aufbau von Metakognition bei Schülerinnen und Schülern sukzessive und langfristig erfolgen.

Hilfreich an dieser Stelle ist, dass davon ausgegangen wird, dass metakognitive Strategien zum großen Teil domänenübergreifend sind. Dies bedeutet, dass Strategien, die hilfreich und nützlich für das Bearbeiten von Modellierungsproblemen sind, ebenso hilfreich für das Bearbeiten anderer komplexer mathematischer Aufgaben, aber auch etwa hilfreich für das Verfassen komplexerer Texte sind. Ein Aufbau metakognitiver Kompetenzen ist somit fächerübergreifend möglich. Die folgenden Möglichkeiten zur Förderung metakognitiver Kompetenzen sind jedoch abgestimmt auf den Bereich der mathematischen Modellierung.

3 Förderung metakognitiver Modellierungskompetenzen

Bislang existieren keine wissenschaftlichen Studien darüber, wie die Förderung metakognitiver Modellierungskompetenzen am besten und effektivsten geschehen kann. Jedoch gibt es einzelne Erkenntnisse darüber, welche Merkmale eine Unterrichtseinheit umfassen sollte. Bereits Maaß (2004) stellte auf der Basis empirischer Erkenntnisse Kriterien für eine Förderung metakognitiver Modellierungskompetenzen auf, die sich auf die folgenden Bereiche beziehen:

1. Thematisierung von Metawissen über Modellierungsprozesse, beispielsweise durch
   - Diskussionen unterschiedlicher Vorstellungen von Schülerinnen und Schülern über Modellierungsprozesse und
   - einen produktiven Umgang mit Fehlern von Lernenden sowie Fehleranalyse
2. Thematisierung metakognitiver Strategien durch
   - eine Aufforderung zum Planen, Überwachen, Regulieren und Evaluieren des eigenen Vorgehens
   - Vergleich und Diskussion unterschiedlicher Lösungen und Reflektion über mögliche Gründe,
   - aufzeigen von positiven Beispielen der Selbstkontrolle beim Modellieren und
   - externes Monitoring durch die Lehrperson.

Die Aufzählung macht deutlich, dass die Förderung metakognitiver Modellierungskompetenzen sowohl einer speziellen Gestaltung der Unterrichtseinheit bedarf, als auch eines bestimmten Verhaltens der Lehrkraft während der Unterrichtsstunden. Die Effektivität einer Unterrichtseinheit, die diese Kriterien berücksichtigt, wird momentan an der Universität Hamburg überprüft (für erste Ergebnisse s. Vorhölter 2018). Zentrale Elemente dieser Lernumgebung sowie der Lernumgebung ERMO (Brand und Vorhölter 2018) werden im Folgenden vorgestellt.

3.1 Vermittlung von Metawissen über den Modellierungsprozess

Wie bereits geschildert, ist das Vorhandensein von Metawissen wichtig für die Bearbeitung von Modellierungsproblemen, denn nicht vorhandenes Metawissen kann zu Problemen während einzelner Phasen des Modellierungsprozesses führen (Maaß 2004). In unseren Durchführungen hat es sich daher bewährt, den Schülerinnen und Schülern vor der Präsentation eines (ersten) Modellierungsproblems zunächst die Spezifika von Modellierungsaufgaben und zugehörigen Bearbeitungsschritten zu erläutern. Die Lehrkraft sollte daher den Schülerinnen und Schülern Folgendes erläutern:

▶ **Tipp**

Beim mathematischen Modellieren geht es um das Lösen realer Probleme mithilfe mathematischer Verfahren. Da es für die Lösung der meisten solcher Probleme keine vorgeschriebenen Lösungswege gibt, besteht die Anforderung darin, sich einen eigenen Lösungsweg zu überlegen. Hierfür muss in einem ersten Schritt das Problem verstanden und so vereinfacht werden, dass es bearbeitbar ist. Hierzu ist es hilfreich, die Fragestellung in eigenen Worten festzuhalten. Da es sich um ein reales Problem handelt, darf und muss das Alltagswissen mit einbezogen werden; benötigte Werte können recherchiert oder sinnvoll geschätzt werden. Wichtig ist auch, dass Ergebnisse überprüft werden und für den Fall, dass diese nicht sinnvoll erscheinen, der Prozess noch einmal durchlaufen wird.

Da Modellierungsprobleme komplex sind und die Bearbeitung nicht nur aus dem Abarbeiten von Routinen besteht, kann diese Aufgabe nur gemeinsam gelöst werden. Daher ist es notwendig, das Vorgehen gemeinsam zu planen und Absprachen zu treffen, wer welche Aufgabe übernimmt. Außerdem sollten sich die Gruppenmitglieder gegenseitig kontrollieren, um Fehler möglichst früh zu entdecken. Die Anmerkungen und Fragen aller Gruppenmitglieder sollten ernst genommen werden und wenn jemand etwas nicht verstanden hat, sollte es ihm erklärt werden. Auch das phasenweise Aufteilen von Arbeit kann hilfreich sein.

Nach der Bearbeitung eines Modellierungsproblems sollten den Schülerinnen und Schüler die (verwendeten oder sinnvollen) Strategien explizit gemacht werden, da Studien gezeigt haben, dass nur die explizite Strategievermittlung, die natürlich nie ohne Inhalt geschehen kann, eine Auswirkung auf die Leistung der Schülerinnen und Schüler haben (Kistner et al. 2010). Dies kann auch dadurch geschehen, dass die Lehrkraft den Schülerinnen und Schülern als Modell dient, was bedeutet, dass sie ihnen demonstriert, wie sie ein solches Modellierungsproblem lösen würde. Dazu gehört sowohl, explizit zu machen, wie und warum sie welche Maßnahmen ergreift, aber auch, aus welchem Grund sie andere Maßnahmen nicht ergreift. Jedoch ist das Vorführen von Lösungsprozessen nicht ausreichend und eine Thematisierung aller möglichen Verfahrensweisen inklusive der Gründe, warum sich für oder gegen diesen Einsatz entschieden wird, sehr komplex. Daher sollte eine solche Darstellung immer an ein Aufgabenbeispiel gebunden sein. Weiterhin sollte im Vorfeld ein bestimmter Bereich oder wenige Strategien gewählt werden, auf die sich die Darstellung beschränkt. Ein Beispiel für eine solche Vorgehensweise zur Einführung in das mathematische Modellieren, die Bestandteil der „kognitiven Meisterlehre" (Bescherer und Spannagel 2009) ist, findet sich in Vorhölter und Kaiser (2016).

In Abhängigkeit vom Alter und den ggf. bereits vorhandenen Modellierungskompetenzen kann es sinnvoll sein, die die durch den Aufgabentyp ergebenen Anforderungen mithilfe eines Modellierungskreislaufs zu erläutern. Dieser kann auch – wie Abschn. 3.3 dargestellt wird – als metakognitives Hilfsmittel während der Bearbeitung verwendet werden.

3.2 Unterstützung der Schülerinnen und Schüler

Das Ziel der Vermittlung von Modellierungskompetenzen ist, dass Schülerinnen und Schüler selbstständig Probleme mithilfe von Mathematik lösen. Durch die Komplexität der Aufgaben ist dies jedoch in der Regel nicht ohne Unterstützung durch die Lehrkraft möglich. Ziel einer jeden Unterstützung sollte jedoch nicht nur sein, den Schülerinnen und Schüler kurzfristig beim Überwinden einer konkreten Schwierigkeit zu helfen, sondern ihnen langfristig Strategien zu vermitteln, wie sie diese Schwierigkeiten im Folgenden selbst überwinden können.

Hier setzt das Prinzip des Scaffolding an[1]. Anders als die wörtliche Übersetzung des Begriffs vermuten lässt, handelt es sich beim Scaffolding nicht um die Darbietung eines starren Gerüsts, sondern um die Unterstützung der Lernenden bei der Bewältigung von Problemen, die diese selbst nicht lösen können. Ziel ist es, dass die Lernenden verstehen, wie entsprechende Probleme zu lösen sind und dies in der Zukunft eigenständig tun. Das dabei zugrunde liegende Prinzip ist die konsequente Orientierung am individuellen Lernprozess der Schülerinnen und Schüler, was

eines der drei zentralen Merkmale des Scaffolding bildet und als *contingency* (van de Pol et al. 2010) bezeichnet wird. Hierdurch findet das Konzept der minimalen Hilfe von Aebli (1997) sowie das Erreichen der „Zone der nächsten Entwicklung" (Vygotsky 1978) Anwendung. Je sicherer und selbstgesteuerter die Schülerinnen und Schüler bei der Bearbeitung des Modellierungsproblems sind, desto mehr kann der Lehrende seine Unterstützung zurückziehen (von van de Pol et al. (2010) als *fading* bezeichnet) und den Lernenden eine größere Verantwortung übertragen (*transfer of responsibility,* ebd.). Scaffolding wird oft gleichgesetzt mit Unterstützung jeglicher Art. Die besondere Betonung der Kontingenz mit dem gleichzeitigen Anspruch, den Lernenden möglichst viel Verantwortung zu übertragen, sprich sich als Lehrperson zurückzuziehen, unterscheidet jedoch das Scaffolding von anderen Arten der Lernunterstützung.

Unterstützung findet dabei als *adaptive Lehrerintervention* statt. Hierunter wird eine solche Lehrerintervention verstanden, die „auf Grundlage von Wissen und/oder Diagnose der Lehrperson eine inhaltlich und methodisch angepassten minimalen Eingriff in den individuellen Lernprozess des Schülers dar[stellt], wodurch dieser befähigt wird potenzielle Barrieren im Lernprozess zu überbrücken" (Leiß 2007, S. 82). Die wohl bekannteste Unterscheidung verschiedener Hilfestellungen, auf die auch Leiß in seiner Studie aufbaut, stellt die 5tsufige Taxonomie von Hilfen nach Zech (2002) dar. Die ersten beiden Stufen beziehen sich auf die Motivation („Ihr werdet das schon schaffen!") und darauf aufbauend auf eine positive Rückmeldung („Ihr seid auf dem richtigen Weg!"). Treten fachlichen Schwierigkeiten auf, so soll laut Zech zunächst strategisch („Versucht, die gegebenen Informationen in einen Zusammenhang zu bringen!"), dann inhaltlich-strategisch („Vielleicht kann euch die Volumenberechnung helfen!") interveniert werden. Führen diese Unterstützungsarten nicht zu einem Erfolg, so sollen rein inhaltliche Hilfen („Versucht, das Volumen des Fuß mithilfe von Standardkörpern annäherungsweise zu bestimmen!") angeboten werden. Die Intensität der Hilfe und somit der Eingriff in den Lösungsprozess nehmen dabei schrittweise von der Motivationshilfe zur inhaltlichen Hilfe zu.

Studien in diesem Bereich haben gezeigt, dass Unterstützungsmaßnahmen auf metakognitiver Ebene (dies können z. B. Hilfestellungen auf inhaltlich-strategischer bzw. strategischer Ebene sein) geeignet sind, metakognitive Tätigkeiten der Schülerinnen und Schüler anzuregen (Molenaar et al. 2011). Dabei können diese Hilfestellungen in allen Phasen des Modellierungsprozesses angewendet werden: Schülerinnen und Schüler können angeleitet werden, ein gemeinsames Problemverständnis zu erarbeiten, einen gemeinsamen Lösungsablauf zu erstellen, den Gruppenprozess zu überwachen und schließlich den Bearbeitungsprozess zu evaluieren (Chalmers 2009).

---

[1]Für eine Übersicht zum Scaffolding beim Modellieren siehe Stender und Kaiser (2015) oder Leiss und Tropper (2014).

Zahlreiche Studien zeigen, dass es keine allgemeingültigen Handlungsvorschläge für angemessene Interventionen gibt. Vielmehr hängen diese sowohl von der Aufgabe, als auch von den individuellen Problemen der Schülergruppen ab. Jedoch konnte Stender (2016) herausstellen, dass Lehrkräfte sich zunächst den Arbeitsstand ausführlich darstellen lassen sollten. Dies initiiert, dass Schülerinnen und Schüler nicht nur das aktuelle Problem, sondern auch ihre Annahmen und Schritte, die zu diesem Arbeitsstand geführt haben, darlegen. Daher zwingt diese Aufforderung die Schülerinnen und Schüler dazu, ihre Gedanken zu strukturieren und wichtige Überlegungen herauszustellen. Sie stellt daher eine Form der metakognitiven Regulation dar und führt in vielen Fällen dazu, dass Schülerinnen und Schüler selbst Unstimmigkeiten aufdecken, ihr Problem erkennen und selbstständig weiterarbeiten können. Ist dies nicht der Fall, ermöglicht die Darstellung des Arbeitsstands (ggf. erweitert durch Nachfragen) der Lehrkraft, ein genaues Bild von dem Arbeitsstand der Schülerinnen und Schüler zu bekommen, was eine notwendige Grundlage für adaptive Hilfestellungen ist.

Darüber hinaus haben sich Hilfestellungen bewährt, die einen Bezug zum Modellierungskreislauf und zu den Charakteristika von Modellierungsaufgaben haben. Diese verweisen auf metakognitives Wissen über Modellierungsaufgaben und den Modellierungsprozess und regen damit die Metakognition der Schülerinnen und Schüler an: Schüler werden angeleitet, ihre Tätigkeiten auf einer Metaebene zu betrachten. Zusammenfassend können hier fünf Tipps zum Intervenieren gegeben werden:

▶ **5 Tipps zum Intervenieren**

- Prinzip der minimalen Hilfe: So wenig wie möglich, so viel wie nötig intervenieren.
- Es gibt kein Rezept für das Interventionsverhalten. Dieses ist immer aufgabenspezifisch und adaptiv an jeden Schüler und jede Schülerin anzupassen.
- Die Taxonomie von Zech bietet eine gute Orientierung: Starten Sie mit Motivations- und Rückmeldehilfen, um Ihre Lernenden zu motivieren, sie aber nicht zu stark zu lenken und geben, wenn nötig, dann erst strategische Hilfen, bevor sie inhaltlich intervenieren.
- Zu Beginn einer Intervention sollte sich immer zunächst nach dem Arbeitsstand erkundigt werden. Dies ermöglicht eine gute Diagnose des Bearbeitungsprozesses und hilft den Schülerinnen und Schülern häufig schon ausreichend, um selbstständig weiterarbeiten zu können.
- Bewährte strategische Interventionen beinhalten einen Bezug zum Modellierungskreislauf oder auf die Eigenschaften von Modellierungsaufgaben, die zu spezifischen Anforderungen an die Schülerinnen und Schüler führen.

Das Vorstellen des Arbeitsstands, der Verweis auf aufgabenspezifisches Metawissen sowie die Aufforderung zur Planung, Überwachung und Regulation des Arbeitsprozesses bilden damit Möglichkeiten des von Maaß (2004) genannten externen Monitorings durch die Lehrkraft. Zur Unterstützung dieser Tätigkeiten kann die Lehrkraft auf unterschiedliche Hilfsmittel zurückgreifen. Im Folgenden werden einige dieser Hilfsmittel dargestellt, die in der Vergangenheit in den Studien MeMo und ERMO eingesetzt wurden.

3.3 Metakognitive Hilfsmittel

Die Bearbeitung von Modellierungsaufgaben ist mehrschrittig und in der Regel ist der gesamte Prozess zu Beginn einer Aufgabenbearbeitung nicht von den Schülerinnen und Schüler überschaubar, geschweige denn planbar. Äußerungen von Schülerinnen und Schüler zeigen regelmäßig, dass es für viele eine Hilfe ist, wenn sie Hilfsmittel haben, die ihnen diese Struktur visuell verdeutlichen und es ihnen so vereinfacht wird, eine Meta-Ebene einzunehmen.

Der Modellierungskreislauf

Eines dieser metakognitiven Hilfsmittel bildet ein Modellierungskreislauf (Blum 2011). Die Kreislaufdarstellung kann den Schülerinnen und Schülern einerseits dabei helfen, den Überblick über diesen komplexen Prozess zu behalten, macht ihnen andererseits aber auch deutlich, dass der Prozess der Problembearbeitung in der Regel nach der ersten ermittelten Lösung nicht abgeschlossen ist, sondern durch die Optimierung des Modells noch einmal durchlaufen werden sollte. Wichtig ist, dass Schülerinnen und Schüler nicht denken, sie müssten die Schritte nacheinander abarbeiten. Vielmehr sollen sie den Modellierungskreislauf als metakognitives Hilfsmittel zunächst angeleitet, später selbstständig, an solchen Punkten im Modellierungsprozess verwenden, an denen sie beispielsweise den Überblick verloren haben.

In der didaktischen Literatur sind unterschiedliche Modellierungskreisläufe bekannt, die stellenweise auch als „Lösungsplan" bezeichnet werden und neben der reinen Kreislaufdarstellung inklusive der Bezeichnung der Phasen und Schritte Fragen bzw. Aufforderungen für Tätigkeiten in den einzelnen Schritten enthalten (Alfke 2017; Brand und Vorhölter 2018; Grave und Hinrichs 2016; Schukajlow et al. 2010). Ein empirischer Vergleich der Vor- und Nachteile der einzelnen Darstellungen existiert nicht und diese hängen vermutlich auch stark vom Alter und Leistungsstand der Schülerinnen und Schüler ab.

Zu beachten ist, dass ein eingesetzter *Modellierungskreislauf* nur dann wirksam werden kann, wenn die Schülerinnen und Schüler mit ihm vertraut sind. Hierzu ist es notwendig, dass dieser explizit und schrittweise eingeführt wird (Blum 2011; Schukajlow et al. 2010). Darüber hinaus sollte er regelmäßig und wiederholt von der Lehrkraft verwendet werden, etwa durch die Integration des gewählten Modellierungskreislaufs in die Aufgabenpräsentation, indem einzelne Schritte im Lösungsprozess der Schülerinnen und Schüler den einzelnen Schritten im Modellierungskreislauf zugeordnet werden. Darüber hinaus hat es sich als sehr hilfreich erwiesen, wenn die Lehrerinnen und Lehrer bei Hilfestellungen die Kreislaufdarstellung in ihre Hilfestellung mit einbeziehen (Stender und Kaiser 2016).

Strategie-Tabelle

Ein weiteres metakognitives Hilfsmittel, das im Rahmen des Projekts ERMO eingesetzt wurde, ist die in Tab. 1 gezeigt *Strategie-Tabelle*. Die Tabelle ist an die Phasen eines idealtypischen Modellierungsprozesses angepasst und wurde den Schülerinnen und Schüler nur mit Zeilen- und Spaltenbeschriftungen ausgeteilt. Am Ende der Bearbeitung jeder Aufgabe der Unterrichtseinheit wurden die Schülerinnen und Schüler aufgefordert, die Tabelle mit Inhalten zu ergänzen. Hierdurch enthielt die Tabelle im Laufe der Unterrichtseinheit individuelle Probleme und Lösungsstrategien, auf die die Schülerinnen und Schüler bei Bedarf zurückgreifen konnten. Auf diese Weise sollte es den Schülerinnen und Schülern erleichtert werden, ihre Erfahrungen mit Problemen und möglichen Lösungsstrategien strukturiert zu notieren, Sodass sie bei der Bearbeitung weiterer Modellierungsprobleme darauf zurückgreifen können. Auf diese Weise wurden sie bei der Überwachen des Lösungsprozesses unterstützt und konnten sinnvolle Regulationsstrategien entwickeln (Brand und Vorhölter 2018).

Ähnlich wie beim Einsetzen des Modellierungskreislaufs als metakognitives Hilfsmittel wird auch diese Tabelle ihre Wirkung nur entfalten, wenn die Schülerinnen und Schüler im Unterricht mit ihr vertraut gemacht werden und das Ausfüllen der Zellen nicht nur als weitere Aufgabe verstanden wird, die es abzuarbeiten gilt. Vielmehr muss den Schülerinnen und Schülern der Nutzen der Tabelle deutlich werden. Dies kann beispielsweise dadurch geschehen, dass die Lehrkraft, wenn sie die Schülerinnen und Schüler im Bearbeitungsprozess unterstützt, nachfragt, ob ähnliche Probleme bereits in der Tabelle aufgelistet stehen und welche mögliche Lösungsstrategie genannt ist. Genauso sollte die Lehrkraft nach einer Intervention die Schülerinnen und Schüler auffordern, das Problem zusammen mit der Lösungsstrategie in die Tabelle einzutragen. Schließlich sollte genug Zeit gegeben werden, um im Anschluss an eine Aufgabenbearbeitung die Tabellenzellen zu ergänzen. Auch ein Austausch zwischen unterschiedlichen Kleingruppen über die bislang erfahrenen Probleme und entwickelten Lösungsstrategien ist sinnvoll.

Lerntagebücher

Lerntagebücher dienen der Reflexion des eigenen Vorgehens und werden daher von Götz (2006) oder auch Chalmers (2009) als Hilfsmittel zum Überwachen des Vorgehens vorgeschlagen. Sie beinhalten Lernprotokolle, die zu einzelnen Stunden angefertigt werden. Ihre lernförderliche Wirkung entfalten Lerntagebücher jedoch nicht automatisch; vielmehr müssen Schülerinnen und Schüler zum effektiven Führen eines Lerntagebuchs angeleitet werden. Eine geeignete Maßnahme insbesondere für den Anfang bieten daher Leitfragen (Berthold et al. 2007). Diese können zwei Ebenen ansprechen: Auf der kognitiven Ebene werden

Tab. 1 Tabelle zu Problemen und Lösungsstrategien beim mathematischen Modellieren. Kursiv gedruckte Inhalte waren nicht im Vordruck für die Lernenden enthalten, sondern sollten von diesen bei Auftreten. ergänzt werden

Tätigkeit	Fragen, die man sich stellen kann	Mögliche Probleme	Mögliche Problemlösungen
Aufgabe verstehen Problem vereinfachen	*Welche Informationen sind wichtig? Welche Angaben brauche ich (noch)?*	*Informationen fehlen Man findet die benötigten Angaben nicht*	*Informationen beschaffen (z. B. Annahmen treffen, Recherche)*
Problem mathematisch darstellen	*Welche mathematischen Beziehungen (z. B. Gleichung/Skizze) kann ich aufstellen?*	*Mathematische Beziehungen werden nicht erkannt bzw. können nicht formuliert werden*	*Evtl. Informationen beschaffen, z. B. Formelsammlung Allgemeine heuristische Strategien*
Mathematisch arbeiten	*Wie kann ich die mathematische Aufgabe lösen?*	*Mathematische Verfahren sind unbekannt*	*Evtl. Modell so verändern, dass bekannte mathematische Verfahren durchgeführt werden können*
Mathematische Lösung interpretieren	*Wie lautet mein Endergebnis/der Antwortsatz?*	*Mathematische Lösung wird falsch interpretiert*	*Interpretation überprüfen*
Lösung und Lösungsweg überprüfen	*Ist mein Ergebnis eine mögliche und sinnvolle Lösung für das Problem? Waren die Vereinfachungen/ Annahmen angemessen? War die benutzte Mathematik richtig? Welche Einschränkungen gibt es für das Ergebnis?*	*Überprüfung der Angemessenheit von Lösung und Problem scheitert an Wissen über den Sachkontext*	*Evtl. Informationen über den Sachkontext einholen (Recherche)*

Lernergebnisse (Was haben wir heute gemacht? Was war für mich schwierig? Was fiel mir leicht? etc.) festgehalten, auf der metakognitiven Ebene werden die Zugriffsweisen notiert (Wie bin ich vorgegangen? Wie habe ich Schwierigkeiten gelöst/versucht zu lösen? etc.). Zum Schluss wird daraus ein Resümee gezogen (Was nehme ich mir für das nächste Mal vor?). Kaiser und Kaiser (2001) weisen ausdrücklich darauf hin, dass das Führen eines Lerntagebuches ein Verfahren ist, dass der längerfristigen Analyse und Optimierung des Arbeits- und Lernverhaltens dient, weshalb es über einen längeren Zeitraum geführt werden sollte, um sein Potenzial entwickeln zu können. Es regt explizit das Reflektieren an, weshalb es (wie oben ausgeführt) das Potenzial zur Anregung insbesondere metakognitiver Strategien besitzt. Anregungen für solche Fragen liefert Tab. 2, die auf Fragen von Schraw (1998) basiert.

Wichtig ist, dass die Lehrkraft aus diesen Fragen auswählt. Es geht nicht darum, möglichst viele Fragen zu beantworten, sondern möglichst intensiv über den Bearbeitungsprozess und mögliche Verbesserungen im Vorgehen zu reflektieren.

4 Zusammenfassung

Die Bearbeitung mathematischer Modellierungsaufgaben ist komplex und daher eine Herausforderung für Schülerinnen und Schüler. Durch den Einsatz von Metakognition kann die erfolgreiche Bearbeitung unterstützt werden, wie an dem Beispiel „Der Fuß von Uwe Seeler" gezeigt wurde. Doch gelingt der Einsatz von Metakognition durch Schülerinnen und Schüler in der Regel nicht ohne Hilfe. Vielmehr bedarf es der Unterstützung von Lehrkräften, die für den Einsatz von Metakognition sensibilisiert sein müssen. Dabei können die Schülerinnen und Schüler auf unterschiedlichen Arten unterstützt und bei dem Erwerb dieser Kompetenz begleitet werden. Dafür müssen jedoch nicht alle aufgezeigten Maßnahmen gleichzeitig in den Unterricht implementiert werden. Vielmehr sollte eine jede Lehrkraft abhängig von den eigenen Präferenzen, aber auch angepasst an die Vorerfahrungen und Kompetenzen der Lernenden, sich die Maßnahmen auswählen, die sie für sinnvoll einsetzbar hält. Insbesondere ist davon abzuraten, gleichzeitig eine Strategie-Tabelle und ein Lerntagebuch einzuführen.

Die Erfahrung zeigt, dass es sinnvoll ist, mit der Vermittlung aufgabenspezifischen Metawissens anzufangen und zunächst selbst als Lehrkraft das Monitoring des Einsatzes metakognitiver Strategien zum Planen, Überwachen, Regulieren und Evaluieren zu übernehmen. Als weitere Maßnahme kann dann entschieden werden, welches metakognitive Hilfsmittel verwendet wird. Gegebenenfalls entwickelt sich dies auch im Laufe der Unterrichtseinheit. Mit älteren bzw. erfahreneren Lernenden, die bereits diese oder andere Reflexionsinstrumente kennen, kann überlegt, werden, wie diese sinnvoll zum Erwerb metakognitiver

Tab. 2 Leitfragen für ein Lerntagbuch

	Individualstrategien	Gruppenstrategien
Planung	• Habe ich das Problem richtig verstanden? • Habe ich selbst mir überlegt, wie wir vorgehen können? • Habe ich herausgesucht, welche Informationen wichtig sind für die Bearbeitung der Aufgabe?	• Haben wir darauf geachtet, dass alle Gruppenmitglieder das Problem verstanden haben? • Haben wir gemeinsam fehlende Werte festgehalten? • Haben wir gemeinsam an einem Problem gearbeitet? • Haben wir abgesprochen, wie wir vorgehen möchten? • Haben wir an unterschiedlichen Aspekten gearbeitet, die wir hinterher gut zusammenführen konnten?
Überwachung	• Habe ich versucht, die Gedanken der Anderen zu verstehen? • Habe ich regelmäßig überprüft, ob mir Fehler auffallen? • Habe ich meine eigenen Ideen hinterfragt? • Habe ich zwischendurch auf die Zeit geachtet?	• Haben wir darauf geachtet, dass jeder mitgearbeitet hat? • Haben wir einander zugehört, wenn jemand eine Idee geäußert hat?
Regulation	• Habe ich versucht herauszufinden, wo genau das Problem liegt? • Habe ich überlegt, was ich schon alles weiß? • Habe ich versucht, Hilfe zu holen? • Habe ich die Anderen um Hilfe gebeten, wenn ich etwas nicht verstanden habe?	• Haben wir gemeinsam überlegt, wo unser Problem liegt? • Haben wir gemeinsam einen anderen Lösungsweg überlegt? • Haben wir uns gegenseitig aufgefordert weiterzuarbeiten? • Haben wir uns gegenseitig aufgefordert, einander Ideen zu erklären?
Evaluation	• Habe ich mich heute so gut wie möglich eingebracht? • Hätte ich heute lieber anders gearbeitet? • Was nehme ich mir für das nächste Mal vor?	• Haben wir zielstrebig gearbeitet oder uns in Details verirrt? • Haben wir eine möglichst gute Lösung gefunden? • Hätten wir die Aufgabe auf anderen Wegen bearbeiten können? • Haben wir als Gruppe zusammengearbeitet oder eher gegeneinander gearbeitet? Woran hat das gelegen? • Haben wir die anstehenden Aufgaben so untereinander aufgeteilt, dass jeder gut mitarbeiten konnte?

Kompetenz eingesetzt werden können. Auf diese Weise kann jede und jeder Lernende individuell bei der Kompetenzentwicklung begleitet werden.

Literatur

Aebli, H.: Zwölf Grundformen des Lehrens. Eine allgemeine Didaktik auf psychologischer Grundlage, 9. Aufl. Klett-Cotta, Stuttgart (1997)

Alfke, D.S.: Mathematical modelling with increasing learning aids: a video study. In: Stillman, G., Blum, W., Kaiser, G. (Hrsg.) Mathematical Modelling and Applications, S. 25–35. Springer International Publishing, Cham (2017). https://doi.org/10.1007/978-3-319-62968-1_2

Berthold, K., Nückles, M., Renkl, A.: Do learning protocols support learning strategies and outcomes? The role of cognitive and metacognitive prompts. Learn. Instr. 17(5), 564–577 (2007). https://doi.org/10.1016/j.learninstruc.2007.09.007

Bescherer, C., Spannagel, C.: Kognitive Meisterlehre beim Mathematiklernen. In: Neubrand, M. (Hrsg.) Beiträge zum Mathematikunterricht 2009. WTM-Verl, Münster (2009)

Blum, W.: Can modelling be taught and learnt? Some answers from empirical research. In: Kaiser, G., Blum, W., Borromeo Ferri, R., Stillman, G. (Hrsg.) Trends in Teaching and Learning of Mathematical Modelling, S. 15–30. Springer, Dordrecht (2011)

Brand, S.: Erwerb von Modellierungskompetenzen. Empirischer Vergleich eines holistischen und eines atomistischen Ansatzes zur Förderung von Modellierungskompetenzen. Springer Fachmedien Wiesbaden, Wiesbaden (2014)

Brand, S., Vorhölter, K.: Holistische und atomistische Vorgehensweisen zum Erwerb von Modellierungskompetenzen im Mathematikunterricht. In: Schukajlow, S., Blum, W. (Hrsg.) Evaluierte Lernumgebungen zum Modellieren, S. 119–142. Springer Fachmedien, Wiesbaden (2018). https://doi.org/10.1007/978-3-658-20325-2_7

Chalmers, C.: Group metacognition during mathematical problem solving. In: Hunter, R.K., Bicknell, B.A., Burgess, T.A. (Hrsg.) Crossing Divides. MERGA 32 Conference Proceedings, S. 105–111. MERGA, Palmerston North [N.Z.] (2009)

Götz, T.: Selbstreguliertes Lernen. Förderung metakognitiver Kompetenzen im Unterricht der Sekundarstufe. Auer-Verl. Donauwörth (2006)

Grave, B., Hinrichs, G.: Systematisch Mathematik anwenden lernen. Ein Curriculum zum Modellieren. Mathematik lehren 198, 23–29 (2016)

Hasselhorn, M., Gold, A.: Pädagogische Psychologie. Erfolgreiches Lernen und Lehren. Kohlhammer, Stuttgart (2006)

Kaiser, A., Kaiser, R.: Lerntagebuch und Selbstbefragung als metakognitive Studientechniken. FernUniversität, Hagen (2001)

Kistner, S., Rakoczy, K., Otto, B., Dignath-van Ewijk, C., Büttner, G., Klieme, E.: Promotion of self-regulated learning in classrooms: investigating frequency, quality, and consequences for student performance. Metacognition Learn. 5(2), 157–171 (2010). https://doi.org/10.1007/s11409-010-9055-3

Leiß, D.: „Hilf mir, es selbst zu tun". Lehrerinterventionen beim mathematischen Modellieren (Texte zur mathematischen Forschung und Lehre), Bd. 57. Franzbecker, Hildesheim (2007)

Leiss, D., Tropper, N.: Umgang mit Heterogenität im Mathematikunterricht. Adaptives Lehrerhandeln beim Modellieren. Springer, Berlin (2014)

Maaß, K.: Mathematisches Modellieren im Unterricht: Ergebnisse einer empirischen Studie. Franzbecker, Hildesheim (2004)

Molenaar, I., Chiu, M.M., Sleegers, P., Boxtel, C.: Scaffolding of small groups' metacognitive activities with an avatar. Int. J. Comput. Support. Collaborative Learn. 6(4), 601–624 (2011). https://doi.org/10.1007/s11412-011-9130-z

Schraw, G.: Promoting general metacognitive awareness. Instr. Sci. 26, 113–125 (1998)

Schukajlow, S., Krämer, J., Blum, W., Besser, M., Brode, R., Leiß, D., et al.: Lösungsplan in Schülerhand: zusätzliche Hürde oder Schlüssel zum Erfolg? In: Lindmeier, A., Ufer, S. (Hrsg.) Beiträge zum Mathematikunterricht. WTM, Münster (2010)

Sjuts, J.: Metakognition per didaktisch-sozialem Vertrag. J Math. 24(1), 18–40 (2003). https://doi.org/10.1007/BF03338964

Stender, P.: Wirkungsvolle Lehrerinterventionsformen bei komplexen Modellierungsaufgaben. Springer Fachmedien, Wiesbaden (2016)

Stender, P., Kaiser, G.: Scaffolding in complex modelling situations. ZDM 47(7), 1255–1267 (2015). https://doi.org/10.1007/s11858-015-0741-0

Stender, P., Kaiser, G.: Fostering modeling competencies for complex situations. In: Hirsch, C.R., McDuffie, A.R. (Hrsg.) Annual Perspectives in Mathematics Education 2016: Mathematical Modeling and Modeling Mathematics, S. 107–115. National Council of Teachers of Mathematics, Reston (2016)

Stillman, G.: Strategies employed by upper secondary students for overcoming or exploiting conditions affecting accessibility of applications tasks. Math. Educ. Res. J. 16(1), 41–71 (2004). https://doi.org/10.1007/BF03217390

van de Pol, J., Volman, M., Beishuizen, J.: Scaffolding in teacher-student interaction: a decade of research. Educ. Psychol. Rev. 22(3), 271–296 (2010). https://doi.org/10.1007/s10648-010-9127-6

Vorhölter, K.: Sinn im Mathematikunterricht, Bd. 27. Budrich, Opladen (2009)

Vorhölter, K.: Conceptualization and measuring of metacognitive modelling competencies: empirical verification of theoretical assumptions. Empirical verification of theoretical assumptions. ZDM – Int. J. Math. Educ. 50(1–2), 343–354 (2018). https://doi.org/10.1007/s11858-017-0909-x

Vorhölter, K., Kaiser, G.: Theoretical and pedagogical considerations in promoting students' metacognitive modeling competencies. In: Hirsch, C.R., McDuffie, A.R. (Hrsg.) Annual Perspectives in Mathematics Education 2016: Mathematical Modeling and Modeling Mathematics, S. 273–280. National Council of Teachers of Mathematics, Reston (2016)

Vygotsky, L.S.: Mind in Society. The Development of Higher Psychological Processes. Harvard University Press, Cambridge (1978)

Weinert, F.E.: Metakognition und Motivation als Determinanten der Lerneffekitvität: Einführung und Überblick. In: Weinert, F.E., Kluwe, R.H., Brown, A.L. (Hrsg.) Metakognition, Motivation und Lernen, S. 9–21. Kohlhammer, Stuttgart (1984)

Zech, F.: Grundkurs Mathematikdidaktik. Theoretische und praktische Anleitungen für das Lehren und Lernen von Mathematik. Beltz, Weinheim (2002)

Printed in the United States
By Bookmasters